2021년 최신판

전기(산업)기사 / 전기공사(산업)기사
전기직 공사·공단·공무원 대비

전기기기

기본서+최근 5년간 기출문제

테스트나라 검정연구회 편저

이노books

전기(산업)기사/전기공사(산업)기사/전기직 공사·공단·공무원 대비
2021 전기기기 기본서+최근 5년간 기출문제

초판 1쇄 발행 | 2021년 3월 15일
편저자 | 테스트나라 검정연구회 편저
발행인 | 송주환

발행처 | 이노Books
출판등록 | 301-2011-082
주소 | 서울시 중구 퇴계로 180-15(필동1가 21-9번지 뉴동화빌딩 119호)
전화 | (02) 2269-5815
팩스 | (02) 2269-5816
홈페이지 | www.innobooks.co.kr

ISBN 978-89-97897-98-8 [13560]
정가 15,000원

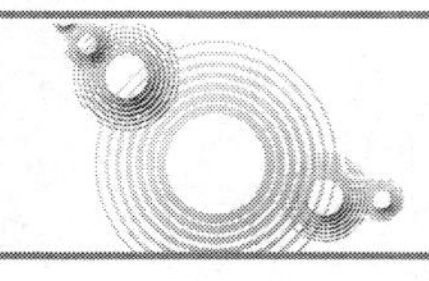

목 차

01 | 전기기기 핵심 요약

02 | 전기기기 본문

Chapter 01 직류기

Chapter 02 동기기

Chapter 03 변압기

Chapter 04 유도기

Chapter 05 정류기 및 특수 회전기

03 전기기사·산업기사 필기(전기기기) 최근 5년간 기출문제 (2020~2016)

반복 학습 및 필수 암기가 필요한

전기기기 핵심요약

핵심 01 직류기

1. 직류 발전기

(1) 직류 발전기의 주요 구성

① 계자 권선

② 전기자 권선

③ 정류자

④ 브러시 : 탄소 브러시, 전기 흑연 브러시, 금속 흑연 브러시

(2) 전기자 권선의 권선법 종류

고상권, 폐로권, 이층권, 중권이 많이 사용되는 권선법

전기자권선 ┬ 환상권
　　　　　└ 고상권 ┬ 개로권
　　　　　　　　　└ 폐로권 ┬ 단층권
　　　　　　　　　　　　　└ 2층권 ┬ 중권
　　　　　　　　　　　　　　　　　└ 파권

(3) 전기자권선법의 중권과 파권의 비교

	단중 중권	단중 파권
병렬 회로 수(a)	극수(p)와 같다	항상 2개
브러시 수(b)	극수(p)와 같다	2개 또는 극수(p)
균압선	반드시 필요	필요 없음
용도	대전류, 저전압	소전류, 고전압

(4) 직류 발전기의 유기 기전력

$$E=\frac{Z}{a}p\varnothing\frac{N}{60}[V]$$

여기서, N : 회전수[rpm], z : 총 도체수

a : 병렬 회로수, p : 극수

$\varnothing$: 자속[Wb]

※·중권일 경우 : $a=p$(중권에서는 전기자 병렬 회로수와 극수는 항상 같다)

·파권일 경우 : $a=2$(파권에서는 전기자 병렬 회로수는 항상 2이다)

(5) 정류자 편수와 정류자 편간 유기되는 전압

① 정류자 편수

$$K=\frac{\text{총 전기자 도체수}}{2}$$

$$=\frac{\text{슬롯 한 개에 들어가는 코일 변수}\times\text{전체 슬롯수}}{2}$$

② 정류자 편간 평균 전압

$$e=\frac{\text{총 전기자 유기 기전력}}{\text{정류자 편수}}=\frac{E\times p}{K}[V]$$

여기서, E : 전기자 권선에 유기되는 기전력[V]

p : 극수[극]

(6) 전기자 반작용

① 감자작용 : 주자속의 감소

㉮ 발전기 : 유기기전력 감소

㉯ 전동기 : 토크 감소, 속도 증가

② 편자작용 : 전기적 중성축 이동

㉮ 발전기 : 회전 방향

㉯ 전동기 : 회전 반대 방향

③ 전기자 반작용 방지 대책

·브러시를 중성축 이동 방향과 같게 이동시킴

·보상 권선 설치

·보극 설치

(7) 직류 발전기의 정류 작용

① 정류 주기 $T_c = \dfrac{b-\delta}{v_c}[s]$

② 정류 곡선

㉮ 부족 정류 : 정류 말기에 브러시 후단부에서 불꽃 발생

㉯ 과 정류 : 정류 초기에 브러시 전단부에서 불꽃 발생

③ 양호한 정류를 얻는 조건

㉮ 저항 정류 : 접촉저항이 큰 탄소브러시 사용

㉯ 전압 정류 : 보극을 설치(평균 리액턴스 전압을 줄임)

㉰ 리액턴스 전압을 작게 함

(평균 리액턴스 전압 $e_L = L\dfrac{2I_c}{T_c}[V]$)

㉱ 정류 주기를 길게 한다.

㉲ 코일의 자기 인덕턴스를 줄인다(단절권 채용).

(8) 직류 발전기의 전압 변동률

$$\epsilon = \frac{V_0 - V_n}{V_n} \times 100[\%]$$

여기서, V_0 : 무부하시 단자 전압

V_n : 정격 전압

① $\epsilon(+)$: 타여자, 분권, 부족복권, 차동복권

② $\epsilon(0)$: 평복권

③ $\epsilon(-)$: 과복권, 직권

(9) 직류 발전기의 종류

① 타여자 발전기

·정전압 특성을 보임

·잔류 자기가 필요 없음

·대형 교류 발전기의 여자 전원용

·직류 전동기 속도 제어용 전원 등에 사용

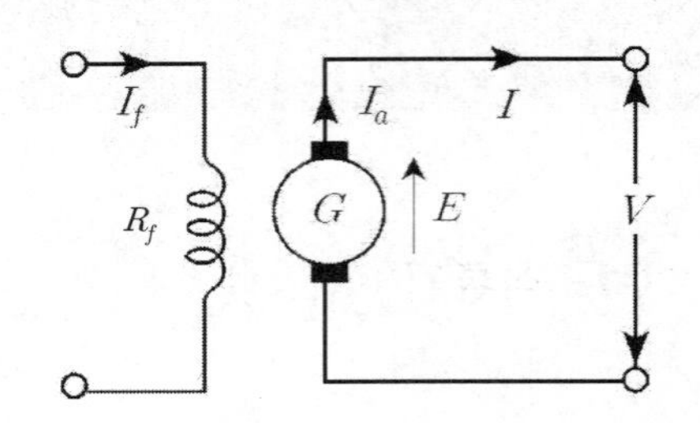

여기서, I_a, R_a : 전기자 전류, 전기자 저항

I_f, R_f : 계자 전류, 계자 저항

E : 유기 기전력, V : 단자 전압

V_0 : 무부하시 단자 전압, I : 전류

② 자여자 발전기

·직권 발전기

·계자와 전기자, 그리고 부하가 직렬로 구성됨

·전류 관계는 $I = I_a = I_s$

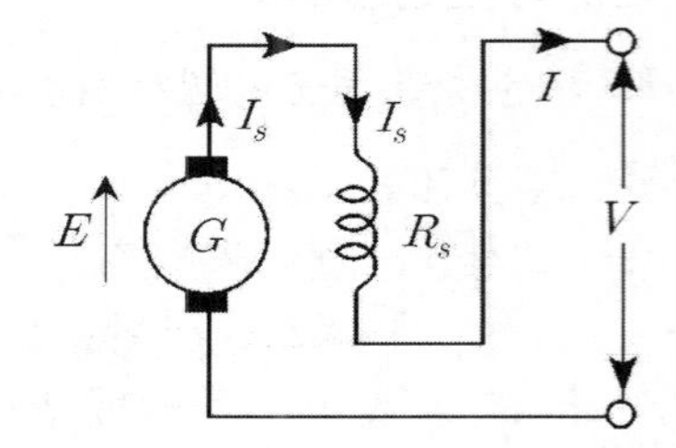

여기서, I_s : 부하 전류, R_s : 부하 저항

③ 분권 발전기

·전기자와 계자 권선이 병렬로 구성됨

·전기자 전류 $I_a = I_f + I$

④ 복권 발전기

·전기자와 계자 권선이 직·병렬로 구성됨

·복권 발전기는 내분권과 외분권으로 구성

(10) 직류 발전기의 특성

분권 발전기	직권 발전기
$I_a = I_f + I$ $E = V + I_a R_a$ $V = I_f R_f$	$I_a = I_f = I$ $E = V + I_a(R_a + R_f)$ $V_0 = 0$

(11) 자여자 발전기의 전압 확립 조건

- 무부하 특성 곡선이 자기 포화의 성질이 있을 것
- 잔류 자기가 있을 것
- 계자 저항이 임계저항보다 작을 것
- 회전 방향이 잔류자기를 강화하는 방향일 것

(회전 방향이 반대이면 잔류자기가 소멸되어 발전하지 않는다.)

(12) 직류 발전기의 병렬 운전

① 직류 발전기의 병렬 운전 조건

- 극성이 같을 것
- 정격 전압이 같을 것
- 외부 특성 곡선이 약간의 수하 특성을 가질 것

② 직류 발전기의 부하 분담

저항이 같으면 유기 기전력이 큰 쪽이 부하 분담을 많이 갖는다.

㉮ 부하 분담이 큰 발전기 : 계자 전류(I_f) 증가

㉯ 부하 분담이 작은 발전기 : 계자 전류(I_f) 감가

㉰ 균압선이 필요한 발전기 : 직권 발전기, 복권 발전기

(13) 직류 발전기의 특성 곡선

① 무부하 특성 곡선 : 정격 속도에서 무부하 상태의 I_f와 E와의 관계를 나타내는 곡선

② 부하 특성 곡선 : 정격 속도에서 I를 정격값으로 유지했을 때, I_f와 V와의 관계를 나타내는 곡선

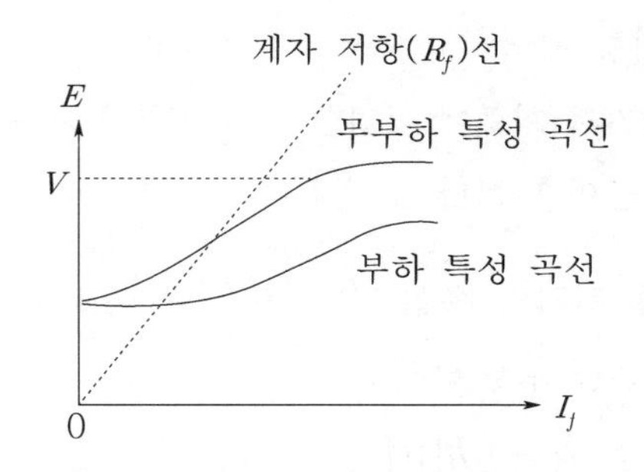

[직류 발전기의 무부하 특성 곡선 및 부하 특성 곡선]

③ 외부 특성 곡선 : 계자 회로의 저항을 일정하게 유지하면서 부하전류 I를 변화시켰을 때 I와 V의 관계를 나타내는 곡선

2. 직류 전동기

(1) 직류 전동기의 특성

분권전동기	직권전동기
$I = I_a + I_f$ $E = V - I_a R_a$ $T \propto \frac{1}{N} \propto I$	$I_a = I_f = I$ $E = V - I_a(R_a + R_f)$ $T \propto \frac{1}{N^2} \propto I^2$

(2) 직류 전동기의 속도 제어

$$n = k\frac{E}{\varnothing} = \frac{V - R_a I_a}{\varnothing}[rps]$$

① 전압 제어(정토크 제어)

- 전동기의 외부 단자에서 공급 전압을 조절하여 속도를 제어
- 효율이 좋고 광범위한 속도 제어가 가능

㉮ 워드레오너드 방식 : 가장 광범위한 속도제어

㉯ 일그너 방식 : 부하가 급변하는 곳에 사용(플라이휠 사용)

② 계자 제어(정출력 제어)

- 계자 저항을 조절하여 계자 자속을 변화시켜 속도를 제어
- 전력 손실이 적고 간단하여 속도 제어 범위가 적음

③ 저항 제어

- 전기자 회로에 삽입한 기동 저항으로 속도 제어
- 효율이 나쁘다.

(3) 직류 기기의 손실

① 가변손(부하손)

- 동손 $P_c = I^2R[W]$
- 표류 부하손

② 고정손(무부하손)

㉮ 철손

- 히스테리시스손 $P_h = \eta f B^{1.6}[W]$
- 와류손 $P_e = \eta f^2 B^2 t^2 [W]$

㉯ 기계손 : 마찰손, 풍손

(4) 직류 기기의 효율

① $\eta = \dfrac{입력}{출력} \times 100[\%]$

② $\eta = \dfrac{출력}{출력+손실} \times 100[\%]$ →(발전기)

③ $\eta = \dfrac{입력-손실}{입력} \times 100[\%]$ →(전동기)

핵심 02 동기기

1. 동기 발전기

(1) 회전자에 의한 분류

① 회전 계자형 : 전기자를 고정자로 하고, 계자극을 회전자로 한 것. 동기 발전기에서 사용

② 회전 전기자형 : 계자극을 고정자로 하고, 전기자를 회전자로 한 것. 특수용도 및 극히 저용량에 적용

③ 유도자형 : 계자극과 전기자를 모두 고정자로 하고 권선이 없는 회전자. 고주파(수백~수만[Hz]) 발전기로 쓰인다.

(2) 회전 계자형으로 하는 이유

① 전기적인 면

- 계자는 직류 저압이 인가되고, 전기자는 교류 고압이 유기되므로 저압을 회전시키는 편이 위험성이 적다.
- 전기자는 3상 결선이고 계자는 단상 직류이므로 결선이 간단한 계자가 위험성이 작다.

② 기계적인 면

- 회전시 기계적으로 더 튼튼하다.
- 전기자는 권선을 많이 감아야 되므로 회전자 구조가 커지기 때문에 원동기 측에서 볼 때 출력이 더 증대하게 된다.

(3) 회전자의 구조

① 동기속도 $N_s = \dfrac{120}{P} f[rpm]$

② 유도기전력 $E = 4.44 f n \varnothing K_w [V]$

여기서, n : 한 상당 직렬 권수, K_w : 권선계수

(4) 전기자 권선법

① 분포권계수 $K_d = \dfrac{\sin\dfrac{n\pi}{2m}}{q\sin\dfrac{n\pi}{2mq}} < 1$

여기서, q : 매극 매상 당 슬롯 수, m : 상수

n : 고조파 차수, ∅ : 자속

② 단절권계수 $K_p = \sin\dfrac{n\beta\pi}{2} < 1$

③ 분포권과 단절권의 특징

- 고조파 감소
- 파형 개선

(5) 전기자 결선을 Y결선으로 하는 이유

- 정격전압을 $\sqrt{3}$배 만큼 더 크게 할 수 있다.
- 이상 전압으로부터 보호 받을 수 있다.
- 권선에서 발생되는 열이 작고, 선간전압에도 3고조파전압이 나타나지 않는다.
- 코일의 코로나 열화 등이 작다.

(6) 동기 발전기의 전기자 반작용

① 교차자화작용 : 전기자전류와 유기기전력이 동상인 경우

② 감자작용 : 전기자 전류가 유기기전력보다 90^0 뒤질 때(지상 : L부하)

③ 증자작용 : 전기자 전류가 유기기전력보다 90^0 앞설 때(진상 : C부하)

※동기 전동기의 전기자 반작용은 동기 발전기와 반대

(7) 동기기의 전압 변동률

$$\epsilon = \frac{V_0 - V_n}{V_n} \times 100[\%]$$

여기서, V_0 : 무부하시 단자 전압

V_n : 정격 단자 전압

① $\epsilon(+)$ $V_0 > V_n$: 감자작용 (L부하)

② $\epsilon(-)$ $V_0 < V_n$: 증자작용 (C부하)

(8) 단 상 동기 발전기 출력

① 단상발전기의 출력 $P = \frac{EV}{x_s}\sin\delta[W]$

② 3상발전기의 출력 $P = 3\frac{EV}{x_s}\sin\delta$

여기서, V : 단자전압[V], E : 공칭 유기 기전력[V]

δ : 상차각, x_s : 동기 리액턴스[Ω]

(9) 단락비가 큰 기계의 특징

① 장점

- 단락비가 크다.
- 동기 임피던스가 작다.
- 전압 변동이 작다.(안정도가 높다)
- 공극이 크다.
- 전기자 반작용이 작다.
- 계자의 기자력이 크다.
- 전기자 기자력은 작다.
- 출력이 향상
- 자기 여자를 방지 할 수 있다.

② 단점

- 철손이 크다.
- 효율이 나쁘다.
- 설비비가 고가이다.
- 단락전류가 커진다.

(10) 동기 발전기의 단락전류

① 지속단락전류 $I_s = \frac{E}{x_l + x_a} = \frac{E}{x_s} ≒ \frac{E}{Z_s}[A]$

② 돌발단락전류 $I_l = \frac{E}{x_l}[A]$

여기서, E : 상전압, x_a : 전기자 반작용 리액턴스

x_l : 전기자 누설리액턴스, Z_s : 동기임피던스

(11) 동기 발전기의 병렬운전 조건

① 기전력의 크기가 같을 것

→ 기전력의 크기가 다를 때 : 무효순환전류(역률을 떨어뜨림)가 발생

무효순환저류 $I_c = \frac{E_A - E_B}{2Z_s}[A]$

② 기전력의 위상이 같을 것

→ 기전력의 위상이 다를 때 : 유효순환전류(동기화전류)가 발생

유효순환전류 $I_s = \frac{2E_A}{2Z_s}\sin\frac{\delta}{2}[A]$

※유효전력 $P_s = \frac{E_A^2}{2Z_s}\sin\delta[A]$

③ 기전력의 파형이 같을 것

④ 기전력의 상회전 방향이 같을 것

(12) 동기 발전기 자기여자현상의 방지대책

- 동기 조상기를 지상 운전(저여자 운전)
- 분로 리액터를 설치
- 발전기 및 변압기를 병렬 운전

(13) 동기 발전기 안정도의 향상대책

- 정상 과도 리액턴스를 작게하고, 단락비를 크게 한다.
- 영상 임피던스와 역상 임피던스를 크게 한다.
- 회전자 관성을 크게 한다(플라이휠 효과).
- 속응 여자 방식을 채용한다.
- 조속기 동작을 신속히 한다.

(14) 난조

① 난조 발생의 원인 : 조속기의 감도가 지나치게 예민한 경우

② 난조 방지 : 제동권선을 설치한다.

(15) 제동권선의 효용

- 난조방지
- 기동토크 발생
- 불평형 부하시의 전류, 전압 파형개선
- 송전선의 불평형 단락시에 이상전압의 방지

2. 동기 전동기

(1) 동기 전동기의 특징

① 장점

- 속도가 일정하다.
- 언제나 역률 1로 운전할 수 있다.
- 유도 전동기에 비해 효율이 좋다.
- 공극이 크고 기계적으로 튼튼하다.

② 단점

- 기동시 토크를 얻기가 어렵다.
- 속도 제어가 어렵다.
- 구조가 복잡하다.
- 난조가 일어나기 쉽다.
- 가격이 고가이다.
- 직류 전원 설비가 필요하다(직류 여자 방식).

(2) 동기 전동기의 용도

① 저속도 대용량 : 시멘트 공장의 분쇄기, 송풍기, 동기 조상기, 각종 압착기, 쇄목기

② 소용량 : 전기시계, 오실로 그래프, 전송 사진

(3) 동기전동기 기동법

① 자기기동법 : 제동권선 이용한다.

② 유도전동기법 : 유도전동기를 이용하여 토크를 발생한다.

(4) 동기속도

$$N_s = \frac{120f}{p}[\text{rpm}]$$

(5) 동기토크

$$T = 0.975\frac{P_0}{N_s}[\text{kg·m}] \quad \rightarrow (P_0 : 출력)$$

(6) 동기와트

전동기 속도가 동기속도일 때 토크 T와 출력 P_0는 정비례하므로 토크의 개념을 와트로도 환산할 수 있다. 이 와트를 동기와트라고 하며 곧 토크를 의미한다.

핵심 03 변압기

1. 변압기의 구조

(1) 변압기 철심의 구비 조건

- 변압기 철심에는 투자율과 저항률이 크고 히스테리시스손이 작은 규소강판을 사용한다.
- 규소 함유량은 4~4.5[%] 정도이고 두께는 0.3~0.6[mm]이다.

(2) 변압기유가 갖추어야 할 성능

- 절연저항 및 절연내력이 클 것

- 비열이 크고, 점도가 낮을 것
- 인화점이 높고 응고점이 낮을 것
- 절연 재료 및 금속에 화학 작용을 일으키지 않을 것
- 변질하지 말 것

(3) 변압기 절연유의 열화

① 원인

변압기 내부의 온도 변화로 공기의 침입에 의한 절연유와 화학 반응 부식

② 열화의 악영향

- 절연 내력의 저하
- 냉각 효과의 감소
- 절연유의 부식 및 침식 작용으로 인한 변압기 단축

③ 열화 방지 대책

- 개방형 콘서베이터를 사용하여 공기의 침입 방지
- 콘서베이터 내에 질소 및 흡착제 넣기

2. 변압기의 특성

(1) 유기기전력

① 1차 유기기전력 $E_1 = 4.44 f_1 N_1 \varnothing_m$

② 2차 유기기전력 $E_2 = 4.44 f_1 N_2 \varnothing_m$

(2) 권수비(a)와 유기기전력

$$a = \frac{E_1}{E_2} = \frac{N_1}{N_2} = \frac{I_2}{I_1}$$

(3) 여자전류

변압기의 무부하 전류로서 1차 측에 흐르는 전류

① 여자전류의 크기 $I_0 = \sqrt{I_\varnothing^2 + I_i^2}$ [A]

여기서, $I_\varnothing$: 자화전류, I_i : 철손전류

② 철손전류 : 변압기 철심에서 철손을 발생시키는 전류 성분 $I_i = \frac{P_i}{V_1}$ [A]

③ 자화전류 : 변압기 철심에서 자속만을 발생시키는 전류 성분 $I_\varnothing = \sqrt{I_0^2 - I_i^2}$ [A]

(4) 등가회로 작성 시 필요한 시험과 측정 가능한 성분

각 권선의 저항 측정

① 무부하 시험 : 철손, 여자(무부하)전류, 여자어드미턴스

② 단락시험 : 동손, 임피던스 와트(전압), 단락전류

(5) 등가회로

2차를 1차로 환산	1차를 2차로 환산
$V_1 = a V_2$ $I_1 = \frac{1}{a} I_2$ $Z_1 = a^2 Z_2$	$V_2 = \frac{1}{a} V_1$ $I_2 = a I_1$ $Z_2 = \frac{1}{a^2} Z_1$

(6) 임피던스 전압

변압기 임피던스를 구하기 위하여 2차 측을 단락하고 변압기 1차 측에 정격 전류가 흐를 때까지만 인가하는 전압

(7) 임피던스 와트

임피던스 전압을 걸 때 발생하는 전력[W]

(8) 철손

① 히스테리시스손 $P_h = f B^{1.6} = \frac{f^{1.6} B^{1.6}}{f^{0.6}} \propto \frac{E^{1.6}}{f^{0.6}}$

주파수의 0.6승에 반비례하고 유기기전력의 1.6승에 비례

② 와류손 $P_e = f^2 B^2 t^2 \rightarrow P_e \propto f^2 B^2 \propto E^2$

여기서, t : 강판의 두께(일정)

와류손은 전압의 2승에 비례할 뿐이고 주파수와는 무관하다.

(9) 백분율 전압강하

① %저항강하 $p=\dfrac{r_{21}I_{1n}}{V_{1n}}\times 100=\dfrac{P_c}{P_n}\times 100[\%]$

② %리액턴스강하 $q=\dfrac{x_{21}I_{1n}}{V_{1n}}\times 100[\%]$

③ %임피던스강하 $z=\dfrac{Z_{21}I_{1n}}{V_{1n}}\times 100=\sqrt{p^2+q^2}[\%]$

(10) 전압 변동률

$$\epsilon=\frac{V_{20}-V_{2n}}{V_{2n}}\times 100[\%]=p\cos\theta\pm q\sin\theta[\%]$$

→(+ : 지상 역률, - : 진상 역률)

(11) 전압 변동률의 최대값

① 최대 전압 변동률 $\epsilon_m=\sqrt{p^2+q^2}$

② 역률 $\cos\theta=\dfrac{p}{\sqrt{p^2+q^2}}$

(12) 변압기 효율(η)

① 전부하시 $\eta=\dfrac{P}{P+P_i+P_c}\times 100[\%]$

② $\dfrac{1}{m}$ 부하시 $\eta_{\frac{1}{m}}=\dfrac{\frac{1}{m}P}{\frac{1}{m}P+P_i+\left(\frac{1}{m}\right)^2P_c}\times 100[\%]$

③ 최대 효율 조건 $P_i=\left(\dfrac{1}{m}\right)^2P_c$

④ 최대 효율시 부하 $\dfrac{1}{m}=\sqrt{\dfrac{P_i}{P_c}}$

(13) 변압기 3상 결선

① Y결선의 특징

· $V_l=\sqrt{3}\,V_p$ · $I_l=V_p$

② △결선의 특징

· $V_i=V_p$ · $I_l=\sqrt{3}\,I_p$

③ V결선

㉮ 고장 전 출력(단상 변압기 3대 △결선)

$P_\triangle=3P[kVA]$

㉯ 변압기 1대 고장 후 출력(단상 변압기 2대 V결선)

$P_v=\sqrt{3}\,P[kVA]$

④ V결선 출력비 및 이용률

·출력비 57.7[%] ·이용률 86.6[%]

(14) 상수의 변환

① 3상 - 2상간 상수 변환

·스코트 결선(T결선)

·메이어 결선

·우드브리지 결선

② 3상 - 6상간의 상수의 변환

·환상 결선

·대각 결선

·2중성형 결선

·2중3각 결선

·포크 결선

(15) 변압기의 병렬 운전

① 변압기의 병렬 운전 조건

·극성이 같을 것

·정격전압과 권수비가 같을 것

·퍼센트 저항 강하와 리액턴스 강하비가 같을 것

·부하분담은 용량에 비례, %Z에는 반비례 할 것

$$\frac{I_a}{I_b}=\frac{P_a[KVA]}{P_b[KVA]}\times\frac{\%Z_b}{\%Z_a}$$

·상회전이 일치할 것

·각 변위가 같을 것

② 3상 변압기의 병렬 운전 결선

병렬 운전 가능	병렬 운전 불가능
$\triangle-\triangle$와 $\triangle-\triangle$	$\triangle-\triangle$와 $\triangle-Y$
$Y-\triangle$와 $Y-\triangle$	$\triangle-\triangle$와 $Y-\triangle$
$Y-Y$와 $Y-Y$	$Y-Y$와 $Y-\triangle$
$\triangle-Y$와 $\triangle-Y$	$Y-Y$와 $\triangle-Y$
$\triangle-\triangle$와 $Y-Y$	
$\triangle-Y$와 $Y-\triangle$	

(16) 변압기의 극성

① 감극성 변압기

- V의 지시값 $V = V_1 - V_2$
- U와 u가 외함의 같은 쪽에 있다.

② 가극성 변압기

- V의 지시값 $V = V_1 + V_2$
- U와 u가 대각선 상에 있다.

(17) 단권변압기

① $자기용량 = \frac{승압된\ 전압}{고압측\ 전압} \times 부하용량$

② 단권변압기 3상 결선

결선방식	Y결선	△결선	V결선
$\frac{자기용량}{부하용량}$	$\frac{V_h - V_l}{V_h}$	$\frac{V_h^2 - V_l^2}{\sqrt{3} V_h V_l}$	$\frac{2}{\sqrt{3}} \cdot \frac{V_h - V_l}{V_h}$

(18) 변압기 고장보호

- 브흐홀쯔계전기
- 비율차동계전기
- 차동계전기

(19) 변압기의 시험

① 개방회로 시험으로 측정할 수 있는 항목

- 무부하 전류
- 히스테리시스손
- 와류손
- 여자어드미턴스
- 철손

② 단락시험으로 측정할 수 있는 항목

- 동손
- 임피던스와트
- 임피던스 전압

③ 등가회로 작성시험

- 단락시험
- 무부하시험
- 저항측정시험

④ 변압기의 온도시험

- 실부하법
- 반환부하법
- 단락시험법

⑤ 변압기의 절연내력시험

- 유도시험
- 가압시험
- 충격전압시험

핵심 04 유도기

1. 유도전동기의 구조 및 원리

(1) 유도전동기의 기본 법칙

- 전자유도의 법칙이다.
- 자계와 전류 사이에 기계적인 힘이 작용한다는 법칙

(2) 회전자

농형 회전자	·중·소형에서 많이 사용 ·구조 간단하고 보수가 용이 ·효율 좋음 ·속도조정 곤란 ·기동토크 작음(대형운전 곤란)
권선형 회전자	·중·대형에서 많이 사용 ·기동이 쉬움 ·속도 조정 용이 ·기동토크가 크고 비례추이 가능한 구조

2. 유도전동기의 특성

(1) 동기속도

$$N_s = \frac{120f}{p}[\text{rpm}]$$

여기서, f : 주파수, p : 극수

(2) 슬립

$$s = \frac{N_s - N}{N_s} \quad \rightarrow (0 \le s \le 1)$$

① $N = (1-s)N_s = (1-s)\frac{120}{p}f$[rpm]

② $f_2' = sf_1$

③ $E_2' = sE_2$

④ $P_{c2} = sP_2$

⑤ $P_0 = (1-s)P_2$

⑥ $\eta_2 = (1-s) = \frac{N}{N_s}$

여기서, f_1 : 1차 주파수, f_2' : 2차에 유기되는 주파수

E_1 : 1차 유기 기전력, E_2 : 2차 유기 기전력

E_2' : 회전시 2차 유기 기전력, N_s : 동기속도

P_{c2} : 2차 동손, P_2 : 2차 입력, η_2 : 2차 효율

(3) 권선형 유도전동기의 비례추이

$$\frac{r_2}{s} = \frac{r_2 + R}{s_t}$$

여기서, s_t : 최대 토크 시 슬립, R : 외부 저항

① 비례추이의 특징

- 최대토크는 불변
- 슬립이 증가하면 기동전류는 감소, 기동토크는 증가

② 비례추이 할 수 있는 것

- 토크(T)
- 1차 전류(I_1)
- 2차 전류(I_2)
- 역률($\cos\theta$)
- 1차 입력(P_1)

③ 비례추이 할 수 없는 것

- 출력(P_0)
- 2차 동손(P_{c2})
- 2차 효율(η_2)
- 동기 속도(N_s)

(4) 원선도 작도 시 필요한 시험

- 무부하 시험
- 구속 시험
- 고정자 저항 측정
- 단락 시험

3. 유도 전동기의 기동법

(1) 권선형 유도전동기 기동 방식

- 2차 저항 기동법(비례추이 이용)
- 게르게스법
- 2차 임피던스 기동법

(2) 농형 유도전동기 기동 방식

① 전 전압 기동(직입 기동) : 5[HP] 이하 소용량

② Y-△ 기동 : 5~15[kw]

토크 $\frac{1}{3}$배 감소, 기동전류 $\frac{1}{3}$배 감소

③ 기동 보상기법

④ 리액터 기동법

⑤ 콘도르파법

4. 유도 전동기의 속도 제어법

(1) 권선형 유도전동기

① 2차 저항 제어(슬립제어)

② 2차 여자법

③ 종속법

㉮ 직렬 종속법 $N = \frac{120f}{p_1 + p_2}$[rpm]

㉯ 차동 종속법 $N = \frac{120f}{p_1 - p_2}$[rpm]

㉰ 병렬 종속법 $N = \frac{2 \times 120f}{p_1 + p_2}$[rpm]

(2) 농형 유도전동기

① 주파수 제어법 : 포트모터(방직 공장), 선박용 모터

② 극수 변환법

③ 전압 제어법

5. 유도전동기의 이상 현상

(1) 크로우링 현상

① 원인

- 공극 불일치
- 전동기에 고조파가유입될 때

② 방지책 : 사구(skew slot)를 채용

(2) 게르게스(Gerges) 현상

① 원인 : 3상 유도 전동기의 단상 운전

② 방지책 : 결상 운전을 방지함

6. 단상 유도전동기

(1) 단상 유도전동기의 특징

- 교번 자계에 의해 회전
- 별도의 기동 장치 필요

(2) 단상 유도전동기의 기동 토크가 큰 순서

반발 기동형 → 반발 유도형 → 콘덴서 기동형 → 콘덴서 전동기 → 분상 기동형 → 세이딩 코일형

7. 유도전압 조정기

(1) 단상과 3상의 공통점

- 1차권선(분로권선)과 2차권선(직렬권선)이 분리
- 회전자의 위상각으로 전압조정
- 원활한 전압조정

(2) 단상과 3상의 차이점

① 단상

- 교번자계 이용
- 입력전압과 출력전압의 위상이 같다.
- 단락권선 설치(단락권선 : 리액턴스 전압강하 방지)

② 3상

- 교번자계 이용
- 입력전압과 출력전압의 위상차가 있다.
- 단락권선이 없다.

(3) 전압 조정 범위

$V_2 = V_1 + E_2 \cos\alpha$ (위상각 $\alpha = 0 \sim 180$[°])

(4) 정격용량 및 정격출력

	정격용량	정격출력 (부하용량)
단상	$P = E_2 I_2$	$P = V_2 I_2$
3상	$P = \sqrt{3}\, E_2 I_2$	$P = \sqrt{3}\, V_2 I_2$

핵심 05 정류기

(1) 전력 변환기의 종류

① 인버터 : 직류 → 교류로 변환

② 컨버터 : 교류 → 직류로 변환

③ 초퍼 : 직류 → 직류로 직접 제어

④ 사이클로 컨버터 : 교류 → 교류로 주파수 변환

(2) 회전 변류기

① 전압비 : $\dfrac{E_a}{E_d} = \dfrac{1}{\sqrt{2}} \sin\dfrac{\pi}{m}$ → (m : 상수)

② 전류비 : $\dfrac{I_a}{I_d} = \dfrac{2\sqrt{2}}{m\cos\theta}$

여기서, E_a : 슬립링 사이의 전압[V]

E_d : 직류 전압[V]

I_a : 교류 측 선전류[A]

I_d : 직류 측 전류[A]

(3) 수은 정류기

① 원리 : 진공관 안에 수은 기체를 넣고 순방향에서는 수은 기체가 방전하고 역방향에서는 방전하지 않는 특성을 이용한다.

② 전압비 : 교류 전압(E_a)과 직류 전압(E_d)의 관계

$$\frac{E_a}{E_d}=\frac{\frac{\pi}{m}}{\sqrt{2}\sin\frac{\pi}{m}}$$

③ 전압비(3상) : $E_d=1.17E_a$

④ 전압비(6상) : $E_d=1.35E_a$

⑤ 전류비 : $\frac{I_a}{I_d}=\frac{1}{\sqrt{m}}$

여기서, E_a : 교류측 전압[V], E_d : 직류측 전압[V]

I_a : 교류측 전류[A], I_d : 직류측 전류[A]

m : 상수

⑥ 역호 : 수은 정류기가 역방향으로 방전되어 밸브 작용의 상실로 인한 전자 역류 현상

⑦ 이상전압 : 수은 정류기가 정류되지만 직류측 전압이 너무 높아 과열되는 현상이다.

⑧ 통호 : 수은 정류기가 지나치게 방전되는 현상(아크 유출)

⑨ 실호 : 수은 정류기 양극의 점호가 실패하는 현상(점호 실패)

(4) 정류회로

① 직류 평균 전압

㉮ 단상 반파 : $E_d=0.45E-e[V]$

㉯ 단상 전파 : $E_d=0.9E-e[V]$

㉰ 3상 반파 : $E_d=1.17E-e[V]$

㉱ 6상 반파 : $E_d=1.35E-e[V]$

② 역전압 첨두치

㉮ 단상 반파 : PIV=$E_m=\sqrt{2}E$ $[V]$

㉯ 단상 전파 : PIV=$2E_m=2\sqrt{2}E$ $[V]$

(5) SCR(사이리스터) : 위상 제어 소자

① SCR의 on 조건 : 게이트에 래칭전류 이상의 전류가 흐를 때

② SCR의 off 조건 : 애노드에 역전압이 인가되거나, 유지전류 이하가 될 때

③ 특성

- 위상제어소자로 전압 및 주파수를 제어
- 전류가 흐르고 있을 때 양극의 전압강하가 작다.
- 정류기능을 갖는 단일방향성3단자소자이다.
- 역률각 이하에서는 제어가 되지 않는다.

④ 유지전류 : 게이트를 개방한 상태에서 사이리스터 도통 상태를 유지하기 위한 최소의 순전류

⑤ 래칭전류 : 사이리스터가 턴온하기 시작하는 순전류

(6) 맥동률

$$\text{맥동률}=\sqrt{\frac{\text{실효값}^2-\text{평균값}^2}{\text{평균값}^2}}\times 100$$

$$=\frac{\text{맥동 전압의 교류분실효치}}{\text{직류 전압의 평균치}}\times 100[\%]$$

① 단상 반파 : 121[%]

② 단상 전파 : 48.4[%]

③ 단상 브리지 : 48.4[%]

④ 3상 반파 : 17[%]

⑤ 3상 브리지 : 4.2[%]

02

전기기기

Chapter 01

직류기

01 직류 발전기

1. 직류 발전기의 원리 및 구조

(1) 직류 발전기의 원리

모든 발전기는 반드시 자속을 발생시키는 계자 권선과 전력을 생산하는 전기자 권선이 있어야 발전기 가능하다.

발전기는 계자 권선에서 발생하는 자속 ∅[Wb]을 전기자 도체가 끊으면서 플레밍의 오른손 법칙에 따라 화살표 방향의 기전력이 유기된다.

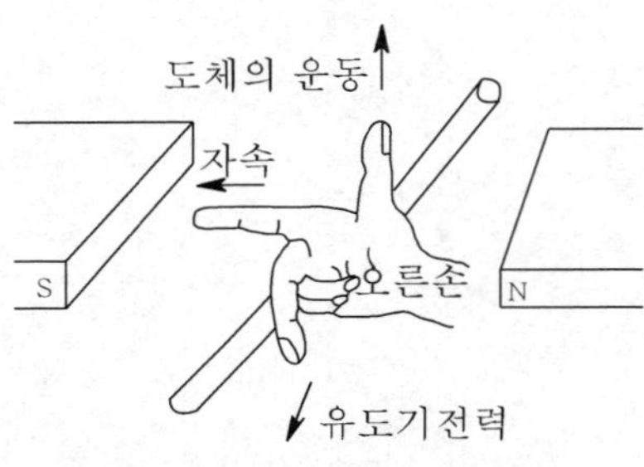

[플레밍의 오른손 법칙]

기전력의 순시치 $e = Blv[V]$

여기서, B : 자속밀도[wb/m^2], l : 도체의 유효 길이[m], v : 도체의 회전 속도 [m/s]

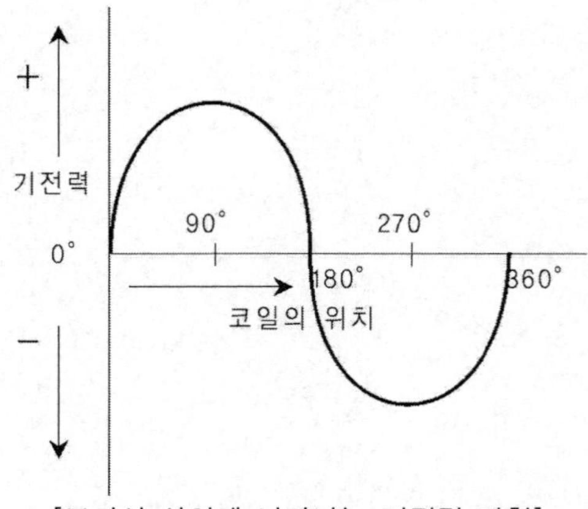

[브러시 사이에 나타나는 기전력 파형]

(2) 직류 발전기의 구조

직류 발전기를 실제 구성하는 주요 부문은 계자, 전기자, 정류자로 구성되면 이를 3대 요소라고 한다.

① 계자(Field)

- 계자는 계철, 자극 철심, 계자 권선으로 구성
- 자속을 만드는 부분
- 직류기에서 계자는 고정자
- 철심의 두께는 0.8~1.6[mm]
- 공극 (소형기 : 3[mm], 대형기 : 6~8[mm])

② 전기자(Amature)

- 전기자 권선과 철심으로 구성
- 계자에서 발생된 주자속을 끊어서 기전력을 유도
- 규소강판(규소 함유율 (3~5[%]))을 사용하여 히스테리시스손 감소
- 철심 0.35~0.5[mm] 두께로 여러 장 겹쳐서 성층하여 와류손 감소

③ 정류자(Commutator)

- 전기자에 유도된 기전력 교류를 직류로 변화시켜주는 부분으로 브러시와 함께 정류작용을 한다.
- 브러시의 정류자면 접촉압력은 0.15~0.25[kg/cm^2]
- 브러시를 중성축에서 이동시키는 것은 로커

④ 브러시(Brush)

- 내부 회로와 외부 회로를 전기적으로 연결하는 부분
- 정류자에 접촉하여 정류자와 함께 정류작용
- 브러시에는 탄소질과 흑연질이 있다.
- 탄소 브러시는 접촉 저항이 크게 때문에 양호한 정류를 얻기 위해 사용된다.

구분	특징
탄소질 브러시	·피치 코크스를 원료로 한 것으로 재질이 치밀하고 단단하며 연마성이 있다. ·저항률, 마찰계수가 다 같이 크고 허용 전류는 작다. ·소형기, 저속기 등에 많이 사용된다.
흑연질 브러시	·흑연질 브러시는 천연 흑연을 원료로 한 것인데 재질이 부드러우며 저항률, 접촉 저항이 작아 허용 전류가 크다. ·고속 또는 대 전류기에 많이 사용된다.
전기 흑연질 브러시	·피치코크스, 카본블록 등을 전기로에 의해 열처리를 하여 흑연화한 것을 원료로 한 것 ·불순물의 함유량이 적고, 접촉 저항이 크다. ·정류 능력이 높아 브러시로서 가장 우수하며, 각종 기계에 널리 사용된다.
금속 흑연질 브러시	·금속(주로 동)의 고운 가루와 흑연 분말과 혼합한 것을 원료로 한 것으로서 금속이 50[%]에서 90[%] 정도인 것까지 있다. ·저항률과 접촉 저항이 매우 낮고 허용 전류는 크다. ·동의 함유량에 따라 60[V] 이하의 저 전압, 대 전류 기기에 사용된다.

핵심기출 【산업기사】 13/2

저 전압 대 전류에 가장 적합한 브러시 재료는?

① 금속 흑연질　　② 전기 흑연질

③ 탄소질　　④ 금속질

정답 및 해설 [브러시의 종류 및 적용]

·탄소질 브러시 : 소형기, 저속기

·흑연질 브러시 : 대전류, 고속기

·전기 흑연질 브러시 : 일반 직류기

·금속 흑연질 브러시 : 저전압, 대전류

【정답】 ①

(3) 전기자 권선

전기자 권선을 접속하는 방법에는 고전압을 필요로 하는 경우와 저전압 대전류를 필요로 하는 경우 등 여러 가지 방법이 있다.

직류기의 전기자 권선법으로는 고상권, 폐로권, 이층권을 채택한다.

전기자 권선법은 다음과 같이 분류된다.

- 전기자권선
  - 환상권
  - 고상권
    - 개로권
    - 폐로권
      - 단층권
      - 2층권
        - 중권
        - 파권

[전기자 권선법의 분류]

① 환상권과 고상권

㉮ 환상권

·환상 철심에 권선을 안팎으로 감은 것

·철심 내부에 배치된 부분은 자속을 끊지 못하기 때문에 그 부분은 무효부분이 된다.

㉯ 고상권

·원통형 철심의 표면에서만 권선이 왔다 갔다 하도록 만든 것

·전 도체가 다 자속을 끊으므로 환상권보다 효율이 커진다.

※환상 권선은 설명이나, 기타의 경우에나 이용될 뿐이고, 실제에 이용되는 것은 모두 고상권선이다.

② 개로권과 폐로권

㉮ 폐로권

·[그림_a]에 표시해 놓은 권선은 권선의 어떤 점에서 출발하여도 권선도체를 따라가면 출발점에 되돌아와서 닫혀지고 폐회로가 된다. 이와 같은 권선을 폐로권이라 한다.

· 직류기의 권선은 전부 폐로권이다.

㉯ 개로권

· 몇 개의 개로된 독립 권선을 철심에 감은 것이다.

· 외부 회로에 접속되어야만 비로소 폐회로가 되는 권선이다.

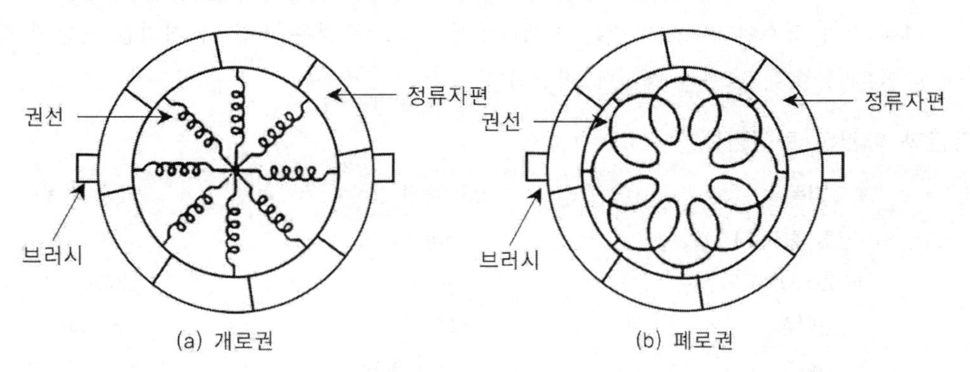

(a) 개로권 (b) 폐로권

③ 단층권과 2층권

· 고상권의 경우 한 도체와 이것에 접속된 다음 도체와는 대략 1자극 간격만큼 떨어진 위치에 있는데 이러한 한 쌍의 도체를 코일이라 하고, 각 도체를 각각 코일변(Coil Side)이라 한다.
이 코일변을 슬롯에 넣는 방법에 따라 단층권과 2층권으로 나누어진다.

· 단층권은 〈그림_a)와 같이 슬롯 1개에 코일변 1개만을 넣는 방법이며, 2층권은 〈그림_b〉)와 같이 슬롯 1개에 상·하 2층으로 코일변을 넣는 방법이다.

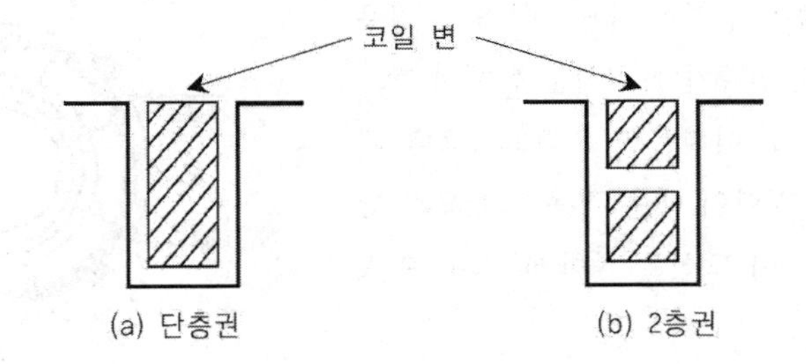

(a) 단층권 (b) 2층권

④ 중권과 파권

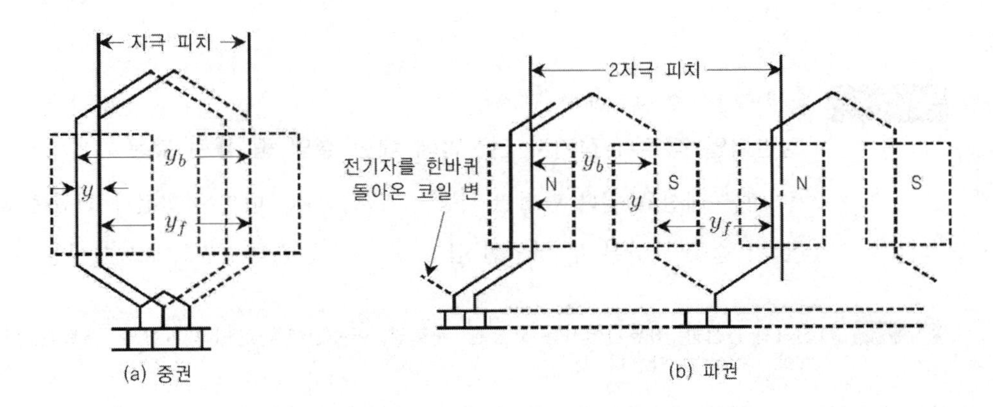

(a) 중권 (b) 파권

㉮ 중권 : 중권은 계속 겹쳐서 권선되기 때문에 (+)단자에 묶은 회로와 (−)단자에 묶은 회로가 독립적으로 존속되므로 병렬회로 수는 극수와 같다.

㉯ 파권 : 파권은 (+)단자에서 시작된 권선이 (+)단자에서 권선이 끝나며, (−)단자에서 시작된 권선은 (−)회로에서 끝나므로 언제나 병렬회로 수는 극수에 관계없이 2개뿐이다. 또한, 중권은 병렬회로 수가 극수와 같고, 파권은 언제나 2개이므로 중권은 대전류, 저전압 계통에 적당하고, 파권은 소전류, 고전압 계통에 적당하다.

[중권과 파권의 차이점]

항목	단중 중권	단중 파권
a(병렬 회로수)	$p(mp)$	2(2m)
b(브러시수)	p	2혹은 p
균압환	필요	불필요
용도	대 전류, 저 전압	소 전류, 고 전압

※ m : 다중도, p : 극수

※ 전기자 전 전류가 I 일 때 각각의 직렬 회로에 흐르는 전류

·파권 : $\frac{I}{2}$　　　·중권 : $\frac{I}{a}$

⑤ 균압환

·공극이 균일하지 않거나 계자의 자속분포가 일정하지 않을 때는 각 병렬 회로의 유기 전력이 불평형이 되는 경우가 있다. 이것 때문에 순환 전류가 브러시를 통해서 흐르고 정류가 잘 되지 않으므로 이것을 막으려고 〈그림〉과 같이 등전위가 되는 점을 저항이 매우 적은 도선으로 연결하면, 순환 전류가 전부 이 도선을 통하게 된다. 이것을 균압환이라 한다.

·파권으로 하면 균압환이 필요 없다.

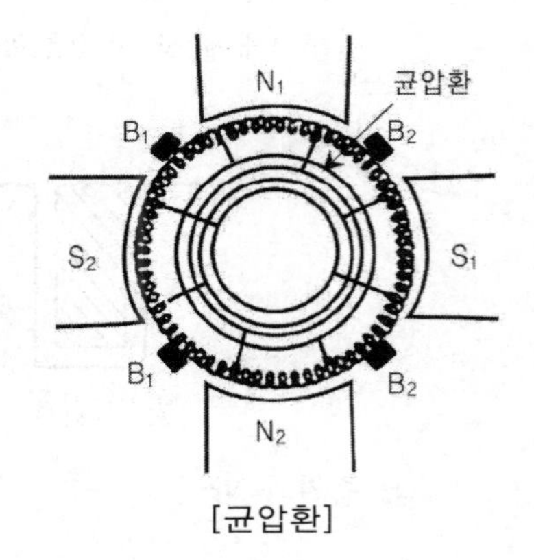

[균압환]

핵심기출 【기사】 04/1 08/1 09/3 【산업기사】 09/3 16/3 19/3

일반적인 직류기 전기자 권선법에 대한 설명 중 틀린 것은?

① 정류 개선을 위한 단절권 사용　　② 대부분 회전자 권선은 2층권

③ 각 슬롯에 다른 두 코일변 삽입　　④ 환상권, 개로권 사용

정답 및 해설 [전기자 권선법] 직류기에서는 고상권, 폐로권, 이층권이 사용되고 환상권, 개로권, 단층권은 현재 거의 사용되지 않는다.

【정답】 ④

2. 직류 발전기의 유기기전력

(1) 전기자 도체 한 개의 유기되는 기전력

유기기전력 $e = Blv\sin\theta$[V]

이때 전기자 도체가 계자와 90° 의 위치에 왔을 때 자속을 가장 많이 끊게 되어 유기기전력이 최대가 된다. 즉, $\theta = 90°$ 에서 유기기전력은 $e = Blv$[V]

주변속도 $v = \pi Dn$[m/s] → $\therefore e = Bl\pi Dn$[V] → (n : 전기자의 회전속도[rps])

매극당 자속 $\varnothing = BA[wb]$, 극수 p인 직류 발전기의 총 자속은 $p\varnothing = B_0A$[wb]

평균 자속밀도 $B_0 = \frac{p\varnothing}{A} = \frac{p\varnothing}{\pi Dl}$ → 전기자 면적 $A = \pi Dl[m^2]$

∴ 유기기전력 $e = B_0 l\pi Dn = B_0An = p\varnothing n$[V]

여기서, v[m/s] : 주변 속도, l[m] : 코일변의 유효길이, $B[\text{wb}/m^2]$: 자속밀도

l[m] : 코일변의 유효길이, D[m] : 전기자 직경, n[rps] : 전기자의 회전속도, p : 극수

$\varnothing$: 매 극당 자속수

(2) 전기자에 유도되는 전체 유기기전력

① 전체 유기기전력 $E = p\varnothing n\frac{z}{a}$[V] → ($n$: $[rps]$)

여기서, z : 총 도체수를, a : 병렬회로 수

② $K = \frac{pz}{a}$를 기계상수라 놓으면, 유기기전력 $E = K\varnothing n$[V]

③ 회전수가 N[rpm]일 때 유기기전력 $E = \frac{z}{a}p\varnothing\frac{N}{60}[V]$

※직류 발전기의 유기기전력은 자속과 회전수에 비례한다. 즉, $E \propto \varnothing n \propto I_f n$

핵심기출 【기사】 04/1 07/3 【산업기사】 07/1 08/3

극수 8, 중권 직류기의 전기자 총 도체수 960, 매극 자속 0.04[Wb], 회전수 400[rpm]이라면 유기 기전력은 몇 [V]인가?

① 625 ② 425 ③ 327 ④ 256

정답 및 해설 [직류 발전기의 유기기전력] $E = p\phi\frac{N}{60}\cdot\frac{z}{a}[V]$ → 중권이므로 $a = p = 8$

$E = p\phi\frac{N}{60}\cdot\frac{z}{a} = 8\times 0.04\times\frac{400}{60}\times\frac{960}{8} = 256[V]$ 【정답】 ④

3. 직류 발전기의 전기자 반작용

(1) 전기자 반작용이란?

① 정의 : 전기자에 흐르는 전류에 의해서 발생된 전기자 자속이 계자의 자속에 영향을 주는 현상

② 감자 기자력 : 전류에 의한 자속은 계자의 자속과 정반대의 자속이 분포되어 계자의 자속을 감소시키는 감자작용이 일어나게 된다. 이때 이 기자력을 감자기자력이라 한다.

③ 교차 기자력 : 자속이 계자의 주자속과 교차하게 되어 교차자화작용(편자작용)을 일으키며, 이 기자력을 교차기자력이라 한다.

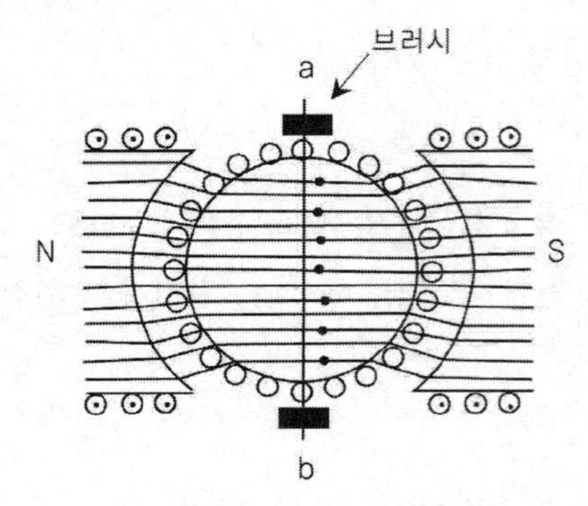

[계자 기자력만에 의해 생기는 자속의 분포도] [전기자 기자력만에 의해 생기는 자속의 분포도]

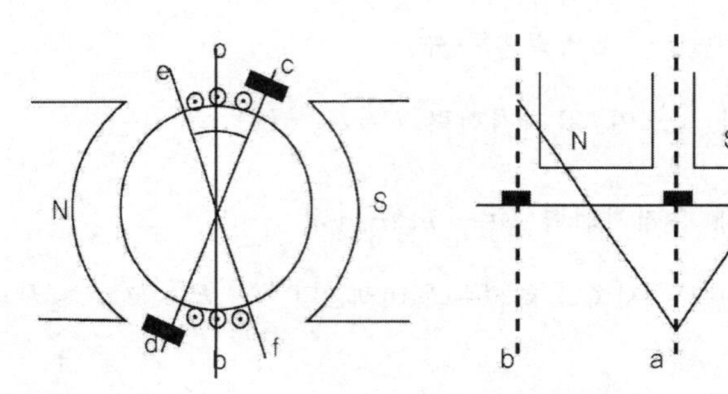

[감자 자화 작용]

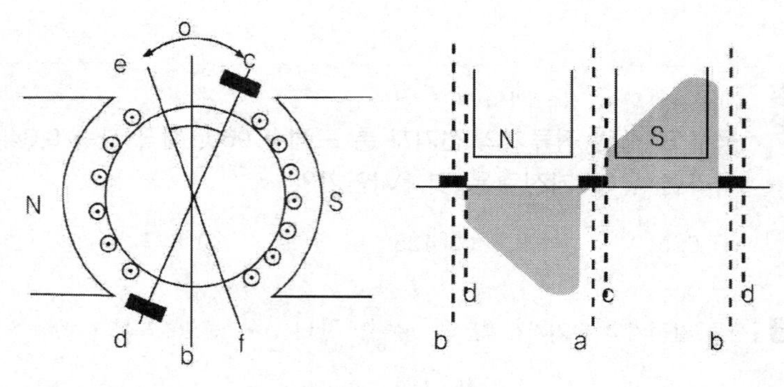

[교차 자화 작용]

(2) 전기자 반작용에 의한 2분력

① 매극당 감자기자력 $AT_d = \frac{z}{2p}\frac{I_a}{a}\frac{2\alpha}{180}$ [AT/pole]

② 매극당 교차기자력 $AT_c = \frac{z}{2p}\frac{I_a}{a}\frac{\beta}{180}$ [AT/pole]

여기서, p : 극수, z : 총도체수, $\frac{I_a}{a}$: 직렬 회로의 전류, a : 브러시 이동각, $\frac{z}{2p}$: 매극당 권수

(3) 전기자 반작용의 영향

- 전기적 중성축 이동
  (발전기 : 회전 방향으로 이동, 전동기 : 회전 방향과 반대 방향으로 이동)
- 정류자 편간의 불꽃 섬락 발생
- 브러시에서 섬락이 발생
- 주자속이 감소

(4) 전기자 반작용의 대책

① 브러시 이동

㉮ 발전기 : 브러시를 중성 축에서 회전 방향으로 앞서게

㉯ 전동기 : 브러시를 회전 방향과 반대 방향으로 이동하면 된다.

② 보상권선 설치 (가장 유효한 방법)

- 대부분의 전기자 반작용 상쇄
- 전기자권선과 직렬로 접속, 전기자 전류의 반대 방향으로 전류를 흐르게 하여 전기자 기자력을 상쇄시키도록 한다.

③ 보극 설치

- 계자극 부분의 계자극과 90° 위치에 보극을 설치하여 전기자 권선과 직렬로 연결한 권선
- 중성축 부근의 전기자 반작용 상쇄

핵심기출 【기사】 10/1 16/2 16/3 【산업기사】 17/2 17/3

직류기의 전기자 반작용 결과가 아닌 것은?

① 주자속이 감소한다. ② 전기적 중성축이 이동한다.

③ 주자속에 영향을 미치지 않는다. ④ 정류자편 사이의 전압이 불균일하게 된다.

정답 및 해설 [전기자 반작용의 영향] ③ 주자속이 감소한다.

【정답】 ③

4. 직류 발전기의 정류 작용

(1) 정류 작용의 정의

교류를 직류로 변환하는 것을 정류라고 한다.

직류 발전기의 경우 전기자에 유기된 기전력 교류를 직류로 변환시켜 주는 부분은 정류자와 브러시에 의하여 직류를 얻을 수 있다.

브러시가 편과 편을 단락시키는 시간 동안만 정류가 일어나게 된다.

(2) 정류 곡선 및 정류 주기

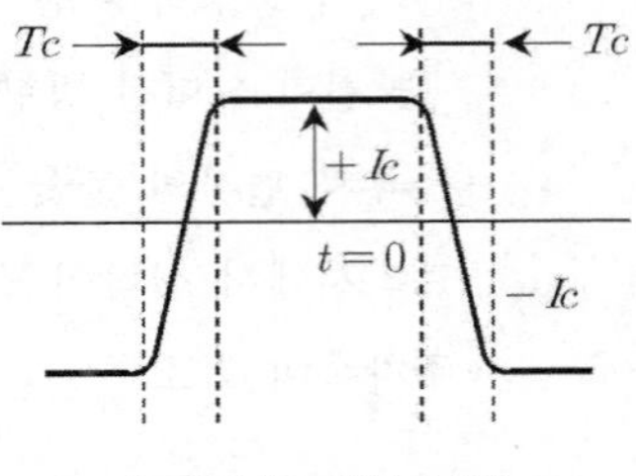

[코일 내의 전류 변화]

① 정류 곡선 : 〈그림〉의 T_c사이에 $+I_c$에서 $-I_c$로 변환한다.

이 정류 변화를 나타내는 곡선을 정류 곡선이라고 한다.

② 정류 주기 : 이때 시간을 정류주기라고 한다.

정류자 주변속도를 v_c[m/s]라고 하면

정류주기 $T_c = \dfrac{b-\delta}{v_c} = \dfrac{b-\delta}{\pi DN}$[sec]

여기서, b : 브러시 두께, δ : 절연물 두께

V_c : 정류자 주변속도 ($V_c = \pi Dn$[m/s]), D : 정류자 지름, N : 회전수

(3) 정류곡선의 종류

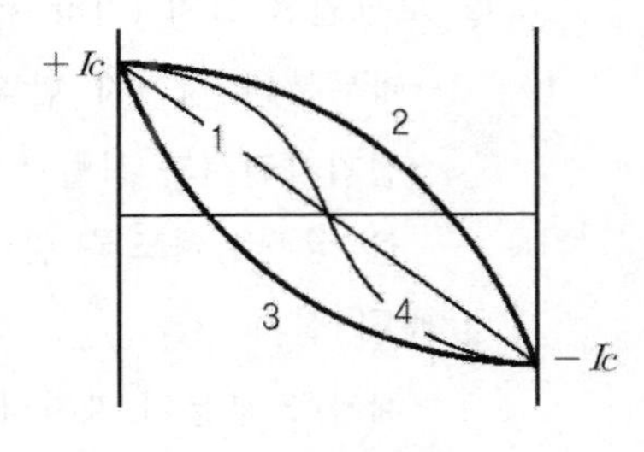

[정류 곡선의 종류]

① 직선정류 : 〈그림〉의 1번 곡선으로 가장 이상적인 정류곡선

② 부족정류 : 〈그림〉의 2번 곡선으로 정류 말기에 브러시 후단부에서 전류가 급격히 변화하므로 단락되는 코일의 인덕턴스에 의하여 큰 전압이 발생하고 브러시의 뒤쪽에서 불꽃이 발생된다.

③ 과정류 : 〈그림〉의 3번 곡선으로 정류 초기에 브러시 전단부에서 전류가 지나치게 급히 변화되어 높은 전압이 발생, 브러시 앞부분에 불꽃이 발생한다.

④ 정현정류 : 〈그림〉의 4번 곡선으로 전류가 정현파로 표시되는 것으로 전류가 완만하므로 브러시 전단과 후단의 불꽃 발생은 방지할 수 있다.

(4) 정류코일의 리액턴스 전압

코일에는 반드시 인덕턴스 L이 있으므로 전류의 값이 변화하면 렌쯔의 법칙에 의하여 전류의 변화를 방해하는 자기 유도기전력이 유기되는데, 이것을 리액턴스 전압이라고 한다.

정류주기 내 전류는 I_c에서 $-I_c$로 변화하므로 단락 코일의 평균 자기유도기전력 E

$$E = \frac{dI}{dT} = L\frac{I_c - (-I_c)}{T_c} = L\frac{2I_c}{T_c}$$

(5) 정류전압

인덕턴스 때문에 전류의 방향 변화가 방해 당하는 것을 막고 불꽃이 나지 않는 정류를 시키자면, 자기 유도기전력을 상쇄해 줄 만한 반대 방향의 기전력을 단락 코일에 유기시켜야 한다.

이러한 기전력을 정류를 잘되게 하기 위한 전압이라는 의미에서 정류전압 혹은 전압정류라고 한다.

(6) 저항정류

브러시와 정류자편의 접촉면은 커다란 접촉저항을 갖게 하기 위해서 탄소질의 브러시를 쓴다.

접촉저항을 크게 해두면 단락코일에 흐르는 단락전류가 작아지고 정류 곡선이 직선 정류에 근접하여 정류가 쉽게 행해진다.

이 접촉저항에 의한 정류를 저항정류라고 한다.

(7) 정류작용을 나쁘게 하는 요인

- 리액턴스 전압이 너무 클 때
- 보극이 없거나 보극의 위치가 부적당할 때
- 브러시의 위치 및 재질이 나쁠 때

※보극 설치 효과 : ① 정류자의 불꽃 방지로 정류 효율을 좋게 한다.
② 리액턴스 전압을 상쇄시켜 정류 효율을 좋게 한다.

(8) 불꽃 없는 양호한 정류를 얻는 방법

- 브러시의 접촉저항이 클 것 (탄소 브러시 사용)
- 평균 리액턴스 전압이 작을 것
- 보극 설치
- 정류주기가 길어야 한다(회전속도를 낮춘다).
- 코일의 자기인덕턴스를 줄인다(단절권 채용).

핵심기출 【기사】 07/2 08/1

직류 발전기에서 회전 속도가 빨라지면 정류가 힘드는 이유는?

① 정류 주기가 길어진다. ② 리액턴스 전압이 커진다.

③ 브러시 접촉 저항이 커진다. ④ 정류 자속이 감소한다.

정답 및 해설 [정류] 발전기의 회전 속도가 빨라지면 정류 주기가 T_c가 짧게 되므로 리액턴스 전압 $e_L = L\frac{2I_c}{T_c}[V]$가 증대되어 정류가 불량해진다. 【정답】 ②

5. 직류 발전기의 종류

(1) 직류 발전기의 종류

직류 발전기에는 계자의 전류를 흘려주는 여자 방식에 따라 타여자 발전기와 자여자 발전기로 분류된다.

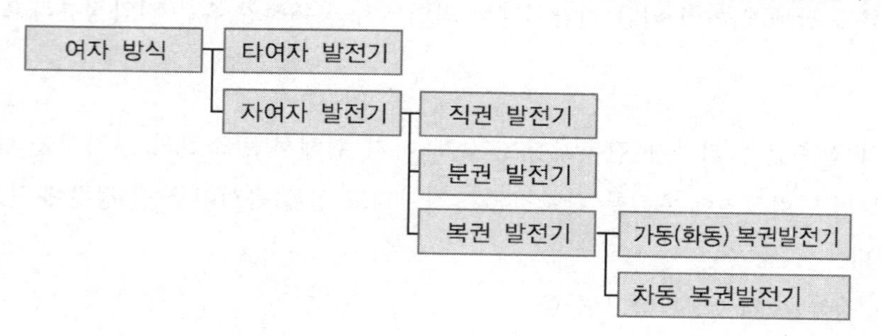

(2) 타여자 발전기

① 타여자 발전기의 구조

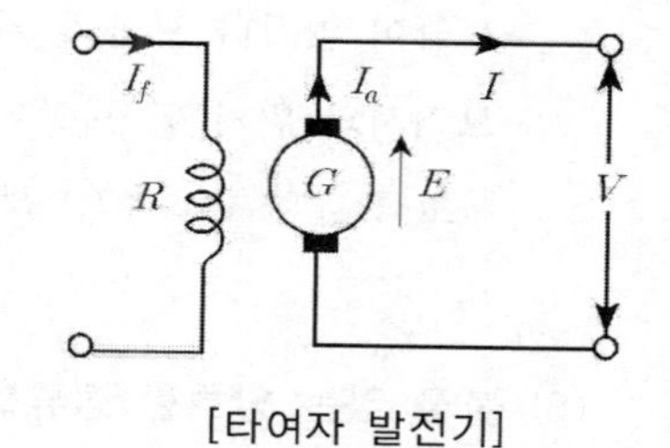

[타여자 발전기]

- 타여자 발전기는 계자와 전기자가 별개의 독립적으로 되어 있는 발전기로서, 발전기 외부에 별도의 여자 장치가 있다.
- 잔류자기가 없어도 발전 가능
- 운전 중 전기자 회전 방향 반대 (+, − 극성이 반대로 발전)

② 타여자 발전기의 용도

- 대형 교류 발전기의 여자 전원용
- 직류 전동기 속도 제어용 전원 등에 사용

③ 타여자 발전기의 주요 특징

- 전기자 전류 $I_a = I$
- 부하에 걸리는 단자전압 $V = E - I_a R_a [V]$이므로 유기 기전력은 $E = V + I_a R_a [V]$
- 무부하시 $I_a = I = 0$이므로 무부하 단자전압 $V_0 = E$

여기서, I_a : 전기자 전류, R_a : 전기자 저항, E : 유기 기전력, V : 단자 전압, I : 부하 전류

I_f : 계자 전류

핵심기출 【기사】 04/3 06/3 【산업기사】 14/3

다음 중 직류 발전기의 계자 철심에 잔류 자기가 없어도 발전을 할 수 있는 발전기는?

① 타여자 발전기 ② 분권 발전기

③ 직권 발전기 ④ 복권 발전기

정답 및 해설 [타여자 발전기] 잔류자기가 없어도 발전 가능 【정답】 ①

(3) 자여자 발전기

계자권선의 여자전류를 자기 자신의 전기자 유기전압에 의해 공급하는 발전기
종류로는 분권 발전기, 직권 발전기, 복권 발전기 등이 있다.

① 직권 발전기

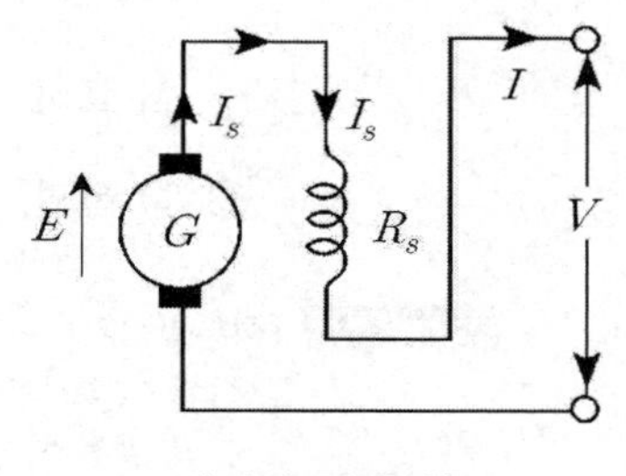

[직권 발전기]

- 계자, 전기자, 부하가 직렬로 구성
- 직렬 회로이므로 부하에 따라 전압 변동이 심하다.
- 단자전압 $V=E-I_aR_a-I_sR_s=E-I_a(R_a+R_s)[V]$에서
  유기기전력 $E=V+I_a(R_a+R_s)$
- $I=I_a=I_s=\frac{P}{V}[A]$
  무부하시 $I=I_a=I_s$이므로 계자에 전류가 흐르지 못하므로 자속이 발생되지 않는다. 따라서 전기자에 기전력이 유기되지 않아 무부하시 단자 전압 $V_0=0$이므로 직권 발전기는 무부하시 전압이 확립되지 않는다. 즉, 발전이 되지 않는다.

② 분권 발전기

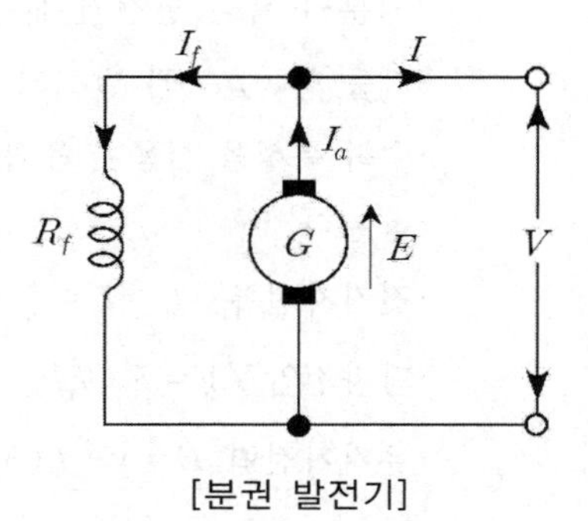

[분권 발전기]

- 전기자와 계자 권선이 병렬로 구성
- 타여자 발전기보다 부하에 의한 전압 변동이 크다.
- 여자 전류를 얻기 위한 잔류 자기가 필요하다.
- 전기 화학용 축전지의 충전용 전원
- 동기기의 여자용 전원
- 전기자 전류 $I_a=I_f+I \quad \rightarrow (I_f=\frac{V}{R_f},\ I=\frac{P}{V})$
- 단자전압 $V=E-I_aR_a[V]$
- 유기 기전력 $E=V+I_aR_a$
- 무부하시 부하 전류 $I=0$이므로 $I_a=I_f$

핵심기출 【기사】 19/1

다음 (   )안에 알맞은 것은?

> 직류 발전기에서 계자권선이 전기자에 병렬로 연결된 직류기는 (ⓐ) 발전기라 하며, 전기자권선과 계자권선이 직렬로 접속한 직류기는 (ⓑ) 발전기라 한다.

① ⓐ 분권, ⓑ 직권 ② ⓐ 직권, ⓑ 분권

③ ⓐ 복권, ⓑ 분권 ④ ⓐ 자여자, ⓑ 타여자

정답 및 해설 [직류발전기]

- 직권 발전기 : 계자권선, 전기자권선, 부하가 직렬로 구성
- 분권 발전기 : 전기자권선과 계자권선이 병렬로 접속

【정답】 ①

③ 복권 발전기

- 계자와 전기자가 직·병렬로 접속되어 있는 발전기
- 내분권, 외분권으로 구성되며, 복권 발전기의 표준은 외분권 복권 발전기이다.
- 가동(화동) 복권 발전기, 차동복권 발전기가 있다.
- 수하 특성을 이용한 용접용 발전기, 누설 변압기에 이용된다.
- 전기자전류 $I_a = I_s = I_f + I$
- 단자전압 $V = E - I_a R_a - I_s R_s [V] = E - I_a (R_a + R_s)$
- 유기기전력 $E = V + I_a (R_a + R_s)$

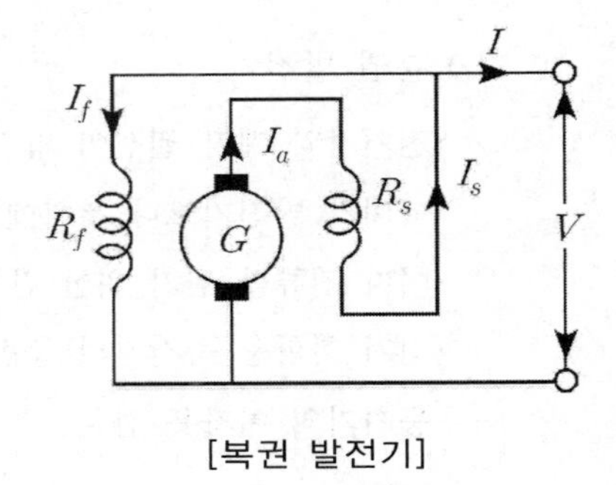

[복권 발전기]

㉮ 가동(화동) 복권 발전기

- 직권 계자 코일에 흐르는 전류와 복권 계자 권선의 흐르는 전류가 같은 방향일 때 직권 계자의 자속과 분권 계자의 자속이 합하여지는 발전기
- 직권 계자 전류에 따라서, 분권 계자에 흐르는 전류의 크기가 변화되는데 이 변화 상태에 따라 다시 다음과 같이 분류

과복권	$V_0 < V$ ($\epsilon = -$ 값)
평복권	$V_0 = V$ ($\epsilon = 0$)
부족복권	$V_0 > V$ ($\epsilon = +$ 값) (V_0 : 무부하 단자 전압, V : 정격전압)

㉯ 차동 복권 발전기 : 직권 계자 코일의 전류와 분권 계자 코일의 전류가 반대 방향일 때 직권 계자의 자속과 분권 계자의 자속이 서로 상쇄되는 발전기

핵심기출 【기사】 10/2

직류 발전기의 종류별 특성 설명 중 틀린 것은?

① 타여자 발전기 : 전압강하가 적고 계자전압은 전기자전압과 관계없이 설계된다.

② 분권 발전기 : 타여자 발전기와 같이 전압변동률이 적고, 다른 여자 전원이 필요 없다.

③ 가동복권 발전기 : 단자전압을 부하의 증감에 관계없이 거의 일정하게 유지할 수 있다.

④ 차동복권 발전기 : 부하의 변화에 따라 전압이 변화하지 않는 특성이 있는 발전기이다.

정답 및 해설 [직류 발전기]

·가동복권발전기는 병렬 권선과 직렬 권선의 자속의 방향이 같도록 하여 단자전압이 일정하도록 한 특성

·차동복권 발전기는 병렬 권선과 직렬 권선의 자속의 방향을 반대로 하여 부하가 증가하면 계자의 자속이 감소하여 단자전압을 낮추도록 되어있다.

【정답】 ④

6. 직류 발전기의 특성 곡선

(1) 특성 곡선이란?

발전기 특유의 성질, 즉 특성을 표시할 때, 기본이 되는 여러 가지 양은

I_f : 계자전류 [A], I_a : 전기자전류, I : 부하전류, E : 유기기전력, V : 단자전압, n : 회전속도[rps]

등이고, 이들 상호의 관계를 나타내는 곡선을 특성곡선이라고 한다.

발전기는 정격 속도에 있어서의 특성을 표시한 것이 사용된다.

특성 곡선에는 다음과 같은 것이 있다.

① 무부하 특성 곡선

·정격 속도에서 무부하 상태에서 계자 전류(I_f)의 변화에 따른 유기 기전력(E)의 변화 특성 곡선

·발전기의 고유한 특성을 파악할 수 있는 곡선이다.

② 부하 특성 곡선

직류 발전기가 정격 속도에서 I를 정격값으로 유지했을 때 계자전류(I_f)와 단자전압(V)과의 관계를 나타내는 곡선 (I의 값으로는 정격값의 $\frac{3}{4}$, $\frac{1}{2}$ 등을 사용)

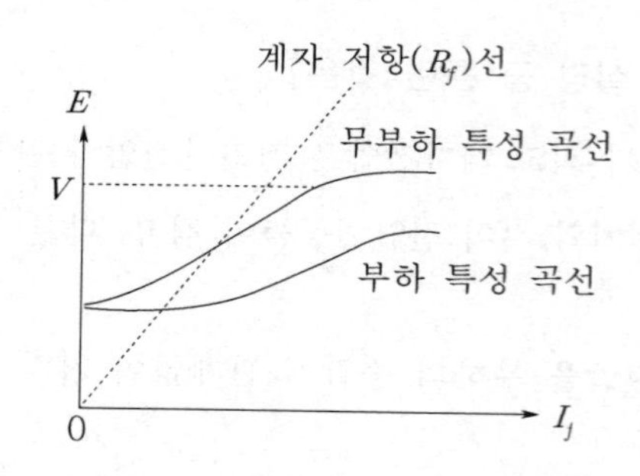

[무부하 특성 곡선 및 부하 특성 곡선]

[직류 발전기 특성 곡선의 요약]

구분	횡축	종축	조건
무부하 포화 곡선	I_f	$V(=E))$	$n=$ 일정, $I=0$
외부 특성 곡선	I	V	$n=$ 일정, $R_f=$ 일정
내부 특성 곡선	I	E	$n=$ 일정, $R_f=$ 일정
부하 특성 곡선	I_f	V	$n=$ 일정, $I=$ 일정
계자 조정 곡선	I	I_f	$n=$ 일정, $V=$ 일정

(2) 직류 발전기의 외부 특성 곡선 (V와 I와의 관계 곡선)

① 외부 특성 곡선의 정의

정격 속도에서 부하 전류 I와 단자 전압 V가 정격값이 되도록 I_f를 조정한 후, 계자 회로의 저항을 일정하게 유지하면서 부하 전류 I를 변화시켰을 때 I와 V의 관계를 나타내는 곡선

② 발전기 종류별 외부 특성 곡선

㉮ 타여자·분권·차동 복권 발전기

·분권 계자와 직권 계자가 반대로 작용하는 것으로, 부하 전류가 증가한 경우의 단자 전압의 감소가 크다. 이 같은 특성을 수하특성이라 한다.

·정전류 전원, 즉 직류 전기 용접기 등 특수한 경우에 쓰이는데 보통은 화동(가동)복권이다.

㉯ 평복권 발전기

·차동 복권 발전기에서는 직권 기자력을 적당히 하면, 전부하에서도 거의 동일 단자 전압

·정전압 전원으로 사용

㉰ 직권·과복권 발전기

- 전부하로 바꿔서 전압을 높이고 선로의 전압 강하를 보충해서 부하의 단자 전압을 일정하게 유지할 수 있다.
- 발전기에서 부하까지의 거리가 길고 그 사이의 저항 강하를 보상해야만 하는 경우

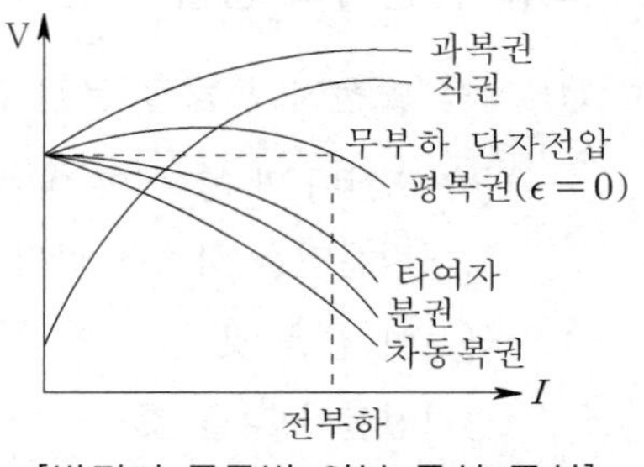

[발전기 종류별 외부 특성 곡선]

(3) 자여자 발전기의 전압 확립 조건

- 계자에 잔류 자기가 있을 것
- 계자의 저항은 임계 저항보다 작을 것
- 회전자의 방향은 잔류자기와 같은 방향일 것(잔류자기의 방향과 회전자 방향이 동일할 것)

(4) 직류 발전기의 전압 변동률

발전기를 정격속도로 운전하여 정격전압 및 정격전류가 흐르도록 계자 저항을 조정한 후 갑자기 무부하로 하면 정격전압이 변화한다. 이때의 전압 변동의 정도를 전압변동률이라고 한다.

전압 변동률 $\epsilon = \frac{V_0 - V_n}{V_n} \times 100$ →(V_0 : 무부하 단자 전압, V_n : 정격전압)

① $\epsilon(+)$: 타여자, 분권, 부족, 차동복권 → ($V_0 > V_n$)

② $\epsilon = 0$: 평복권 → ($V_0 \fallingdotseq V_n$)

③ $\epsilon(-)$: 직권, 과복권 → ($V_0 < V_n$)

핵심기출 【기사】 16/2

정격 200[V], 10[kW] 직류 분권발전기의 전압변동률은 몇 [%]인가? (단, 전기자 및 분권계자 저항은 각각 $0.1[\Omega]$, $100[\Omega]$이다.)

① 2.6 ② 3.0 ③ 3.6 ④ 4.5

정답 및 해설 [직류 분권 발전기의 전압변동률] $\epsilon = \frac{V_o - V_n}{V_n} \times 100[\%]$

- 직류 분권발전기의 계자전류 $I_f = \frac{V}{R_f} = \frac{200}{100} = 2[A]$
- 부하전류 $I = \frac{P}{V} = \frac{10000}{200} = 50[A]$ ·전기자전류 $I_a = I + I_f = 50 + 2 = 52[A]$
- 무부하전압 $V_0 = V + I_a R_a = 200 + 52 \times 0.1 = 205.2[V]$

∴ 전압변동률 $\epsilon = \frac{V_o - V_n}{V_n} \times 100 = \frac{205.2 - 200}{200} \times 100 = 2.6[\%]$ 【정답】 ①

7. 직류 발전기의 병렬 운전

(1) 직류 발전기의 병렬 운전 조건

다음 조건이 만족되어야 병렬운전이 가능하며 특히 복권 발전기와 직권 발전기는 꼭 균압선을 설치하고 병렬운전을 하여야 한다(안정운전).

- 극성이 같을 것
- 정격전압이 같을 것
- 두 발전기의 외부 특성이 약간의 수하 특성을 가질 것
- 용량이 같으면 각 발전기의 외부 특성 곡선이 같을 것
- 용량이 다를 경우[%] 부하 전류로 나타낸 외부 특성 곡선이 거의 일치할 것

※균압선을 반드시 설치하여야 하는 발전기는 직권·복권 발전기

(2) 병렬 운전 시 부하의 분담

- 부하 분담은 두 발전기의 단자 전압이 같아야 하므로 유기전압(E)과 전기자 회로의 저항 R_a에 의해 결정된다.
- 저항의 같으면 유기 전압이 큰 측이 부하를 많이 분담
- 유기전압이 같으면 전기자 회로 저항에 반비례해서 분담
- 계자전류가 증가하면 부하분담이 증가
- 계자전류가 감소하면 부하분담이 감소
- $E_1 - R_{a1}(I_1 + I_{f1}) = E_2 - R_{a2}(I_2 + I_{f2}) = V$

여기서, E_1, E_2 : 각 기의 유기전압[V], R_{a1}, R_{a2} : 각 기의 전기자저항[Ω]

I_1, I_2 : 각 기의 부하 분담 전류[A], I_{f1}, I_{f2} : 각 기의 계자전류[A], V : 단자전압

핵심기출 【기사】 13/1 18/3

직류 발전기의 병렬 운전에서 부하 분담의 방법은?

① 계자전류와 무관하다.

② 계자전류를 증가하면 부하분담은 감소한다.

③ 계자전류를 증가하면 부하분담은 증가한다.

④ 계자전류를 감소하면 부하분담은 증가한다.

정답 및 해설 [직류 발전기 병렬 운전 시 부하의 분담]

- 계자전류가 증가하면 부하분담이 증가
- 계자전류가 감소하면 부하분담이 감소

【정답】 ③

02 직류 전동기

1. 직류 전동기의 원리 및 구조

(1) 직류 전동기의 원리

직류 전동기의 구조는 직류 발전기와 같다.

직류 전동기는 플레밍의 왼손 법칙을 적용

직류 전동기의 종류에는 발전기와 같이 여자 방식에 따라 타여자 전동기, 분권 전동기, 직권 전동기, 복권 전동기(가동복권, 차동복권)로 분류된다.

※발전기 : 플레밍의 오른손 법칙

[플레밍의 왼손법칙]

전자력의 방향을 결정하는 법칙

· 엄지 : 힘의 방향(전자력)

· 검지 : 자기장의 방향(자속밀도)

· 중지 : 전류의 방향(전류)

힘 F

자계 B

왼손

전류 I

(2) 직류 전동기의 회전력(토크)

1[kg·m]의 토크란 회전축에서 1[m] 떨어진 곳에 1[kg]의 물체가 중력으로 인하여 회전하는 힘

토크의 단위 [kg·m], 또는 $[N \cdot m]$

모든 전동기의 토크는 출력에 비례하고 속도에 반비례

① 타여자 전동기, 분권 전동기의 토크

㉮ 토크의 단위를 [Kg·m] : 토크 $T = \dfrac{P_m}{2\pi \dfrac{N}{60} \times 9.8}$ [Kg·m]

$$= 0.975\frac{P_m}{N} \text{[Kg·m]} \quad \rightarrow (1[\text{N·m}] = \frac{1}{9.8}[\text{kg·m}])$$

㉯ 토크의 단위를 [N·m] : 토크 $T = \dfrac{P_m}{\omega} = \dfrac{P_m}{2\pi n} = \dfrac{60EI_a}{2\pi N} = 9.55\dfrac{EI_a}{N}$ [N·m]

② 직류 전동기 토크 $T = \dfrac{E_c I_a}{2\pi n} = \dfrac{p \varnothing n \frac{z}{a} I_a}{2\pi n} = \dfrac{pz}{2\pi a} \varnothing I_a$[N.m] $\rightarrow$ (역기전력 $E_c = p\varnothing n \dfrac{z}{a}[V]$)

$$= K\varnothing I_a [\text{N} \cdot \text{m}] \quad \rightarrow (K = \frac{pz}{2\pi a})$$

여기서, E_c : 역기전력[V], p : 극수, $\varnothing$: 자속, I_a : 전기자 전류[A], n : 초당 회전수[rps]
N : 초당 회전수[rpm], z : 전체 도체수, a : 내부 병렬 회로수, P_m : 전동기 출력

③ 직권 전동기의 토크

·직권 전동기는 $I_a = I = I_s$가 되고 $I_s \propto \varnothing$로써 정비례하게 되므로 $T \propto \varnothing I_a$에서 $T \propto I_s I_a \propto I_a^2 \propto I^2$

즉, 직권 전동기의 토크(T)는 부하전류의 2승에 비례한다.

· $T \propto \frac{1}{N}$을 $T \propto I^2$에 대입하면, $T \propto \frac{1}{N^2}$로 되어 직권 전동기 토크는 속도의 2승에 반비례

· 토크 $T = \frac{E_c I_a}{2\pi n} = \frac{p\varnothing n \frac{z}{a} I_a}{2\pi n} = \frac{pz}{2\pi a}\varnothing I_a = K\varnothing I_a = KI_a^2[\mathrm{N \cdot m}] \rightarrow (K = \frac{pz}{2\pi a})$

· 직류 직권 전동기 토크와 속도와의 관계 $T \propto \varnothing I_a = I_a^2 \propto \frac{1}{N^2}$

핵심기출 【기사】 19/1

직류 분권전동기가 전기자전류 100[A]일 때 50[kg · m]의 토크를 발생하고 있다. 부하가 증가하여 전기자전류가 120[A]로 되었다면 발생 토크[kg · m]는 얼마인가?

① 60 ② 67 ③ 88 ④ 160

정답 및 해설 [직류 분권 전동기의 토크] $T = \frac{E_c I_a}{2\pi n} = \frac{p\varnothing n \frac{z}{a} I_a}{2\pi n} = \frac{pz}{2\pi a}\varnothing I_a[\mathrm{N.m}]$

$T \propto I_a,\ T \propto \frac{1}{N} \rightarrow \frac{T'}{T} = \frac{I_a'}{I_a} \rightarrow T' = T \times \frac{I_a'}{I_a} = 50 \times \frac{120}{100} = 60[kg \cdot m]$ 【정답】 ①

(3) 직류 전동기의 회전수(속도)

① 타여자 전동기, 분권 전동기

㉮ 회전 속도 $n = K\frac{E_c}{\varnothing} = K\frac{V - I_a R_a}{\varnothing}[\mathrm{rps}] \rightarrow$ (역기전력 $E_c = V - I_a R_a[V]$, $K = \frac{a}{pz}$)

㉯ 출력 $P = E_c I_a = 2\pi n T[\mathrm{W}]$

※타여자 전동기의 회전 방향 : 공급 전원의 방향을 반대로 하면 회전 방향은 반대로 된다.

※분권 전동기의 회전 방향 : 공급전원의 방향을 반대로 하면 계자전류의 방향도 반대로 되어 회전 방향은 바뀌지 않는다.

※분권 전동기가 위험 상태에 놓일 때는 정격 전압 무여자 일 때, 즉 I_f=0 → $\varnothing$=0 → n=∞가 되어 위험 (계자 회로가 단선이 되면 자속 $\varnothing$가 0이 되어 경부하시에는 원심력에 의해 기계가 파괴될 정도의 과속도에 도달할 수 있으므로 주의해야 한다.)

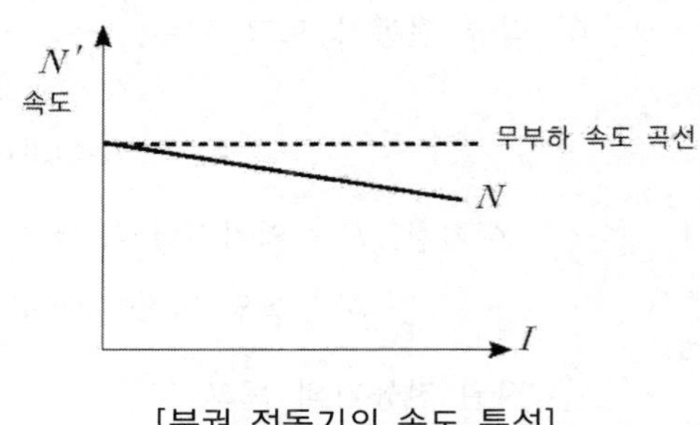

[분권 전동기의 속도 특성]

② 직권 전동기

㉮ 회전 속도 $n = K\frac{V - I_a(R_a + R_s)}{\varnothing}$[rps] $\rightarrow$ $(K = \frac{a}{pz})$

㉯ 전기자전력=계자전류=부하전류($I_a = I_f = I$)

㉰ 단자전압과 역기전력과의 관계 $V = E_c + I_a(R_s + R_a)$

㉱ 회전 속도와 전기자 전류와의 관계 $I = I_a = I_f \propto \varnothing$

㉱ 직류 직권 전동기 토크와 속도와의 관계

$T \propto \varnothing I_a = I_a^2 \propto \frac{1}{N^2}$

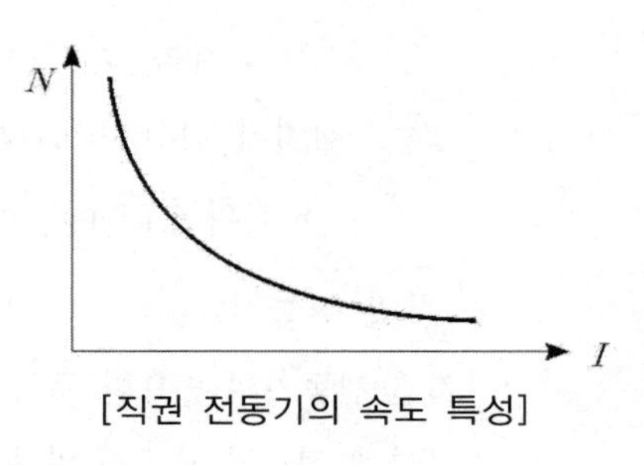

[직권 전동기의 속도 특성]

※직권 전동기는 자속이 발생되지 않아서($I = I_a = I_f = 0$, $\varnothing = 0$) 회전 속도가 무구속 속도에 이르게 되어 위험한 상태가 된다. 따라서 무부하 운전을 할 수 없으므로, 직권 전동기는 부하와 벨트 구동을 하지 않는다.

핵심기출 【기사】 12/2

다음 ( )안에 알맞은 내용은?

> 직류 전동기의 회전속도가 위험한 상태가 되지 않으려면 직권 전동기는 (①) 상태로, 분권 전동기는 (②) 상태가 되지 않도록 하여야 한다.

① ① 무부하, ② 무여자 ② ① 무여자, ② 무부하

③ ① 무여자, ② 경부하 ④ ① 무부하, ② 경부하

정답 및 해설 [직류 전동기의 속도] 직류 전동기에서 직권 전동기는 무부하 상태가 위험하고 분권 전동기는 무여자 상태가 위험하다. 위험하다는 것은 속도가 이론상 무한대로 증가하기 때문에 소손이 따른다.

【정답】 ①

(4) 직류 전동기의 역기전력과 출력

① 분권 전동기

- 분권 전동기의 특성은 부하가 변하더라도 계자 전류는 항상 일정하다.
- 계자 전류는 전기자 전류에 비하여 미소하므로 $I_a = I$의 관계를 갖는다.
- 자속 $\varnothing$가 일정하므로 토크는 부하 전류에 비례

㉮ 전기자 전류 $I_a = I - I_f$

㉯ 역기전력 $E_c = p\varnothing n\frac{z}{a}[V]$ $\rightarrow$ $E_c = V - I_a R_a$

㉰ 단자전압 $V = E_c + I_a R_a$

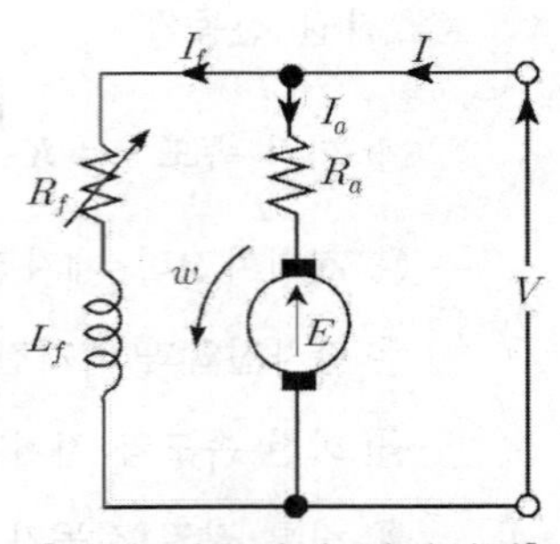

[분권 전동기의 역기전력]

㉣ 직류 전동기에서 입력 $P = VI[W]$

㉤ 전기자 출력 $P_m = EI_a[W]$

여기서, V : 단자전압[V], E_c : 역기전력[V], p : 극수

$\varnothing$: 자속, I_a : 전기자 전류[A], I_f : 계자 전류[A],

R_a : 전기자 권선 저항[Ω]

n : 회전수[rps], z : 전체 도체수, a : 병렬 회로수

② 직권 전동기

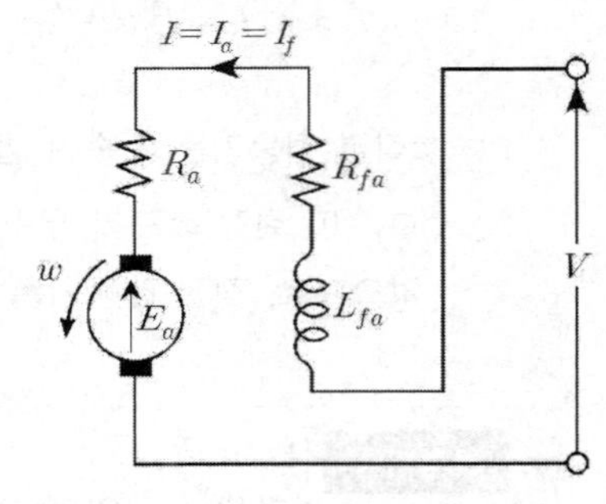

[직권 전동기의 역기전력]

직권 전동기의 중요한 특성은 무부하시 $I_a = I_s = I = 0$이므로 계자에 전류가 흐르지 않게 되므로 자속이 발생되지 않아서 회전 속도가 무구속 속도에 이르게 되어 위험한 상태가 된다. 따라서 무부하 운전을 할 수 없으므로, 직권 전동기는 부하와 벨트 구동을 하지 않는다.

㉮ 전기자 전류=계자 전류=부하 전류($I_a = I_s = I$)

㉯ 역기전력 : $E = V - I_sR_s - I_aR_a = V - I_a(R_a + R_s)$

(5) 직류 전동기의 속도 변동률

속도 변동률 $\epsilon = \dfrac{N_0 - N_n}{N_n} \times 100$ → (N_0 : 무부하 속도, N_n : 정격속도)

핵심기출 【기사】 05/1 07/1 09/1

100[HP], 600[V], 1200[rpm]의 직류 분권 전동기가 있다. 분권 계자 저항이 400[Ω], 전기자 저항이 0.22[Ω]이고 정격 부하에서의 효율이 90[%]일 때 전부하시의 역기전력은 약 몇 [V]인가?

① 550 ② 570 ③ 590 ④ 610

정답 및 해설 [직류 분권 전동기의 역기전력] $E_c = V - I_aR_a[V]$

· 전동기의 출력을 P_i 라고 하면 $P_i = \dfrac{P_0}{\eta} = \dfrac{100 \times 746}{0.9} = 82888[W]$

· 전부하 전류 $I = \dfrac{P_i}{V} = \dfrac{82888}{600} = 138[A]$ · 계자 전류 $I_f = \dfrac{V}{R_f} = \dfrac{600}{400} = 1.5[A]$

· 전기자 전류 $I_a = I - I_f = 138 - 1.5 = 136.5[A]$

따라서, 전부하시의 역기전력 $E_c = V - I_aR_a = 600 - 136.5 \times 0.22 \fallingdotseq 570[V]$ 【정답】 ②

(6) 직류 전동기의 특성 곡선

① 속도 특성 곡선

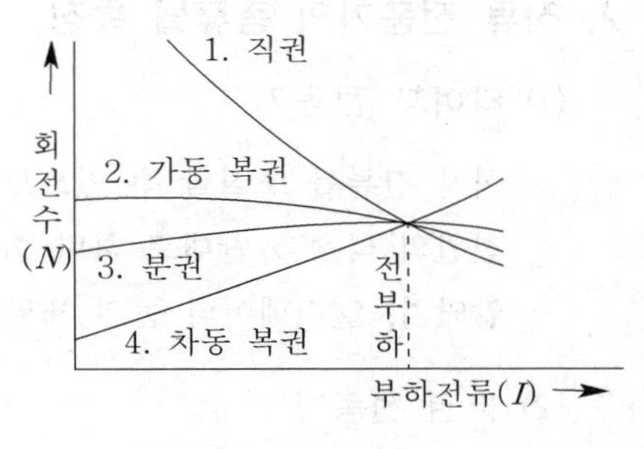

[직류 전동기의 속도 특성]

- 직류 전동기 중 부하 변화에 따라 속도 변동이 가장 큰 전동기는 직권 전동기이다.
- 직류 전동기 중 부하 변화에 따라 속도 변동이 가장 작은 전동기는 차동 복권 전동기이다.
- 직류 전동기 중 가장 정속도인 전동기는 타여자 전동기

② 토크 특성 곡선

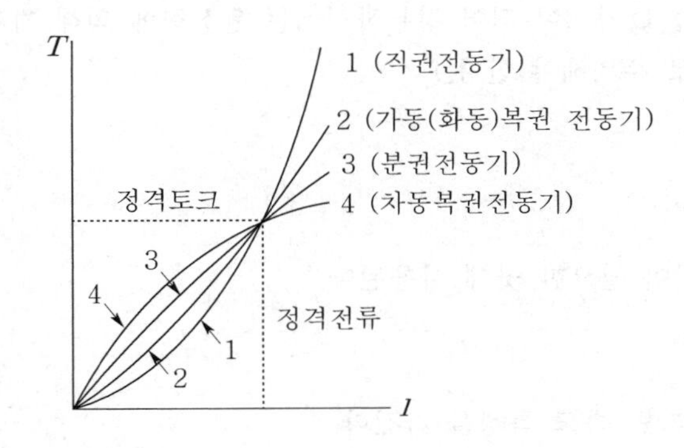

핵심기출 【기사】 19/3

그림은 여러 직류 전동기의 속도 특성 곡선을 나타낸 것이다. 1부터 4까지 차례로 옳은 것은?

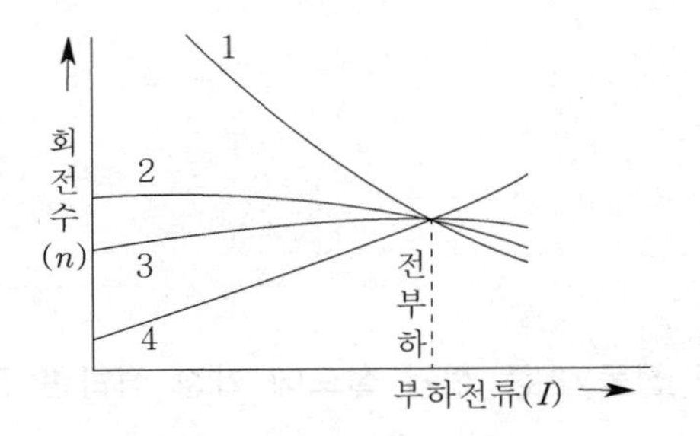

① 차동복권, 분권, 가동복권, 직권 ② 직권, 가동복권, 분권, 차동복권

③ 가동복권, 차동복권, 직권, 분권 ④ 분권, 직권, 가동복권, 차동복권

정답 및 해설 [직류 동기의 속도 특성 곡선] 【정답】 ②

2. 직류 전동기의 종류별 특징

(1) 타여자 전동기

여자 전류를 조절할 수 있으므로 속도를 세밀하고 광범위하게 조정하며 정속도 전동기이다.
전원의 극성을 반대로 하면 회전 방향이 반대가 된다.
압연기, 엘리베이터 등의 세밀한 속도 조장이 필요한 곳에 이용된다.

(2) 분권 전동기

계자와 전기자가 병렬로 연결되며, 정속도 특성을 가진다.
분권 전동기가 위험 상태에 놓일 때는 정격 전압 무여자일 때. 즉, $I_f=0 \rightarrow \varnothing=0 \rightarrow n=\infty$가 되어 위험 (계자 회로가 단선이 되면 자속 $\varnothing$가 0이 되어 경부하시에는 원심력에 의해 기계가 파괴될 정도의 과속도에 도달할 수 있으므로 주의해야 한다.)
무여자 운전 금지
토크와 속도와의 관계 $T \propto I_a \propto \frac{1}{N^2}$
공작 기계, 컨베이어 등 정속도 운전이 필요한 곳에 사용된다.

(3) 직권 전동기

계자와 전기자가 직렬로 연결되며, 가변 속도 특성을 가진다.
$I_a = I = I_s \propto \varnothing$
직권 전동기는 자속이 발생되지 않아서($I = I_a = I_f = 0$, $\varnothing = 0$) 회전 속도가 무구속 속도에 이르게 되어 위험한 상태가 된다.
무부하 운전 금지, 부하와 벨트 구동 금지
토크와 속도와의 관계 $T \propto I_a^2 \propto \frac{1}{N^2}$
전동차(전철), 권상기, 크레인 등 매우 큰 기동 토크가 필요한 곳에 사용

핵심기출 【기사】 05/1
직류 전동기 중 전기 철도에 가장 적합한 전동기는?

① 분권 전동기 ② 직권 전동기
③ 복권 전동기 ④ 자여자 분권 전동기

정답 및 해설 [직류 직권 전동기의 특성] 직류 직권 전동기의 속도-토크의 특성은 저속도일 때 큰 토크가 발생하고 속도가 상승하는 데에 따라서 토크가 적게 된다. 따라서, 직권 전동기는 전기철도, 기중기 등의 부하 변동이 심하고 큰 기동 토크가 요구되는 기기에 사용된다.
【정답】 ②

3. 직류 전동기의 운전

(1) 직류 전동기의 기동법

모든 전동기의 토크와 속도는 반비례하므로 기동시 속도가 최소가 되어야 기동 토크는 최대가 된다.

모든 전동기의 기동 조건은 다음 2가지를 만족시켜야 한다.

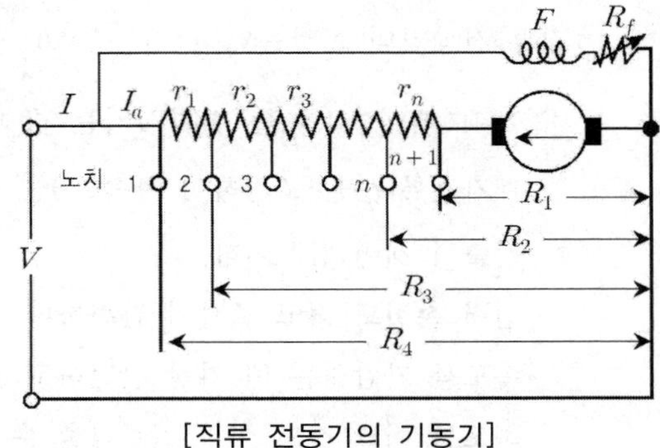

[직류 전동기의 기동기]

① 기동시 기동전류는 작을 것

적당한 저항을 전기자에 직렬로 넣고 회전수가 점차 올라가서 역기전력 E가 증가하면, 그 저항을 조금씩 빼주는 방법을 쓴다. 이와 같은 저항을 기동 저항이라 하고, 이 저항과 손잡이 등의 부속품을 합하여 조립한 기기를 기동기(starter)라 한다.

② 기동시 기동토크가 클 것

- ·모든 전동기의 토크와 속도는 반비례하므로 기동시 속도가 최소가 되어야 기동토크는 최대가 된다.
- ·계자저항기는 최소 위치에 놓고 기동시켜야 한다.

※기동 저항기(SR) : 최대 위치에 두어 기동 전류를 줄인다.

※계자 저항기(FR) : 최소(0) 위치에 두어 계자 전류를 크게 하여 기동 토크를 보상한다.

핵심기출 【산업기사】 11/1 【산업기사】 08/1 12/1 13/3 14/2 15/3 18/3

직류 분권 전동기의 기동 시에는 계자 저항기의 저항 값은 어떻게 설정하는가?

① 끊어둔다. ② 최대로 해둔다.

③ 0(영)으로 해둔다. ④ 중위(中位)로 해둔다.

정답 및 해설 [직류 직권 전동기의 기동법]

- 기동 저항기 : 최대
- 계자 저항기 : 최소(기동토크를 크게 하기 위하여 0으로 해둔다.)

【정답】 ③

(2) 직류 전동기의 속도 제어법

직류 전동기의 회전속도 $n = K\frac{E_c}{\varnothing} = K\frac{V - I_a R_a}{\varnothing}$[rps] → (역기전력 $E_c = V - I_a R_a[V]$, $K = \frac{a}{pz}$)

① 계자 제어법 ($\varnothing$를 변화시키는 방법)

- 계자전류(I_f)를 조정하여 자속($\varnothing$)을 변화시켜 속도를 제어하는 방법
- 정출력 제어 방식이다.
- 전력 손실도 적고 조작이 간편하다.
- 속도를 가감하는 데 가장 간단하고 효율이 좋다.
- 속도를 어느 정도 이하로는 낮출 수 없다.
- 제어 방법은 간단하지만 속도 제어 범위가 적다.

② 저항 제어법 (R_a를 변화시키는 방법)

- R_a의 값을 변하게 하여 전압 강하 $R_a I_a$를 변화시키는 방법이다.
- 속도를 아주 낮은데 까지 변화시킬 수 있는 것이 특징
- 손실이 크고 효율이 나쁘다.

③ 전압 제어법 (V를 변화시키는 방법)

- 공급 전압 V를 조절하여 속도를 변화시키는 방법
- 정토크 제어 방식이다.
- 효율이 좋고 광범위한 속도 제어가 가능하다.
- 워어드 레오나드 방식과 일그너 방식이 있다.
- 워어드 레오나드 방식이 가장 효율이 좋다.
- 직·병렬 제어법은 직류 직권 전동기를 사용하는 전기 철도에서 이용한다.

워어드 레오나드	·보조 발전기가 직류 전동기 ·광범위한 속도제어가 가능 ·가장 효율이 좋으며, 정토크 제어 방식 ·제철용 압연기, 권상기, 엘리베이터 등에 사용
일그너 방식	·부하의 변동이 심할 때 광범위하고 안정되게 속도를 제어(플라이휠 사용) ·보조 전동기가 교류 전동기 ·제어 범위가 넓고 손실이 거의 없다. ·설비비가 많이 든다는 단점이 있다. ·주 전동기의 속도와 회전 방향을 자유로이 변화시킬 수 있다.

핵심기출 【기사】 06/2 10/1 【산업기사】 10/2

직류 전동기의 속도 제어법에서 정출력 제어에 속하는 것은?

① 계자 제어법 ② 3상 인버터

③ 전압 제어법 ④ 워드 레오너드 제어법

정답 및 해설 [직류 전동기 속도 제어] ·정출력 제어 : 계자제어 ·정토크 제어 : 전압제어

【정답】 ①

(3) 직류 전동기의 제동

① 발전제동

운전 중인 전동기를 전원으로부터 분리시켜 발전기로 작용시켜서 회전체의 운동에너지를 전기에너지로 변화시킨 다음 이것을 저항 내에서 열에너지로 소비시켜서 제동하는 방법

② 회생제동

권상기, 엘리베이터, 기중기 등으로 물건을 내릴 때 또는 전기 기관차나 전차가 언덕을 내려가는 경우, 강하 중량의 위치 에너지로 전동기를 발전기로 동작시켜 발생한 전력을 전원에 반환하면서 과속을 방지하는 것

③ 역상제동(플러깅)

운전 중인 전동기의 전기자 전류를 반대로 전환하면 자속은 변하지 않으나, 전기자 전류만 반대로 되기 때문에 반대 방향의 토크가 발생되어 제동을 하게 된다. 전동기 급제동시킬 때 사용하는 방법이다.

핵심기출 【기사】 15/1

직류 전동기의 제동법이 아닌 것은?

① 회전자의 운동 에너지를 전기 에너지로 변환 한다.

② 전기 에너지를 저항에서 열에너지로 소비시켜 제동시킨다.

③ 복권 전동기는 직권 계자 권선의 접속을 반대로 한다.

④ 전원의 극성을 바꾼다.

정답 및 해설 [직류 전동기 제동] 직류 전동기 전원의 극성을 바꾸면, 계자 전류와 전기자 전류의 방향이 동시에 반대로 되므로 회전 방향은 변하지 않고 계속 운전된다. 【정답】 ④

4. 직류 전동기의 손실 및 효율

(1) 직류 전동기의 손실

총손실	무부하손	·철손(분권 계자 권선 동손, 타여자 권선 동손, 히스테리시스손, 와류손) ·기계손(풍손, 베어링 마찰손, 브러시 마찰손)
	부하손	·전기자 저항손 ·계자 자항손(분권 계자 권선 및 타여자 권선 제외) ·브러시 손 ·표류 부하손(철손, 기계손, 동손 이외의 손실)

① 고정손(무부하손)

㉮ 철손 : 분권계자권선 동손, 타여자권선 동손, 히스테리시스손, 와전류손

㉠ 히스테리시스손(철심 내에 발생하는 잔류 자기 손실) $P_h = fv\eta B^{1.6\sim2}$ [W/m³]

㉡ 와전류손(철심 내에 발생하는 맴돌이 전류) $P_e = f^2 B^2 t^2 [W]$

㉯ 기계손 : 전기자 회전에 따라 생기는 풍손과 베어링 부분 및 브러시의 접촉에 의한 마찰손

㉠ 마찰손 : 브러시 마찰손, 베어링 마찰손

㉡ 풍손 : 전기자 회전에 따라 생기는 손실

② 가변손(부하손)

㉮ 동손 : 코일에 전류가 흘러서 도체 내에 발생하는 저항 손실, 변동폭이 가장 크다.

$P_c = I^2 R [W]$

㉯ 표류 부하손 : 철손과 동손 등을 제외한 전기적인 손실

※ 손실 중 부하손의 대부분은 동손이며 무부하손의 대부분을 차지하는 것은 철손이다.

③ 최대 효율 조건

최대 효율 조건은 가변손=고정손인 경우, 즉 철손과 동손이 같아지는 운전 상태이다.

$P_i = a^2 P_c$ → (P_i : 철손, P_c : 전부하시 동손, a : 부하율)

핵심기출 【기사】 19/1 【산업기사】 09/2 17/2

직류기의 손실 중에서 기계손으로 옳은 것은?

① 풍손 ② 와류손

③ 표류 부하손 ④ 브러시의 전기손

정답 및 해설 [직류 전동기의 손실] 기계손 : 풍손, 베어링 마찰손 【정답】 ①

(2) 직류 전동기의 효율

① 실측 효율

전기 기기의 출력 및 입력을 직접 측정해서 구하는 효율[%]

효율 $\eta = \frac{\text{출력}}{\text{입력}} \times 100[\%]$

② 규약 효율

- 발전기의 입력과 전동기의 출력은 모두 기계 동력이므로 정확히 측정하는 것은 곤란하다.
- 입력 = 출력 + 손실
- 출력 = 입력 - 손실
- 규약 효율은 실제로 부하를 걸지 않아도 되므로 대용량기의 효율을 산정하는데 좋다.

㉮ 발전기 효율 (발전기 규약 효율) $\eta = \frac{\text{출력}}{\text{출력}+\text{손실}} \times 100[\%]$ →(출력 기준)

㉯ 전동기 효율 (전동기 규약 효율) $\eta = \frac{\text{입력}-\text{손실}}{\text{입력}} \times 100[\%]$ →(입력 기준)

핵심기출 【기사】 15/1

정격이 10[HP], 200[V]인 직류 분권 전동기가 있다. 전부하 전류는 46[A], 전기자 저항은 0.25[Ω], 계자 저항은 100[Ω]이며, 브러시 접촉에 의한 전압 강하는 2[V], 철손과 마찰손을 합쳐 380[W]이다. 표유 부하손을 정격 출력의 1[%]라 한다면 이 전동기의 효율[%]은? (단, 1[HP]=746[W]이다.)

① 84.5 ② 82.5 ③ 80.2 ④ 78.5

정답 및 해설 [직류 전동기의 규약 효율] $\eta = \frac{\text{입력}-\text{손실}}{\text{입력}} \times 100[\%]$

- 계자전류 $I_f = \frac{V}{R_f} = \frac{200}{100} = 2[A]$
- 입력 $P = VI = 200 \times 46 = 9200[VA]$
- 손실 = 철손 + 마찰손 + 동손 + 표유부하손 $= 380 + 972 + 74.6 = 1426.6[W]$
  - → (동손 = 전기자 손실 + 계자 손실 + 브러시 접촉면의 손실 $= 484 + 400 + 88 = 972[W]$)
  - → (전기자 손실 $= I_a^2 R_a = 44^2 \times 0.25 = 484[W]$, 계자 손실 $= I_f^2 R_f = 2^2 \times 100 = 400[W]$)
  - → (브러시 접촉면의 손실 $= eI_a = 2 \times 44 = 88[W]$)
  - → (표유부하손 $= 10 \times 746 \times 0.01 = 74.6[W]$)

따라서 전동기 효율 $\eta = \frac{\text{입력}-\text{손실}}{\text{입력}} \times 100 = \frac{9200 - 1426.6}{9200} \times 100 \fallingdotseq 84.5[\%]$

【정답】 ①

5. 직류기의 시험법

(1) 토크 측정법

① 전기 동력계법 : 대형 직류전동기의 토크를 측정하는데 가장 적당한 방법

② 와전류 제동기 : 소형의 전동기 토크를 측정하는데 적합

③ 프로니 브레이크법 : 소형의 전동기 토크를 측정하는데 적합

(2) 온도 상승 시험

① 실부하법 : 소용량의 경우에 이용

② 반환 부하법 : 변압기 온도 상승 시험을 하는 데 현재 가장 많이 사용하고 있는 방법으로 블론델법, 카프법 및 홉킨스법 등이 있다.

핵심기출 【기사】 05/2 09/1 12/1

다음 중 대형 직류전동기의 토크를 측정하는데 가장 적당한 방법은?

① 와전류 제동기법 ② 프로니 브레이크법

③ 전기 동력계법 ④ 반환 부하법

정답 및 해설 [직류기의 시험법] 와전류 제동기와 프로니 브레이크법은 소형의 전동기 토크를 측정하는데 적합하고, 반환 부하법은 온도 시험을 하는 방법이다. 【정답】 ③

Chapter 01

시험 전 반드시 체크해야 할

단원 핵심 체크

01 직류 발전기를 실제 구성하는 주요 부문은 계자, 전기자, (　　　　　)로 구성되면 이를 3대 구성요소라고 한다.

02 전기자를 통과하는 자속을 만드는 부분으로 계자권선, 자극 철심, 계철 및 자극편으로 되어 있는 것은 (　　　　　)이다.

03 직류기의 전기자 권선법으로 (　　①　　), (　　②　　), (　　③　　)을 채택한다.

04 직류기의 권선을 단중 파권으로 감으면 내부 병렬 회로수가 극수에 관계없이 언제나 (　　　　　)이다.

05 직류기의 전기자 권선을 중권으로 하였을 경우 (　　　　　) 접속을 할 필요가 있다.

06 직류 발전기에서 기하학적 중성축과 θ만큼 브러시의 위치가 이동되었을 감자 기자력 (AT/극) $AT_d=$(　　　　　)이다. (단, $K=\frac{I_a z}{2pa}$)

07 보극이 없는 직류 발전기에서 부하의 증가에 따라 브러시의 위치는 발전기의 회전 (　　　　　)으로 이동시킨다.

08 직류기의 전기자 반작용의 영향으로 주자속이 (　　①　　)하고 정류자편 사이의 전압이 (　　②　　)한다.

09 직류기의 전기자 반작용을 보상하는 효과가 가장 좋은 것은 ( )을 설치하는 것이다.

10 직류기에 보극을 설치하는 가장 큰 목적은 ( ) 이다.

11 직류 발전기에서 양호한 정류를 얻기 위한 방법으로 브러시의 접촉 저항을 (①)하고, 리액턴스 전압을 (②) 한다.

12 직류 발전기의 계자 철심에 잔류 자기가 없어도 발전을 할 수 있는 발전기는 ( )이다.

13 직류 발전기에서 계자 권선이 전기자에 병렬로 연결된 직류기는 (①) 발전기라 하며, 전기자 권선과 계자 권선이 직렬로 접속한 직류기는 (②) 발전기라 한다.

14 직류 발전기의 종류별 특성 중 단자 전압을 부하의 증감에 관계없이 거의 일정하게 유지할 수 있는 발전기는 ( )이다.

15 무부하에서 계자 전류 I_f가 0이 되므로 발전할 수 없고 무부하 특성 곡선이 존재하지 않는 발전기는 ( )이다.

16 직류 발전기가 정격 속도에서 I를 정격값으로 유지했을 때 계자전류(I_f)와 단자전압(V)과의 관계를 나타내는 곡선은 ( )이다.

17 부하전류 I를 변화시켰을 때 I와 단자전압 V와의 관계를 나타내는 곡선을 ( )이라 한다.

18 직류 복권발전기를 병렬운전할 때 반드시 필요한 것은 ( )이다.

19 직류 전동기의 토크는 출력에 (①)하고 속도에 (②)한다.

20 직류 전동기 중 부하 변화에 따라 속도 변동이 가장 큰 전동기는 (　　　)이다.

21 그림과 같은 속도 특성 곡선 및 토크 특성 곡선을 나타낸 전동기는 (　　　)이다.

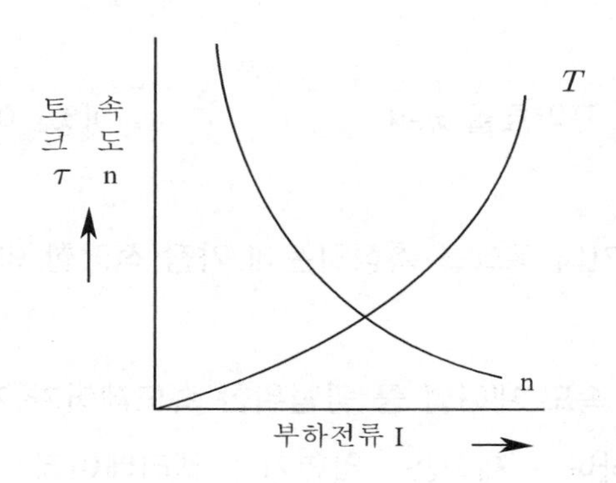

22 분권 전동기는 계자권선과 전기자권선이 (　　　　　　　)로 연결되어 있다.

23 직류 전동기 중 공작기계, 컨베이어 등 정속도 운전이 필요한 곳에 사용되는 전동기는 (　　　　　　　)이 이다.

24 직류 분권 전동기의 기동 시에는 계자 저항기의 저항값을 (　　　　　　　)으로 해둔다.

25 직류 전동기에서 부하의 변동이 심할 때 광범위하고 안정되게 속도를 제어하는 가장 적당한 방식은 (　　　　　　　)이다.

26 제동시 전동기를 역회전시켜 속도를 급감시킨 다음 속도가 0에 가까워지면 전동기를 전원에서 분리하는 제동법으로 전동기 급제동시킬 때 사용하는 방법은 (　　　　)이다.

27 직류 분권 전동기의 계자 저항을 운전 중에 증가시키면 속도는 (　　　　　)한다.

28 히스테리손과 와전류손의 합으로 무부하손의 대부분을 차지하고 있으므로 보통 무부하 손이라고 하는 것은 (   )이다.

29 직류기의 최대 효율이 되는 조건은 고정손과 부하손이 (   ) 경우이다.

30 직류 전동기의 규약효율 η=(   )[%] 이다.

31 대형 직류전동기의 토크를 측정하는데 가장 적당한 방법은 (   ) 이다.

32 직류 전동기의 속도 제어법 중 광범위한 속도제어가 가능하고, 정토크 가변 속도의 용도에 적합하며, 제철용 압연기, 엘리베이터 등에 사용되는 방식은 (   ) 이다.

정답

(1) 정류자	(2) 계자	(3) ① 고상권, ② 폐로권, ③ 이층권
(4) 2	(5) 균압선	(6) $K\frac{2\theta}{\pi}$
(7) 방향	(8) ① 감소, ② 감소	(9) 보상권선
(10) 정류 개선	(11) ① 크게, ② 작게	(12) 타여자 발전기
(13) ① 분권, ② 직권	(14) 가동 복권 발전기	(15) 직권 발전기
(16) 부하 특성 곡선	(17) 외부 특성 곡선	(18) 균압 모선
(19) ① 비례, ② 반비례	(20) 직권 전동기	(21) 직류 직권 전동기
(22) 병렬	(23) 분권 전동기	(24) 영(0)
(25) 일그너 방식	(26) 역상 제동	(27) 증가
(28) 철손	(29) 같은	(30) $\frac{\text{입력}-\text{손실}}{\text{입력}}\times 100$
(31) 전기 동력계법	(32) 워어드 레오나드	

기출문제에서 뽑은 최다 빈출

적중 예상문제

1. 전기기계에 있어 와류손(Eddy current loss)을 감소시키기 위하여는?

① 보상권선설치
② 교류전원을 사용
③ 규소강판 성층 철심을 사용
④ 냉간압연을 한다.

|정|답|및|해|설|

[손실] 와류손을 적게 하기 위하여 두께 0.35~0.5[mm]의 규소강판을 성층한다. 【정답】 ③

2. 전기자 지름 0.2[m]의 직류발전기가 1.5[kW]의 출력에서 1800[rpm]으로 회전하고 있을 때 전기자 주변속도 [m/s]는?

① 18.84 ② 21.96
③ 32.74 ④ 42.85

|정|답|및|해|설|

[전기자 주변 속도] $V=\pi D\frac{N}{60}[m/s]$

회전자의 주변 속도를 V[m/s], 회전자 지름을 D[m], 회전수를 N[rpm]이라 할 때,

$V=\pi D\frac{N}{60}=\pi\times 0.2\times\frac{1800}{60}=18.84[m/s]$

【정답】 ①

3. 직류 발전기의 유기 기전력이 260[V], 극수가 6, 정류자 편수가 162인 정류자 편간 평균 전압은 약 얼마인가? (단, 중권이다.)

① 8.25[V] ② 9.63[V]
③ 10.25[V] ④ 12.25[V]

|정|답|및|해|설|

[정류자 편간 평균 전압] $e=\frac{pE}{k}$[V]

정류자 편간 평균 전압을 $e[V]$, 유기기전력을 $E[V]$, 극수를 p, 정류자 편수를 k라 할 때, $e=\frac{pE}{k}=\frac{6\times 260}{162}=9.63[V]$

【정답】 ②

4. 정현 파형의 회전 자계 중에서 정류자가 있는 회전자를 놓으면 각 정류자편 사이에 연결되어 있는 회전자 권선에는 크기가 같고, 위상이 다른 전압이 유기된다. 정류자편수를 k라 하면 정류자편 사이의 위상차는?

① $\frac{\pi}{k}$ ② $\frac{2\pi}{k}$
③ $\frac{k}{\pi}$ ④ $\frac{k}{2\pi}$

|정|답|및|해|설|

정류자는 원형이므로 전체 위상은 $2\pi(=360^{\circ})$

∴ 정류자편 사이의 위상차는 $\frac{2\pi}{k}$

【정답】 ②

5. 전기자 도체의 굵기, 권수, 극수가 모두 같을 때 단중 파권이 단중 중권과 비교하여 다른 것은?

① 대 전류, 고 전압
② 소 전류, 고 전압
③ 대 전류, 저 전압
④ 소 전류, 저 전압

|정|답|및|해|설|

[중권과 파권의 비교]

	중권	파권
병렬회로 수(a)	p(극수)	2
브러시 수(b)	p	p or 2
균압환 사용	사용	사용 안함
용도	대전류 저전압	소전류 고전압

【정답】 ②

6. 다음 권선법 중에서 직류기에 주로 사용되는 것은?

① 폐로권, 환상권, 이층권
② 폐로권, 고상권, 이층권
③ 개로권, 환상권, 단층권
④ 개로권, 고상권, 이층권

|정|답|및|해|설|

[직류기의 권선법] 직류기의 권선법으로 폐로권, 고상권, 이층권을 채택한다. 【정답】 ②

7. 4극 전기자 권선이 단중 중권인 직류 발전기의 전기자 전류자 20[A]이면, 각 전기자 권선의 병렬 회로에 흐르는 전류 [A]는?

① 10　　② 8
③ 5　　④ 2

|정|답|및|해|설|

[전기자 권선의 병렬 회로에 흐르는 전류] $I=\frac{I_a}{a}[A]$

중권의 병렬 회로 수는 극수와 같으므로 발전기의 전기자 전류를 I_a(A), 병렬 회로수를 a라 할 때, 각 전기자 권선의 병렬 회로에 흐르는 전류는 $I=\frac{I_a}{a}=\frac{20}{4}=5[A]$

【정답】 ③

8. 직류기에서 전기자 반작용이란 전기자 권선에 흐르는 전류로 인하여 생긴 자속이 무엇에 영향을 주는 현상인가?

① 모든 부분에 영향을 주는 현상
② 계자극에 영향을 주는 현상
③ 감자작용만을 하는 현상
④ 편자작용만을 하는 현상

|정|답|및|해|설|

[직류기의 전기자 반작용] 전기자 반작용이란 전기자 권선에 의해 발생하는 자속이 계자 자속에게 영향을 주는 것을 말한다.

【정답】 ②

9. 직류 발전기의 전기자 반작용을 설명함에 있어 그 영향을 없애는데 가장 유효한 것은 어느 것인가?

① 균압환　　② 탄소브러시
③ 보상권선　　④ 보극

|정|답|및|해|설|

[보상 권선] 보상권선은 전기자 권선과 직렬로 전류 방향을 반대로 되게 권선하는 것을 말하며, 전기자 반작용을 보상한다.

【정답】 ③

10. 직류기에서 전기자 반작용을 방지하기 위한 보상 권선의 전류 방향은?

① 계자전류의 방향과 같다.
② 계자전류 방향과 반대이다.

③ 전기자 전류방향과 같다.

④ 전기자 전류방향과 반대이다.

|정|답|및|해|설|

[보상권선] 보상권선은 전기자 권선과 직렬로 접속하여 전기자 전류와 반대방향으로 전류를 흘려서 전기자 기자력을 상쇄시키도록 한다. 【정답】 ④

11. 전기자 반작용이 보상되지 않는 것은?

① 계자 기자력 증대 ② 보극 설치

③ 전기자 전류 감소 ④ 보상권선 설치

|정|답|및|해|설|

[전기자 반작용] 전기자 반작용은 계자자속의 편자와 감자를 보상하려는 것이다. 전기자 전류감소는 유기기전력감소이므로 해서는 안 된다. 【정답】 ③

12. 직류기에 탄소 브러시를 사용하는 이유는 주로 어떻게 되는가?

① 고유 저항이 작다.

② 접촉 저항이 작다.

③ 접촉 저항이 크다.

④ 고유 저항이 크다.

|정|답|및|해|설|

[탄소 브러시] 정류 작용상 불꽃이 발생하지 않으려면 브러시의 접촉저항이 클수록 좋기 때문에 정류자용 브러시에는 탄소 브러시를 사용하고 슬립링용 브러시에는 금속 함유량이 큰 금속 흑연질 브러시를 사용한다. → 저항 정류 【정답】 ③

13. 직류 발전기의 전기자 반작용을 줄이고 정류가 잘 되게 하기 위해서는?

① 리액턴스 전압을 크게 할 것

② 보극과 보상권선을 설치할 것

③ 브러시를 이동시키고 주기를 크게 할 것.

④ 보상권선을 설치하여 리액턴스 전압을 크게 할 것

|정|답|및|해|설|

[직류 발전기의 전기자 반작용] 정류를 잘하기 위해서는 보극을, 전기자 반작용을 줄이기 위해서는 보상권선을 사용한다. 【정답】 ②

14. 보극이 없는 직류기에서 브러시를 부하에 따라 이동시키는 이유는?

① 정류작용을 잘 되게 하기 위하여

② 전기자 반작용의 감자 분력을 없애기 위하여

③ 유기 기전력을 증가시키기 위하여

④ 공극 자속의 일그러짐을 없애기 위하여

|정|답|및|해|설|

[정류 작용] 정류를 잘하기 위해서는 보극을 설치하거나 탄소브러시를 사용하며 브러시를 이동시킨다. 【정답】 ①

15. 다음은 직류발전기 정류곡선이다. 이 중에서 정류 말기에 정류 상태가 좋지 않은 것은?

① 1

② 2

③ 3

④ 4

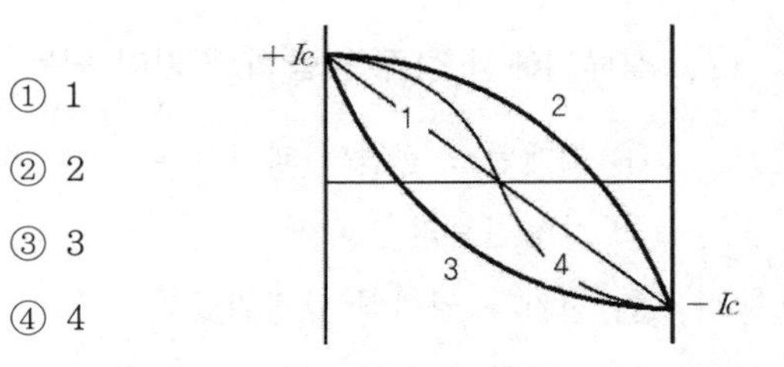

|정|답|및|해|설|

[정류 곡선] 정류 말기에 정류의 상태가 좋지 않은 부족 정류(곡선2)는 전류 i의 변화가 정류의 말기($t = T_c$) 가까이에서 i가 급히 변하므로 단락되는 코일의 인덕턴스에 의하여 큰 전압이 발생하고 브러시 뒤쪽에서 불꽃이 발생하기 쉽다. 【정답】 ②

16. 4극의 직류 발전기가 있다. 정류자 지름이 14.6[cm], 정류자 편수가 92개 브러시 두께 0.955[cm]로 매분 1150 회전한다면 1개의 코일의 정류 주기 [S]는?

① $1.085\times10^{-3}[S]$ ② $1.65\times10^{-3}[S]$

③ $1.85\times10^{-4}[S]$ ④ $5.19\times10^{-4}[S]$

|정|답|및|해|설|

[정류 주기] 브러시의 두께를 b[m], 정류자편 사이의 절연물의 두께를 δ[m], 정류자의 주변속도를 $V_s[m/s]$라 하면 정류주기 $T_c=\frac{b-\delta_c}{V_c}[S]$

V_c는 주변 속도이지만 전기자의 회전수 N[rpm]과 정류자의 지름 D가 주어졌을 때는 $T_c=\frac{b-\delta}{\pi D\frac{N}{60}}[S]$

$b+\delta=\frac{\pi D}{92}$라 할 때의 정류주기 T_c는

$b-\delta=2b-\frac{\pi D}{92}$이므로

$$T_c=\frac{2b-\frac{\pi D}{92}}{\pi D\frac{N}{60}}=\frac{2\times0.995-\frac{\pi\times14.6}{92}}{\pi\times14.6\times\frac{1150}{60}}=1.65\times10^{-3}[S]$$

【정답】 ②

17. 직류기에서 정류 불량의 원인이 되는 것은?

① 리액턴스 전압의 과다

② 보상권선의 설치

③ 전기자 권선의 단절권

④ 균압환의 설치

|정|답|및|해|설|

[정류 불량의 원인] 리액턴스 전압의 과다는 정류를 불량하게 하는 가장 큰 원인이다.

【정답】 ①

18. 전압 정류의 역할을 하는 것은?

① 보극 ② 탄소브러시

③ 보상권선 ④ 리액턴스 코일

|정|답|및|해|설|

[전압 정류] 전압 정류의 역할을 하는 것은 보극, 저항 정류의 역할을 하는 것은 탄소브러시이다.

【정답】 ①

19. 직류 발전기의 계자 철심에 잔류자기가 없어도 발전을 할 수 있는 발전기는?

① 타여자 발전기 ② 분권 발전기

③ 직권 발전기 ④ 복권 발전기

|정|답|및|해|설|

[직류 발전기(타여자 발전기)] 타여자 발전기는 외부 전원에 의해 여자되는 발전기이므로, 잔류자기가 없어도 발전이 가능하다.

【정답】 ①

20. 전기자의 지름 D[m], 길이 l[m]가 되는 전기자에 권선을 감은 직류 발전기가 있다. 자극의 수 p, 각각의 자속수가 $\varnothing$[Wb]일 때 전기자 표면의 자속밀도 $[Wb/m^2]$는?

① $\frac{\pi Dp}{60}$ ② $\frac{p\varnothing}{\pi Dl}$

③ $\frac{\pi Dl}{p\varnothing}$ ④ $\frac{\pi Dl}{p}$

|정|답|및|해|설|

[자속밀도] $B=\frac{\varnothing}{\frac{\pi Dl}{p}}=\frac{p\varnothing}{\pi Dl}[wb/m^2]$

전기자의 지름을 D[m], 전기자의 길이를 l[m], 극수를 p라 할 때, 한 극당 전기자 표면적 A= $\frac{\pi Dl}{p}[m^2]$

∴ 전지가 표면의 자속 밀도 $B=\frac{\varnothing}{\frac{\pi Dl}{p}}=\frac{p\varnothing}{\pi Dl}[wb/m^2]$

【정답】 ②

21. 직류 분권 발전기의 무부하 특성 시험을 할 때 계자 저항기의 저항을 증감하여 무부하 전압을 증감시키면 어느 값에 도달하면 전압을 안정하게 유지할 수 없다. 그 이유는?

① 전압계 및 전류계의 고장
② 잔류 자기의 부족
③ 임계 저항값으로 되었기 때문에
④ 계자 저항기의 고장

|정|답|및|해|설|

[임계 저항] 회로의 저항이 어느 한도 이상 증가하면 계자 저항선은 무부하 특성 곡선의 일부와 겹치게 되어 임계 저항이 되므로 전압을 안정하게 유지할 수 없다.

【정답】 ③

22. 직류 발전기의 무부하 포화 곡선은 다음 중 어느 관계의 것인가?

① 계자 전류대 부하 전류
② 부하 전류대 단락 전류
③ 계자 전류대 유기 기전력
④ 계자 전류대 회전력

|정|답|및|해|설|

[무부하 포화 곡선] 무부하시 계자 전류에 대한 무부하 유기 기전력을 나타낸 것이다. 【정답】 ③

23. 직류 분권 발전기의 무부하 포화 곡선 $\frac{940I_f}{33+I_f}$ 이고, V는 무부하 전압으로 주어질 때 계자 회로의 저항이 20[Ω]이면, 몇 [V]의 전압이 유기되는가?

① 140 ② 160
③ 280 ④ 300

|정|답|및|해|설|

계자 전류를 I_f, 계자 저항을 r_f라 할 때, 무부하이면

$V = I_f R_f \rightarrow I_f = \frac{V}{R_f}$

계자 저항은 20[Ω]이므로

$I_f = \frac{V}{20}$을 본식에 대입하면 $V = \frac{940 \times \frac{V}{20}}{33 + \frac{V}{20}} = 280[V]$

【정답】 ③

24. 그림과 같은 직류 발전기의 무부하 포화 특성 곡선에서 그 포화율은?

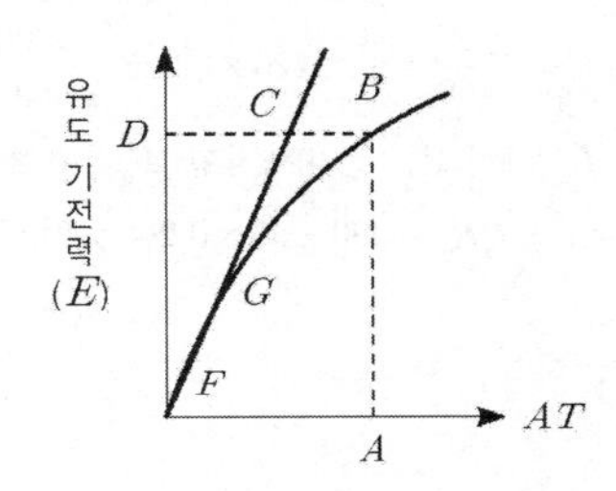

① $\frac{OF}{OG}$ ② $\frac{OE}{DE}$
③ $\frac{BC}{CD}$ ④ $\frac{CD}{CO}$

|정|답|및|해|설|

[포화율] 포화율이란 기전력이 C처럼 증가하지 않고 B와 같이 포화가 되는 것에 기인한다.

【정답】 ③

25. 무부하에서 자기 여자로서 전압을 확립하지 못하는 직류 발전기는?

① 타여자 발전기 ② 직권 발전기
③ 분권 발전기 ④ 차동복권 발전기

|정|답|및|해|설|

[직권 발전기] 직권 발전기는 계자 권선과 전기자 권선이 직렬로 접속되어 있어 부하전류에 의하여 여자되므로 무부하일 때에는 잔류자기에 의해 아주 작은 유기기전력이 발생되기 때문에 자기여자에 의한 전압확립은 이루어지지 않는다.

【정답】 ②

26. 4극 직류 분권 전동기의 전기자에 단중 파권 권선으로 된 420개의 도체가 있다. 1극당 0.025[Wb]의 자속을 가지고, 1400[rpm]으로 회전시킬 때 몇 [V]의 역기전력이 생기는가? 또, 전기자 저항을 0.2[Ω]이라 하면, 전기자전류 50[A]일 때 단자 전압은 몇 [V]인가?

① 490, 500　　② 490, 480
③ 245, 500　　④ 245, 480

|정|답|및|해|설|
[직류 분권 전동기의 단자 전압] $V=E+I_aR_a[V]$
단중 파권이므로 병렬회로 수 a=2, 극수 p=4, 총 도체수 z=420, 자속 ∅=0.025[wb], 회전수 N=1400[rpm]
·역기전력 $E=\frac{p}{a}z\varnothing\frac{N}{60}=\frac{4}{2}\times 420\times 0.025\times\frac{1400}{60}=490[V]$
·전기자 전류 $I_a=50[A]$, 전기자저항 R_a =0.2[Ω]이므로
·단자전압 $V=E+I_aR_a=490+50\times 0.2=500[V]$
【정답】 ①

27. 25[kW], 125[V], 1200[rpm]의 직류 타여자 발전기가 있다. 전기자 저항(브러시 저항 포함)은 0.4[Ω]이다. 이 발전기를 정격 상태에서 운전하고 있을 때 속도를 200[rpm]으로 저하시켰다면 발전기의 유기 기전력은 어떻게 변화하겠는가? (단, 정상 상태에서 유기 기전력을 E라 한다.)

① $\frac{1}{2}E$　　② $\frac{1}{4}E$
③ $\frac{1}{6}E$　　④ $\frac{1}{8}E$

|정|답|및|해|설|
[직류 발전기의 유기기전력] $E=\frac{p}{a}z\varnothing\frac{N}{60}[V]$에 의해 유기기전력과 회전수가 비례하는 관계이므로 회전수가 1200[rpm]에서 200[rpm]으로 $\frac{1}{6}$배 감소되었다면 유기 기전력도 $\frac{1}{6}$배 감소
【정답】 ③

28. 유기 기전력 110[V], 전기자 저항 및 계자 저항이 각각 0.05[Ω]인 직권 발전기가 있다. 부하 전류가 100[A]라면 단자 전압 [V]은?

① 95　　② 100
③ 105　　④ 110

|정|답|및|해|설|
[직류 발전기의 단자 전압] $V=E-I_a(R_a+R_f)$[V]
$E=110[V]$, $R_a=0.05[\Omega]$, $R_f=0.05[\Omega]$
직권 발전기는 $I_a=I_f=I$이므로 $I_a=100[A]$
$\therefore V=E-I_a(R_a+R_f)$=110−100(0.5+0.05)=100[V]
【정답】 ②

29. 부하 전류가 50[A]일 때 단자 전압이 100[V]인 직류 직권 발전기의 부하 전류가 70[A]로 되면, 단자 전압은 몇 [V]가 되겠는가? (단, 전기자 저항 및 직권 계자 권선의 저항은 각각 0.1[Ω]이고, 전기자 반작용과 브러시 접촉 저항 자기 포화는 모두 무시한다.)

① 86　　② 124
③ 140　　④ 154

|정|답|및|해|설|
[직류 직권 발전기의 단자 전압] $V=E-I_a(R_a+R_f)$[V]
전기자 전류 I_a, 부하전류 I, 단자 전압 V, 유기 기전력 E, 전기자 저항 R_a, 계자저항 R_f라고 하면
직권 발전기의 유기 기전력은 $E=V+I_a(R_a+R_f)$
또한 $I_a=I_f=I$와 관계가 있으므로
I=50[A] 일 때의 유기기전력을 E_{50}이라 하면
E_{50}=100+50(0.1+0.1)=110[V]
직권 발전기에서 유기기전력의 크기는 부하 전류에 비례하기 때문에 부하전류 70[A]일 때의 유기 기전력을 E_{70}이라 하면, $\frac{E_{70}}{E_{50}}=\frac{70}{50}=1.4$, $E_{70}=1.4\times E_{50}=1.4\times 110=154$[V]
I=70[A]일 때의 단자전압을 V_{70}이라 하면
$\therefore V_{70}$ =154−70(0.1+0.1)=140[V]
【정답】 ③

30. 출력 4[kW], 전압 100[V], 회전수 1500[rpm]의 분권 발전기가 있다. 전부하 운전 중에 여자 전류를 일정하게 유지하고 회전수를 1200[rpm]으로 내렸을 때 단자 전압[V] 및 부하 전류[A]는 어떻게 되겠는가? (단, 전기자 회로의 저항은 무시한다.)

① 100[V], 40[A] ② 100[V], 30[A]

③ 80[V], 32[A] ④ 80[V], 40[A]

|정|답|및|해|설|

[직류 발전기의 단자 전압] $V=E-I_aR_a[V]$

부하 전류 $I=\frac{P}{V}=\frac{4000}{100}=40[A]$

부하 저항 $R=\frac{V}{I}=\frac{100}{40}=2.5[\Omega]$

분권 발전기 유기기전력 $E=V+I_aR_a$

$=100+40\times0.15=106[V]$

전기자 반작용을 무시하면 $E=k\varnothing N$에서 $\varnothing$가 일정하므로

$\rightarrow E\propto N$

$N'=1200[rpm]$일 때의 유기기전력 E'는

$\frac{E'}{E}=\frac{N'}{N} \rightarrow E'=E\times\frac{N'}{N}=106\times\frac{1200}{1500}=84.8[V]$

$I'=\frac{E'}{R_a+R}=\frac{84.8}{0.15+2.5}=32[A]$

$\therefore V'=E'-I_a'R_a=84.8-32\times0.15=80[V]$

【정답】 ③

31. 분권 발전기의 회전 방향을 반대로 하면?

① 전압이 유기된다.

② 발전기가 소손된다.

③ 잔류 자기가 소멸된다.

④ 높은 전압이 발생한다.

|정|답|및|해|설|

[직류 분권 발전기] 분권 발전기의 <u>회전 방향을 반대로 하면 잔류 자속이 소멸되므로 발전되지 않는다.</u>

【정답】 ③

32. 직류 발전기의 단자 전압을 조정하려면 다음 어느 것을 조정하는가?

① 전기자 저항 ② 기동 저항

③ 방전 저항 ④ 계자 저항

|정|답|및|해|설|

[직류 발전기의 단자 전압] $E=K\varnothing N$이므로 계자 저항으로 자속을 조정한다.

【정답】 ④

33. 2대의 직류 발전기를 병렬 운전할 때 필요조건 중 틀린 것은?

① 전압의 크기가 같을 것

② 극성이 일치할 것

③ 주파수가 같을 것

④ 외부 특성이 수하특성일 것

|정|답|및|해|설|

[직류 발전기의 병렬 운전 조건]

① 발전기의 <u>전압의 크기와 극성이 같을 것</u>

② <u>외부특성곡선이 어느 정도 수하특성일 것</u>(단, 직권 특성과 과복권 특성은 균압선을 설치할 것)

③ 용량이 다른 기계인 경우는 각 발전기의 부하전류를 그 정격 전류의 백분율로 표시한 <u>외부 특성 곡선과 거의 같을 것</u>

【정답】 ③

34. 직류 발전기의 병렬 운전에서는 계자 전류를 변화시키면 부하 분담은?

① 계자 전류를 감소시키면 부하 분담이 적어진다.

② 계자 전류를 증가시키면 부하 분담이 적어진다.

③ 계자 전류를 감소시키면 부한 분담이 커진다.

④ 계자 전류와는 무관하다.

|정|답|및|해|설|

[직류 발전기의 부하 분담] 직류 발전기의 병렬 운전에 있어서 부하를 고르게 분담시키거나 또는 부하의 분담을 변화시키려면 부하를 증가 시키려고 하는 발전기의 계자 조종기를 조성해서 계자전류를 증가시키거나 또는 부하분담을 감소시키려고 하는 발전기의 계자 전류를 감소시키면 된다.

【정답】 ①

35. 전기자저항이 각각 R_A=0.1[Ω]와 R_B=0.2[Ω]인 100[V], 10[kW]의 두 분권 발전기의 유기기전력을 같게 해서 병렬 운전하여 정격전압으로 135[A]의 부하전류를 공급할 때 각 발전기의 분담전류[A]는?

① $I_A = 90,\ I_B = 45$

② $I_A = 100,\ I_B = 35$

③ $I_A = 80,\ I_B = 55$

④ $I_A = 110,\ I_B = 25$

|정|답|및|해|설|

병렬 운전을 하려면 정격 전압이 같아야 하므로

단자전압 $V = E_a - I_A R_A = E_B - I_B R_B$에서

$100 - 0.1 I_A = 100 - 0.2 I_B$ 이므로

$I_A = 2 I_B$ → ① 식

또한 부하전류는 135[A]이므로

$I_A + I_B = 135$ → ② 식

①식을 ②식에 대입하면, $2I_B + I_B = 135$

$\therefore I_B = 45[A],\ I_A = 90[A]$

【정답】 ①

36. 직류 전동기의 공급 전압을 V[V], 자속을 $\varnothing$[Wb], 전기자 전류를 $I_a[A]$, 전기자 저항을 $R_a[\Omega]$, 속도를 n[rps]라 할 때 속도식은?

① $n = K\dfrac{V + R_a I_a}{\varnothing}$

② $n = K\dfrac{V - R_a I_a}{\varnothing}$

③ $n = K\dfrac{\varnothing}{V + R_a I_a}$

④ $n = K\dfrac{\varnothing}{V - R_a I_a}$

|정|답|및|해|설|

[직류 전동기의 속도] $n = K\dfrac{E_c}{\varnothing} = K\dfrac{V - I_a R_a}{\varnothing}$[rps]

【정답】 ②

37. 직류 분권 전동기의 계자 저항을 운전 중에 증가하면?

① 전류는 일정

② 속도가 감소

③ 속도가 일정

④ 속도가 증가

|정|답|및|해|설|

[직류 전동기의 속도] $n = k\dfrac{E}{\varnothing}[rps]$

계자 저항을 증가하면 계자 전류가 감소하고 자속도 감소하므로 속도는 증가한다.

【정답】 ④

38. 직류 직권 전동기가 있다. 전기자 저항 및 계자 권선 저항은 함께 0.8[Ω]이고, 그 자화 곡선은 1분간 회전수 200, 전류 30[A]에 대해서 전압 300[V]를 나타낸다. 이 전동기를 500[V]에서 사용하여 전류가 앞에서와 같이 30[A]를 취할 때의 속도 [rpm]를 구하면? (단, 전기자 반작용, 마찰손, 풍손 및 철손은 무시한다.)

① 120

② 132.7

③ 180.8

④ 301.3

|정|답|및|해|설|

[직류 전동기의 속도] 유기 기전력은 속도와 발하는 관계에 있으므로 전압 500[V], 전류 30[A]일 때의 역기전력 E'

$E' = V - I_a(r_a + r_f) = 500 - 30(0.8 + 0.8) = 452[V]$

그러므로 그때의 속도 N'는 $\dfrac{N'}{N} = \dfrac{E'}{E}$

$\therefore N' = \dfrac{E'}{E} \times N = \dfrac{452}{300} \times 200 = 301.3[rpm]$

【정답】 ④

39. 부하가 변하면 심하게 속도가 변하는 직류 전동기는?

① 직권전동기 ② 분권전동기
③ 차동 복권전동기 ④ 가동 복권전동기

|정|답|및|해|설|

[직류 전동기] 직권이 속도 변동이 가장 크며, 차동 복권의 속도 변동이 가장 작다. 【정답】 ①

40. 직류 분권 전동기의 계자 전류를 감소시키면 회전수는 어떻게 변하는가?

① 변화 없다. ② 증가
③ 정지 ④ 감소

|정|답|및|해|설|

[직류 전동기의 속도] $E=k\varnothing N[V]$이므로 $\varnothing=I_f$와 N도 반비례한다. 즉, I_f(小) → $\varnothing$(小) → N(大)

【정답】 ②

41. 정격 전압 100[V], 전기자 전류 50[A]일 때 1500[rpm]인 직류 분권 전동기의 무부하 속도는 몇 [rpm]인가? (단, 전기자 저항은 0.1[Ω]이고, 반작용은 무시한다.)

① 약 1382 ② 약 1421
③ 약 1579 ④ 약 1623

|정|답|및|해|설|

I_a=50[A]일 때의 역기전력 E는

$E=V-I_aR_a=100-50\times0.1=95[V]$

I_s=0[A]일 때의 역기전력 E_0는 공급 전압과 같다.

즉, $E_0=100[V]$

전지가 반작용을 무시하면 $E\propto k\varnothing N$ 에서 $\varnothing$ 일정이므로 $E\propto N$, 전기자 전류 50[A]일 때의 속도를 N, 무부하 일 때의 속도를 N_0라 하면

$\frac{N_0}{N}=\frac{E_0}{E}\quad\therefore N_0=\frac{E_0}{E}\times N=1500\times\frac{100}{95}\fallingdotseq1579[rpm]$

【정답】 ③

42. 100[kW], 250[V], 전기자 회로 저항 0.025[Ω]인 직류 분권 전동기의 무부하 속도가 1,100[rpm]이 되도록 계자 저항을 조정한 후에 전기자 전류를 400[A]로 하면 회전 속도 [rpm]와 출력 [kW]은 얼마인가? (단, 브러시의 저항과 전류 및 손실은 무시한다.)

① 1146[rpm], 96[kW]
② 1146[rpm], 95[kW]
③ 1056[rpm], 95[kW]
④ 1056[rpm], 96[kW]

|정|답|및|해|설|

[직류 전동기의 출력] $P=E_cI_a=2\pi nT[W]$

$I_a=400[A]$일 때의 역기전력 E는

$E=V-I_aR_a=250-400\times0.025=240[V]$

역기전력 $E_0=V=250[V]$

$E\propto N$ 관계에 있으므로, 무부하 속도를 N_0라 할 때

$\frac{N_0}{N}=\frac{E_0}{E}\quad\therefore N_0=\frac{E_0}{E}\times N=\frac{240}{250}\times1100=1056[rpm]$

∴ 출력 $P=240\times400\times10^{-3}$=96[kW]

【정답】 ④

43. 그림과 같은 여러 직류 전동기의 속도 특성 곡선을 나타낸 것이다. ①부터 ④까지 차례로 맞는 것은?

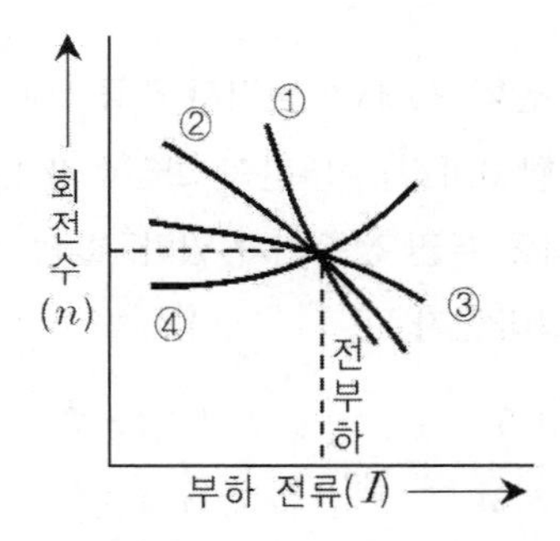

① 차동 복권, 분권, 가동 복권, 직권
② 분권, 직권, 가동 복권, 차동 복권
③ 가동 복권, 차동 복권, 직권, 분권
④ 직권, 가동 복권, 분권, 차동 복권

|정|답|및|해|설|

[직류 전동기의 속도 특성 곡선] 속도 변화가 가장 심한 것이 직권이고 가장 작은 것이 차동 복권이다. 직권 전동기는 속도의 변화가 가장 크고 정출력 전동기이기 때문에 전기 철도에 매우 적합하다. 【정답】 ④

44. 어느 분권 전동기의 정격 회전수가 1,500 [rpm]이다. 속도 변동률이 5[%]라 하면 공급 전압과 계자 저항의 값을 변화시키지 않고, 이것을 무부하로 하였을 때의 회전수 [rpm]는?

① 1265 ② 1365

③ 1436 ④ 1575

|정|답|및|해|설|

[직류 전동기의 속도변동률] $\epsilon = \frac{N_0 - N}{N} \times 100[\%]$

N : 정격 회전수, N_0 : 무부하 회전수

무부하일 때 회전수는 정격 회전수보다 증가한다.

$\epsilon = \frac{N_0 - N}{N} \times 100 = \left(\frac{N_0}{N} - 1\right) \times 100$

$\therefore N_0 = \left(1 + \frac{\epsilon}{100}\right) N = \left(1 + \frac{5}{100}\right) \times 1500 = 1575[rpm]$

【정답】 ④

45. 단자 전압 205[V], 전기자 전류 50[A], 전기자 전저항 0.1[Ω], 1분간의 회전수가 1,500[rpm]인 직류 분권 전동기가 있다. 발생 토크[N·m]는 얼마인가?

① 61.5 ② 63.7

③ 65.3 ④ 66.8

|정|답|및|해|설|

[직류 전동기의 토크] $T = 0.975 \frac{P_0}{N} \times 9.8 [N \cdot m]$

P_0[W] : 출력, N[rpm] : 회전수

$V = 205[V]$, $I_a = 50[A]$, $R_a = 0.1[\Omega]$, $N = 1500[rpm]$

$E = V - I_a R_a = 250 - 50 \times 0.1 = 200[V]$

$P_0 = E \cdot I_a = 200 \times 50 = 10000[W]$

$\therefore T = 0.975 \times \frac{10000}{1500} \times 9.8 = 63.7[N \cdot m]$

【정답】 ②

46. 직류 분권 전동기가 있다. 단자 전압이 215[V], 전기자 전류 50[A], 전기자의 전 저항이 0.1[Ω], 회전 속도 1,500[rpm]일 때 발생 토크[kg·m]를 구하면?

① 6.82 ② 6.68

③ 68.2 ④ 66.8

|정|답|및|해|설|

[직류 전동기의 토크] $T = 0.975 \frac{P_m}{N}$ [Kg·m]

$V = 215[V]$, $I_a = 50[A]$

$R_a = 0.1[\Omega]$, $N = 1500[rpm]$이므로

$E = V - I_a R_a = 215 - 50 \times 0.1 = 210[V]$

$P_0 = E \cdot I_a = 210 \times 50 = 10500[W]$

$\therefore T = 0.975 \times \frac{10500}{1500} = 6.82[kg \cdot m]$

【정답】 ①

47. 출력 10[HP], 600[rpm]인 전동기의 토크(torque)는 약 몇 [kg·m]인가?

① 11.8 ② 118

③ 12.1 ④ 121

|정|답|및|해|설|

[직류 전동기의 토크] $T = 0.975 \frac{P_m}{N}$ [Kg·m]

$1[HP] = 746[W]$

$T = 0.975 \frac{P_0}{N} = 0.975 \times \frac{10 \times 746}{600} = 12.1[kg \cdot m]$

【정답】 ③

48. 직류 직권 전동기를 정격 전압에 전부하 전류 50[A]로 운전할 때, 부하토크가 $\frac{1}{2}$로 감소하면, 그 부하전류는 약 몇 [A]로 되겠는가? (단, 자기포화는 무시한다.)

① 20 ② 25 ③ 30 ④ 35

|정|답|및|해|설|

[직류 직권 전동기의 토크] $T = K\varnothing I_a = KI_a^2 [N \cdot m]$

$\rightarrow (K = \frac{pz}{2\pi a})$

$I_a = \sqrt{\frac{T}{K}} = K'\sqrt{T} \quad \rightarrow (K' = \frac{1}{\sqrt{K}})$

따라서 $I_a \propto \sqrt{T}$이므로 부하 토크가 $\frac{1}{2}$로 되면 부하 전류가 $\frac{1}{\sqrt{2}}$로 된다.

$\therefore I_a' = I_a \times \sqrt{T} = 50 \times \frac{1}{\sqrt{2}} \fallingdotseq 35[A]$

【정답】 ④

49. 직류 직권 전동기에서 벨트(belt)를 걸고 운전하면 안 되는 이유는?

① 손실이 많아진다.

② 직결하지 않으면 속도 제어가 곤란하다.

③ 벨트가 벗어지면 위험 속도에 도달한다.

④ 벨트가 마모하여 보수가 곤란하다.

|정|답|및|해|설|

[직류 직권 전동기의 속도] 벨트가 벗겨지는 순간에 무부하($I = I_a = I_f$)로 되어 여자전류가 거의 $\varnothing$이 되므로 속도가 매우 상승하여 고속도에 달할 수 있으므로 직류 직권 전동기로 다른 기계를 운전하려면 반드시 직결 하거나 기어를 사용하여야 한다.

【정답】 ③

50. 직류 직권 전동기에서 토크 T와 회전수 N과의 관계는?

① $T \propto N$ ② $T \propto \frac{1}{N}$

③ $T \propto N^2$ ④ $T \propto \frac{1}{N^2}$

|정|답|및|해|설|

[직류 직권 전동기의 토크] 역기전력 E가 일정하다고 하면 전기자 전류 I_a가 적은 범위에서는 자속 $\varnothing$는 I_a에 비례하므로 $\varnothing = K_2 I_a$로 놓으면 속도 N은

$N = \frac{E}{K\varnothing} = \frac{E}{K_1 K_2 I_a} \propto \frac{1}{I_a}$

직권 전동기의 토크 T는

$T = K_3 \varnothing I_a = K_3 \cdot (K_2 I_a) \cdot I_a = K_4 I_a^2 \; (\because K_4 = K_2 \cdot K_3)$

$\therefore T \propto I_a^2 \propto \left(\frac{1}{N}\right)^2$

【정답】 ④

51. 직류 직권 전동기가 전차용에 사용되는 이유는?

① 속도가 클 때 토크가 크다.

② 토크가 클 때 속도가 작다.

③ 기동 토크가 크고 속도는 불변이다.

④ 토크는 일정하고 속도는 전류에 비례한다.

|정|답|및|해|설|

직류 직권 전동기의 속도-토크 특성은 저속도 일 때의 큰 토크가 발생하고 속도가 상승하는데에 따라서 토크가 적게 된다. 전차의 주행 특성은 이것과 유사하여 기동시에는 큰 토크를 필요로 하고 주행시의 토크는 적어도 좋다.

【정답】 ②

52. 정격속도 1,000[rpm]의 직류 직권 전동기의 부하 토크가 $\frac{3}{4}$으로 감소하였을 때 회전수 [rpm]는 대략 얼마나 되는가? (단, 자기포화는 무시한다.)

① 850 ② 1,000

③ 1,150 ④ 1,300

|정|답|및|해|설|

[직류 직권 전동기의 토크와 회전수] $T \propto \left(\frac{1}{N}\right)^2$

$\therefore N' = N \times \frac{1}{\sqrt{T}} = 1000 \times \frac{1}{\sqrt{\frac{3}{4}}} \fallingdotseq 1154.7[rpm]$

【정답】 ③

53. 직류 분권 전동기의 기동시 계자 전류는?

① 큰 것이 좋다.

② 정격출력 때와 같은 것이 좋다.

③ 작은 것이 좋다.

④ 0에 가까운 것이 좋다.

|정|답|및|해|설|

[계자 전류] $T = K\varnothing I_a$, $I_f = \frac{V}{R_f + R_{fR}}$이므로 기동 토크를 크게 하려면 자속을 크게 해두는 것이 좋으므로 계자 전류 I_f가 클수록 좋다. 그러므로 계자 권선 R_f와 직렬로 되어있는 계자 저항기의 저항 R_{fR}을 0으로 해둔다.

【정답】 ①

54. 직류 전동기의 속도 제어 방법 중 광범위한 속도 제어가 가능하며, 운전 효율이 좋은 방법은?

① 계자 제어 ② 직렬 저항 제어

③ 병렬 저항 제어 ④ 전압 제어

|정|답|및|해|설|

[직류 전동기의 제어법]

① 전압 제어 : 고효율로 속도가 저하하여도 가장 큰 토크를 낼 수 있고 역전도 가능하지만 장치가 극히 복합하며 고가이다. 워드레오너드 방식과 일그너 방식이 있다.

② 계자 제어 : 속도를 가감하는 데는 가장 간단하고 효율이 좋다.

③ 저항 제어 : 속도를 가감하는 속도가 저하하였을 때에는 부하의 변화에 따라 속도가 심하게 변하여 취급이 곤란하다.

【정답】 ④

55. 일정 전압으로 운전하는 직류 전동기의 손실이 $X + yI^2$으로 될 때 어떤 전류에서 효율이 최대가 되는가?

① $I = \sqrt{\frac{X}{y}}$ ② $I = \sqrt{\frac{y}{X}}$

③ $I = \frac{X}{y}$ ④ $I = \frac{y}{X}$

|정|답|및|해|설|

[직류 전동기의 최고 효율 조건] 손실 $X + yI^2$중에서 X는 고정손이고, yI^2은 가변손이다. 최대 효율 조건은 고정손 = 가변손이므로 $X = yI^2$

그러므로 부하전류 $I = \sqrt{\frac{X}{y}}$에서 최대 효율이 된다.

【정답】 ①

56. 직류기의 온도 시험에는 실부하법과 반환부하법이 있다. 이 중에서 반환부하법에 해당되지 않는 것은 어느 것인가?

① 흡킨슨법

② 프로니 브레이크법

③ 블론델법

④ 카프법

|정|답|및|해|설|

[직류기의 온도 상승 시험(반환부하법)] 반환부하법에 의한 온도 시험법에는 카프법, 홉킨스법, 블론델법이 있으며 외부에서 공급하는 전력이 손실분만으로 되기 때문에 실부하법에 의하여 소비전력이 훨씬 적어도 되며 취급이 간단하다.

【정답】 ②

57. 대형 직류 전동기의 토크를 측정하는데 가장 적합한 방법은?

① 와전류제동기

② 프로니브레이크법

③ 전기동력계

④ 반환부하법

|정|답|및|해|설|

[직류기의 토크 측정법] 와전류 제동기와 프로니 브레이크법은 소형의 전동기 토크를 측정하는데 적합하고, 반환부하법은 온도 시험을 하는 방법이다.

【정답】 ③

58. 다음 중 정전압형 발전기가 아닌 것은?

① Rosenberg Generator

② Thirde Brush Generator

③ Bergamann Generator

④ Rototrol

|정|답|및|해|설|

Rototrol은 정속도형 발전기이다.

【정답】 ④

59. 회전기의 정격 중에서 전기 철도용 전원 기기에만 적용되는 정격은 어느 것인가?

① 공칭 정격　　② 단시간 정격

③ 반복 정격　　④ 연속 정격

|정|답|및|해|설|

[공칭 정격] 공칭 정격은 전기 철도용의 전원 기기에만 적용되는 특수 정격으로, 정격 부하에서 계속하여 사용하여도 지장이 없는 정격이다.

【정답】 ①

60. 정격출력 5[kW], 정격전압 110[V]의 직류발전기가 있다. 500[V]의 메거[Megger]를 사용하여 절연 저항을 측정할 때 절연저항은 약 최저 몇 [MΩ] 이상이어야 양호한 절연이라 할 수 있을까?

① R=0.11[MΩ]　　② R=0.50[MΩ]

③ R=0.0045[MΩ]　　④ R=2.42[MΩ]

|정|답|및|해|설|

[절연저항의 최저값] $R=\frac{\text{정격전압}}{\text{정격출력}[kW]+1000}[M\Omega]$

V=110[V], P=5[kW]를 대입하면

$R=\frac{110}{5+1000}\fallingdotseq 0.11[M\Omega]$

【정답】 ①

61. x축에 속도 n을 y축에 토크 T를 취하여 전동기 및 부하의 속도·토크 특성 곡선을 그릴 때 그 교점이 안정 운전점인 경우에 성립하는 관계식은? (단, 전동기 토크를 T_M, 부하 토크를 T_L이라 한다.)

① $\frac{dT_M}{dn}<\frac{dT_L}{dn}$　　② $\frac{dT_M}{dn}=\frac{dT_L}{dn}=0$

③ $\frac{dT_M}{dn}=\frac{dT_L}{dn}$　　④ $\frac{dT_M}{dn}>\frac{dT_L}{dn}$

|정|답|및|해|설|

전동기에 부하를 걸고, 안정하게 운전하기 위해서는 n이 증가할 때에는 부하 L의 토크(T_L)이 전동기 M의 토크(T_M)보다 커지고, n이 감소할 때에는 이와 반대로 되어야 한다.

【정답】 ①

Chapter 02

동기기

01 동기 발전기

1. 동기 발전기의 원리 및 구조

(1) 3상 대칭 기전력의 발생 원리

플레밍의 오른손 법칙에 의하여 ab, cd에는 화살표로 나타낸 방향에 기전력이 유기되고 전류는 슬립링 r_1, r_2 , 브러시 b_1, b_2를 거쳐 A에서 B로 흐르게 된다.

반 회전 후에는 기전력의 방향이 반대로 되고 전류는 B에서 A로 향해 흐른다.

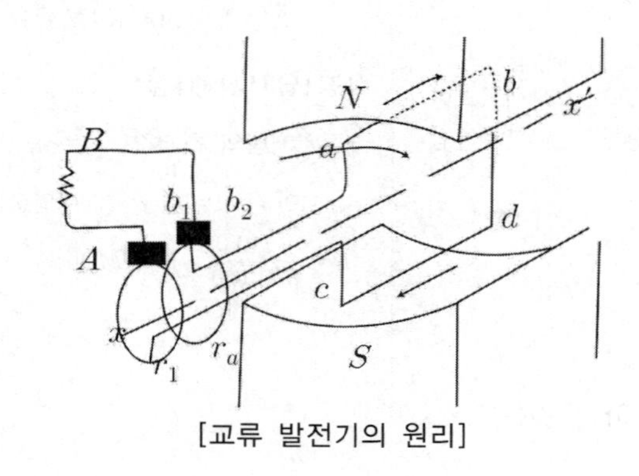

[교류 발전기의 원리]

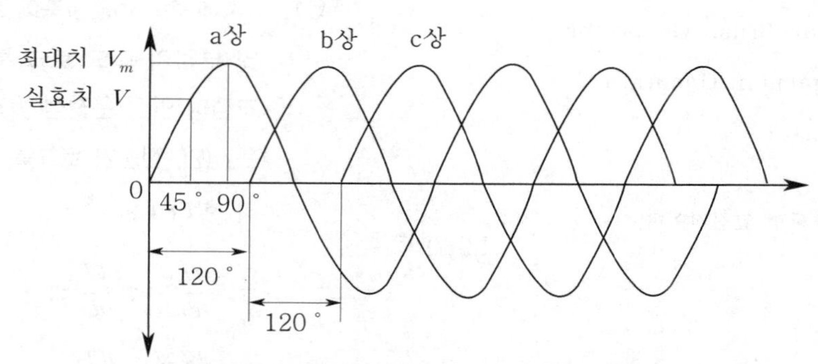

[3상 동기 발전기의 3상 기전력 발생 원리]

① $v_a = V_m \sin\omega t$ ② $v_b = V_m \sin(\omega t - 120°)$ ③ $v_c = V_m \sin(\omega t - 240°)$

여기서, v_a, v_b, v_c : 순시값(시간의 변화에 따라 순간순간 나타나는 정현파의 값)

(2) 동기 발전기의 구조

① 계자(회전자) : 자속을 만들어 주는 부분이다.

② 전기자(고정자) : 계자에서 발생된 자속을 끊어서 기전력을 유기하는 부분이다.

③ 여자기 : 여자 방식은 직류 타여자 방식으로 DC 100-120, 200-250[V]를 인가한다.

④ 베어링

⑤ 냉각장치

㉮ 공냉식 : 소용량

㉯ 수냉식 : 중·대용량

㉰ 수소 냉각 방식 : 고속기 대용량으로 동기발전기에서 터빈 발전기는 수소냉각방식이다.

2. 동기 발전기의 분류

(1) 회전자에 의한 분류

① 회전 계자형 (동기 발전기에서 사용)

- 전기자를 고정자로 하고, 계자극을 회전자로 한 것
- 전기자 권선은 전압이 높고 결선이 복잡
- 계자회로는 직류의 저압회로이며 소요 전력도 적다.
- 계자극은 기계적으로 튼튼하게 만들기 쉽다.

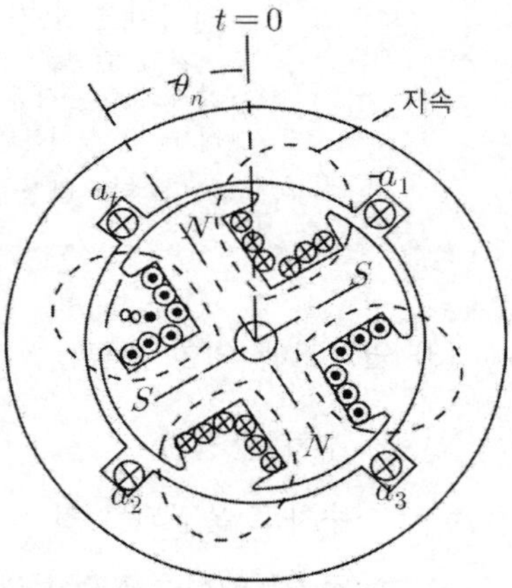

② 회전 전기자형 (직류 발전기에서 사용)

- 계자극을 고정자로 하고, 전기자를 회전자로 한 것
- 특수 용도 및 극히 저 용량에 적용

③ 유도자형

- 계자극과 전기자를 모두 고정자로 하고 권선이 없는 회전자, 즉 유도자를 회전자로 한 것
- 고주파(수백~수만[Hz]) 발전기로 쓰인다.

[동기 발전기의 회전 계자형]

(2) 동기기를 회전 계자형으로 하는 이유

① 전기적인 면

- 계자는 직류 저압이 인가되고, 전기자는 교류 고압이 유기되므로 저압을 회전시키는 편이 위험성이 적다.
- 전기자가 고정자이므로 고압 대 전류용에 좋고, 절연하기 쉽다.
- 전기자는 3상 결선이고 계자는 단상 직류이므로 결선이 간단한 계자가 위험성이 작다.

② 기계적인 면

·전기자보다 계자가 철의 분포가 많기 때문에 회전시 기계적으로 더 튼튼하다.

·전기자는 권선을 많이 감아야 되므로 회전자 구조가 커지기 때문에 원동기 측에서 볼 때 출력이 더 증대하게 된다.

핵심기출 【기사】 17/3 【산업기사】 19/2

동기 발전기에 회전 계자형을 사용하는 경우에 대한 이유로 틀린 것은?

① 기전력의 파형을 개선한다.

② 전기자가 고정자이므로 고압 대 전류용에 좋고, 절연하기 쉽다.

③ 계자가 회전자지만 저압 소 용량의 직류이므로 구조가 간단하다.

④ 전기자보다 계자극을 회전자로 하는 것이 기계적으로 튼튼하다.

정답 및 해설 [동기 발전기의 회전 계자형]

·전기자를 고정자로 하고, 계자극을 회전자로 한 것
·전기자 권선은 전압이 높고 결선이 복잡
·계자회로는 직류의 저압회로이며 소요 전력도 적다.
·계자극은 기계적으로 튼튼하게 만들기 쉽다.

※기전력의 파형 개선 : 고조파 성분 제거 【정답】 ①

(3) 원동기에 의한 분류

① 수차 발전기

·수차로 운전되는 것

·저속도에서는 100~150[rpm], 고속도에서는 1000 ~1200[rpm] 정도의 회전수로 운전

② 터빈 발전기

·원동기를 증기 터빈으로 하는 발전기로서 극수는 2극~4극기로서 고속으로 회전하기 때문에 회전자는 원통형으로 지름이 작고 축방향으로 길이를 길게 하여 원심력을 작게 한다.

·회전자는 횡축형 발전기

·냉각 방식은 수소 냉각 방식

·비돌극형이 많이 사용된다.

③ 엔진 발전기

·내연 기관으로 운전

·회전수 100~1000[rpm]의 고속회전

(4) 냉각 방식에 의한 분류

① 공랭식 : 소 용량, 대형 저속기에 적용

② 수냉식 : 중·대 용량, 대형 고속기에 적용

③ 수소(가스) 냉각 방식 : 대 용량 고속기

[수소 냉각 방식의 장·단점]

장점	·비중이 공기의 약 7[%]이므로 풍손은 약 1/10로 감소된다. ·열전도성이 좋다. ·공기냉각에 비해 약 25[%] 출력이 증가 ·코로나에 의한 손상이 없다. ·가스 냉각기가 적어도 된다. ·절연물의 수명이 길다. ·전폐형으로 운전중 소음이 적다.
단점	·설비비가 고가 ·수소가스의 압력 및 순도를 자동제어 할 필요 ·수소가스의 봉입배출에는 탄산가스로 치환 ·폭발의 위험이 있다.

(5) 상수에 의한 분류

① 단상 발전기 : 단상 교류를 발생하는 발전기

② 다상 발전기 : 2상 이상의 교류를 발생하는 발전기, 보통 3상 발전기가 전력용에 사용

3. 회전자의 구조

(1) 동기속도(N_s)

교류 전원을 사용하는 동기기나 유도기에서 만들어지는 회전 자기장의 회전속도

동기속도는 전원의 주파수에 비례하고 자극의 수에 반비례한다.

동기속도 $n_s = \dfrac{2f}{p}$[rps], $N_s = \dfrac{120f}{p}$[rpm]

여기서, f : 유기 기전력의 주파수[Hz], p : 극수, N_s : 동기속도[rpm], n_s: 동기속도[rps]

(2) 돌극형 발전기(철극기)의 특징

·계자 철심이 돌출된 형식, 공극이 불균형하므로 자속 분포가 일정하지 않게 되어, 전기자 반작용 리액턴스가 증가한다.

·고정자와 회전자 간의 공극이 넓어서 공기 냉각 방식 채용

·수차발전기나 엔진 발전기와 같이 중형 이하 및 저속기에 사용되고 단락비가 크다.

·돌극기는 최대 출력각이 60°

·직축과 횡축의 리액턴스 값이 다르다.

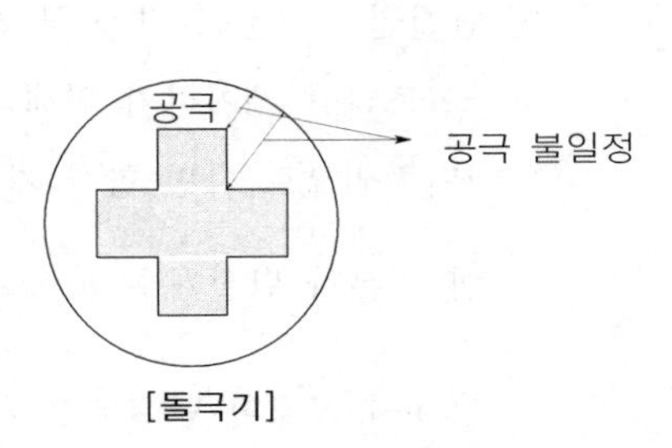

[돌극기]

· 전기자 반작용 자속수가 역률의 영향을 받는다.

· 저속이므로 극수가 많은 것을 사용한다.

(3) 비돌극(원통)형 발전기의 특징

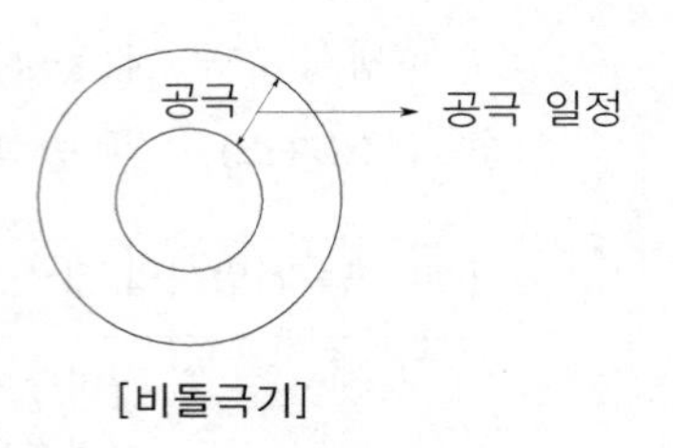

[비돌극기]

· 회전자 축과 자극을 한 덩어리로 만든 것

· 회전자 형태가 원형으로 공극이 일정하므로 자속 분포가 균일

· 고정자와 회전자 간의 공극이 좁아서 수소 냉각 방식 채용

· 비돌극기는 최대 출력각이 90°

· 직축과 횡축의 리액턴스 값이 같다.

· 고속기에 적용된다.

핵심기출 【기사】 12/3 【산업기사】 08/2

돌극(凸極)형 동기발전기의 특징이 아닌 것은?

① 직축 리액턴스 및 횡축 리액턴스의 값이 다르다.

② 내부 유기기전력과 관계없는 토크가 존재한다.

③ 최대 출력의 출력각이 90° 이다.

④ 리액션 토크가 존재한다.

정답 및 해설 [돌극형 발전기] 돌극기는 최대 출력이 60° 이고 비돌극기는 최대 출력이 90° 이다. 돌극기는 저속에 적당하고 직축과 횡축의 리액턴스 값이 다르다. 비돌극기는 고속에 적당하고 직축과 횡축의 리액턴스 값이 같다. 【정답】 ③

---

4. 동기 발전기 전기자 권선법

(1) 동기기의 전기자 권선법

동기 발전기의 권선법으로는 단절권, 분포권, 중권, 이층권 등이 사용된다.

(2) 전절권과 단절권

① 전절권 : 코일 간격을 극간격과 같게

② 단절권 : 코일 간격을 극 간격보다 짧게

· 고조파를 제거하기 위해 사용

· 단절권으로 하면 합성 기전력이 작아지는데 이 감소율을 단절계수라고 한다.

㉮ 기본파 단절계수 $K_p = \sin\frac{\beta\pi}{2} < 1 \quad \rightarrow (\beta = \frac{권선\ 피치}{자극\ 피치})$

㉯ n차 고조파 단절계수 $K_p = \sin\frac{n\beta\pi}{2} < 1$

(3) 집중권과 분포권

① 집중권

·매극 매상의 도체를 한 개의 슬롯에 집중시켜서 권선하는 법

·1극, 1상, 슬롯 1개

② 분포권

·매극 매상의 도체를 2개 이상의 슬롯에 각각 분포시켜서 권선하는 법

·1극, 1상, 슬롯 2개

㉮ 기본파 분포 계수 $K_d = \dfrac{\sin\dfrac{\pi}{2m}}{q\sin\dfrac{\pi}{2mq}} < 1$

㉯ n차 고조파 본포 계수 $K_d = \dfrac{\sin\dfrac{n\pi}{2m}}{q\sin\dfrac{n\pi}{2mq}} < 1$

㉰ 유기 기전력 $E = 4.44K_dK_pf\varnothing N = 4.44K_wf\varnothing N$[V]

여기서, n : 고주파 차수, m : 상수, q : 매극 매상 당 슬롯수, $\varnothing$: 자속

N : 1상당 권수[회],

③ 분포권의 장·단점

분포권의 장점	·합성 유기기전력이 감소한다. ·기전력의 고조파가 감소하여 파형이 좋아진다. ·누설 리액턴스는 감소된다. ·과열 방지의 이점이 있다.
분포권의 단점	집중권에 비해 합성 유기 기전력이 감소

(4) 중권, 파권, 쇄권

전기자 권선을 감는 방법에 따라 중권, 파권, 쇄권으로 분류

동기기에서는 중권 사용, 파권은 특수한 경우에 사용, 쇄권은 고압의 기계에 적당하다.

(5) 단층권, 이층권

단층권	전기자 철심의 1개의 슬롯에 코일변 1개를 넣은 것
이층권	·전기자 철심의 1개의 슬롯에 코일변 2개를 넣은 것 ·동기기에서는 주로 2층권 사용

(6) 권선 계수(K_w)

권선계수(K_w)란 단절계수(K_p)와 분포계수(K_d)의 곱이 된다.

권선계수 $K_w = K_d \times K_p < 1$

분포권, 단절권으로 하면 권선계수는 1보다 작으며 집중권, 전절권으로 하면 권선계수는 1이 된다.

(7) 전기자 결선을 성형 결선(Y)으로 하는 이유

- 정격전압을 $\sqrt{3}$배 만큼 더 크게 할 수 있다.
- 이상전압으로부터 보호 받을 수 있다.
- 권선의 불평형 및 제3고조파 등에 의한 순환전류가 흐르지 않는다.
- 보호계전기의 동작이 확실하다.
- 코일의 코로나 열화 등이 작다.

※Y결선이나 △결선의 발전기 출력은 같다.

핵심기출 【기사】 05/3 08/1 09/2 13/2 13/3 15/2 16/3 17/1 【산업기사】 11/3 15/1

3상 동기발전기의 매극 매상의 슬롯수를 3이라고 하면 분포계수는?

① $6\sin\frac{\pi}{18}$ ② $3\sin\frac{9\pi}{2}$

③ $\frac{1}{6\sin\frac{\pi}{18}}$ ④ $\frac{1}{3\sin\frac{\pi}{18}}$

정답 및 해설 [분포계수] $K_{dn} = \frac{\sin\frac{n\pi}{2m}}{q\sin\frac{n\pi}{2mq}}$ →(n차 고조파)

($n=1,\ m=3,\ q=3$ 대입)

$K_{dn} = \frac{\sin\frac{\pi}{6}}{3\sin\frac{\pi}{18}} = \frac{1}{6\sin\frac{\pi}{18}}$ 【정답】 ③

5. 동기 발전기의 유기기전력

(1) 1개의 도체에 유기되는 기전력의 순시치(e)

$e = Blv$[V]에서 $N = \frac{120f}{p}$, $v = \pi D\frac{N}{60}$이므로 회전자 주변속도 $v = \pi D\frac{1}{60}\cdot\frac{120f}{p} = 2\pi D\frac{f}{p}[m/s]$

$\therefore e = 2f\frac{\pi Dl}{p}B[V]$

여기서, D : 전기자 직경, N : 회전수(동기속도), B : 자속밀도, p : 극수, f : 주파수

v : 회전자 주변속도

(2) 실효치 E

$E=K_f \times 4K_w f \varnothing$[V]에서

코일 권수 1개에 코일변이 2개 있으므로 권수 N에 유기되는 기전력

$E=1.11\times 4\times K_w f \varnothing N=4.44K_d K_p f \varnothing N$[V] → ($K_f$(파형률)$=\frac{\pi}{2\sqrt{2}}$=1.11(정현파의 경우))

여기서, K_f : 파형률, N : 권수, K_w : 권선계수($K_w=K_d\times K_p$), K_d : 분포계수, K_p : 단절계수

(3) 기전력의 파형을 정현파로 하기 위한 방법

- ·매극 매상의 슬롯수를 크게 한다.
- ·부정수 슬롯권을 채용한다.
- ·단절권 및 분포권으로 한다.
- ·반폐 슬롯을 사용한다.
- ·전기자 철심을 스큐 슬롯으로 한다.
- ·공극의 길이를 크게 한다.
- ·Y결선을 한다.

핵심기출 【기사】18/3

동기기의 기전력의 파형 개선책이 아닌 것은?

① 단절권 ② 집중권

③ 공극 조정 ④ 자극 모양

정답 및 해설 [기전력의 파형을 정현파로 하기 위한 방법] 단절권 및 분포권으로 한다.

【정답】②

6. 동기 발전기의 출력

(1) 비돌극기의 출력

① 단상발전기 출력 $P=\frac{EV_1}{x_1}\sin\delta$

② 3상발전기 출력 $P=\frac{3EV_1}{x_1}\sin\delta$

여기서, E : 유기기전력, V : 단자전압, δ : 부하각

x_1 : 동기리액턴스,

③ 부하각 δ가 90^0에서 최대 출력

(2) 돌극기의 출력

① 출력 $P=\dfrac{EV}{x_d}\sin\delta+\dfrac{V^2(x_d-x_q)}{2x_d x_q}\sin 2\delta$

② 부하각 $\delta=60^{0}$에서 최대 출력

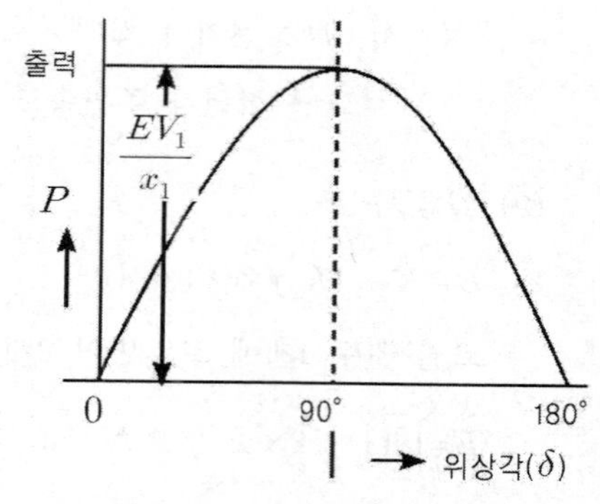

[동기 발전기의 출력과 부하각]

핵심기출 【기사】 18/1 【산업기사】 11/3 15/1

전기자 저항 $r_a=0.2[\Omega]$, 동기 리액턴스 $x_s=20[\Omega]$인 Y결선 3상 동기 발전기가 있다. 3상 중 1상의 단자전압은 $V=4,400[V]$, 유도기전력 $E=6,600[V]$이다. 부하각 $\delta=30°$라고 하면 발전기의 3상 출력[kW]은 약 얼마인가?

① 2,178　　② 3,960　　③ 4,356　　④ 5,532

정답 및 해설 [3상 동기발전기의 출력(원통형 회전자(비철극기))] $P=3\dfrac{EV}{x_s}\sin\delta[W]$

동기리액턴스 $x_s=20[\Omega]$, 단자전압 $V=4,400[V]$, 유도기전력 $E=6,600[V]$, 부하각 $\delta=30°$

$P=3\dfrac{EV}{x_s}\sin\delta=3\times\dfrac{6,600\times4,400}{20}\times\sin30°\times10^{-3}=2178[kW]$ → $(\sin30=0.5)$

【정답】 ①

7. 동기 발전기의 전기자 반작용

(1) 동기 발전기의 전기자 반작용이란?

전기자 전류에 의한 자속 중 주 자극에 들어가 계자자속에 영향을 미치는 것이다.

종류로는 교차자화작용, 감자작용, 증자작용 등이 있다.

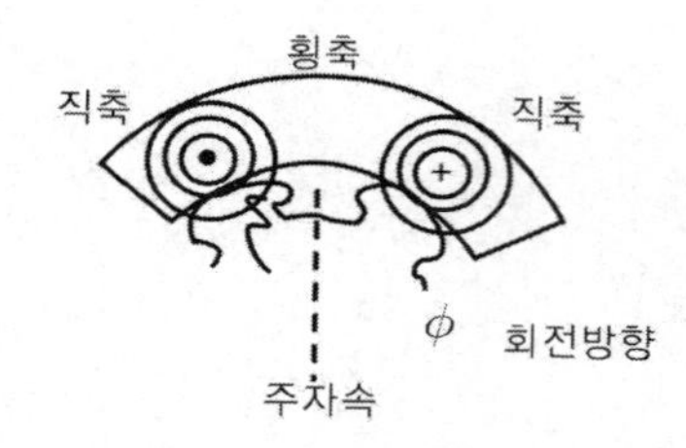

(a) 기전력과 동상의 전류

[교차자화작용]

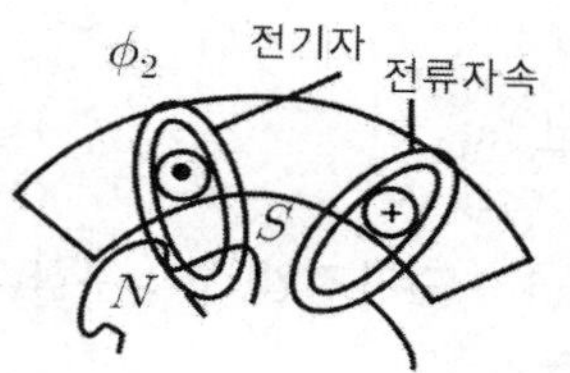

(b) 기전력과 90° 의 늦은 전류

[감자작용]

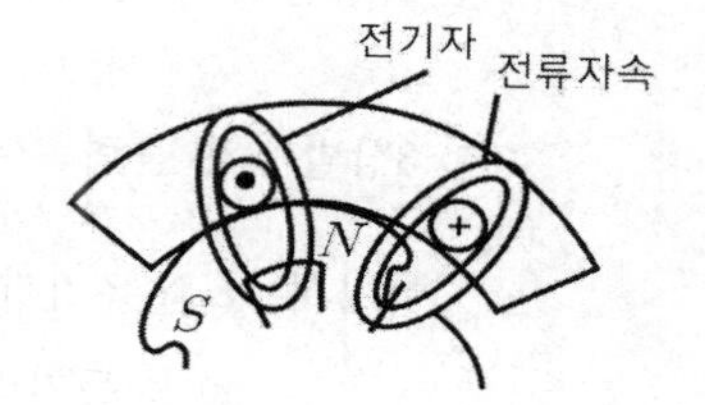

(c) 기전력과 90° 의 앞선 전류

[증자작용]

(2) 교차자화작용 (횡축반작용)

전기자전류와 유기기전력이 동상인 경우 전기자전류와 기전력 E가 동시에 최대인 경우로써 〈그림-a〉에서와 같이 편자작용(교차자화작용)이 일어난다.

부하역률이 $1(\cos\theta = 1)$인 경우의 전기자 반작용

(3) 직축반작용 (감자작용)

전기자 전류가 유기 기전력보다 90^0 뒤질 때(지상)

〈그림-b〉에서 알 수 있듯이 감자작용(직축 반작용)이 일어난다.

(4) 자화작용 (증자작용)

전기자전류가 유기기전력보다 90^0 앞설 때(진상)

〈그림-c〉에서와 같이 증자 작용(자화 작용)이 일어난다.

[동기 발전기의 전기자 반작용 요약]

역률	부하	전류와 전압과의 관계	작용
역률 1	저항	전기자전류(I_a)와 유기기전력(E)이 동상	횡축반작용 (교차자화작용)
뒤진 역률 0	유도성 부하	전기자 전류(I_a)가 유기 기전력(E)보다 90^0 뒤질 때 (지상)	감자작용 (직축반작용)
앞선 역률 0	용량성 부하	전기자전류(I_a)가 유기기전력(E)보다 90^0 앞설 때 (진상)	증자작용 (자화작용)

여기서, I_a : 전기자전류, E : 유기기전력

※동기전동기의 전기자 반작용은 동기발전기와 반대

핵심기출 【기사】 06/3 10/2 【산업기사】 06/3 07/3 10/2 11/3 15/1 16/1

동기 발전기에서 유기기전력과 전기자전류가 동상인 경우 전기자 반작용은?

① 교차자화작용　　② 증자작용

③ 감자작용　　④ 직축반작용

정답 및 해설 [동기 발전기의 전기자 반작용]

① 유기기전력과 전기자전류가 동상인 경우 교차자화작용으로 횡축반작용을 한다.

② 전기자전류가 유기기전력보다 $\frac{\pi}{2}$ 뒤지(지상)는 경우 감자작용에 의하여 주자속을 감속시키는 직축 반작용을 한다.

③ 전기자전류가 유기기전력보다 $\frac{\pi}{2}$ 앞서(진상)는 경우 증자작용을 하여 단자전압을 상승시키는 자화 작용을 한다.

【정답】 ①

8. 동기 발전기의 전압 변동률(ϵ)

(1) 동기 발전기의 전압 변동률이란?

발전기의 여자와 속도를 일정하게 하고 정격 출력에서 무부하로 하였을 때 전압 변동의 비율

전압 변동률 $\epsilon = \dfrac{V_o - V_n}{V_n} \times 100[\%]$

여기서, V_o : 무부하 단자 전압, V_n : 정격 단자 전압

(2) 유도부하(L부하)의 경우

전압변동률 $\epsilon(+)$: $V_0 > V_n$ → (감자작용 발생)

(3) 용량부하(C부하)의 경우

전압변동률 $\epsilon(-)$: $V_0 < V_n$ → (증자작용 발생)

9. 동기발전기의 동기임피던스(Z_s)와 퍼센트 동기임피던스($\%Z_s$)

(1) 동기임피던스(Z_s)

① 동기임피던스 $Z_s = r_a + jx_s[\Omega]$

여기서, r_a : 전기자저항, x_s : 동기리액턴스

② 단락전류에 의한 동기임피던스 $Z_s = \dfrac{E_n}{I_s} = \dfrac{V_n}{\sqrt{3}\, I_s}[\Omega]$

여기서, E_n : 정격 상전압[V], V_n : 정격 단자전압[V], I_s : 3상 단락전류[A]

(2) 퍼센트 동기임피던스 ($\%Z_s$)

동기임피던스를 [Ω]으로 나타내지 않고 백분율로 나타낸 것

① $\%Z_s = \dfrac{I_n \times Z_s}{E_n} \times 100[\%]$

여기서, I_n : 한 상의 정격전류, E_n : 한 상의 정격전압(상전압), Z_s : 한 상의 동기임피던스

② $\%Z_s = \dfrac{1}{K_s} \times 100[\%]$ → (K_s : 단락비)

※퍼센트 동기임피던스는 단락비의 역수

③ 3상 기기의 $\%Z_s = \dfrac{PZ_s}{10V^2}[\%]$

여기서, P : 3상 정격출력[kVA], V : 정격전압[kV])

(3) 리액턴스의 크기 비교

① 초기 과도 리액턴스 〈 과도 리액턴스 〈 동기리액턴스

② 돌극형 동기발전기 : x_d 〉 x_q

여기서, x_d : 직축 동기리액턴스, x_q : 횡축 동기리액턴스

핵심기출 【기사】 07/3

단락비 1.2인 발전기의 퍼센트 동기임피던스[%]는 약 얼마인가?

① 100 ② 83 ③ 60 ④ 45

정답 및 해설 [동기 발전기의 동기 임피던스] $\%Z_s = \frac{1}{K_s} \times 100[\%]$

$\%Z = \frac{1}{K_s} \times 100 = \frac{1}{1.2} \times 100 = 83[\%]$ 【정답】 ②

10. 3상 동기발전기의 단락전류와 단락비

(1) 3상 동기발전기의 단락전류

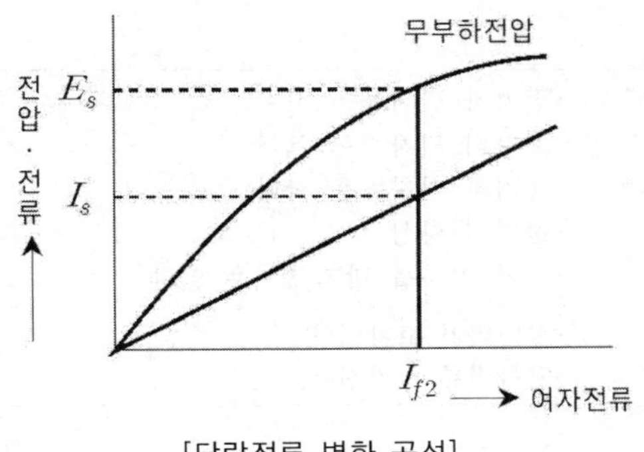

[단락전류 변화 곡선]

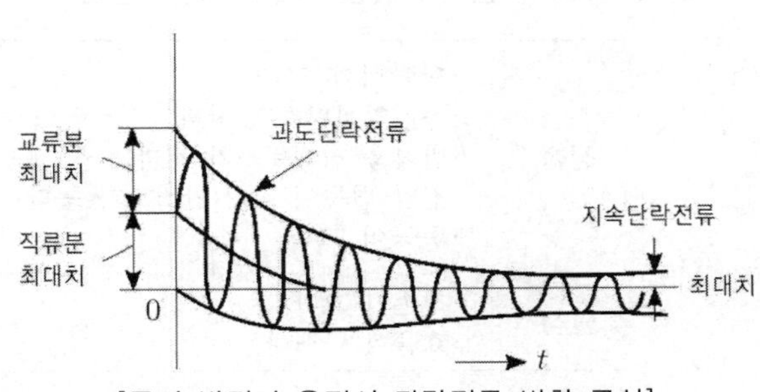

[동기 발전기 운전시 단락전류 변화 곡선]

① 지속 단락전류 $I_s = \frac{E}{r_a + jx_s} = \frac{E}{r_a + j(x_a + x_l)} \fallingdotseq \frac{E}{jx_s}[A]$

② 돌발 단락전류 $I_l = \frac{E}{r_a + jx_l}[A]$

여기서, r_a : 전기자 권선저항, x_l : 누설리액턴스, x_a : 전기자 반작용 리액턴스

x_s : 동기리액턴스($x_s = x_a + x_l$)

※·돌발 단락 전류 억제 : 누설리액턴스 ·영구 단락전류 억제 : 동기리액턴스

※동기리액턴스를 누설리액턴스와 전기자 반작용으로 나누어 생각하면 발전기의 단락전류를 생각할 때 편리하다.

(2) 단락비 (K_s)

동기 발전기에 있어서 정격 속도에서 무부하 정격 전압을 발생시키는 여자 전류와 단락 시에 정격 전류를 흘려 얻는 여자 전류와의 비

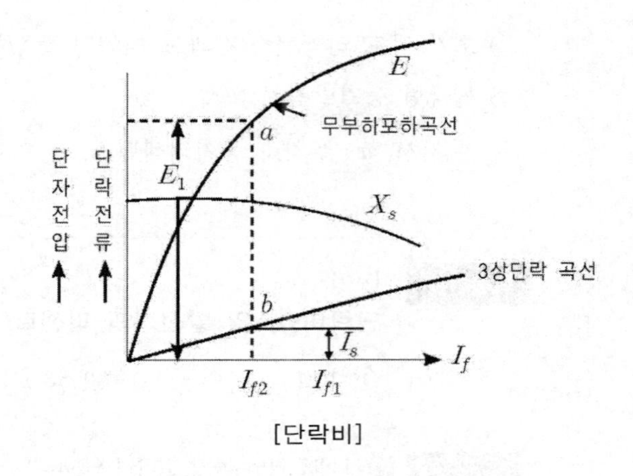

[단락비]

① 단락비 $K_s = \dfrac{I_{f1}}{I_{f2}} = \dfrac{I_s}{I_n} = \dfrac{1}{\%Z_s} \times 100$

여기서, I_{f1} : 무부하시 정격전압을 유지하는데 필요한 여자전류

I_{f2} : 3상단락시 정격전류와 같은 단락 전류를 흐르게 하는데 필요한 여자전류

I_n : 한 상의 정격전류

I_s : 단락전류

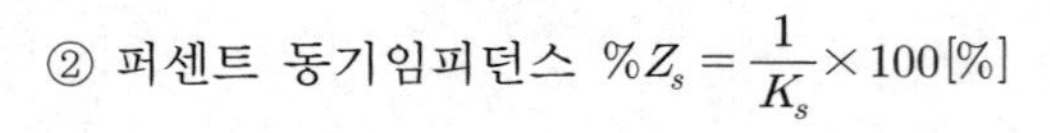
② 퍼센트 동기임피던스 $\%Z_s = \dfrac{1}{K_s} \times 100[\%]$

③ $Z_s[P.U] = \dfrac{1}{K_s}$

(3) 단락비가 큰 기계(철기계)의 장・단점

장점	・단락비가 크다. ・동기임피던스가 작다. ・반작용 리액턴스가 적다. ・전압 변동이 작다(안정도가 높다). ・공극이 크다.	・전기자 반작용이 작다. ・계자의 기자력이 크다. ・전기자 기자력은 작다. ・출력이 향상 ・자기 여자를 방지 할 수 있다.
단점	・철손이 크다. ・효율이 나쁘다.	・설비비가 고가이다. ・단락전류가 커진다.

(4) 단락비가 작은 기계(동기계)의 특성

동기계는 철기계와 상반된 특성을 가지나 발전기 특성면에서 단락비가 큰 기계보다는 특성이 떨어진다.

・단락비가 작다.　　　　・동기 임피던스가 크다.

・전기자 반작용이 크다.　　　　・공극이 적다.

・중량이 가볍고 재료가 적게 들어 가격이 저렴하다.

※① 수차 발전기 단락비(K_s) : 0.9~1.2　　　　② 터빈 발전기 단락비(K_s) : 0.6~1.0

(5) 단락비와 충전용량

・발전기가 송전선로를 충전하는 경우 자기여자 현상을 보상하기 위하여 단락비를 크게 하여야 한다.

·단락비의 값은 다음을 만족해야 한다.

단락비 $> \frac{Q'}{Q}\left(\frac{V}{V'}\right)^2(1+\sigma)$

여기서, Q' : 소요 충전 전압 V'에서의 선로의 충전용량[kVA], Q : 발전기의 정격 출력[kVA]
V : 발전기의 정격 전압[V], σ : 발전기의 정격 전압에서의 포화율

핵심기출 【기사】 08/3 17/2

정력출력 5,000[kVA], 정격전압 3.3[kV], 동기임피던스가 매상 1.8[Ω]인 3상 동기발전기의 단락비는 약 얼마인가?

① 1.1 ② 1.2 ③ 1.3 ④ 1.4

정답 및 해설 [동기발전기의 단락비] $K_s = \frac{I_s}{I_n}$

정격출력 $P = 5000[kVA]$, 정격전압 $V = 3300[V]$, 동기임피던스 $Z_s = 1.8[\Omega]$

단락전류 $I_s = \frac{\frac{V}{\sqrt{3}}}{Z_s} = \frac{V}{\sqrt{3}\,Z_s} = \frac{3300}{\sqrt{3}\times 1.8} = 1058.5[A]$

정격전류 $I_n = \frac{P}{\sqrt{3}\,V} = \frac{5000\times 10^3}{\sqrt{3}\times 3300} = 874.8[A]$

∴ 단락비 $K_s = \frac{I_s}{I_n} = \frac{1058.5}{874.8} = 1.21$ 【정답】 ②

11. 동기 발전기의 병렬 운전

(1) 동기 발전기의 병렬 운전 조건

동기발전기의 병렬 운전 시 조건은 다음을 만족해야 한다.

·기전력의 크기가 같을 것
·기전력의 위상이 같을 것
·기전력의 주파수가 같을 것
·기전력의 파형이 같을 것
·기전력의 상회전이 일치할 것

(2) 병렬 운전 조건 불 만족시 현상

① 기전력의 크기가 서로 같지 않을 때

·무효순환전류(무효횡류)가 흐른다.

·무효순환전류 $I_c = \frac{E_a - E_b}{2Z_s}$

· 두 발전기가 병렬 운전 중인 경우
  - A발전기(역률이 나빠진다)
  - B발전기(역률이 좋아진다)

② 기전력의 위상이 같지 않을 때

동기화전류(유효횡류)가 흐른다.

㉮ 동기화전류 $I_s = \frac{2E_a}{2Z_s} \sin\frac{\delta}{2}$ [A]

㉯ 동기화력 $P = E_a I_s \cos\frac{\delta}{2} [W]$

㉰ 수수전력 $P = \frac{E_a^2}{2Z_s} = \frac{E_a^2}{2x_s} \sin\delta_s$

※수수전력(授受電力) : 동기화 전류 때문에 서로 위상이 같게 되려고 수수하게 될 때 발생되는 전력

③ 기전력의 파형이 같지 않을 때

고조파 무효순환전류가 흐른다.

④ 기전력의 주파수가 다른 경우

동기화전류가 교대로 주기적으로 흐른다. 즉, 난조의 원인이 된다.

※난조 방지법으로는 제동권선이 사용된다.

(3) 동기 발전기 병렬 운전 시 서로 같지 않아도 되는 사항

· 발전기 용량
· 부하전류
· 임피던스

핵심기출 【기사】 05/2 19/2

동기발전기의 병렬 운전 중 위상차가 생기면?

① 무효 횡류가 흐른다. ② 무효 전력이 생긴다.

③ 유효 횡류가 흐른다. ④ 출력이 요동하고 권선이 가열된다.

정답 및 해설 [동기 발전기의 병렬 운전] 기전력의 위상이 같지 않을 때는 동기화전류(유효횡류)가 흘러 위상이 앞선 발전기는 뒤지게, 위상이 뒤진 발전기는 앞서도록 작용하여 동기 상태를 유지한다.

【정답】 ③

12. 동기 발전기의 운전

(1) 동기 발전기의 자기여자 현상

① 자기여자 현상의 원인

무부하 시 송전 선로의 대지 정전 용량(C)에 의한 진상 전류에 의해 수전단 전압이 송전단 전압보다 높아지는 페란티 현상이 발생한다. 이로 인해 동기발전기 스스로 여자되어 전압이 상승하는 현상이 발생한다.

② 동기발전기의 자기여자 현상을 방지하려면

- 발전기 2대 또는 3대를 병렬로 모선에 접속한다.
- 수전단에 동기 조상기를 접속하고 이것을 부족 여자로 하여 지상 전류를 공급한다.
- 송전 선로의 수전단에 변압기를 접속한다.
- 수전단에 리액턴스를 병렬로 접속한다.
- 발전기의 단락비를 크게 한다.

(2) 동기발전기의 안정도

① 동기발전기의 안정도란?

- 송전계통에서 사고가 일어났을 때 동기기는 가능한 한 운전을 계속하고 정전을 피하지 않으면 안 된다. 안정된 운전이 계속될 수 있는 정도를 안정도라고 한다.
- 안정도에는 정태안정도, 동태안정도 및 과도안정도가 있다.

② 정태안정도

여자를 일정하게 유지하고 부하를 서서히 증가하는 경우 탈조하지 않고 어느 범위까지 안정하게 운전할 수 있는 정도를 말하는 것으로 그 극한에 있어서의 전력을 정태안정 극한전력이라 한다.

정태안정 극한전력 $P = \frac{EV}{X}\sin\delta$

③ 동태안정도

발전기를 송전선에 접속하고 자동 전압조정기(AVR)로 여자전류를 제어하며 발전기 단자전압이 정전압으로 안정하게 운전할 수 있는 정도를 말한다.

④ 과도안정도

부하의 급변, 선로의 개폐, 접지, 단락 등의 고장 또는 기타의 원인에 의해서 운전 상태가 급변하여도 계통이 안정을 유지하는 정도를 말한다.

(3) 동기 발전기의 안정도 증진 대책

- 동기임피던스를 작게 한다.
- 속응 여자 방식을 채택한다.

·회전자에 플라이휠을 설치하여 관성 모멘트를 크게 한다.
·정상 임피던스는 작고, 영상, 역상 임피던스를 크게 한다.
·단락비를 크게 한다.

(4) 난조(Hunting)

① 난조란?

부하의 급변, 속도가 너무 예민하거나, 송전계통 이상 현상, 계자에 고조파가 유기될 때 발전기 회전자가 동기 속도를 찾지 못하고 심하게 진동하게 되어 차후 탈조가 일어나는 현상을 말한다.

② 난조 방지법

난조 방지법으로는 자극면에 제동권선을 설치하는 방법이 주로 사용된다.

③ 제동권선의 효용

·난조방지
·기동토크 발생
·불평형 부하시의 전류, 전압 파형 개선
·송전선의 불평형 단락 시에 이상 전압의 방지

핵심기출 【기사】 17/3

동기 발전기의 안정도를 증진시키기 위한 대책이 아닌 것은?

① 속응 여자 방식을 사용한다.
② 정상 임피던스를 작게 한다.
③ 역상·영상 임피던스를 작게 한다.
④ 회전자의 플라이 휠 효과를 크게 한다.

정답 및 해설 [동기 발전기의 안정도 증진 대책] 정상 임피던스는 작고, 영상, 역상 임피던스를 크게 한다.

【정답】 ③

13. 동기 발전기의 시험 및 측정

측정 항목	시험의 종류
철손	무부하시험
기계손	무부하시험
동기임피던스	단락시험
동기리액턴스	단락시험
단락비	무부하(포화) 시험, 단락시험

핵심 기출

【기사산업】 19/2

동기발전기의 무부하시험, 단락시험에서 구할 수 없는 것은?

① 철손 ② 단락비

③ 동기리액턴스 ④ 전기자 반작용

정답 및 해설 [동기 발전기의 시험] 【정답】 ④

02 동기전동기

1. 동기전동기의 특징 및 용도

(1) 동기전동기의 장 · 단점

장점	단점
·속도가 일정하다. ·기동 토크가 작다. ·언제나 역률 1로 운전할 수 있다. ·역률을 조정할 수 있다. ·유도 전동기에 비해 효율이 좋다. ·공극이 크고 기계적으로 튼튼하다.	·기동시 토크를 얻기가 어렵다. ·속도 제어가 어렵다. ·구조가 복잡하다. ·난조가 일어나기 쉽다. ·가격이 고가이다. ·직류 전원 설비가 필요하다(직류 여자 방식).

(2) 동기전동기의 용도

① 저속도 대용량 : 시멘트 공장의 분쇄기, 송풍기, 동기 조상기, 각종 압착기, 쇄목기

② 소용량 : 전기시계, 오실로 그래프, 전송 사진

2. 동기전동기 기동법

동기전동기는 동기속도에서만 토크를 발생하므로 기동시 $N=0$에서 기동토크가 발생하지 않으므로 기동을 시켜주어야 한다.

(1) 자기동법

제동권선을 기동권선으로 하여 기동토크를 얻는 방법

보통 기동 시에는 계자권선 중에 고전압이 유도되어 절연을 파괴하므로 방전저항을 접속하여 단락 상태로 기동한다.

(2) 기동 전동기법

기동용 전동기에 의해 기동하는 방법으로 기동용 전동기로는 유도전동기, 유도동기전동기, 직류전동기 등이 있다.

기동 전동기의 극수는 주 전동기의 극수 보다 2극만큼 적은 것이 좋다.

핵심기출 【기사】 11/1 16/3

동기전동기의 기동법 중 자기동법에서 계자권선을 단락하는 이유는?

① 고전압의 유도를 방지한다. ② 전기자 반작용을 방지한다.

③ 기동 권선으로 이용한다. ④ 기동이 쉽다.

정답 및 해설 [자기동법] 기동시의 고전압을 방지하기 위해서 저항을 접속하고 단락 상태로 기동한다.

【정답】 ①

3. 동기전동기의 특성

(1) 동기전동기의 속도

동기속도 $N_s = \frac{120f}{p}[rpm]$

(2) 동기전동기의 토크

① 토크 $T = 0.975\frac{P_0}{N_s}[kg \cdot m]$ → $([\text{N.m}] = \frac{1}{9.8}[\text{kg.m}])$

② 출력 $P = wT = T\frac{2\pi N}{60}[N \cdot m]$ → $(\omega = 2\pi n)$

(3) 동기와트

전동기 속도가 동기속도일 때 토크 T와 출력 P_0는 정비례하므로 토크의 개념을 와트로도 환산할 수 있다. 이 와트를 동기와트라고 하며 곧 토크를 의미한다.

동기와트 $P_0 = 1.026 N_s T[W]$

(4) 난조

① 난조 발생원인

- 원동기의 조속기 감도가 예민한 경우
- 원동기의 토크에 고조파 토크가 포함된 경우
- 전기자회로의 저항이 상당히 큰 경우
- 부하의 변화(맥동)가 심하여 각속도가 일정하지 않는 경우

② 난조 방지대책 : 제동권선 설치

③ 제동권선 : 제동 권선이란 자극면에 슬롯을 파서 여기에 저항이 적은 단락권선을 설치한 것으로 제동권선의 역할은 다음과 같다.

- 난조의 방지
- 기동토크의 발생
- 불평형 부하시의 전류, 전압 파형 개선
- 송전선의 불평형 단락시의 이상 전압 방지

핵심기출 【기사】 04/1 06/2 09/3

다음 중 동기 전동기에서 동기 와트로 표시되는 것은?

① 토크　　② 동기 속도

③ 1차 입력　　④ 2차 출력

정답 및 해설 [동기전동기의 동기와트] 동기와트는 동기 각속도로 회전시 2차 입력을 토크로 표시한 것이다.

【정답】 ①

(5) 동기전동기 전기자 반작용

역률	동기전동기	작용
역률 1	전기자전류와 공급 전압이 동위상일 경우	교차자화작용 (횡축반작용)
앞선 역률 0	전기자전류가 공급 전압보다 90[°] 앞선 경우 (진상)	감자작용 (직축반작용)
뒤선 역률 0	전기자전류가 공급 전압보다 90[°] 뒤진 경우 (지상)	증자작용 (자화작용)

여기서, I_a : 전기자전류, V : 단자전압(공급전압)

※동기발전기의 전기자 반작용은 동기전동기와 반대

(6) 동기조상기

동기전동기를 무부하 상태(역률 0 상태)로 운전하는 조상설비

계자전류 I_f를 조정하여 진상 및 지상 무효전력을 자유로이 조정 가능

① 과여자 운전

- 진상 무효전력을 공급한다.
- 계자전류(I_f)를 증가시키면 동기 전동기는 과여자 상태로 운전된다.
- 역률이 진상 역률이 되어 콘덴서(C) 작용을 하게 되므로 진상 전류를 흘리게 된다. 그 결과 전기자 전류가 지상 운전 방향으로 증가한다.
- 송전선로의 역률을 양호하게 하고, 전압강하를 보상한다.

② 부족 여자 운전

- 지상 무효전력을 공급한다.
- 계자전류(I_f)를 감소시키면 동기전동기는 부족여자 상태로 운전된다.
- 역률이 지상 역률이 되어 리액터(L) 작용을 하게 되므로 지상 전류를 흘리게 된다. 그 결과 전기자 전류가 지상 운전 방향으로 증가한다.
- 충전전류에 의하여 발전기의 자기여자 작용으로 일어나는 단자전압의 이상 상승을 방지할 수 있다.

③ 위상특성곡선(V곡선)

- 공급 전압 V와 부하를 일정하게 유지하고 계자 전류 I_f 변화에 대한 전기자 전류 I_a의 변화 관계를 그린 곡선이다.
- 아래 〈그림〉에서와 같이 역률 1인 상태에서 계자전류를 증가시키면 부하전류의 위상이 앞서고, 계자전류를 감소하면 전기자전류의 위상은 뒤진다.
- 여자전류를 감소시키면 역률은 뒤지고 전기자 전류는 증가한다(부족 여자(리액터(L) 작용).

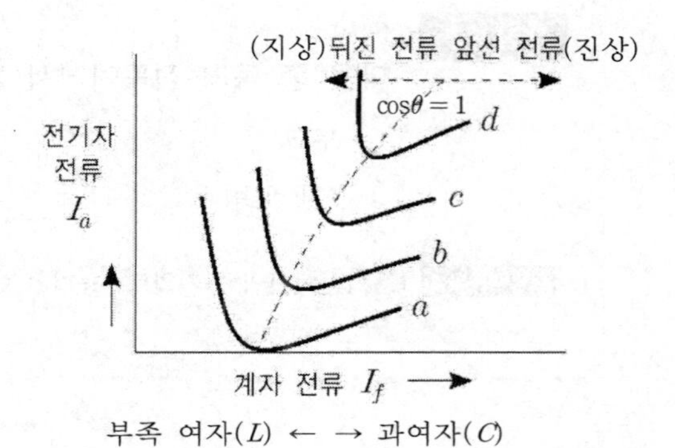

[동기조상기의 위상특성곡선(V곡선)]

- 여자전류를 증가시키면 역률은 앞서고 전기자 전류는 증가한다(과여자(콘덴서(C) 작용).
- V곡선에서 $\cos\theta$=1(역률 1)일 때 전기자전류가 최소다.
- a번 곡선으로 운전 중 출력이 증가하면 곡선은 상향이 되어 부하가 가장 클 때가 d번 곡선이다.
- 전동기의 출력이 $P_1 \rightarrow P_2 \rightarrow P_3$로 증가할수록 V곡선이 상승하게 된다.

핵심기출 【기사】 14/1

동기 조상기의 계자를 과여자로 해서 운전할 경우 틀린 것은?

① 콘덴서로 작용한다. ② 위상이 뒤진 전류가 흐른다.
③ 송전선의 역률을 좋게 한다. ④ 송전선의 전압 강하를 감소시킨다.

정답 및 해설 [동기 조상기] 동기 조상기는 동기전동기를 무부하로 회전시켜 직류 계자전류 I_f의 크기를 조정하여 무효 전력을 지상 또는 진상으로 제어하는 기기이다.

- 과여자 : 진상(앞선 전류) 역률이 되어 콘덴서(C) 작용을 하게 된다.
- 부족 여자 : 지상(뒤진 전류) 역률이 되어 리액터(L) 작용을 하게 된다.

【정답】 ②

Chapter 02

시험 전 반드시 체크해야 할

단원 핵심 체크

01 동기기의 회전자에 의해 분류하면 (①), (②), (③)으로 분류할 수 있다.

02 터빈 발전기의 냉각을 수소 냉각 방식으로 하는 이유는 ( )으로 하기 때문에 이물질의 침입이 없고 소음이 감소한다.

03 돌극형 동기 발전기의 최대 출력각은 (①)[°]이고, 비돌극기형 동기 발전기의 최대 출력각은 (②)[°]이다.

04 동기 발전기에서 기전력의 고조파가 감소해서 파형을 좋게 하고 권선의 리액턴스를 감소시키기 위하여 채택한 권선법은 ( )이다.

05 동기 발전기에서 유기 기전력과 전기자 전류가 동상인 경우의 전기자 반작용은 ( )이다.

06 동기 발전기의 돌발 단락 전류를 주로 제한하는 것은 (①)이고, 영구 단락 전류를 억제하는 것은 (②)이다.

07 단락비가 큰 동기기는 전압 변동률이 ( ).

08 병렬 운전을 하고 있는 두 대의 3상 동기 발전기의 기전력의 크기가 다를 때 이 두 발전기 사이에는 ( )가 흐른다.

09 동기 발전기의 자기 여자 현상을 방지하기 위해서는 발전기의 단락비를 ( ) 한다.

10 동기발전기의 제동권선의 주요 작용은 (   ) 이다.

11 동기 발전기의 안정도를 증진시키기 위해서 채용하는 여자 방식은 (   )이다.

12 동기 발전기의 안정도를 증진시키기 위한 대책으로 단락비를 (   ) 한다.

13 동기 전동기의 기동법 중 자기동법에서 계자 권선을 단락하는 이유는 (   )의 유도를 방지하기 위해서이다.

14 동기 전동기에서 전기자 전류가 단자 전압보다 $\frac{\pi}{2}$ 앞선 위상일 때, 즉 앞선 역률인 경우는 (   )을 하여 단자 전압을 감소시키는 직축 반작용을 한다.

15 송전 계통에 접속한 무부하의 동기전동기를 동기조상기라 한다. 이때 동기조상기의 계자를 과여자로 해서 운전할 경우 (①   )로 작용하고, 송전선의 역률을 (②   ) 하고, 송전선의 전압강하를 (③   )시킨다.

정답

(1) ① 회전계자형 ② 회전 전기자형 ③ 유도자형	(2) 전폐형	(3) ① 60, ② 90
(4) 분포권	(5) 교차 자화 작용	(6) ① 누설 리액턴스, ② 동기 리액턴스
(7) 작다	(8) 무효 순환 전류	(9) 크게
(10) 난조 방지	(11) 속응 여자 방식	(12) 크게
(13) 고전압	(14) 감자 작용	(15) ① 콘덴서, ② 좋게, ③ 감소

기출문제에서 뽑은 최다 빈출

적중 예상문제

1. 터빈 발전기의 특징 중 틀린 것은?

① 회전자는 지름을 크게 하고, 축 방향으로 길게 하여 원심력을 크게 한다.

② 회전자는 원통형 회전자로 하여 풍손을 작게 한다.

③ 회전자의 계자철심 및 축은 강도가 큰 특수강으로 한다.

④ 수소냉각 방식을 써서 풍손을 줄인다.

|정|답|및|해|설|

[터빈 발전기] 터빈 발전기는 회전 계자형의 횡축형 발전기가 사용되고 고속도 기계(3600[rpm])이므로 회전자의 지름을 작게 하고 축방향으로 길게하여 원심력을 적게 한다.

【정답】 ①

2. 터빈 발전기 (turbine generator)는 주로 2극의 원통형 회전자를 가지는 고속 발전기로서 발전기를 전폐형으로 하며, 냉각 매체로써 수소 가스를 기내에서 순환시키고 있다. 공기 냉각인 경우와 비교해서 다음과 같은 이점이 있다. 옳지 않은 것은?

① 풍손이 공기 냉각시의 10[%]로 격감한다.

② 동일 기계일 때 공기 냉각시의 크기가 작아진다.

③ 절연물의 산화작용이 없으므로 절연 열화가 작아서 수명이 길다.

④ 운전 중 소음이 매우 크다.

|정|답|및|해|설|

[수소 냉각 방식의 장점]

- 비중은 공기의 약 7[%]이므로 풍손이 약 $\frac{1}{10}$로 감소된다.
- 비열은 공기의 약 14[%]이므로 열전도율은 공기의 약 7배나 되므로 동일기를 공기 냉각으로 하는 것에 비해 약 25[%] 출력이 증가한다.
- 코일의 절연이 파괴되어 불꽃이 생겨도 연소하지 않는다.
- 코로나 발생 전압이 높고 코로나 손이 적다.
- 운전 중의 소음이 적다.

【정답】 ④

3. 터빈 발전기의 냉각을 수소 냉각방식으로 하는 이유가 아닌 것은?

① 풍손이 공기 냉각시의 약 $\frac{1}{10}$로 줄인다.

② 동일 기계일 때 공기냉각시보다 정격 출력이 약 20[%] 증가한다.

③ 수분, 먼지 등이 없어 코로나에 의한 손실이 없다.

④ 비열이 공기의 약 14배이므로 철심의 열전도가 약 7배로 된다.

|정|답|및|해|설|

[수소 냉각 방식의 장점]

① 비중이 공기의 약 7[%]이므로 풍손은 약 1/10로 감소된다.
② 비열이 공기의 약 14배 이므로 열전도율이 공기의 약 7배나 되어 냉각효과가 크므로 공기냉각으로 하는 것에 비해 약 25[%] 출력이 증가한다.
③ 밀폐식이므로 수분, 먼지 등이 침투하지 않으므로 코로나에 의한 손상이 없다.
④ 절연물의 수명이 길다.
⑤ 운전중 소음이 적다.

【정답】 ②

4. 3상 동기 발전기의 전기자 권선을 Y 결선으로 하는 이유 중 △결선과 비교할 때 장점이 아닌 것은?

① 출력을 더욱 증대할 수 있다.

② 권선의 코로나 현상이 작다.

③ 고조파 순환 전류가 흐르지 않는다.

④ 권선의 보호 및 이상 전압의 방지 대책이 용이하다.

|정|답|및|해|설|

[동기 발전기의 전기자 권선] 3상 동기 발전기의 전기자 권선을 Y 결선으로 하면 상전압이 낮아 권선의 코로나, 열화등이 작고 또한 중성점을 접지할 수 있으므로 각종 권선 보호 장치의 시설이나 중성점 접지에 의한 이상 전압의 방지 대책이 용이하다. 그러나 출력은 Y나 △결선이나 동일하다.

【정답】 ①

5. 슬롯수 36의 고정자 철심이 있다. 여기에 3상 4극의 2층권을 시행할 때 매극 매상의 슬롯수와 총 코일수는?

① 3과 18　② 9와 36

③ 3과 36　④ 9와 18

|정|답|및|해|설|

[동기 발전기의 매극 매상당 슬롯수] $q=\frac{\text{슬롯수}}{\text{극수}\times\text{상수}}$

$\therefore q=\frac{36}{4\times 3}=3$,

2층권이므로 총 코일수는 총 슬롯수와 동일하다.

【정답】 ③

6. 4극 60[Hz]의 3상 동기 발전기가 있다. 회전자의 주변 속도를 200[m/s] 이하로 하려면 회전자의 최대 직경을 약 얼마로 하여야 하는가?

① 1.9[m]　② 2.0[m]

③ 2.1[m]　④ 2.8[m]

|정|답|및|해|설|

[동기 발전기의 동기속도] $N_s=\frac{120}{p}f[rpm]$

$N_s=\frac{120}{4}\times 60=1800[rpm]$

회전자 주변속도 $v=\pi D\cdot\frac{N_s}{60}[m/s]$

여기서, D : 회전자 지름$[m]$, N_s : 등가 속도$[rpm]$

$\therefore D=\frac{60v}{\pi N_s}=\frac{60\times 200}{\pi\times 1800}=2.12[m]$

【정답】 ③

7. 동기 발전기의 유기 기전력의 식은 $E=4\times(\quad)K_p K_d f\varnothing N$으로 표시된다. 여기서 (　)는 무엇을 가리키는가? (단, K_p K_d는 분포계수, $\varnothing$는 매극당 자속수, N은 권수이다.)

① 실효치　② 최대치

③ 파고율　④ 파형률

|정|답|및|해|설|

[동기 발전기의 유기 기전력]

$E=K_f\cdot 4K_pK_df_n\varnothing=\frac{\pi}{2\sqrt{2}}\cdot 4K_pK_df_n\varnothing[V]$

여기서, K_f : 파형률= $\frac{\pi}{2\sqrt{2}}=1.11$(정현파의 경우)

【정답】 ④

8. 3상 교류 발전기에서 권선 계수 K_w, 주파수 f, 1극 당의 자속수 $\varnothing$[Wb], 직렬로 접속된 1상의 코일 권수 w를 △결선으로 하였을 때의 선간전압 [V]은?

① $\sqrt{3}K_wfw\varnothing$　② $4.44fw\varnothing k_w$

③ $\sqrt{3}\,4.44k_wfw\varnothing$　④ $\frac{4.44fw\varnothing k_w}{\sqrt{3}}$

|정|답|및|해|설|

[동기발전기의 유기기전력] $E=4.44K_wfw\varnothing[V]$

권선계수는 분포권이나 단절권에 의해서 기전력이 감소하는 것이다.

【정답】 ②

9. 동기기의 전기자 저항을 r_a, 반작용 리액턴스 X_a, 누설 리액턴스를 X_l이라 하면, 동기 임피던스는?

① $\sqrt{r_a^2+(X_a-X_l)^2}$ ② $\sqrt{r_a^2+X_l^2}$

③ $\sqrt{r_a^2+X_a^2}$ ④ $\sqrt{r_a^2+(X_a+X_l)^2}$

|정|답|및|해|설|

[동기기의 동기 임피던스] $Z_s=r_a+jx_s$로 나타난다.

이때 r_a는 전기자 저항이고 x_s는 동기 리액턴스이다.

동기 리액턴스 $x_s=X_a+X_l$ 【정답】 ④

10. 돌극형 동기 발전기의 특성이 아닌 것은?

① 리액션 토크가 존재한다.

② 최대 출력의 출력각이 90^0이다.

③ 내부 유기기전력과 관계없는 토크가 존재한다.

④ 직축 리액턴스 및 횡축 리액턴스의 값이 다르다.

|정|답|및|해|설|

[돌극형 발전기] 돌극형 동기발전기 최대 출력의 출력각은 60^0이다.

※비돌극형은 90^0일 때 최대 출력

【정답】 ②

11. 동기기에서 동기 임피던스 값과 실용상 같은 것은? (단, 전기자 저항은 무시한다.)

① 전기자 누설 리액턴스

② 동기 리액턴스

③ 유도 리액턴스

④ 등가 리액턴스

|정|답|및|해|설|

[동기 임피던스] 일반적으로 동기기 전기자 저항 r_a는 리액턴스에 비해 무시할 정도이므로 실용상 $Z_s \fallingdotseq x_s$라 해도 좋다.

【정답】 ②

12. 3상 동기 발전기의 1상 유도 기전력 120[V], 반작용 리액턴스 0.2[Ω]이다. 90^0 진상 전류 20[A]일 때 발전기 단자 전압 [V]은? (단, 기타는 무시한다.)

① 116 ② 120

③ 124 ④ 140

|정|답|및|해|설|

[동기 발전기의 단자 전압] $V=E+I_ar_a[V]$

$V=E+I_ar_a$ →(진상이므로)

$=120+20\times0.2=124[V]$ 【정답】 ③

13. 동기기의 전기자 권선법이 아닌 것은?

① 분포권 ② 전절권

③ 2층권 ④ 중권

|정|답|및|해|설|

[동기 발전기의 권선법] 동기기의 전기자 권선법은 보통 분포권, 단절권의 2층 중권이 사용되고 있다.

【정답】 ②

14. 교류 발전기의 고조파 발생을 방지하는데 적합하지 않은 것은?

① 전기자 슬롯을 스큐 슬롯으로 한다.

② 전기자 권선의 결선을 성형으로 한다.

③ 전기자 반작용을 작게 한다.

④ 전기자 권선을 전절권으로 감는다.

|정|답|및|해|설|

[고조파 기전력을 소거하는 방법]
- ·매극 매상의 슬롯수 q를 크게 한다.
- ·단절권 및 분포권으로 한다.
- ·반폐 슬롯을 사용한다.
- ·전기자 철심을 스큐 슬롯으로 한다.
- ·공극의 길이를 크게 한다.
- ·Y결선을 한다.

【정답】 ④

15. 동기 발전기의 기전력 파형을 정현파로 하기 위해 채용되는 방법이 아닌 것은?

① 매극 매상의 슬롯수를 적게 한다.
② 반폐 슬롯을 사용한다.
③ 단절권 및 분포권으로 한다.
④ 공극의 길이를 크게 한다.

|정|답|및|해|설|

[기전력의 파형을 정현파로 하기 위한 방법]
분포권으로하여 파형이 좋아지므로 매극 매상 당 슬롯수를 크게 한다.

n차 고조파의 분포계수 $K_d = \dfrac{\sin\dfrac{n\pi}{2m}}{q\sin\dfrac{n\pi}{2mq}}$

【정답】 ①

16. 동기기에서 집중권에 비해 분포권의 이점에 속하지 않는 것은?

① 파형이 좋아진다.
② 권선의 누설 리액턴스가 감소한다.
③ 권선의 발생열을 고루 발산시킨다.
④ 기전력을 높인다.

|정|답|및|해|설|

[분포권을 사용하는 이유]
- ·분포권은 집중권에 비하여 합성유기기전력이 감소한다.
- ·기전력의 고조파가 감소하여 파형이 좋아진다.
- ·권선의 누설 리액턴스가 감소한다.
- ·전기자 권선에 의한 열을 고르게 분포시켜 과열을 방지하고 코일 배치가 균일하게 되어 통풍효과를 높인다.

【정답】 ④

17. 교류기에서 집중권이란 매극, 매상의 홈(slot) 수가 몇 개인 것을 말하는가?

① $\frac{1}{2}$개　② 1개
③ 2개　④ 5개

|정|답|및|해|설|

[집중권] 매극 매상의 슬롯수가 1개가 되는 권선을 집중권, 2개 이상인 것을 분포권이라고 한다.

【정답】 ②

18. 교류 발전기에서 권선을 절약할 뿐 아니라 특정 고조파 분이 없는 권선은?

① 전절권　② 집중권
③ 단절권　④ 분포권

|정|답|및|해|설|

[단절권] 단절권으로 하면 코일 간격을 적당히 함으로써 어떤 고조파를 제거해서 기전력의 파형을 좋게하고 코일단 부분이 단축되어 기계 전체의 길이가 축소되며 동량이 적게 드는 등의 이점이 있다.

【정답】 ③

19. 동기 발전기에서 기전력의 파형을 좋게 하고 누설 리액턴스를 감소시키기 위하여 채택한 권선법은?

① 집중권　② 분포권
③ 단절권　④ 전절권

|정|답|및|해|설|

[분포권] 분포권은 누설리액턴스감소 단절권은 고조파를 제거할 수 있는 이점이 있다. 【정답】 ②

20. 3상 동기발전기에서 권선 피치와 자극 피치의 비를 $\frac{13}{15}$인 단절권으로 하였을 때의 단절권 계수는 얼마인가?

① $\sin\frac{13}{15}\pi$ ② $\sin\frac{15}{26}\pi$

③ $\sin\frac{13}{30}\pi$ ④ $\sin\frac{15}{13}\pi$

|정|답|및|해|설|

[단절권계수] $K_p = \sin\frac{\beta\pi}{2} < 1$

$\beta = \frac{\text{코일전력}}{\text{극간격}} = \frac{13}{15}$이므로

단절권계수 $K_p = \sin\frac{\beta\pi}{2} = \sin\left(\frac{13}{15}\times\frac{\pi}{2}\right) = \sin\frac{13}{30}\pi$

【정답】 ③

21. 상수 m, 매극 매상 당 슬롯수 q인 동기 발전기에서 n차 고조파 분에 대한 분포계수는?

① $\dfrac{\sin\frac{\pi}{2m}}{q\sin\frac{n\pi}{2mq}}$ ② $\dfrac{q\sin\frac{n\pi}{mq}}{q\sin\frac{n\pi}{m}}$

③ $\dfrac{\sin\frac{n\pi}{m}}{q\sin\frac{n\pi}{mq}}$ ④ $\dfrac{\sin\frac{n\pi}{2m}}{q\sin\frac{n\pi}{2mq}}$

|정|답|및|해|설|

[n차 고조파의 분포 계수] $K_d = \dfrac{\sin\frac{n\pi}{2m}}{q\sin\frac{n\pi}{2mq}} < 1$

【정답】 ④

22. 비돌극형 동기 발전기의 단자 전압(1상)을 V, 유도 기전력(1상)을 E, 동기 리액턴스 X_s, 부하각을 δ라 하면, 1상의 출력은 대략 얼마인가?

① $\frac{EV}{X_s}\cos\delta$ ② $\frac{EV}{X_s}\sin\delta$

③ $\frac{E^2V}{X_s}\sin\delta$ ④ $\frac{EV^2}{X_s}\cos\delta$

|정|답|및|해|설|

[비돌극기 단상 발전기의 출력] $P = \frac{EV}{X_s}\sin\delta$

비돌극형은 $\frac{\pi}{2}$에서 최대, 돌극형은 $\frac{\pi}{3}$에서 최대값을 갖는다.

【정답】 ②

23. 동기 리액턴스 $X_s = 10[\Omega]$, 전기자 저항 $r_a = 0.1[\Omega]$인 3상 동기 발전기가 있다. 3상 중 1상의 단자 전압은 $V = 4,000[V]$이고, 유기 전력 E=6,400[V]이다. 부하각 δ=30°라고 하면 발전기의 출력 [kW]은 얼마인가?

① 1,280 ② 2,830

③ 3,840 ④ 4,560

|정|답|및|해|설|

[3상 발전기 출력] $P = \frac{3EV}{X_s}\sin\delta$

$P = 3\frac{EV}{X_s}\sin\delta = 3\times\frac{6400\times4000}{10}\times\sin30^\circ\times10^{-3}$

$= 3840[kW]$ 【정답】 ③

24. 동기 발전기의 병렬 운전시 동기화력은 부하각 δ와 어떠한 관계가 있는가?

① $\sin\theta$에 비례 ② $\cos\theta$에 비례

③ $\sin\theta$에 반비례 ④ $\cos\theta$에 반비례

|정|답|및|해|설|

[동기화력] $P_s = E_a I_s \cos\frac{\delta}{2} [W]$

여기서 $E_0 = E_a = E_b [V]$, I_s : 순환 전류

δ : 양기의 기전력의 위상차)

【정답】 ②

25. 동기기에서 부하각(Power Angle)은?

① 부하전류와 유기기전력의 상차각

② 단자전압과 유기기전력의 상차각

③ 부하전류와 단자전압과의 상차각

④ 단자전압과 전기자전류의 상차각

|정|답|및|해|설|

[동기기의 전력] $P = \frac{EV}{x_s} \sin\delta$에서 δ는 단자 전압과 유기 기전력 간의 위상차를 말한다. 【정답】 ②

26. 3상 동기 발전기에 3상 전류 A(평형)가 흐를 때 전기자 반작용은 이 전류가 기전력에 대하여 A일 때 감자 작용, 전기자 전류 B일 때 자화작용(증자 작용)이 된다. A, B의 적당한 것은?

① A : 90^0 뒤질 때, B : 90^0 앞설 때

② A : 90^0 앞설 때, B : 90^0 뒤질 때

③ A : 90^0 뒤질 때, B : 동상일 때

④ A : 동상일 때, B : 90^0 앞설 때

|정|답|및|해|설|

[동기발전기의 전기자 반작용]

- 전기자 전류 I_a가 유기기전력 E와 동상인 경우는 교차자화작용으로 주자속을 편자하도록 하는 횡축 반작용을 한다.
- 전기자 전류 I_a가 유기기전력 E보다 90^0 뒤지는 경우, 즉 지상인 경우에는 감자작용에 의하여 주자속을 감소시키는 직축 반작용을 한다.
- 전기자 전류 I_a가 유기기전력 E보다 90^0 앞서는 경우, 즉 진상인 경우에는 증자작용을 하여 단자전압을 상승시키는 직축 반작용을 한다. 【정답】 ①

27. 3상 교류발전기의 전기자 반작용은 부하의 성질에 따라 다르다. 다음 성질 중 잘못 설명한 것은?

① $\cos\theta \fallingdotseq 1$일 때, 전압, 전류가 동상일 때는 실제적으로 감자작용을 한다.

② $\cos\theta \fallingdotseq 0$일 때, 즉 전류가 전압보다 90^0 뒤질 때는 감자작용을 한다.

③ $\cos\theta \fallingdotseq 0$일 때, 즉 전류가 전압보다 90^0 앞설 때는 증자작용을 한다.

④ $\cos\theta \fallingdotseq \varnothing$일 때, 즉 전류가 전압보다 $\varnothing$ 만큼 뒤질 때는 증자작용을 한다.

|정|답|및|해|설|

[동기 발전기의 전기자 반작용] 발전기에서는 동상에서 교차자화 작용 전류가 90^0 앞설 때는 증자 작용을 한다. 전류가 전압보다 90^0뒤질 때는 감자 작용을 한다.

【정답】 ④

28. 3상 교류 발전기의 기전력에 대하여 90^0 늦은 전류가 흐를 때의 반작용 기자력은?

① 자극축보다 90^0 늦은 감자작용

② 자극축보다 90^0 빠른 증자작용

③ 자극축과 일치하는 감자작용

④ 자극축과 일치하는 증자작용

|정|답|및|해|설|

[동기 발전기의 전기자 반작용] 기전력에 대하여 90^0 늦은 전류가 통하는 도체의 위치는 자극과 전기적으로 90^0 의 위상차가 있으므로 코일의 중심축과 자극의 중심축과는 일치한다. 또한 뒤진 전류이므로 전류가 발생하는 자속은 주자극과 반대이므로 감자작용을 한다.

【정답】 ③

29. 그림과 같은 동기발전기의 동기 리액턴스는 3[Ω]이고, 무부하시의 선간전압이 220[V]이다. 그림과 같이 3상 단락되었을 때 단락전류[A]는?

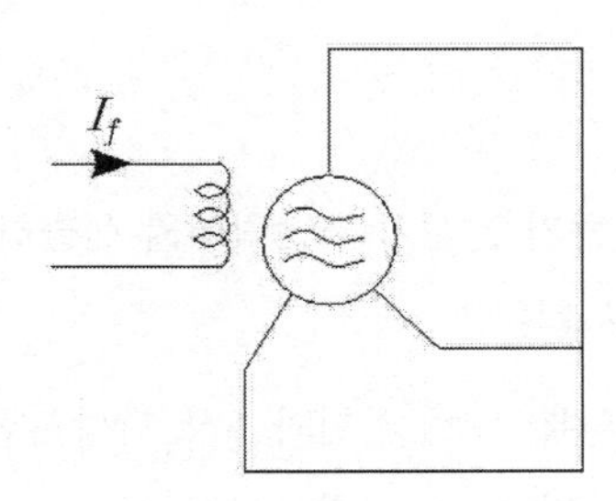

① 24 ② 42.3

③ 73.3 ④ 127

|정|답|및|해|설|

[동기 발전기의 단락 전류] 단락 전류를 $I_s[A]$, 상전압을 E[V], 동기리액턴스를 $X_s[\Omega]$라 하면

$$I_s = \frac{E}{Z_s} = \frac{E}{X_s} = \frac{\frac{220}{\sqrt{3}}}{3} = 42.3[A]$$

【정답】 ②

30. 1상의 유기전압 E[V], 1상의 누설리액턴스 $X[\Omega]$, 1상의 동기리액턴스 $X_s[\Omega]$인 동기 발전기의 지속 단락전류 [A]는?

① $\frac{E}{X}$ ② $\frac{E}{X_s}$

③ $\frac{E}{X+X_s}$ ④ $\frac{E}{X-X_s}$

|정|답|및|해|설|

[동기 발전기의 지속 단락 전류] 전기자의 단자를 미리 단락하고 갑자기 단락되었을 때의 계자 전류와 같은 계자전류를 통했을 경우의 단락 전류를 영구 단락 전류 또는 지속 단락 전류라 한다. 3상 발전기의 각 상을 단락하고 계자 전류를 ∅에서부터 점차 증가시킬 때 발전기에 흐르는 영구 단락 전류 $I_s = \frac{E}{Z_s} \fallingdotseq \frac{E}{X_s}[A]$

【정답】 ②

31. 정격출력 5,000[kVA], 정격전압 6,000[V]의 3상 교류 발전기에서 계자전류 200[A]일 때 무부하 전압 6,000[V]를 발생하고, 또 같은 여자전류일 때 지속 단락전류는 600[A]이다. 이 발전기의 동기임피던스는 약 몇 [Ω]인가?

① 3.3 ② 5.8

③ 10 ④ 17.3

|정|답|및|해|설|

[동기 발전기의 동기 임피던스] $Z_s = \frac{E_n}{I_s} = \frac{V_n}{\sqrt{3}I_s}[\Omega]$

$$Z_s = \frac{E}{I_s} = \frac{\frac{6000}{\sqrt{3}}}{600} = 5.8[\Omega]$$

【정답】 ②

32. 그림은 3상 동기 발전기의 무부하 포화곡선이다. 이 발전기의 포화율은 얼마인가?

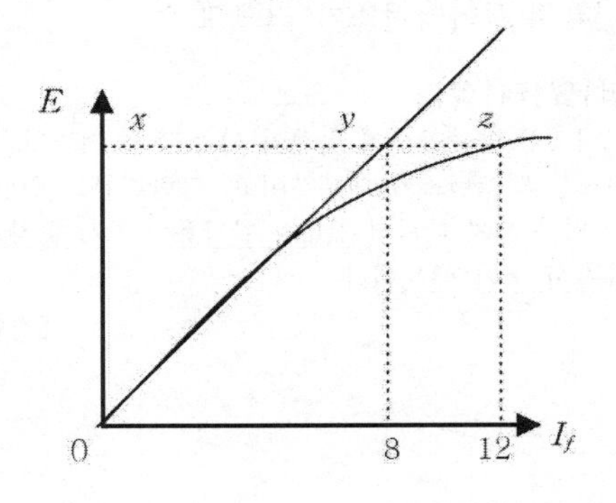

① 0.5 ② 0.67

③ 0.8 ④ 0.9

|정|답|및|해|설|

[포화율] $\frac{yz}{xy} = \frac{12-8}{8} = 0.5$

【정답】 ①

33. 정격 용량 10,000[kVA], 정격 전압 6,000[V], 극수 24, 주파수 60[Hz], 1상의 동기 임피던스 3[Ω]인 3상 동기 발전기가 있다. 이 발전기의 단락비를 구하시오.

① 1 ② 1.1

③ 1.2 ④ 1.3

|정|답|및|해|설|

[단락비] $K_s = \frac{I_{f1}}{I_{f2}} = \frac{I_s}{I_n} = \frac{1}{\%Z_s} \times 100$

(I_s : 단락전류, I_n : 정격전류, $\%Z_s$: 퍼센트 동기임피던스)

$P = 10000[KVA]$, $V_a = 6000[V]$, $Z_s = 3[\Omega]$이므로

$\%Z = \frac{P \cdot Z_s}{10V^2}$이므로

단락비 $K_s = \frac{10V^2}{P \cdot Z_s} \times 100 = \frac{10 \times 6^2}{10000 \times 3} \times 100 = 1.2[\text{kVA}]$

【정답】 ③

34. 동기기의 3상 단락 곡선이 직선이 되는 이유는?

① 무부하 상태이므로

② 전기자 반작용이므로

③ 자기포화가 있으므로

④ 누설리액턴스가 크므로

|정|답|및|해|설|

동기기의 3상 단락곡선이 직선이 되는 것은 전기자의 누설 임피던스는 리액턴스가 대부분이고, 단락전류는 위상이 거의 $\pi/2$ 만큼 뒤지게 되어 전기자 반작용이 강하게 작용하여 계자자속이 적기 때문이다.

【정답】 ②

35. 동기 발전기 단자 부근에서 단락이 일어났다고 하면 단락 전류는?

① 서서히 증가 점차 감소

② 처음은 큰 전류이나 점차로 감소한다.

③ 처음부터 일정전류

④ 발전기는 즉시 정지한다.

|정|답|및|해|설|

평형 3상 전압을 유기하고 있는 발전기의 단자를 갑자기 단락하면 단락 초기에 전기자 반작용이 순간적으로 나타나지 않기 때문에 막대한 과도 전류가 흐르고, 수초 후에는 영구 단락 전류값에 이르게 된다.

【정답】 ②

36. 3상 동기 발전기의 단락비를 산출하는데 필요한 시험은?

① 외부 특성 시험과 3상 단락시험

② 돌발 단락 시험과 부하시험

③ 무부하 포화 시험과 3상 단락시험

④ 대칭부의 리액턴스 측정시험

|정|답|및|해|설|

[동기발전기의 시험]

단락비 : 무부하(포화) 시험, 단락시험

【정답】 ③

37. 정격전압을 $E[V]$, 정격전류를 $I[A]$, 동기 임피던스를 $Z_s[\Omega]$이라 할 때 퍼센트동기임피던스 Z_s는? (이때, $E[V]$는 선간전압이다.)

① $\frac{I \cdot Z_s}{\sqrt{3}E} \times 100$

② $\frac{I \cdot Z_s}{3E} \times 100$

③ $\frac{\sqrt{3} \cdot I \cdot Z_s}{E} \times 100$

④ $\frac{I \cdot Z_s}{E} \times 100$

|정|답|및|해|설|

[퍼센트 동기임피던스]

$\%Z_s = \frac{I_n \cdot Z_s}{V_n} \times 100 = \frac{I \cdot Z_s}{\frac{E}{\sqrt{3}}} \times 100 = \frac{\sqrt{3} IZ_s}{E} \times 100$

【정답】 ③

38. 정격전압 6,000[V], 정격출력 5,000[kVA]인 3상 교류 발전기의 여자전류가 200[A] 일 때 무부하 단자전압이 6,000[V]이고, 또 그 여자 전류에 있어서의 3상 단락전류가 600[A]라고 한다. 이 발전기의 %동기임피던스는?

① 80[%] ② 84[%]
③ 88[%] ④ 92[%]

|정|답|및|해|설|

[3상 동기발전기의 %동기 임피던스] $\%Z_s = \frac{PZ_s}{10V^2}[\%]$

$$Z_s = \frac{E}{I_s} = \frac{\frac{6000}{\sqrt{3}}}{600} = 5.77[\Omega]$$

$$\%Z_s = \frac{PZ_s}{10V^2} = \frac{5000 \times 5.77}{10 \times 6^2} = 80[\%]$$

【정답】 ①

39. 동기발전기의 단락비 K_s는?

① 수차 발전기가 터빈 발전기보다 작다.
② 수차 발전기가 터빈 발전기보다 크다.
③ 수차 발전기나 터빈 발전기 어느 것이나 차이가 없다.
④ 엔진 발전기가 제일 작다.

|정|답|및|해|설|

[단락비] 단락비는 수차와 엔진 발전기에서는 0.9~1.2 정도이고 터빈 발전기는 0.6~1.0 정도이다.

【정답】 ②

40. 단락비가 큰 동기 발전기를 설명하는 말 중 틀린 것은?

① 전기자 반작용이 작다.
② 과부하 용량이 크다.
③ 전압 변동률이 크다.
④ 동기 임피던스가 작다.

|정|답|및|해|설|

[단락비가 큰 기계(철기계)의 장점] 단락비가 큰 동기기는 전기자 반작용이 작고 (동기임피던스가 작기 때문에), 계자자속이 크며 기전력을 유도하는데 필요한 계자 전류가 커진다. 따라서 기계의 중량이 무겁고 가격도 비싸다.
그러나 기계에 여유가 있고 전압 변동률이 양호하며 과부하 내량이 크고, 송전선로의 충전용량이 크다.

【정답】 ③

41. 단락비가 큰 동기 발전기에 관한 다음 기술 중 옳지 않은 것은?

① 효율이 좋다.
② 전압 변동률이 적다.
③ 자기 여자 적용이 적다.
④ 안정도가 증대한다.

|정|답|및|해|설|

[단락비가 큰 기계(철기계)의 장·단점] 단락비가 큰 동기 발전기는 철손, 기계손 등의 고정손이 커서 효율이 나빠진다.

【정답】 ①

42. 정격 전압 6,000[V], 용량 5,000[kVA]인 3상 동기발전기에 있어서 여자 전류 200[A]에 상당하는 무부하 단자전압은 6,000[V]이고, 단락 전류는 600[A]이다. 이 발전기의 단락비 및 동기 리액턴스(per unit, [P.U])는?

① 단락비 1.25, 동기 리액턴스 0.80
② 단락비 1.25, 동기 리액턴스 5.77
③ 단락비 0.80, 동기 리액턴스 1.25
④ 단락비 0.17, 동기 리액턴스 5.77

|정|답|및|해|설|

[단락비와 리액턴스] $K_s = \frac{I_{f1}}{I_{f2}} = \frac{I_s}{I_n} = \frac{1}{\%Z_s} \times 100$

$P = 5000[kVA]$, $V = 6000[V]$, $I_s = 600[A]$

$$Z_s = \frac{E}{I_s} = \frac{6000\sqrt{3}}{600} = 5.77[\Omega]$$

$$K_s = \frac{I_s}{I_n} = \frac{600}{\frac{5000}{\sqrt{3} \times 6}} = 1.25$$

【정답】 ②

43. 동기 발전기의 병렬 운전 중 위상차가 생기면?

① 무효 횡류가 흐른다.
② 유효 횡류가 흐른다.
③ 무효 전력이 생긴다.
④ 출력이 요동하고 권선이 가열된다.

|정|답|및|해|설|

[동기 발전기의 병렬 운전 중 위상차가 다를 경우]
기전력의 위상이 같지 않을 때는 유효 순환전류(동기화전류)가 흘러 위상이 앞선 발전기는 뒤지게, 위상이 뒤진 발전기는 앞서도록 작용하여 동기 상태를 유지한다.

【정답】 ②

44. 단락비가 큰 동기기는?

① 안정도가 높다.
② 전압변동률이 크다.
③ 기계가 소형이다.
④ 반작용이 크다.

|정|답|및|해|설|

[단락비가 큰 기계(철기계)의 장·단점] 단락비가 큰 동기기는 전기자 반작용이 작고 (동기임피던스가 작기 때문에), 계자 자속이 크며 기전력을 유도하는데 필요한 계자전류가 커진다. 따라서 기계의 중량이 무겁고 가격도 비싸다.
그러나 기계에 여유가 있고 전압변동률이 작아 안정도가 높고, 과부하 내량이 크며, 송전선로의 충전용량이 크다.

【정답】 ①

45. 2대의 동기 발전기를 병렬 운전할 때 무효 횡류(무효 순환전류)가 흐르는 경우는?

① 부하 분담의 차가 있을 때
② 기전력의 파형에 차가 있을 때
③ 기전력의 위상차가 있을 때
④ 기전력 크기에 차가 있을 때

|정|답|및|해|설|

[동기 발전기의 병렬 운전]
① 기전력의 크기가 같지 않을 때는 무효순환전류가 흘러서 저항손 증가, 전기자 권선 과열, 역율 변동 등이 일어난다.
② 기전력의 위상이 같지 않을 때는 동기화 전류가 흐르고 동기화력작용, 출력 변동이 일어난다.

【정답】 ④

46. 발전기의 자기여자 현상을 방지하는 방법이 아닌 것은?

① 단락비가 작은 발전기로 충전한다.
② 충전 전압을 낮게하여 충전한다.
③ 발전기를 2대 이상 병렬 운전한다.
④ 발전기와 직렬 또는 병렬로 리액턴스를 넣는다.

|정|답|및|해|설|

[동기 발전기의 발전기의 자기 여자현상] 장거리 고압송전선을 무부하로 충전하는 발전기는 전기자 반작용이 작고 단락비가 큰 발전기를 사용하든가 발전기를 여러 대 병렬로 연결한다. 그렇지 않으면 송전선 말단에 뒤진 전류를 취할 수 있도록 변압기나 동기조상기를 접속하여 충전전류를 감소시킨다.

【정답】 ①

47. 동기 발전기의 병렬 운전에서 같지 않아도 되는 것은?

① 위상　　② 기전력의 크기
③ 주파수　　④ 용량

|정|답|및|해|설|

[동기 발전기의 병렬운전 조건]
·기전력의 크기가 같을 것
·기전력의 위상이 같을 것
·기전력의 주파수가 같을 것
·기전력의 파형이 같을 것
·상회전 방향이 같을 것

【정답】 ④

48. 다음 그림은 동기기의 무부하 충전시 나타나는 자기 여자 작용을 설명한 그림이다. 이때 충전 특성 곡선을 나타낸 것은?

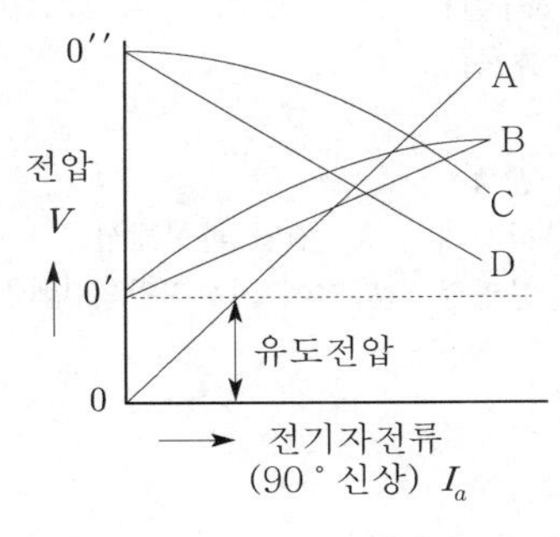

① OA ② O' B

③ O'' C ④ O'' D

|정|답|및|해|설|

[자기 여자 작용] 정전 용량 C[F]에 주파수 f[Hz]의 교류 전압 V[V]를 가하면 다음과 같은 앞선 전류 $I_c[A]$가 흐른다.

$I_c = 2\pi f CV[A]$

전류를 횡축에, 전압을 종축으로 잡고 이 관계를 나타내면 그림 OA와 같은 충전 특성 곡선을 얻을 수 있다.

【정답】 ①

49. 병렬 운전 중의 동기 발전기의 여자전류를 증가시키면 그 발전기는?

① 전압이 높아진다.

② 출력이 커진다.

③ 역률이 좋아진다.

④ 역률이 나빠진다.

|정|답|및|해|설|

[동기 발전기의 병렬 운전] 동기 발전기의 병렬 운전 중 한 쪽의 여자 전류를 증가시키면, 그 발전기의 기전력이 증가하여 무효 순환 전류가 흐르므로 증가된 발전기의 역률은 나빠지고 다른 발전기의 역률은 좋아진다.

【정답】 ④

50. 동기기의 안정도를 증진시키는 방법이 아닌 것은?

① 속응 여자 방식을 채용한다.

② 역상 임피던스를 크게 한다.

③ 회전부의 플라이휠 효과를 작게 한다.

④ 단락비를 크게, 정상 리액턴스를 작게 한다.

|정|답|및|해|설|

[동기기의 안정도를 증진시키는 방법]

- 정상 리액턴스를 작게하고 단락비를 크게 할 것
- 영상 및 역상 임피던스를 크게 할 것
- 회전자의 플라이휠 효과를 크게 할 것
- 자동전압조정기(AVR)의 속음도를 크게 할 것, 즉 속응 여자 방식을 채용할 것
- 발전기의 조속기 동작을 신속히 할 것
- 동기 탈조 계전기를 사용할 것

【정답】 ③

51. 동기 발전기의 안정도를 증진시키기 위하여 설계상 고려할 점으로서 틀린 것은?

① 자동 전압 조정기의 속응도를 크게 한다.

② 정상 과도 리액턴스 및 단락비를 작게 한다.

③ 회전자의 관성력을 크게 한다.

④ 영상 및 역상 임피던스를 크게 한다.

|정|답|및|해|설|

[동기기의 안정도를 증진시키는 방법]

안정도를 증진시키기 위해 정상 과도 리액턴스를 작게하고, 단락비를 크게 하여야 한다. 【정답】 ②

52. 그림과 같은 동기전동기의 V곡선, 1, 2, 3은 다음 중 어느 것이 다른 것인가?

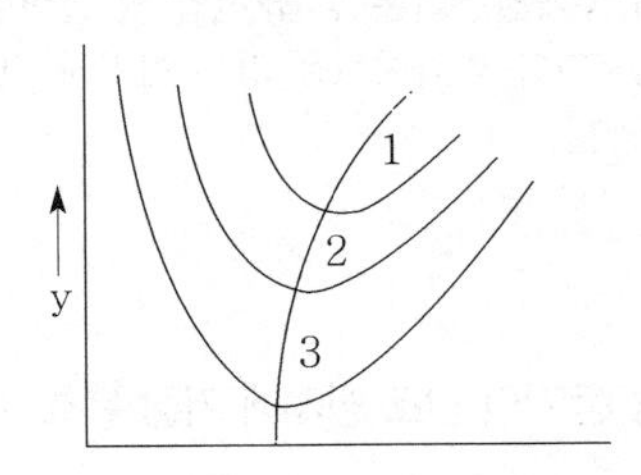

① 전동기의 역률 ② 출력

③ 단자전압 ④ 계자전류의 크기

|정|답|및|해|설|

[동기 전동기의 위상 특성 곡선(V곡선)] 부하가 클수록 V곡선은 위로 향한다. 【정답】 ②

53. 동기기의 제동 권선(damper winding)의 효용 중에서 아닌 것은 어느 것인가?

① 난조 방지
② 불평형 부하시의 전류 전압 파형 개선
③ 과부하 내량의 증대
④ 송전서의 불평형 단락시의 이상 전압의 방지

|정|답|및|해|설|

[제동권선의 효용]

·난조 방지
·기동토크 발생
·불평형 부하시의 전류, 전압 파형개선
·송전선의 불평형 단락시에 이상전압의 방지

【정답】 ③

54. 동기 전동기에 관한 다음 기술사항 중 틀린 것은?

① 회전수를 조정할 수 없다.
② 직류 여자기가 필요하다.
③ 난조가 일어나기 쉽다.
④ 역률을 조정할 수 없다.

|정|답|및|해|설|

[동기전동기] 동기전동기는 공급 전압 및 출력을 일정한 상태로 두고 여자만을 변화시켰을 경우 전기자 전류의 크기와 역률이 달라진다. 【정답】 ④

55. 동기 전동기의 난조 방지에 가장 유효한 방법은?

① 자극수를 적게 한다.
② 회전자의 관성을 크게 한다.
③ 자극면에 제동권선을 설치한다.
④ 동기 리액턴스를 작게 하고 동기화력을 크게 한다.

|정|답|및|해|설|

[제동권선의 효용]

① 난조방지
② 기동토크 발생
③ 불평형 부하시의 전류, 전압 파형개선
④ 송전선의 불평형 단락시에 이상전압의 방지

【정답】 ③

56. 발전기 권선의 층간 단락 보호에 가장 적합한 계전기는?

① 과부하 계전기 ② 온도 계전기
③ 접지 계전기 ④ 차동 계전기

|정|답|및|해|설|

[차동 계전기] 기기보호에는 차동계전기가 적합하다.

【정답】 ④

57. 동기 전동기의 공급 전압, 주파수 및 부하가 일정할 때 여자 전류를 변화시키면 어떤 현상이 생기는가?

① 속도가 변한다.
② 회전력이 변한다.
③ 역률만 변한다.
④ 전기자 전류와 역률이 변한다.

|정|답|및|해|설|

[동기 전동기] V곡선의 특성에서 알 수 있듯이 여자전류를 크게 하면 과여자되어 역률이 높아지고 전기자전류가 증가하며 여자 전류를 작게 하면 역률이 감소하고 전기자전류는 다시 증가하게 된다. 전기자 전류가 최소인 경우는 역률이 1일 때이다. 【정답】 ④

Chapter 03

변압기

01 변압기의 구조

(1) 변압기의 구조

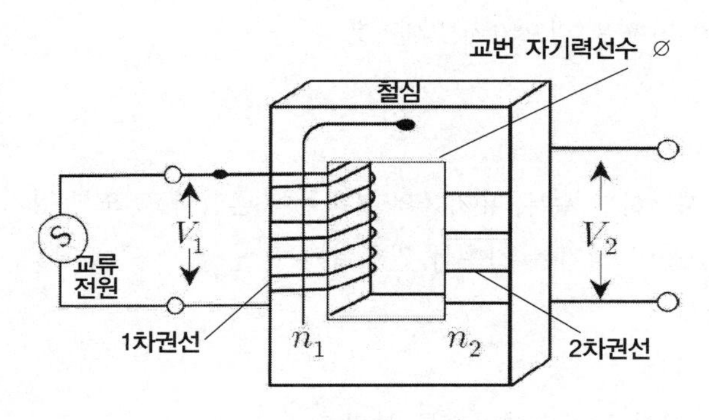

[변압기의 구조]

전자유도작용을 이용하여 교류전압과 전류의 크기를 변성하는 장치

보통 두 대의 전기 회로 중 한쪽을 전원에 접속하고 다른 한쪽은 부하에 접속하면 전력은 자기회로를 통하여 부하에 전달된다.

전원에 접속된 권선을 1차 권선, 부하에 접속된 권선을 2차 권선이라고 하는데, 두 개의 권선중 사용 전압이 낮거나, 혹은 높으냐에 따라 저전압 권선, 고전압 권선이라고 한다.

① 철심

- 변압기 철심의 구조는 내철형, 외철형, 권철심형
- 변압기 철심에는 투자율과 저항률이 크고 히스테리시스손이 작은 규소강판을 사용한다.
- 규소 함유량은 4~4.5[%] 정도이고, 성층 철심 구조로 두께는 0.3~0.6[mm]이다.

② 코일

- 변압기 권선에는 동선 또는 동각선이 사용
- 철심과 코일의 배치에 따라서 내철형 변압기와 외철형 변압기로 구분

③ 부싱

- 변압기의 부싱은 높은 전압의 도선을 외함에서 절연시키면서 끄집어내는 것이므로 변압기에 대해서는 중요한 절연상의 부속기구

·부싱은 거의 그 외각 산형의 자기로 만들어져 있고 그 내부 절연 구조로는 단일형 부싱, 콤파운드 부싱, 유입 부싱, 콘덴서 부싱 등 4종류로 구분된다.

④ 변압기유

변압기의 기름은 절연 및 냉각 매체의 역할을 하는 것이므로 광유를 사용한다.

㉮ 변압기유가 갖추어야 할 성능

·절연저항 및 절연내력이 클 것(30[kV]/2.5[mm] 이상)

·비열이 크고, 점도가 낮을 것

·인화점이 높고(130[℃] 이상) 응고점이 낮을 것(−30[℃] 이하)

·절연 재료 및 금속에 화학 작용을 일으키지 않을 것

·변질하지 말 것

㉯ 변압기유의 열화

양질의 변압기유를 장기간 사용하면 수분, 유기물의 불순물이 혼입되고, 또한 장기간 사용하면 화학적 변화가 일어나 침전물이 생기는 경우를 말한다.

·절연 내력이 저하한다.

·유여과기로 여과해 재생 가능

·열화를 막기 위해 변압기 상부에 콘서베이터를 붙인다.

핵심기출 【기사】 07/1 19/2 【산업기사】 09/2

변압기유로 사용되는 절연유에 요구되는 특성이 아닌 것은?

① 절연 내력이 클 것　　② 인화점이 높을 것

③ 점도가 클 것　　④ 응고점이 낮을 것

정답 및 해설 [변압기유의 구비 조건] 점도가 낮고(유동성이 풍부) 비열이 커서 냉각 효과가 클 것

【정답】 ③

02 변압기의 원리

(1) 패러데이의 전자 유도 법칙

① 1차 유기기전력

$$e_1 = -N_1 \frac{d\varnothing}{dt} = -N_1 \frac{d}{dt}(\varnothing_m \sin\omega t) = -N_1 \varnothing_m \omega \cos\omega t [V]$$

$$= N_1 \varnothing_m \omega \sin(\omega t - \frac{\pi}{2}) [V]$$

→($i = I_m \sin wt$가 흐른다면 이 전류에 의해서 자속 $\varnothing = \varnothing_m \sin wt$가 발생)

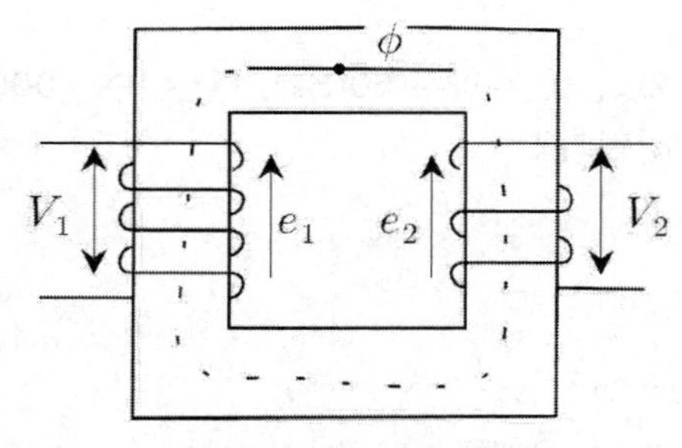

[1차, 2차 유기기전력]

전압의 최대치 $E_{1m} = N_1 \varnothing_m \omega$

유기기전력의 실효치 $E_1 = \dfrac{E_{1m}}{\sqrt{2}} = \dfrac{N_1 \varnothing_m w}{\sqrt{2}} = \dfrac{2\pi}{\sqrt{2}} f N_1 \varnothing_m = 4.44 f N_1 \varnothing_m$

∴ 1차 유기기전력 $E_1 = 4.44 f N_1 \varnothing_m$ [V]

② 2차 유기기전력

$$e_2 = -N_2 \frac{d\varnothing}{dt} = -N_2 \frac{d}{dt}(\varnothing_m \sin\omega t) = -N_2 \varnothing_m \omega \cos\omega t [V]$$

전압의 최대치 $E_{2m} = N_2 \varnothing_m \omega$

유기기전력의 실효치 $E_2 = \dfrac{E_{2m}}{\sqrt{2}} = \dfrac{N_2 \varnothing_m w}{\sqrt{2}} = \dfrac{2\pi}{\sqrt{2}} f N_2 \varnothing_m = 4.44 f N_2 \varnothing_m$

∴ 2차 유기기전력 $E_2 = 4.44 f N_2 \varnothing_m$

(2) 변압기의 권수비(전압비)

권수비(전압비) $a = \dfrac{E_1}{E_2} = \dfrac{N_1}{N_2} = \dfrac{I_2}{I_1}$

※ 전압비는 선간전압이 아니고 반드시 상전압이 되어야 한다.

※손실과 자기포화를 무시한 이상 변압기에서는 $\dfrac{V_1}{V_2} \fallingdotseq \dfrac{E_1}{E_2}$의 관계가 성립한다.

(3) 변압기의 누설리액턴스

변압기 1차 측에서 발생한 자속이 100[%] 2차 측 코일에 쇄교하지 않고 누설되는 현상이 발생한다. 즉, 누설리액턴스란 자속의 누설에 의해 생기는 리액턴스, 손실이라고 이해하면 된다.

누설리액턴스 $L = \dfrac{\mu A N^2}{l} \propto N^2$

여기서, L : 인덕턴스[H], A : 철심의 단면적[m^2], N : 코일의 권수[회], l : 자로의 길이[m]

※ 변압기의 누설 리액턴스를 줄이는 가장 효과적인 방법은 권선을 분할하여 조립한다.

핵심기출 【기사】 18/3 19/1 【산업기사】 09/2

1차 전압 6,600[V], 2차 전압 220[V], 주파수 60[Hz], 1차 권수 1,000회의 변압기가 있다. 최대 자속은 약 몇 [Wb]인가?

① 0.020 ② 0.025 ③ 0.030 ④ 0.032

정답 및 해설 [변압기 유기기전력] ·1차 유기기전력 $E_1 = 4.44fN_1\varnothing_m$ ·2차 유기기전력 $E_2 = 4.44fN_2\varnothing_m$

여기서, f : 주파수, N_1, N_2 : 1, 2차 권수, $\varnothing_m$: 최대 자속

1차 전압 : 6,600[V], 2차 전압 : 220[V], 주파수 : 60[Hz], 1차 권수 : 1,000회

$\therefore$ 최대자속 $\phi_m = \frac{E_1}{4.44fN_1} = \frac{6,600}{4.44 \times 60 \times 1,000} = 0.025[Wb]$ 【정답】 ②

03 변압기의 등가회로와 여자전류

(1) 변압기 등가회로

① 2차 측에서 1차 측으로 환산

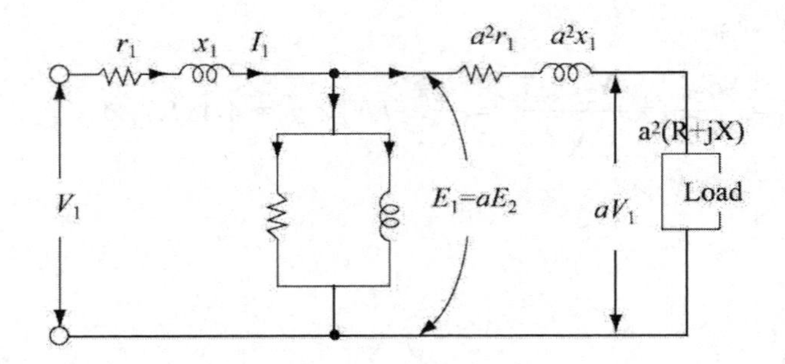

㉮ 전압과 전류는 권수비로 환산한다.

· $\frac{V_1}{V_2} = a$에서 $V_1 = aV_2$

· $\frac{I_2}{I_1} = a$에서 $I_1 = \frac{I_2}{a}$

㉯ 임피던스의 환산

위의 ㉮의 관계를 이용하여 $I_2 = \frac{V_2}{Z_2} \rightarrow aI_1 = \frac{\frac{V_1}{a}}{Z_2} \rightarrow I_1 = \frac{V_1}{a^2 Z_2}$

여기서, $I_1 = \frac{V_1}{Z_1}$이므로 $a^2Z_2 = Z_1$, 즉, $Z_1 = a^2Z_2$로 환산된다.

㉰ 2차측에서 1차측으로 환산시

· 전압 : a배　　　· 전류 : $\frac{1}{a}$배　　　· 임피던스 : a^2배

② 1차측에서 2차측으로 환산

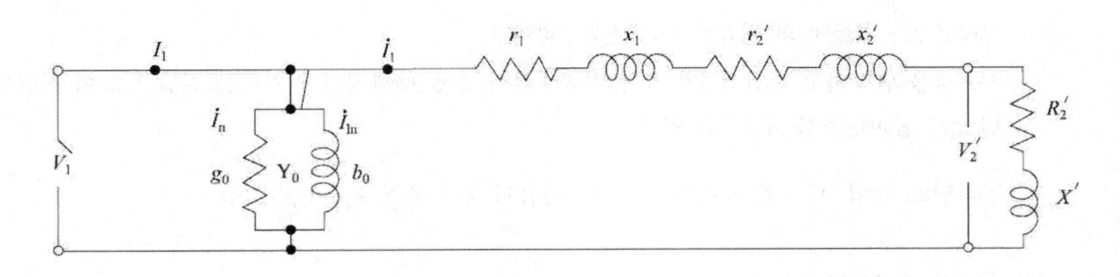

㉮ 전압과 전류는 권수비로 환산한다.

· $V_1' = \frac{V_1}{a}$　　　· $I_0' = aI_0$, $I_0' = aI_0$

㉯ 임피던스와 어드미턴스의 환산

· $Z_1' = \frac{Z_1}{a^2} = \frac{r_1 + jx_1}{a^2}$　　　· $Y_0' = a^2 Y_0 = a^2(g_0 - jb_0)$

㉰ 1차측에서 2차측으로 환산시

· 전압 : $\frac{1}{a}$배　　　· 전류 : a배

· 임피던스 : $\frac{1}{a^2}$배　　　· 어드미턴스 : a^2배

③ 등가 회로 작성에 필요한 시험과 측정 가능한 성분

㉮ 권선저항 측정 시험

㉯ 무부하시험 : 철손, 여자(무부하) 전류, 여자어드미턴스

㉰ 단락시험 : 동손, 임피던스 와트(전압), 단락전류

(2) 여자전류

변압기의 무부하 전류로 1차 측에 흐르는 전류를 말한다.

전 전류 $I_1 = I_0 + I_1'$　　→ (변압기 무부하시 부하전류 I_1'은 0이므로 $I_1 = I_0'$)

그러므로 무부하시 변압기 1차에 흐르는 전류는 자속을 만들어 주는 여자전류만 흐르게 된다.

이때 여자전류는 철손전류와 자화전류로 구성, 즉 여자전류 $I_0 = I_i + I_\varnothing$

① 여자전류의 크기 : $|I_0| = \sqrt{I_i^2 + I_\varnothing^2}$ [A]

② 자화전류 : 변압기 철심에서 자속만을 발생시키는 전류 성분

자화전류 $I_\varnothing = \sqrt{I_0^2 - I_i^2}[A]$　　→ (I_i : 철손전류 $= gV_i[A]$, $I_\varnothing$: 자화전류 $= bV_i[A]$)

③ 철손전류 : 변압기 철심에서 철손을 발생시키는 전류 성분

철손전류 $I_i = \frac{P_i}{V_1}[A]$

(3) 임피던스 전압 (V_s)

정격전류가 흐를 때의 변압기 내의 전압강하이다.

2차 측을 단락하고 변압기 1차 측에 정격전류가 흐를 때까지만 인가하는 전압으로 이 전압으로부터 변압기 임피던스를 구할 수 있다.

임피던스 전압 $V_s = I_{1n} \times Z_T[\text{V}]$ → (변압기 임피던스 $Z_T = \frac{V_s}{I_{1n}}[\Omega]$)

(4) 임피던스 와트(P_s)

임피던스 전압을 걸 때 발생하는 전력으로 단락 시 존재하는 와트는 전부하 동손이다.

임피던스 와트 $P_s = I^2 R[W]$ → (동손($P_c = I^2 R$))

04 변압기의 손실

(1) 철손 ($P_i = I_i V_i = g V_i^2$)

① 히스테리시스손 (P_h)

$$P_h = kfB^2 = kf\left(\frac{E}{fN}\right)^2 = k\frac{E^2}{fN^2}[W] \propto \frac{E^2}{f} \quad \rightarrow (k \text{ : 파형률} = \frac{\text{실효치}}{\text{평균치}} = 1.11)$$

주파수(f)에 반비례하고 유기기전력(E)의 자승에 비례한다.

② 와류손(P_e)

$$P_e = kf^2B^2t^2 = kf^2\left(\frac{E}{fN}\right)^2 = k\frac{E^2}{N^2}[W]$$

강판의 두께 t는 일정하므로 $P_e \propto f^2B^2 \propto E^2$

와류손은 전압의 2승에 비례, 주파수와는 무관하다.

(2) 부하손(동손) (P_c)

$P_c = I^2 R$

여기서, I : 부하전류, R : 등가 환산 저항

(3) 전손실(P_l)

① 전손실 $P_l = P_i + m^2 P_c$

② 철손 $P_i = P_h + P_e$

여기서, P_i : 철손[W], P_c : 동손, m : 부하율, P_h : 히스테리시스손[W], P_e : 와류손[W]

핵심기출 【기사】 10/1 17/2(유사) 【산업기사】 09/2

주파수가 정격보다 3[%] 상승하고 동시에 전압이 정격보다 3[%] 저하한 전원에서 운전되는 변압기다 있다. 철손이 fB_m^2 (f : 주파수, B_m : 자속밀도 최대치)에 비례한다면 이 변압기의 철손은 정격 상태에 비하여 어떻게 달라지는가?

① 약 3.1[%] 증가 ② 약 3.1[%] 감소

③ 약 8.7[%] 증가 ④ 약 8.7[%] 감소

정답 및 해설 [철손] $P_i \propto fB_m^2 = k\frac{V^2}{f} = k\frac{(0.97V)^2}{1.03f} = 0.913k\frac{V^2}{f}$

철손 P_i는 히스테리시스손과 와류손으로 대부분 이루어진다.

히스테리시스손은 $P_h \propto fB^{1.6}$ 이고 와류손은 $P_e \propto f^2B^2$이므로 주파수가 감소하면 철손은 증가하고, 전압이 증가하면 철손은 전압의 제곱에 비례하는 특성을 가진다.

따라서 f가 3[%] 상승하고 V가 3[%] 감소하면 철손은 약 8.7[%] 감소하게 된다.

【정답】 ④

05 변압기의 전압 변동률

(1) 단락전류

① $I_{1s} = \frac{E_1}{Z_1 + Z_2} = \frac{100}{\%Z} \times I_n$

② $I_{2s} = aI_{1s}$

여기서, I_{1s} : 1차 단락 전류, I_{2s} : 2차 단락 전류, I_n : 정격 전류, a : 권수비

(2) 저항강하

① %저항강하 : $\%R = p = \frac{I_n \times r}{V_n} \times 100 = \frac{I_n^2 \times r}{V_n I_n} \times 100 = \frac{P_s}{V_n I_n} \times 100[\%]$

② %리액턴스강하 : $\%X = q = \frac{I_n \times x}{V_n} \times 100[\%]$

③ %임피던스 강하 : $\%Z = z = \frac{I_{1n} \times z}{V_{1n}} \times 100 = \frac{V_s}{V_{1n}} \times 100 = \sqrt{p^2+q^2} = \frac{PZ}{10\,V^2} \times 100[\%]$

여기서, V_s : 임피던스 전압, V_{1n} : 1차 정격 전압, I_{1n} : 1차 정격 전류, p : %저항 강하
q : %리액턴스 강하, z : %임피던스 강하

(3) 전압변동률

변압기의 전압변동률은 2차 측의 변화를 기준으로 산출한다.

전압변동률 $\epsilon = \frac{V_{20} - V_{2n}}{V_{2n}} \times 100$

여기서, V_{20} : 무부하 2차 단자 전압, V_{2n} : 정격 2차 단자 전압)

① 지상 부하 시 전압변동률 $\epsilon = p\cos\theta + q\sin\theta$

여기서, p : %저항 강하, q : %리액턴스 강하, θ : 부하 Z의 위상각
※$\cos\theta$=1일 때 전압 변동률은 %저항 강하와 같다. 즉, $\epsilon = p$

② 진상 부하 시 전압변동률 $\epsilon = p\cos\varnothing - q\sin\varnothing$

③ 전압변동률의 최대값 $\epsilon_{\max} = \sqrt{p^2+q^2}$

④ 최대 전압변동률을 발생하는 역률 $\cos\varnothing_{\max} = \frac{p}{\sqrt{p^2+q^2}}$

핵심기출 【기사】 10/3

변압기 내부의 백분율 저항강하와 백분율 리액턴스강하는 각각 3[%], 4[%]이다. 부하의 역률이 지상 60[%]일 때 변압기의 전압변동률은?

① 2.8[%]　　② 4[%]

③ 5[%]　　④ 7.4[%]

정답 및 해설 [변압기의 전압변동률] $\epsilon = p\cos\theta + q\sin\theta$

$\epsilon = p\cos\theta + q\sin\theta = 3 \times 0.6 + 4 \times 0.8 = 5(\%)$ →($\cos\theta = 0.6$이면 $\sin\theta = 0.8$)

※지상은 $\epsilon = p\cos\theta + q\sin\theta$, 진상은 $\epsilon = p\cos\theta - q\sin\theta$ 【정답】 ③

06 변압기의 효율

(1) 실측 효율 (η)

$$\eta = \frac{\text{출력}}{\text{입력}} \times 100$$

(2) 규약 효율 (η)

$$\eta = \frac{P}{P + P_i + P_c} \times 100$$

여기서, P : 변압기 정격 출력[W], P_i : 철손, P_c : 동손

(3) 정격 부하시 효율

$$\eta = \frac{P\cos\theta}{P\cos\theta + P_i + P_c} \times 100[\%] \qquad \rightarrow (P = VI,\ P_c = I^2R)$$

(4) 전 부하 시의 $\frac{1}{m}$ 부하로 운전시의 효율 ($\eta_{\frac{1}{m}}$)

$$\eta_{\frac{1}{m}} = \frac{\frac{1}{m}P\cos\theta}{\frac{1}{m}P\cos\theta + P_i + \left(\frac{1}{m}\right)^2 P_c} \times 100[\%]$$

(5) 최대 효율 (η_{max})

철손과 동손이 같을 때 최대 효율 ($P_i = \left(\frac{1}{m}\right)^2 P_c$)

전손실 $P_l = P_i + \left(\frac{1}{m}\right)^2 P_c$

① 최대 효율 조건 $P_i = \left(\frac{1}{m}\right)^2 P_c \quad \rightarrow \quad \frac{1}{m} = \sqrt{\frac{P_i}{P_c}}$

② 최대 효율 $\eta_{max} = \frac{\text{최대 효율 시 출력}}{\text{최대 효율 시 출력} + 2P_i} \times 100$

(6) 전일 효율 (η_r)

$$\eta_r = \frac{\text{1일중 출력 전력량}}{\text{1일중 입력 전력량}} \times 100$$

$$\eta_r = \frac{\sum T \times P}{\sum T \times P + 24P_i + \sum T \times P_c} \times 100$$

※ 전일 효율이 최대가 되려면 철손=동손($24P_i = \sum hP_c$) 일 때이다.

핵심기출 【기사】 07/1 【산업기사】 10/1

100[kVA]의 단상 변압기가 역률 80[%]에서 전부하 효율이 95[%]이면 역률 50[%]의 전부하에서의 효율은 약 몇 [%]가 되겠는가?

① 84 ② 88 ③ 92 ④ 96

정답 및 해설 [변압기의 효율] $\eta = \dfrac{V_2 I_2 \cos\theta}{V_2 I_2 \cos\theta + p_l + I_2^2 r}$

$\eta_{80} = \dfrac{100 \times 0.8}{100 \times 0.8 + p_l} = 0.95 \quad \rightarrow \quad p_l = \dfrac{80}{0.95} - 80 = 4.21$

손실은 역률과 무관하므로

역률 50[%]의 전부하에서의 효율 $\eta_{50} = \dfrac{100 \times 0.5}{100 \times 0.5 + 4.21} = 0.922 = 92.2\,[\%]$

【정답】 ③

07 변압기의 병렬 운전

(1) 병렬 운전 조건

① 단상 변압기 두 대로 병렬 운전하기 위한 4가지 조건

- ·극성이 같을 것
- ·권수비가 같고, 1차와 2차의 정격 전압이 같을 것
- ·%저항 강하와 리액턴스 강하가 같을 것
- ·부하 분담시 용량에는 비례하고 퍼센트 임피던스 강하에는 반비례할 것

② 3상 변압기의 경우는 위의 4가지 조건 외에 다음 두 가지 조건을 더 만족시켜야 한다.

- ·상회전의 방향이 일치할 것
- ·각 변위가 같을 것

※각 변위란 1차 유기 전압을 기준으로 하고 이에 대한 2차 유기 전압이 뒤진 각을 말한다.

(2) 3상 변압기의 병렬 운전 결선

병렬 운전이 가능한 결선	병렬 운전 불가능한 결선
$\Delta-\Delta$와 $\Delta-\Delta$ $Y-\Delta$와 $Y-\Delta$ $Y-Y$와 $Y-Y$ $\Delta-Y$와 $\Delta-Y$ $\Delta-\Delta$와 $Y-Y$ $\Delta-Y$와 $Y-\Delta$	$\Delta-\Delta$와 $\Delta-Y$ $\Delta-\Delta$와 $Y-\Delta$ $Y-Y$와 $\Delta-Y$ $Y-Y$와 $Y-\Delta$

(3) 병렬 운전 시 부하 분담

변압기 병렬운전 시 부하 분담은 누설 임피던스에 역비례하며, 변압기에 용량에 비례한다.

$$\frac{I_a}{I_b} = \frac{Z_b}{Z_a} = \frac{P_A}{P_B} \times \frac{\%Z_b}{\%Z_a}$$

여기서, P_A : A변압기의 정격 용량, P_B : B변압기의 정격 용량

핵심기출 【기사】 11/3 【산업기사】 07/2 17/1

단상 변압기의 병렬 운전 조건에 대한 설명 중 잘못된 것은? (단, r과 x는 각 변압기의 저항과 리액턴스를 나타낸다)

① 각 변압기의 극성이 일치할 것

② 각 변압기의 권수비가 같고 1차 및 2차 정격전압이 같을 것

③ 각 변압기의 백분율 임피던스 강하가 같을 것

④ 각 변압기의 저항과 임피던스의 비는 $\frac{x}{r}$일 것

정답 및 해설 [변압기의 변압기 병렬 운전 조건]

① 권수비, 전압비가 같을 것 ② 극성이 같을 것

③ $\%Z$ 분압이 같을 것 ④ $\%R$과 $\%X$의 비가 같을 것

※저항과 리액턴스의 비는 $\frac{\%R}{\%X}$

【정답】 ④

(4) 변압기의 극성

① 감극성 변압기

- $V = V_1 - V_2$
- 외함의 우측에서 보아 U 단자가 높도록 되어 있다.
- U와 u가 외함의 같은 쪽에 있다.

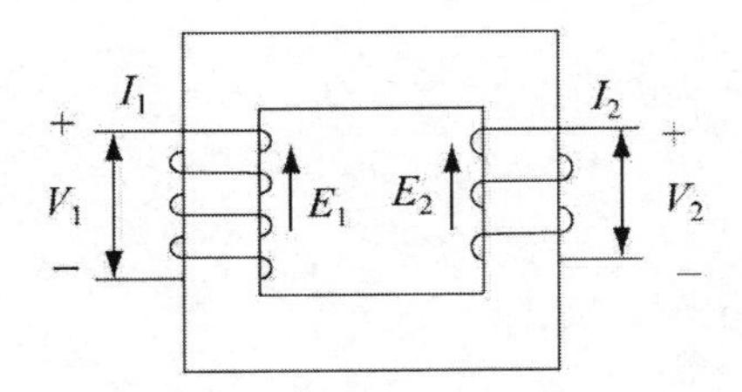

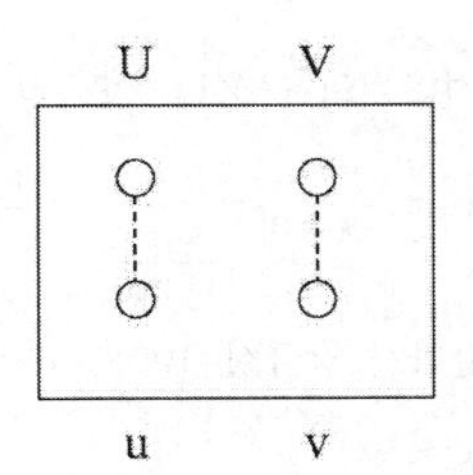

② 가극성 변압기

· $V = V_1 + V_2$

·외함의 우측에서 보아 U 단자가 높도록 되어 있다.

·U와 u가 대각선 상에 있다.

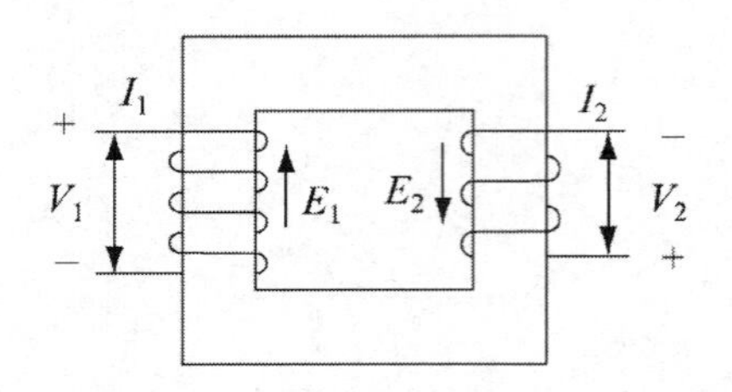

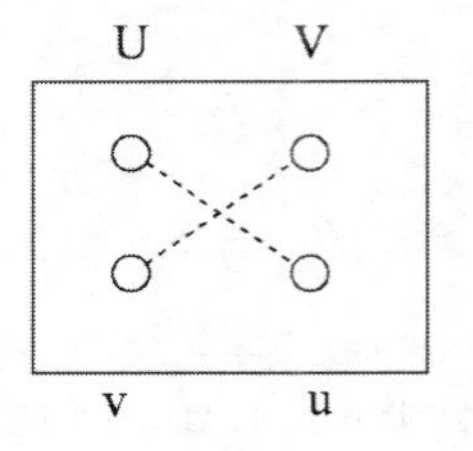

③ 극성 시험

·감극성 일 때 V의 지시값= $V_1 - V_2$

·가극성 일 때 V의 지시값= $V_1 + V_2$

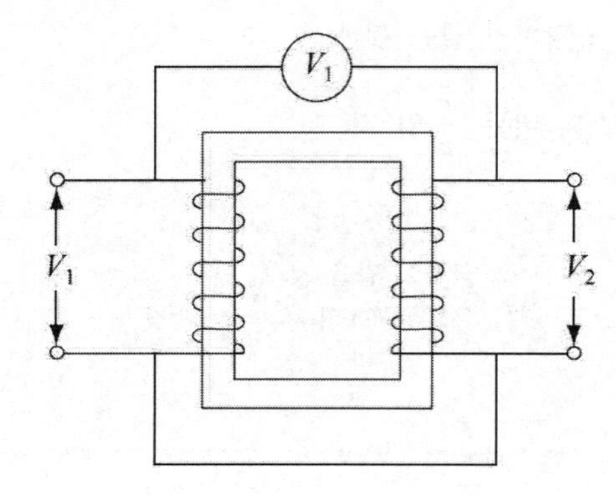

핵심기출 【기사】 13/1

3150/210[V]의 단상 변압기 고압측에 100[V]의 전압을 가하면 가극성 및 감극성일 때에 전압계 지시는 각각 몇 [V]인가?

① 가극성 : 106.7, 감극성 : 93.3 ② 가극성 : 93.3, 감극성 : 106.7

③ 가극성 : 126.7, 감극성 : 96.3 ④ 가극성 : 96.3, 감극성 : 126.7

정답 및 해설 [변압기의 극성] · 가극성 $V = V_1 + V_2$ · 감극성 $V = V_1 - V_2$

$$V_2 = \frac{V_1}{\text{권수비}} = \frac{100}{\frac{3150}{210}} = \frac{100}{15} = 6.67[\text{V}]$$

따라서 감극성=100−6,67=93.3, 가극성=100+6.67=106.7

【정답】 ①

08 변압기의 3상 결선

(1) 3상 결선의 종류

변압기의 3상 결선 방법에는 △ 결선과 Y 결선의 두 종류가 있고 변압기에는 1차와 2차의 권선이 있다.

4종류의 결선으로는 Y-Y 결선, Y-△ 결선, △-△ 결선, △-Y 결선

(2) Y결선

① 전압 $V_l = \sqrt{3}\, V_p$ ② 전류 $I_l = I_p$

(3) △결선

① 전압 $V_l = V_p$ ② 전류 $I_l = \sqrt{3}\, I_p$

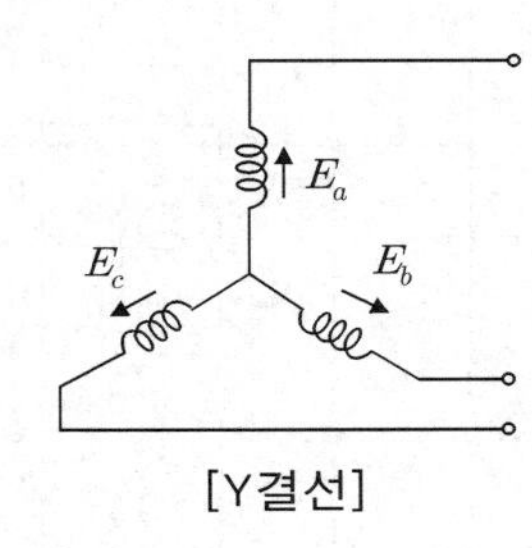

[Y결선]

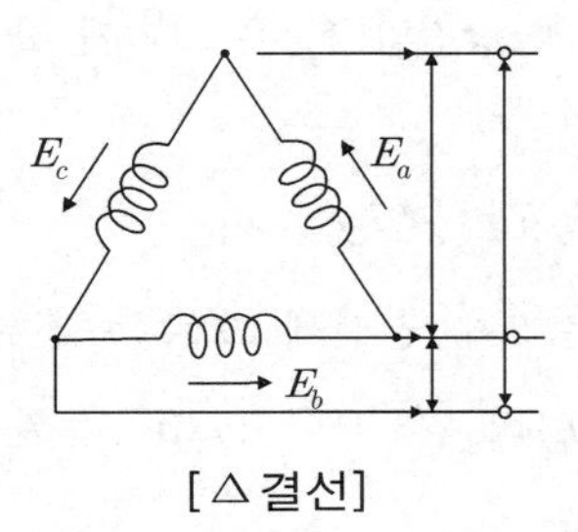

[△결선]

(4) V결선

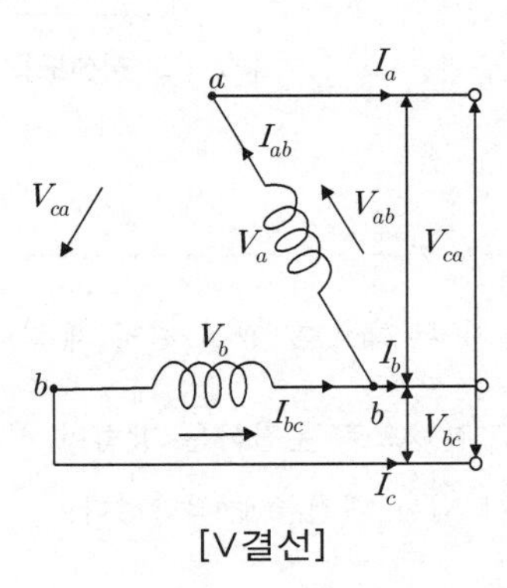

[V결선]

△결선된 변압기의 한 대가 고장으로 제거되어 V결선으로 공급할 때의 결선 법

① 고장 전 출력 (단상 변압기 3대 △결선)

$P_{\triangle} = 3P[kVA]$

여기서, P : 변압기 한 대의 용량[kVA]

② 변압기 1대 고장 후 출력 (단상 변압기 2대 V결선)

㉮ $P_V = 2P[kVA]$ → (이론 상 출력)

㉯ $P_V = \sqrt{3}P[kVA]$ → (실재 출력)

㉰ V결선 출력비$= \dfrac{V결선\ 실제\ 출력}{\triangle결선\ 출력} = \dfrac{\sqrt{3}P}{3P} = \dfrac{1}{\sqrt{3}} = 0.577\,(57.7[\%])$

㉱ V결선 이용률$= \dfrac{V결선\ 실제\ 출력}{V결선\ 이론\ 출력} = \dfrac{\sqrt{3}P}{2P} = \dfrac{\sqrt{3}}{2} = 0.866\,(86.6[\%])$

(5) △－△ 결선

△－△ 결선은 77[kV] 이하의 배전용 변압기에 사용되고 그 이상에는 거의 사용되지 않는다.

① 전압, 전류

㉮ 전압 : $V_l = V_p \angle 0°$

선간전압(V_l)과 상전압(V_p)은 크기가 같고 동상

㉯ 전류 : $I_l = \sqrt{3}\, I_p \angle -30°$

선전류(I_l)는 2차 권선에 흐르는 전류, 즉 상전류(I_p)의 $\sqrt{3}$배이고 30[°] 위상이 뒤진다.

㉰ 출력 : $P = \sqrt{3}\, V_l I_l = 3 V_p I_p = 3P_1$

여기서, P_1 : 단상 변압기 한 대의 용량

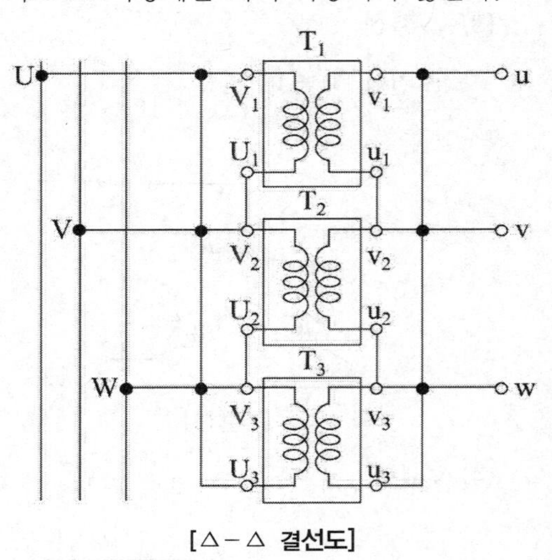

[△－△ 결선도]

② △－△ 결선의 장・단점

장점	·기전력의 파형이 왜곡되지 않는다. ·한 대의 변압기가 고장이 생기면, 나머지 두 대로 V 결선 시켜 계속 송전시킬 수 있다. ·장래 수용 전력을 증가하고자 할 때 V 결선으로 운전하는 방법이 편리하다. ·각 변압기의 상전류가 선전류의 $\dfrac{1}{\sqrt{3}}$이 되어 대전류에 적당하다.
단점	·지락 사고의 검출이 어렵다. ·권수비가 다른 변압기를 결선하면 순환전류가 흐른다. ·중성점 접지를 할 수 없다. ·각 상의 임피던스가 다른 경우 3상 부하가 평형이 되어도 변압기의 부하 전류는 불평형이 된다.

(6) Y-Y 결선

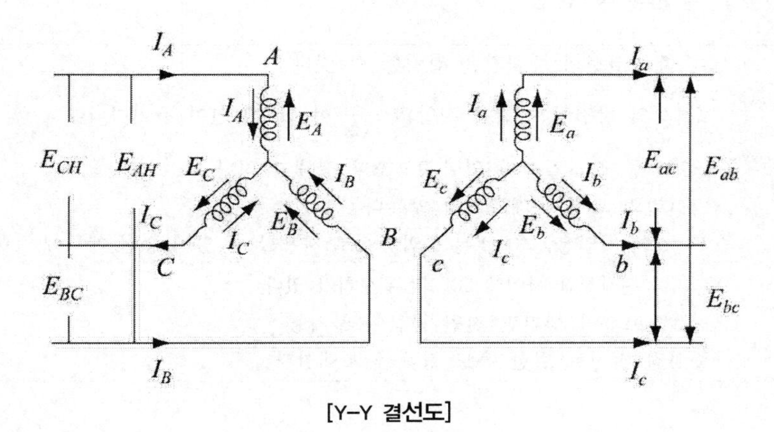

[Y-Y 결선도]

① 전압, 전류

㉮ 전압 $V_l = \sqrt{3}\, V_p \angle 30°$

→ 선간전압(V_l)은 상전압의 $\sqrt{3}$ 배이고 상전압(V_p)보다 위상이 30^0 앞선다.

㉯ 전류 $I_l = I_p \angle 0°$

→ 선전류(I_l)는 상전류(I_p)와 크기가 같고 동상이다.

② Y-Y 결선의 장·단점

장점	·1차 전압, 2차 전압 사이에 위상차가 없다. ·승압용 변압기에 유리 ·소전류 고전압 계통에 유리 ·상전압으로부터 변압기를 보호 받을 수 있다. ·보호계전기 동작이 확실하다. ·중성점으로 갈수록 절연레벨을 낮출 수 있다. ·상전압이 선간 전압의 $\frac{1}{\sqrt{3}}$ 배 이므로 절연이 용이하고 고전압에 유리하다.
단점	·2차측에 3고조파 전압이 나타난다. ·통신선로에 큰 유도장해를 준다. ·Y 결선은 V 결선으로 할 수 없다.

(7) $Y-\triangle$, $\triangle - Y$ 결선

① 3상의 정격출력

㉮ $P = \sqrt{3}\, V_l I_l [kVA]$

㉯ $P = 3 V_p I_p [\text{kVA}]$

여기서, V_l : 선간전압, V_p : 상전압, I_l : 선전류, I_p : 상전류

② $Y-\triangle$, $\triangle-Y$ 결선의 장·단점

장점	·한 쪽 Y결선의 중성점을 접지할 수 있다. ·Y결선의 상전압은 선간 전압의 $\frac{1}{\sqrt{3}}$이므로 절연이 용이하다. ·1·2차 중에 △결선이 있어 3고조파 장해가 적다. ·기전력의 파형이 왜곡되지 않는다. ·$Y-\triangle$는 강압용, $\triangle-Y$는 승압용으로 사용할 수 있어 송전 계통에 융통성이 있다.
단점	·1, 2차 선간전압 사이에 30°의 위상차가 있다. ·1상에 고장이 생기면 전원 공급이 불가능 ·중성점 접지로 인한 유도 장해를 초래한다.

(8) V-V 결선

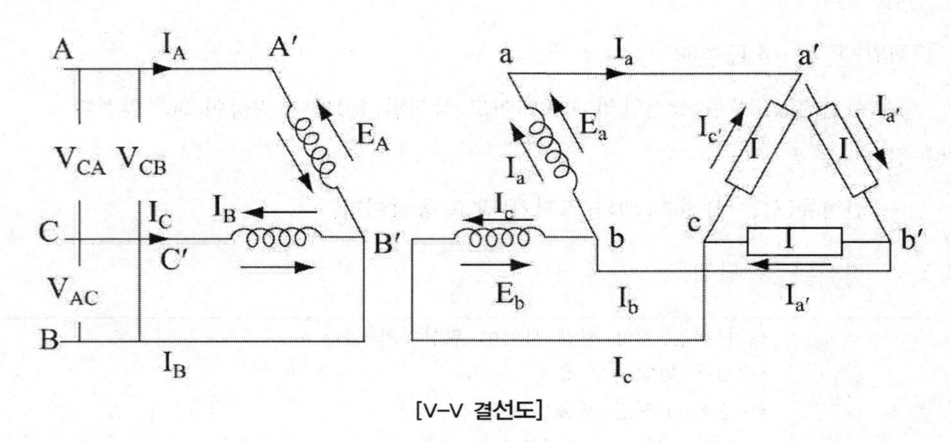

[V-V 결선도]

① 전압, 전류

㉮ 전압 $V_l = V_p$ ㉯ 전류 $I_l = I_p$

② 3상 출력

$P = \sqrt{3}\, V_l I_l = \sqrt{3}\, V_p I_p$

③ V결선시 이용률

㉮ 이용률 $= \dfrac{V\text{결선 실제 출력}}{V\text{결선 이론 출력}} = \dfrac{\sqrt{3}\times P}{2\times P} = \dfrac{\sqrt{3}}{2} = 0.866 = 86.6[\%]$

㉯ 출력비 $= \dfrac{V\text{결선 실제 출력}}{\triangle\text{결선 출력}} = \dfrac{\sqrt{3}\times P}{3\times P} = \dfrac{\sqrt{3}}{3} = 0.577 = 57.7[\%]$

여기서, P : 변압기 한 대의 용량[kVA]

④ V-V 결선의 장·단점

장점	·△-△결선에서 1대의 변압기 고장시 2대만으로 3상 부하에 전력을 공급할 수 있다. ·설치가 간단하다. ·소량, 가격 저렴해 3상 부하에 많이 사용
단점	·설비의 이용률이 저하(86.6[%])된다. ·△결선에 비하여 출력이 저하(57.7[%])된다. ·2차 단자의 전압이 불평형이 될 수 있다.

(9) V결선과 Y결선 및 △결선과의 비교

결선법	선간전압(V_l)	선전류(I_l)	출력	
Y결선	$\sqrt{3}\,V_p$	I_p	$\sqrt{3}\,V_l I_l$	$3V_p I_p$
△결선	V_p	$\sqrt{3}\,I_p$	$\sqrt{3}\,V_l I_l$	$3V_p I_p$
V결선	V_p	I_p	$\sqrt{3}\,V_l I_l$	$\sqrt{3}\,V_p I_p$

여기서, V_l : 선간전압, V_p : 상전압(정격전압), I_l : 선전류, I_p : 상전류

핵심기출 【기사】 14/1 【산업기사】 11/1 12/3 18/1

△결선 변압기의 한 대가 고장으로 제거되어 V결선으로 전력을 공급할 때, 고장 전 전력에 대하여 몇 [%]의 전력을 공급할 수 있는가?

① 81.6 ② 75.0 ③ 66.7 ④ 57.7

정답 및 해설 [변압기의 V결선] △결선 변압기의 한 대가 고장인 경우의 3상 공급 방식

$$\text{출력비} = \frac{V\text{결선 실제 출력}}{\triangle\text{결선 출력}} = \frac{\sqrt{3}\times P}{3\times P} = \frac{\sqrt{3}}{3} = 0.577 = 57.7[\%]$$

즉, 57[%]의 전력이 공급된다.

여기서, P : 변압기 한 대의 용량[kVA]

【정답】 ④

09 특수 변압기

(1) 3상 변압기

3상 변압기란 1개로 3개 변압을 할 수 있는 변압기

① 내철형 3상 변압기 : 각 권선마다 독립된 자가 회로가 없기 때문에 단상 변압기로 사용할 수 없다.

② 외철형 3상 변압기 : 각 상마다 독립된 회로를 가지고 있으므로 단상 변압기로 사용 가능

(2) 상수 변환

① 3상 입력에서 2상 출력을 내는 변환

- 스코트 결선(T 결선), 메이어 결선, 우드 브리지 결선 등이 있다.
- T 결선에 있어서 2차측 2상 전압을 평형전압을 얻기 위해서는 A변압기 1차는 $\frac{\sqrt{3}}{2}$ 되는 점에서 탭을 내어야 한다.

A
B
P
$\frac{\sqrt{3}}{2}$

[스콧트 결선(T 결선)]

- 스콧트 결선의 변압비 $a_T = \frac{\sqrt{3}}{2} \times a$, 즉 일반 보통 변압기의 권수비 a의 $\frac{\sqrt{3}}{2}$배

② 3상 입력에서 6상 출력을 내는 결선법

- 환상 결선
- 대각 결선
- 2중 △결선(2중 3각 결선)
- 2중 Y(성형) 결선
- 포크 결선(수은 정류기에 주로 사용)

핵심기출 【기사】 11/1 【산업기사】 08/1 10/1 16/3 18/2

변압기의 3상 전원에서 2상 전원을 얻고자 할 때 사용하는 결선은?

① 스코트 결선 ② 포크 결선
③ 2중 델타 결선 ④ 대각 결선

정답 및 해설 [3상 입력에서 2상 출력을 내는 변환] 스코트 결선(T결선), 메이어 결선, 우드브리지 결선 등이 있다.

【정답】 ①

(3) 단권변압기

① 단권변압기의 특징

- 중량이 가볍다.
- 전압변동률이 작다.
- 동손의 감소에 따른 효율이 높다.
- 변압비가 1에 가까우면 용량이 커진다.
- 1차 측의 이상 전압이 2차 측에 미친다.
- 누설임피던스가 작으므로 단락 전류가 증가한다.
- 여자임피던스가 크다.
- 1차 권선과 2차 권선의 일부가 공통으로 사용된다.

② 단권변압기의 3상 결선별 자기 용량과 용량의 비

㉮ 부하용량= $V_2 I_2$

㉯ 자기용량(직렬 권선용량)= $(V_2 - V_1) I_2$

$$\frac{\text{자기용량}}{\text{부하용량}} = \frac{(V_2 - V_1) I_2}{V_2 I_2} = 1 - \frac{V_1}{V_2} = 1 - a$$

㉰ 단권변압기의 용량(자기용량) = 부하용량 $\times \dfrac{V_2 - V_1}{V_2}$

㉱ 단권변압기 3상 결선

㉠ Y결선 : $\dfrac{\text{자기용량}}{\text{부하용량}} = 1 - \dfrac{V_l}{V_h}$ ㉡ △결선 : $\dfrac{\text{자기용량}}{\text{부하용량}} = \dfrac{V_h^2 - V_l^2}{\sqrt{3}\, V_h V_l}$

㉢ V결선 : $\dfrac{\text{자기용량}}{\text{부하용량}} = \dfrac{2}{\sqrt{3}}\left(1 - \dfrac{V_l}{V_h}\right)$

(4) 계기용 변성기

전압 측정용으로 계기용 변압기, 전류 측정용으로 계기용 변류기가 있다.

① 계기용 변압기(PT)

$$V_1 = \frac{n_1}{n_2} V_2$$

여기서, V_1, V_2 : 1차, 2차 전압, n_1, n_2 : 권수

※2차 측 정격전압은 110[V]이다.

② 계기용 변류기(CT)

㉮ $I_1 = \dfrac{n_2}{n_1} I_2$

여기서, I_1, I_2 : 변압기의 1차, 2차 전류, n_1, n_2 : 권수

※2차 측 정격전류는 5[A]이다.

㉯ 2차 전류가 합(가동)일 때는 1차 전류 $I_1 = aI_2$ → (a : CT의 권수비)

㉰ 2차 전류가 차(차동)일 때는 1차 전류 $I_1 = \dfrac{aI_2}{\sqrt{3}}$

핵심기출 【기사】 14/1 16/2

평형 3상전류를 측정하려고 60/5[A]의 변류기 2대를 그림과 같이 접속하였더니 전류계에 2.5[A]가 흘렀다. 1차 전류는 몇 [A]인가?

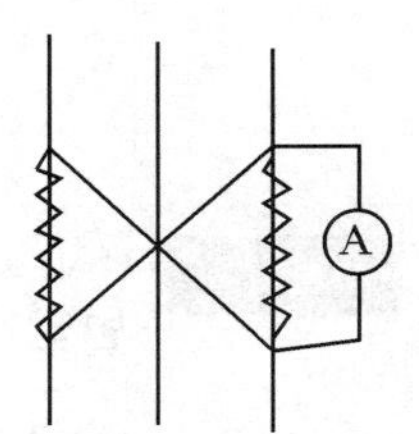

① 5 ② $5\sqrt{3}$

③ 10 ④ $10\sqrt{3}$

정답 및 해설 [계기용 변성기의 2차 전류가 차동일 때의 1차 전류] $I_1 = \dfrac{aI_2}{\sqrt{3}}$

$\therefore$ 1차 전류 $I_1 = \dfrac{2.5}{\sqrt{3}} \times \dfrac{60}{5} = 10\sqrt{3}[A]$ 【정답】 ④

10 변압기 보호 계전기 및 시험

(1) 변압기 내부 고장 검출용 보호 계전기

① 차동 계전기

- 변압기 1차 전류와 2차 전류의 차에 의해 동작
- 변압기 내부 고장 보호에 사용

② 비율차동 계전기

- 1차 전류와 2차 전류차의 비율에 의해 동작
- 변압기 내부 고장 보호에 사용

③ 부흐홀츠 계전기

- 변압기 내부 고장으로 인한 절연유의 온도 상승 시 발생하는 유증기를 검출하여 경보 및 차단을 하기 위한 계전기
- 변압기 고장 보호
- 변압기와 콘서베이터 연결관 도중에 설치

④ 충격 압력 계전기

- 변압기 내부 사고 시 가스 발생으로 충격성의 이상 압력 상승이 생기므로 이 압력 상승을 바로 검출 및 차단한다.
- 급격한 압력 상승 시 float를 밀어 올려 접점 폐로
- 완만한 압력 상승 시 float의 가는 구멍을 통하여 float 양면이 균형을 이루어 부동작

⑤ 가스 검출 계전기

핵심기출 【기사】 07/3 08/3 10/2 10/3 【산업기사】 08/1 08/2 13/2 17/3

변압기의 내부 고장 보호용으로 가장 널리 쓰이는 계전기는?

① 거리 계전기　　② 과전류 계전기

③ 차동 계전기　　④ 방향 단락 계전기

정답 및 해설 [변압기 보호용 계전기] 차동 계전기는 변압기에 단락, 또는 접지 사고가 생기면, 1차와 2차의 전류값의 차이에 해당하는 전류가 계전기에 흘러 계전기가 동작하는 것이다.

【정답】 ③

(2) 변압기 시험

① 절연내력시험

㉮ 가압시험 : 사용 주파수의 전압을 1분간 인가하여 절연 강도를 측정하는 시험

㉯ 충격전압시험 : 낙뢰와 같은 충격 전압에 대한 절연내력시험

㉰ 유도시험 : 권선의 단자 사이에 상호 유도 전압의 2배 전압을 유도시켜 층간 절연 강도를 측정하는 시험

㉱ 오일의 절연 파괴 전압시험

② 변압기의 온도시험

㉮ 실부하법 : 전력 손실이 커 소용량에 적용

㉯ 반환부하법

- 동일 정격의 변압기가 2대 이상 있을 경우에 채용
- 전력소비가 적고 철손과 동손을 따로 공급하는 것으로 현제 가장 많이 사용
- 중용량 이상에 사용하는 시험법

㉰ 단락시험법(등가부하법) : 변압기 한쪽 권선을 단락시킨 후 발생하는 온도 상승 시험법

③ 개방회로시험(무부하시험)의 측정 항목 : 무부하전류, 히스테리시스손, 와류손, 여자어드미턴스, 철손

④ 단락시험으로 측정할 수 있는 항목 : 동손, 임피던스 와트, 임피던스 전압

⑤ 등가 회로 작성 시험 : 단락시험, 무부하시험, 저항측정시험

⑥ 변압기 권선 온도 측정 : 열동계전기

핵심기출 【기사】 05/1 05/3 14/3 【산업기사】 13/1 16/3

변압기 온도시험을 하는 데 가장 좋은 방법은?

① 실부하법 ② 내전압법

③ 단락시험법 ④ 반환 부하법

정답 및 해설 [변압기 시험]

- 실부하법 : 소용량의 경우에 이용 되지만, 전력 손실이 크기 때문에 소용량 이외에는 별로 적용되지 않는다.
- 반환 부하법 : 동일 정격의 변압기가 2대 이상 있을 경우에 채용되며, 전력 소비가 적고 철손과 동손을 따로 공급하는 것으로 현재 가장 많이 사용하고 있다.

【정답】 ④

Chapter 03

시험 전 반드시 체크해야 할

단원 핵심 체크

01 변압기는 Faraday 전자 유도 법칙에 따른 (　　　　　　)을 이용하여 교류 전압과 전류의 크기를 변성하는 장치로 2개 이상의 전기 회로와 1개 이상의 공통을 자기 회로로 이루어져 있다.

02 변압기의 철심이 갖추어야 할 조건으로 투자율이 (　　①　　) 것, 저항률이 (　　②　　) 것, 히스테리시스손 계수가 (　　③　　) 규소 강판을 성층하여 사용할 것 등이다.

03 변압기유로 사용되는 절연유에 요구되는 특성으로는 절연 내력이 (　　①　　) 것, 인화점이 (　　②　　) 것, 점도가 (　　③　　) 것, 응고점이 (　　④　　) 것 등 이다.

04 변압기의 누설리액턴스를 줄이는 가장 효과적인 방법은 권선을 (　　　　　　)하여 조립한다.

05 변압기의 등가 회로를 작성하기 위하여 필요한 시험으로는 (　　①　　), (　　②　　), (　　③　　) 등 이다.

06 부하에 관계없이 변압기에 흐르는 전류로서 자속만을 만드는 전류를 (　　　　　　)라고 한다.

07 단상 변압기의 임피던스 와트와 임피던스 전압을 구할 수 있는 시험은 (　　　　　　)이다.

08 히스테리손과 와전류손의 합으로 무부하손의 대부분을 차지하고 있으므로 보통 무부하손이라고 하는 것은 (　　　　　　) 이다.

09 보통 전기 기계에서는 규소 강판을 성층하여 사용하는 경우가 많다. 성층하는 이유는 (   )를 줄이기 위한 것이다.

10 변압기의 부하전류 및 전압이 일정하고, 주파수가 낮아졌을 경우 철손은 (   ) 한다.

11 변압기에서 역률 100[%]일 때의 전압 변동률 ϵ은 (   )로 표시한다.

12 변압기 효율이 가장 좋을 때의 조건은 (   ) 이다.

13 단상 변압기를 병렬 운전하는 경우 변압기의 부하 분담이 변압기의 용량에 비례하려면 각각 변압기의 %임피던스는 변압기 용량에 (   ) 하여야 한다.

14 변압기의 1차 측을 Y결선, 2차 측을 △결선으로 한 경우 1차와 2차간의 선간전압 사이의 위상차는 (   )도 이다.

15 변압기 보호용 비율 차동 계전기를 사용하여 $\triangle - Y$ 결선의 변압기를 보호하려고 한다. 이때 변압기 1, 2차 측에 설치하는 변류기의 결선 방식은 (   )로 한다.

16 △결선 변압기의 한 대가 고장으로 제거되어 V결선으로 전력을 공급할 때, 고장 전 전력에 대하여 (   )[%]의 전력이 공급된다.

17 $Y-Y$결선에서 중성점을 접지하면 (   )전류가 흘러 통신선에 유도 장해를 일으킨다.

18 1차 권선과 2차 권선의 일부가 공통으로 사용되는 변압기는 (   ) 이다.

19 변압기의 내부 고장 보호용으로 가장 널리 쓰이는 계전기는 (   ) 이다.

20 부흐홀츠 계전기는 변압기의 내부 고장으로 발생하는 가스 증기 등을 감지하여 계전기를 동작시키는 구조로서 (   )와 변압기의 연결 부분에 설치한다.

21 변압기 온도 시험을 하는데 가장 좋은 방법은 (   ) 이다.

정답

(1) 전자유도작용	(2) ① 클, ② 클, ③ 작은	(3) ① 클, ② 높을, ③ 낮을, ④ 낮을
(4) 분할	(5) ① 권선 저항 측정 시험 ② 무부하시험 ③ 단락시험	(6) 자화전류
(7) 단락시험	(8) 철손	(9) 와전류
(10) 증가	(11) %저항강하	(12) 철손=동손
(13) 반비례	(14) 30	(15) $Y-\Delta$
(16) 57.5	(17) 제3고조파	(18) 단권 변압기
(19) 차동 계전기	(20) 콘서베이터	(21) 반환 부하법

Chapter 03

기출문제에서 뽑은 최다 빈출

적중 예상문제

1. 변압기 철심의 자기 포화와 자기 히스테리시스 현상을 무시한 경우, 리액터에 흐르는 전류에 대해 옳은 것은?

① 자기 회로의 자기 저항값에 비례한다.

② 권선수에 반비례한다.

③ 전원 주파수에 비례한다.

④ 전원 전압 크기에 비례한다.

|정|답|및|해|설|

$i=\frac{R}{n_1}\cdot\frac{\sqrt{2}\,V_1}{wn_1}\sin\left(wt-\frac{\pi}{2}\right)$

i의 실효값을 I라 하면 $I=\frac{V_1}{\frac{wn_1^2}{R}}[A]$

【정답】 ①

2. 변압기의 누설 리액턴스를 줄이는 가장 효과적인 방법은 어느 것인가?

① 권선을 분할하여 조립한다.

② 권선을 동심 배치한다.

③ 코일의 단면적을 크게 한다.

④ 철심의 단면적을 크게 한다.

|정|답|및|해|설|

[변압기의 누설 리액턴스를 줄이는 방법] 변압기의 설계에서 권선을 분할하여 조립하면, 누설리액턴스는 절반이상 감소된다.

【정답】 ①

3. 부하에 관계없이 변압기에 흐르는 전류로서 자속만을 만드는 것은?

① 1차 전류 ② 철손 전류

③ 여자 전류 ④ 자화 전류

|정|답|및|해|설|

[자화 전류] 무부하 전류는 철손전류와 자화전류로 나뉘어진다. 자속만을 만드는 것은 자화전류이다.

【정답】 ④

4. 변압기에서 철심만을 서서히 빼면 권선에 흐르는 전류의 변화는?

① 불변 ② 감소

③ 증가 ④ 감소 후 증가

|정|답|및|해|설|

[변압기의 철심] 자속의 감소로 역기전력이 감소되므로 여자 전류가 점차 증가된다.

【정답】 ③

5. 변압기의 등가 회로 작성에 필요 없는 시험은 어느 것인가?

① 단락 시험 ② 반환 부하 시험

③ 무부하 시험 ④ 저항 측정 시험

|정|답|및|해|설|

[등가 회로 작성에 필요한 시험] 반환 부하법은 온도 시험에 가장 좋은 시험법이다

【정답】 ②

6. 변압기 여자 전류, 철손을 알 수 있는 시험은?

① 유도시험 ② 부하시험
③ 무부하시험 ④ 단락시험

|정|답|및|해|설|
[변압기 시험] 무부하 시험은 여자전류, 철손을 단락시험은 단락전류, 동손, 임피던스를 구할 수 있다.
【정답】 ③

7. 변압기의 1, 2차 권선 간의 절연에 사용되는 것은?

① 무명실 ② 에나멜
③ 크래프트지 ④ 종이테이프

|정|답|및|해|설|
[변압기 절연] 고압 배전용 변압기에서는 코일이 동심적으로 여러 층이 되므로 코일의 한 층마다 크래프트지 또는 마닐라지 등을 넣어 절연한다. 이와 같은 절연을 층간 절연이라 한다.
【정답】 ③

8. 변압기의 기름이 갖추어야 할 조건 중에서 맞지 않는 것은 어느 것인가?

① 점도가 높을 것
② 인화점이 높을 것
③ 절연내력이 클 것
④ 응고점이 낮을 것

|정|답|및|해|설|
[변압기유의 구비 조건]
·절연내력이 클 것
·절연 재료 및 금속에 화학 작용을 일으키지 않을 것
·인화점이 높고, 응고점이 낮을 것
·점도가 낮고, 비열이 커서 냉각효과가 클 것
·저온에서도 석출물이 생기거나 산화하지 않을 것
【정답】 ①

9. 변압기 기름이 가져야할 성능이 아닌 것은?

① 절연내력이 적을 것
② 인화점이 높고 응고점이 낮을 것
③ 점도가 낮을 것
④ 변질하지 말아야 한다.

|정|답|및|해|설|
[변압기유의 구비 조건] 절연 내력이 커야 한다.
【정답】 ①

10. 변압기의 열화 방지방법 중 틀린 것은?

① 개방형 콘서베이터
② 수소봉입 방식
③ 밀봉 방식
④ 흡착제 방식

|정|답|및|해|설|
[변압기유의 열화 방지] 변압기유의 열화 방지로는 콘서베이터, 질소 봉입이 있으며 열화의 원인은 온도 상승과 공기 접촉이 원인이 된다.
【정답】 ②

11. 변압기 기름의 열화 영향에 속하지 않는 것은?

① 냉각효과의 감소
② 침식 작용
③ 공기 중 수분의 흡수
④ 절연 내력의 저하

|정|답|및|해|설|
[변압기유의 열화 방지] 변압기 기름의 열화의 영향은 절연 내력의 저하, 냉각효과의 감소, 침식작용이 있다.
공기 중 수분의 흡수는 열화의 원인에 속한다.
【정답】 ③

12. 변압기에 콘서베이터(conservator)를 설치하는 목적은?

① 열화 방지 ② 통풍 장치
③ 코로나 방지 ④ 강제 순환

|정|답|및|해|설|

[변압기유의 열화 방지] 변압기의 상부에 설치된 원통형 유조(기름통)로서, 그 속에는 $\frac{1}{2}$ 정도의 기름이 들어 있고 주변압기 외함 내의 기름과는 가는 파이프로 연결되어 있다. 변압기 부하의 변화에 따르는 호흡 작용에 의한 변압기 기름의 팽창, 수축이 콘서베이터의 상부에서 행하여지게 되므로 높은 온도의 기름이 직접 공기와 접촉하는 것을 방지하여 기름의 열화를 방지하는 것이다.

【정답】 ①

13. 그림과 같은 변압기 회로에서 부하 R_2에 공급되는 전력이 최대로 되는 변압기의 권수비 a는?

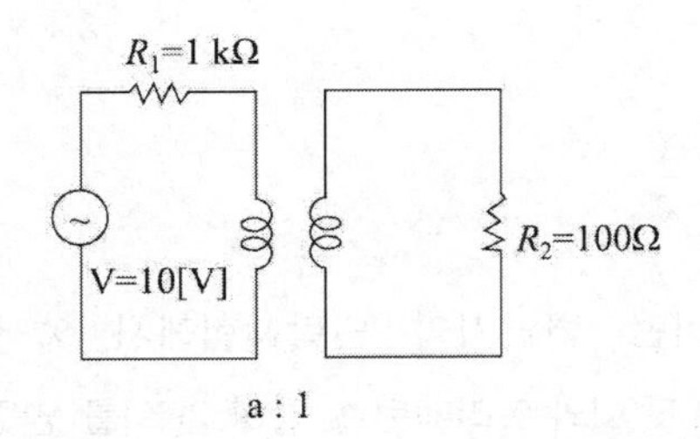

① 5 ② $\sqrt{5}$
③ 10 ④ $\sqrt{10}$

|정|답|및|해|설|

[변압기의 권수비 a]

$R_1 = a^2 R_2$이므로, $a = \sqrt{\frac{R_1}{R_2}} = \sqrt{\frac{1000}{100}} = \sqrt{10}$

【정답】 ④

14. 단상 100[kVA], $\frac{13200}{200}$[V]변압기의 저압 측 선전류 중에 포함되는 유효분 [A]은? (단, 역률 0.8지상이다.)

① 300 ② 400
③ 500 ④ 700

|정|답|및|해|설|

[변압기의 유효전류] $I = I_2 \cos\theta [A]$

$P = V_2 I_2 \rightarrow I_2 = \frac{P}{V_2} = \frac{100 \times 10^3}{200} = 500[A]$

유효전류 $I = I_2 \cos\theta = 500 \times 0.8 = 400[A]$

【정답】 ②

15. 변압기의 2차 측을 개방하였을 경우 1차 측에 흐르는 전류는 무엇에 의하여 결정 되는가?

① 여자 어드미턴스 ② 누설 리액턴스
③ 저항 ④ 임피던스

|정|답|및|해|설|

2차 측이 개방되었다면 무부하 상태이다. 1차측에 흐르는 전류는 어드미턴스에 의한 여자 전류뿐이다.

【정답】 ①

16. 변압기에서 2차를 1차로 환산한 등가 회로의 부하 소비 전력 $P_2'[W]$는 실제의 부하 소비 전력 $P_2[W]$에 대하여 어떠한가? (단, a는 변압비이다.)

① a배 ② a^2배
③ $\frac{1}{a}$배 ④ 변함없다

|정|답|및|해|설|

$P_2 = I_2^2 R_2 [W]$, $R_1' = a^2 R_2 [\Omega]$, $I_1' = \frac{I_2}{a} [A]$

$P_2' = (I_1')^2 R_2 = \left(\frac{I_2}{a}\right)^2 a^2 R_2 = I_2^2 R_2 [W]$

【정답】 ④

17. 50[kVA], $\frac{3300}{110}$[V]의 변압기가 있다. 무부하일 때 1차 전류 0.5[A] 입력 600[W]이다. 이때 철손 전류 [A]는 약 얼마인가?

① 0.14 ② 0.18
③ 0.25 ④ 0.38

|정|답|및|해|설|

[변압기의 철손전류] $I_i = \frac{P_i}{V_1}[A]$

$V_1 = 3300[V],\ I_0 = 0.5[A],\ P_i = 600[W]$이므로

$I_i = \frac{P_i}{V_1} = \frac{600}{3300} ≒ 0.1818[A]$ 【정답】 ②

18. 변압기의 부하전류 및 전압이 일정하고 주파수가 낮아지면?

① 철손 증가 ② 철손 감소
③ 동손 증가 ④ 동손 감소

|정|답|및|해|설|

[변압기의 손실] 부하 전류가 일정하면 동손 I^2R는 변화가 없다. 또 철손은 거의 히스테리시스손과 와류손의 합이다. 그런데 와전류손과 히스테리시스손을 P_e, P_h라 하면

$P_e = f^2B^2t^2,\ P_h = B^{1.6}f,\ E = f \cdot B$
$\therefore P_e = E^2,\ P_h = E^{1.6} \cdot f^{-1.6}$

그러므로 동일 전압에서 주파수가 감소하면 철손은 증가한다.
【정답】 ①

19. 60[Hz]의 변압기에 50[Hz]의 동일 전압을 가했을 때의 자속 밀도는 몇[%]인가?

① $\frac{6}{5}$ ② $\frac{5}{6}$
③ $\left(\frac{5}{6}\right)^{1.6}$ ④ $\left(\frac{6}{5}\right)^2$

|정|답|및|해|설|

[자속 밀도] $E = 4.44fN\varnothing,\ \varnothing = BA \rightarrow B$는 f에 반비례

즉, $50B_{50} = 60B_{60}$ $\therefore B_{50} = \frac{6}{5}B_{60}$

【정답】 ①

20. 3300[V], 60[Hz]용 변압기의 와류손이 360[W]이다. 이 변압기를 2750[V], 50[Hz]에서 사용할 때 와류손은 몇 [W]인가?

① 100 ② 150
③ 200 ④ 250

|정|답|및|해|설|

[와류손] $P_e = kf^2B^2t^2[W]$

$E \propto fB_m$ $\therefore B_m = \frac{E}{f}$이므로

$P_e = kf^2B_m^2 = k\left(\frac{50}{60}\right)^2 \times \left(\frac{2750}{3300}\right)^2 / \left(\frac{50}{60}\right)^2 = k\left(\frac{2750}{3300}\right)^2$

따라서 와류손은 주파수와는 무관하고 전압의 제곱에 비례하므로 50[Hz]에 사용할 때의 와류손은

$\therefore P_e' = 360 \times \left(\frac{2750}{3300}\right)^2 = 250[W]$

【정답】 ④

21. 어떤 변압기의 단락시험에서 %저항강하 1.5[%]와 %리액턴스 강하 3[%]를 얻었다. 부하역률 80[%] 앞선 경우의 전압변동률[%]은?

① −0.6 ② 0.6
③ −0.3 ④ 3.0

|정|답|및|해|설|

[전압 변동률(진상 부하)] $\epsilon = p\cos\varnothing - q\sin\varnothing$

$p = 1.5[\%],\ q = 3[\%],\ \cos\theta = 80[\%]$ 앞선 상태이므로

$\therefore \epsilon = p\cos\theta - q\sin\theta = 1.5 \times 0.8 - 3 \times 0.6 = -0.6[\%]$

【정답】 ①

22. %저항 강하 1.8[%], 리액턴스 강하 2.0[%]인 변압기의 전압 변동률의 최대값과 이때의 역률은 각각 약 몇 [%]인가?

① 7.24[%], 26[%] ② 2.7[%], 1.8[%]
③ 2.7[%], 67[%] ④ 1.8[%], 3.8[%]

|정|답|및|해|설|

[최대 전압 변동률] $\epsilon_{\max} = \sqrt{p^2+q^2}$

$p = 1.8[\%]$, $q = 2.0[\%]$이므로

최대 전압 변동률 $\epsilon_{\max} = \sqrt{p^2+q^2} = \sqrt{1.8^2+2.0^2} = 2.7[\%]$

이때의 최대 역률 $\cos\theta$는

$$\cos\theta = \frac{p}{\sqrt{p^2+q^2}} = \frac{1.8}{\sqrt{1.8^2+2.0^2}} = 0.67 = 67[\%]$$

【정답】 ③

23. 5[kVA], 200/200[V]의 단상변압기가 있다. 2차에 환산한 등가저항과 등가리액턴스는 각각 0.14[Ω], 0.16[Ω]이다. 이 변압기에 역률 0.8(뒤짐)의 정격부하를 걸었을 때의 전압변동률 [%]은 약 얼마인가?

① 0.026 ② 0.26
③ 2.6 ④ 26

|정|답|및|해|설|

[전압 변동률(지상 부하)] $\epsilon = p\cos\theta + q\sin\theta$

2차에 환산한 저항 r_2, 2차에 환산한 리액턴스 x_2라 하면

$$I_{2n} = \frac{P}{V_{2n}} = \frac{5\times10^3}{200} = 25[A]$$

$$\%r = \frac{I_{2n}\cdot r_2}{V_{2n}}\times100 = \frac{25\times0.14}{200}\times100 = 1.75[\%]$$

$$\%x = \frac{I_{2n}\cdot x_2}{V_{2n}}\times100 = \frac{25\times0.16}{200}\times100 = 2[\%]$$

$p = 1.75[\%$, $q = 2[\%]$, $\cos\theta = 0.8$

$\rightarrow (\sin\theta = \sqrt{1-0.8^2} = 0.6)$

$\therefore \epsilon = p\cos\theta + q\sin\theta = 1.75\times0.8 + 2\times0.6 = 2.6[\%]$

【정답】 ③

24. 어떤 변압기의 부하역률이 60[%]일 때, 전압 변동률이 최대라고 한다. 지금 변압기의 부하 역률이 100[%]일 때 전압 변동률을 측정했더니 3[%]였다. 이 변압기의 부하 역률 80[%]에서 전압 변동률은 몇 [%]인가?

① 4.8 ② 5.0
③ 6.2 ④ 6.4

|정|답|및|해|설|

[부하 역률이 100[%] 일 때의 전압 변동률]

$\epsilon_{100} = p\cos\theta + q\sin\theta = p\times1 + q\times0 = 3[\%] \rightarrow p = 3[\%]$

최대 전압 변동률 $\epsilon_{\max}$는 부하역율 $\cos\theta_m$일 때이므로

$$\cos\theta_m = \frac{p}{\sqrt{p^2+q^2}} = \frac{3}{\sqrt{3^2+q^2}} = 0.6 \rightarrow q = 4[\%]$$

부하역률이 80[%]일 때

$\epsilon_{80} = p\cos\theta + q\sin\theta = 3\times0.8 + 4\times0.6 = 4.8[\%]$

또한 최대 전압 변동률 $\epsilon_{\max} = \sqrt{p^2+q^2} = \sqrt{3^2+4^2} = 5[\%]$

【정답】 ①

25. 변압기의 백분율 리액턴스 강하가 저항강하의 3배라고 하면 정격 전류에 있어서 전압 변동률이 0이 될 앞선 역률의 크기는?

① 약 0.80 ② 약 0.85
③ 약 0.90 ④ 약 0.95

|정|답|및|해|설|

[전압 변동률] $\epsilon = p\cos\theta - q\sin\theta$

$\epsilon = p\cos\theta - q\sin\theta = 0$ 식에서 $\tan\theta = \frac{p}{q} = \frac{1}{3}$

$$\therefore \text{역률 } \cos\theta = \frac{1}{\sqrt{1+\tan^2\theta}} = \frac{1}{\sqrt{1+\left(\frac{1}{3}\right)^2}} = \frac{3}{\sqrt{10}} = 0.95$$

【정답】 ④

26. 임피던스 전압을 걸 때의 입력은?

① 정격용량
② 철손
③ 임피던스 와트
④ 전부하시의 전손실

|정|답|및|해|설|

[임피던스 전압] 단락 시험에서 정격 전류가 흐르면 그때의 전력계 지시값이 임피던스 와트(동손)이고 전압계 지시값이 임피던스 전압이 된다. 【정답】 ③

27. $\frac{3300}{200}$[V], 10[kVA]의 단상 변압기의 2차를 단락하여 1차측에 300[V]를 가하면 2차 단락전류가 120[A]가 흘렀다. 이 변압기의 임피던스 전압과 백분율 임피던스 강하는 각각 얼마인가?

① 125[V], 3.8[%] ② 200[V], 4[%]
③ 125[V], 35[%] ④ 200[V], 4.2[%]

|정|답|및|해|설|

[임피던스 전압] $V_s = I_{1n} \times Z_T$[V]

1차 정격전류 $I_{1n} = \frac{P}{V_1} = \frac{10 \times 10^3}{3300} = 3.03[A]$

1차 단락전류 $I_{1s} = \frac{1}{a} I_{2s} = \frac{200}{3300} \times 120 = 7.27[A]$

2차를 1차로 환산한 등가 누설 임피던스

$Z_{21} = \frac{V_s'}{I_{1s}} = \frac{300}{7.27} = 41.26[\Omega]$

임피던스 전압 $V_s = I_{1n} Z_{21} = 3.03 \times 41.26 = 125[V]$

백분율 임피던스 강하 $\%Z$

$\%Z = \frac{V_s}{V_{1n}} \times 100 = \frac{125}{3300} \times 100 = 3.8[\%]$

【정답】 ①

28. 변압기의 효율이 회전기기의 효율보다 좋은 이유는?

① 철손이 적다.
② 동손이 적다.
③ 동손과 철손이 적다.
④ 기계손이 없고 여자전류가 적다.

|정|답|및|해|설|

[변압기의 효율] 변압기는 회전기기처럼 움직이는 것이 아니기 때문에 기계손이 적다.

【정답】 ④

29. 주상 변압기에서 보통 동손과 철손의 비는 (a)이고 최대 효율이 되기 위하여는 동손과 철손의 비는 (b)이다. 알맞은 것은?

① a=1:1, b=1:1 ② a=2:1, b=1:1
③ a=1:1, b=2:1 ④ a=3:1, b=1:1

|정|답|및|해|설|

[변압기 최대 효율] 변압기의 효율이 최대가 되기 위한 조건 : 철손=동손 (보통은 2:1)

【정답】 ②

30. 100[kVA] 변압기의 역률이 0.8, 전부하에서 효율이 98[%]이면 역률 0.5, 전부하에서의 효율[%]은?

① 97 ② 96
③ 94 ④ 90

|정|답|및|해|설|

[전부하 효율] $\eta = \frac{P}{P + P_i + P_c} \times 100$

$P_i + P_c$는 손실이므로 역률 80[%]일 때의 효율 η_{80}는

$\eta_{80} = \frac{100 \times 0.8}{100 \times 0.8 + \text{손실}} = 0.98$

손실 $P' = \frac{80}{0.98} - 80 = 1.63$

역률 50[%]일 때 전부하 효율 η_{50}은

$\eta_{50} = \frac{100 \times 0.5}{100 \times 0.5 + 1.63} \times 100 = 97[\%]$

【정답】 ①

31. 변압기의 철손이 P_i[kW], 전부하 동손이 P_c [kW]일 때 정격 출력의 $\frac{1}{m}$ 인 부하를 걸었을 때 전손실[kW]은 얼마인가?

① $(P_i+P_c)\left(\frac{1}{m}\right)^2$　② $P_i\left(\frac{1}{m}\right)^2+P_c$

③ $P_i+P_c\left(\frac{1}{m}\right)^2$　④ $P_i+P_c\left(\frac{1}{m}\right)$

|정|답|및|해|설|

[변압기의 전손실] 철손 P_i는 부하에 관계없이 일정하고 동손 P_c는 I_2^2R로 부하 전류 I_2의 제곱에 반비례하므로 $\frac{1}{m}$로 부하가 감소하면 동손 P_c는 $\left(\frac{1}{m}\right)^2$으로 감소한다.

$\frac{1}{m}$ 부하 효율 $\eta_{\frac{1}{m}}$은

$$\eta_{\frac{1}{m}}=\frac{\frac{1}{m}V_2I_2\cos\theta_2}{\frac{1}{m}V_2I_2\cos\theta_2+P_i+\left(\frac{1}{m}\right)^2P_c}\times 100$$

따라서 전손실은 $P_i+\left(\frac{1}{m}\right)^2P_c$　【정답】 ③

32. 정격 150[kVA], 철손 1[kW], 전부하 동손이 4[kW]인 단상변압기의 최대 효율과 최대 효율 시의 부하 [kVA]는?

① 96.8[%], 125[kVA]

② 97.4[%], 75[kVA]

③ 97[%], 50[kVA]

④ 97.2[%], 100[kVA]

|정|답|및|해|설|

[변압기의 효율] 변압기의 효율은 $P_i=\left(\frac{1}{m}\right)^2P_c$일 때 최대 효율이므로 $\frac{1}{m}=\sqrt{\frac{P_i}{P_c}}=\sqrt{\frac{1}{4}}=\frac{1}{2}$

따라서, 최대 효율시 부하　$P=150\times\frac{1}{2}=75[kVA]$

최대 효율 $\eta=\frac{75}{75+1+4\times\left(\frac{1}{2}\right)^2}\times 100=97.4[\%]$

【정답】 ②

33. 150[kVA]의 변압기 철손이 1[kW], 전부하 동손이 2.5[kW]이다. 이 변압기의 최대효율은 몇[%] 전부하에서 나타나는가?

① 약 50[%]　② 약 58[%]

③ 약 63[%]　④ 약 72[%]

|정|답|및|해|설|

[최대효율시 부하] $\frac{1}{m}=\sqrt{\frac{P_i}{P_c}}$

$\frac{1}{m}=\sqrt{\frac{1}{2.5}}=0.63=63[\%]$　【정답】 ③

34. 변압기의 철손과 전부하 동손을 같게 설계하면 최대 효율은?

① 전부하시　② $\frac{3}{2}$부하시

③ $\frac{2}{3}$부하시　④ $\frac{1}{2}$부하시

|정|답|및|해|설|

[변압기의 최대 효율] 변압기는 $P_i=\left(\frac{1}{m}\right)^2P_c$일 때 최대 효율이므로 철손과 동손이 같게 설계되었다면 전부하에서 최대 효율이 나타난다.

【정답】 ①

35. 변압기의 효율이 가장 좋을 때의 조건은?

① 철손 = 동손　② 철손 = $\frac{1}{2}$동손

③ $\frac{1}{2}$철손 = 동손　④ 철손 = $\frac{2}{3}$동손

|정|답|및|해|설|

[변압기의 최대 효율] 변압기효율은 동손과 철손이 같은 경우, 즉 부하율이 1인 경우이다.

【정답】 ①

36. 어떤 변압기의 전부하 동손이 270[W], 철손이 120[W]일 때 이 변압기를 최고 효율로 운전하는 출력은 정격 출력의 몇 [%]가 되는가?

① 22.5 ② 33.3
③ 44.4 ④ 66.7

|정|답|및|해|설|

[변압기의 최대 효율 시 조건] $\frac{1}{m}=\sqrt{\frac{P_i}{P_c}}$

$\frac{1}{m}=\sqrt{\frac{P_i}{P_c}}=\sqrt{\frac{120}{270}}=0.6667=66.7[\%]$

【정답】 ④

37. 변압기에서 철손은 다음 식과 같이 표현 할 수 있다. $W=K_h f B_m^{1.6}+K_e f^2 t^2 K^2 B_m^2$ [W] (단, K_h : 히스테리시스 계수, K_e : 와류계수, f : 주파수, B_m : 자속밀도이다.) 이때 K는 무엇을 말하는가?

① 파형률 ② 파고율
③ 왜형률 ④ 맥동률

|정|답|및|해|설|

[변압기으 철손] 히스테리시스손과 와류손을 더한 식이다.
와류에서 K는 파형률이다.

【정답】 ①

38. 변압기의 1차측을 Y 결선, 2차측을 △결선으로 한 경우 1차, 2차간의 전압 위상 변위는?

① 0^0 ② 30^0
③ 45^0 ④ 60^0

|정|답|및|해|설|

[Y-△ 결선] 2차 선간 전압의 위상이 30^0 뒤진다.

【정답】 ②

39. 변압비 30:1의 단상 변압기 3대를 1차 △, 2차 Y로 결선하고 1차에 선간전압 3300[V]를 가했을 때의 무부하 2차 선간 전압은?

① 250 ② 220
③ 210 ④ 190

|정|답|및|해|설|

$\frac{V_1}{V_2}=\frac{N_1}{N_2}=\frac{I_2}{I_1}=a$에 의해서

$V_2=\frac{1}{a}V_1=\frac{1}{30}\times 3300=110[V]$

그런데 2차 Y결선의 선간전압은 $\sqrt{3}$ 배가 더 크므로

∴ 2차 선간 전압 $V=110\sqrt{3}=190[V]$

【정답】 ④

40. 권수비 10:1인 동일 정격의 3대의 단상 변압기를 Y-△로 결선하여 2차 단자에 200[V], 75[kVA]의 평형 부하를 걸었을 때, 각 변압기의 1차 권선 전류[A] 및 1차 선간 전압 [V]을 구하면? (단, 여자 전류와 임피던스는 무시한다.)

① 21.5 2000 ② 12.5, 2000
③ 21.5, 3464 ④ 12.5, 3464

|정|답|및|해|설|

각 변압기에는 $\frac{75}{3}=25[kVA]$의 부하가 걸리므로 2차 상전류

$I_{2p}=\frac{25\times 10^3}{200}=125[A]$

1차 상전류 $I_{1p}=\frac{1}{a}I_{2p}=\frac{125}{10}=12.5[A]$ → (a=10)

1차 상전압 $V_{1p}=aV_{2p}=10\times 200=2000[V]$

1찬 선간 전압 $V_{1l}=\sqrt{3}\,V_{1p}=\sqrt{3}\times 2000=3464[V]$

【정답】 ④

41. 3상 배전선에서 접속된 V 결선의 변압기에 있어 전부하시의 출력을 P[kVA]라 하면 같은 변압기 1대를 증설하여 △ 결선하였을 때의 정격 출력[kVA]은?

① $\frac{3}{2}P$　　② $\frac{2}{\sqrt{3}}P$
③ $\sqrt{3}P$　　④ $2P$

|정|답|및|해|설|

[V결선에서의 출력] $P=\sqrt{3}P'$

한 대의 변압기에 걸리는 부하는 $P'=\frac{1}{\sqrt{3}}P$

3대이므로 $\frac{1}{\sqrt{3}}P\times 3=\sqrt{3}P$　【정답】 ③

42. △-Y 결선을 한 특성이 같은 변압기에 의하여 2300[V] 3상에서 3상 6600[V], 400[kW], 역률 0.7(뒤짐)의 부하에 전력을 공급할 때 이 변압기의 용량 [kVA]은?

① 약 150　　② 약 160
③ 약 180　　④ 약 190

|정|답|및|해|설|

[변압기의 용량] $P=EI[kVA]$

1차 권선의 전압 2300[V]

2차 권선의 전압(상전압) $E=\frac{V}{\sqrt{3}}=\frac{6600}{\sqrt{3}}=3810[V]$

2차 권선의 전류 I=400000/ $\sqrt{3}$ /(3810x0.7)=50[A]

변압기의 용량 P=3810x50=190.5 [KVA]

【정답】 ④

43. 3상 변압기의 병렬 운전 조건으로 틀린 것은?

① 상회전의 방향과 각 변위가 같을 것
② %저항 강하 및 리액턴스 강하가 같을 것
③ 각 군의 임피이던스가 용량에 비례할 것
④ 정격전압, 권수비가 같을 것

|정|답|및|해|설|

[변압기 병렬운전 조건]

① 변압기의 극성이 같을 것
② 권수비가 같을 것
③ 1,2차 정격전압이 같을 것
④ %임피던스 강하가 같을 것
⑤ 상회전 방향과 각 변위가 같을 것

【정답】 ③

44. 다음 중에서 변압기의 병렬 운전 조건에 필요하지 않은 것은?

① 극성이 같을 것
② 용량이 같을 것
③ 권수비가 같을 것
④ 저항과 리액턴스의 비가 같을 것

|정|답|및|해|설|

[병렬운전 조건]

① 변압기의 극성이 같을 것
② 권수비가 같을 것
③ 1,2차 정격전압이 같을 것
④ %임피던스강하가 같을 것
⑤ 상회전 방향과 각 변위가 같을 것

【정답】 ②

45. $\frac{210}{105}$[V]의 변압기를 그림과 같이 결선하고 고압 측에 200[V]의 전압을 가하면 전압계의 지시 [V]는 얼마인가?

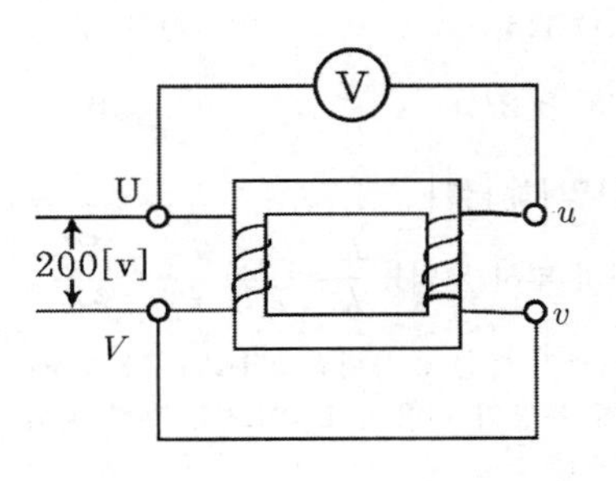

① 100　　② 200
③ 300　　④ 400

|정|답|및|해|설|

[변압기의 극성(감극성)] $V = V_1 - V_2$

고압계에 200[V]를 가하면 저압측에는 100[V]가 된다. 그림은 감극성이므로 200-100 = 100[V]

【정답】 ①

46. 정격이 같은 2대의 단상 변압기 1000[kVA]가 임피던스 전압은 각각 8[%]와 7[%]이다. 이것을 병렬로 하면 몇 [kVA]의 부하를 걸 수가 있는가?

① 1865 ② 1870

③ 1875 ④ 1880

|정|답|및|해|설|

[변압기의 부하 분담] 백분율 임피던스가 다르기 때문에 2000[KVA]가 안 되는 용량이 된다.

$1000 \times \frac{15}{8} = 1875$ [KVA]

【정답】 ③

47. 1차 및 2차 정격 전압이 같은 2대의 변압기가 있다. 그 용량 및 임피던스 강하가 A는 5[kVA], 3[%], B는 20[kVA], 2[%]일 때, 이것을 병렬 운전하는 경우 부하를 분담하는 비는?

① 1:4 ② 2:3

③ 3:2 ④ 1:6

|정|답|및|해|설|

[변압기의 부하 분담] $\frac{I_a}{I_b} = \frac{Z_b}{Z_a} = \frac{P_A}{P_B} \times \frac{\%Z_b}{\%Z_a}$

%Z가 다르기 때문에 용량은 25[KVA]가 못 되는 용량이 된다. 현재 용량의 비율이 1/4이므로 부하 분담 비율은

$\frac{1}{4} \times \frac{2}{3} = \frac{1}{6}$

【정답】 ④

48. 2차로 환산한 임피던스가 각각 $0.03 + j0.02$ $[\Omega]$, $0.02 + j0.03[\Omega]$인 변압기 2대를 병렬로 운전시킬 때 분담 전류는?

① 크기는 같으나 위상이 다르다

② 크기와 위상이 같다

③ 크기는 다르나 위상이 같다

④ 크기와 위상이 다르다

|정|답|및|해|설|

[변압기의 부하 분담] 각 임피던스의 절대값은 같으나 허수부가 다르므로 크기는 같지만 위상이 다르게 된다.

【정답】 ①

49. 단상변압기를 병렬 운전하는 경우 부하전류의 분담은 무엇에 관계되는가?

① 누설 리액턴스에 비례한다.

② 누설 리액턴스 제곱에 반비례한다.

③ 누설 임피던스에 비례한다.

④ 누설 임피던스에 반비례한다.

|정|답|및|해|설|

[변압기의 부하 분담] $\frac{I_a}{I_b} = \frac{Z_b}{Z_a} = \frac{P_A}{P_B} \times \frac{\%Z_b}{\%Z_a}$

무부하 전압이 같다고 생각하면 무부하 전류에 의한 내부 전압강하가 같아야 하므로 $I_A Z_A = I_B Z_B$, $\frac{I_A}{I_B} = \frac{Z_B}{Z_A}$

그러므로 누설 임피던스에 반비례한다.

【정답】 ④

50. 변압기의 병렬 운전에서 필요한 조건은? (단, A : 극성을 고려하여 접속 할 것, B : 권수비가 상등하며 1차, 2차 정격전압이 상등할 것, C : 용량이 꼭 상등할 것, D : 퍼센트 임피던스 강하가 같을 것, E:권선의 저항과 누설 리액턴스의 비가 상등할 것)

① A, B, C, D ② B, C, D, E

③ A, C, D, E ④ A, B, D, E

|정|답|및|해|설|

[병렬 운전 조건]

① 변압기의 극성이 같을 것

② 권수비가 같을 것

③ 1,2차 정격전압이 같을 것

④ 백분율 임피던스강하가 같을 것

⑤ 상회전 방향과 각 변위가 같을 것

※용량과는 상관이 없다. 【정답】 ④

51. 변압기를 병렬 운전하는 경우에 불가능한 조합은?

① △-△ 와 Y-Y ② △-Y 와 Y-△

③ △-Y 와 △-Y ④ △-Y 와 △-△

|정|답|및|해|설|

[변압기 병렬 운전 결선] 병렬 운전이 불가능한 조합은 △-△와 △=Y 및 △-Y와 Y-Y이다. 【정답】 ④

52. 3상 전원에서 2상 전압을 얻고자 할 때 결선 중 틀린 것은?

① Meyer 결선 ② Scott 결선

③ 우드브리지 결선 ④ Fork 결선

|정|답|및|해|설|

[3상 입력에서 2상 출력을 내는 변환] 스코트 결선(T 결선), 메이어 결선, 우드 브리지 결선

※포크(Fork)결선은 3상에서 6상 전압을 얻는 방법이다. 【정답】 ④

53. 3상 전원에서 2상 전원을 얻기 위한 변압기의 결선 방법은?

① △ ② T

③ Y ④ V

|정|답|및|해|설|

[3상 입력에서 2상 출력을 내는 변환] 스코트 결선(T 결선), 메이어 결선, 우드 브리지 결선 【정답】 ②

54. 변압기의 결선 중에서 6상측의 부하가 수은 정류기일 때 주로 사용되는 결선은?

① 포크 결선 (fork connection)

② 환상 결선 (ring connection)

③ 2중 3각 결선 (double star connection)

④ 대각 결선 (diagonar connection)

|정|답|및|해|설|

[3상 입력에서 6상 출력을 내는 결선법] 포크(Fork)결선은 3상에서 6상 전압을 얻는 방법이다. (6상측이 수은정류기일 때)

【정답】 ①

55. 그림과 같이 1차 전압 V_1, 2차 전압 V_2인 단권 변압기를 V 결선 했을 때 변압기의 등가 용량과 부하 용량과의 비를 나타내는 식은? (단, 손실은 무시한다.)

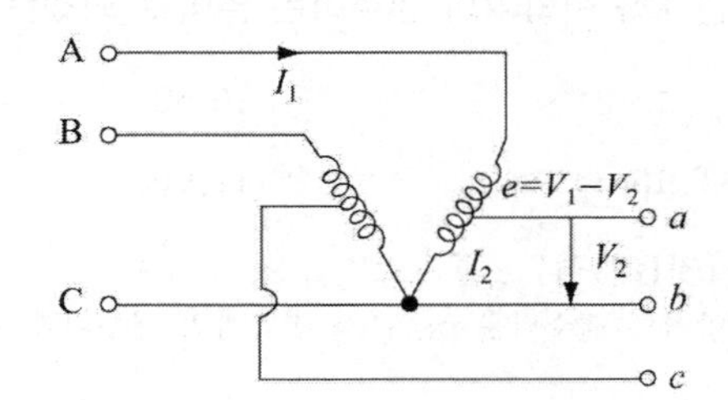

① $\frac{\sqrt{3}}{2}\times\frac{V_1-V_2}{V_1}$ ② $\frac{2}{\sqrt{3}}\times\frac{V_1-V_2}{V_1}$

③ $\frac{1}{2}\times\frac{V_1-V_2}{V_1}$ ④ $\frac{2(V_1-V_2)}{V_1}$

|정|답|및|해|설|

[단권 변압기 3상 결선(V 결선)]

변압기 자기 용량 = $2(V_1-V_2)I_1[kVA]$

부하용량(2차출력) = $\sqrt{3}\,V_1I_1$

$\therefore \frac{자기용량}{부하용량}=\frac{2(V_1-V_2)I_1}{\sqrt{3}\,V_1I_1}=\frac{2}{\sqrt{3}}\times\frac{V_1-V_2}{V_1}$

【정답】 ②

56. $6000/200[V]$, 5[kVA]의 단상 변압기를 승압기로 연결하여 1차측에 6000[V]를 가할 때 2차 측에 걸 수 있는 최대 부하 용량[kVA]은?

① 115　② 160
③ 155　④ 150

|정|답|및|해|설|

[2차 측의 최대 부하 용량]

$V_2 = V_1 + \frac{1}{a}V_1 = 6000 + \frac{200}{6000} \times 6000 = 6200[V]$

$\therefore$최대 부하 용량$= \frac{V_2}{V_2 - V_1} \times$자기 용량

$= \frac{6200}{6200-6000} \times 5 = 155[kVA]$

【정답】 ③

57. 동일 용량의 변압기 2대를 사용하여 3300[V]의 3상식 간선에 220[V]의 2상 전력을 얻으려면 T좌 변압기의 권수비는 얼마로 되겠는가?

① 17.31　② 16.52
③ 15.34　④ 12.99

|정|답|및|해|설|

T좌 변압기의 권수비를 a_M, T좌 변압기의 권수비를 a_T라 하면

$a_T = a_M \times \frac{\sqrt{3}}{2} = \frac{3300}{220} \times \frac{\sqrt{3}}{2} = 12.99$

【정답】 ④

58. 변류기 개방시 2차측을 단락하는 이유는?

① 2차 측 절연 보호
② 2차 측 과전류 보호
③ 측정 오차 방지
④ 1차 측 과전류 방지

|정|답|및|해|설|

2차측을 개방하면 1차측의 부하전류가 전부 여자전류로 사용되어서 2차측에 고전압이 유기되어 절연이 파괴될 우려가 있다. 또한, 철심 중의 자속이 급격히 증가하여 철손이 증가하므로 열이 발생하여 소손될 우려가 있다. 따라서 변류기의 사용 중에 계기, 계전기 등 부담을 제거할 때에는 먼저 변류기의 2차 단자를 단락해 놓지 않으면 안 된다.

【정답】 ①

59. 평형 3상 회로의 전류를 측정하기 위해서 변류비 200:5의 변류기를 그림과 같이 접속하였더니 전류계의 지시가 1.5[A]이다. 1차 전류 [A]는?

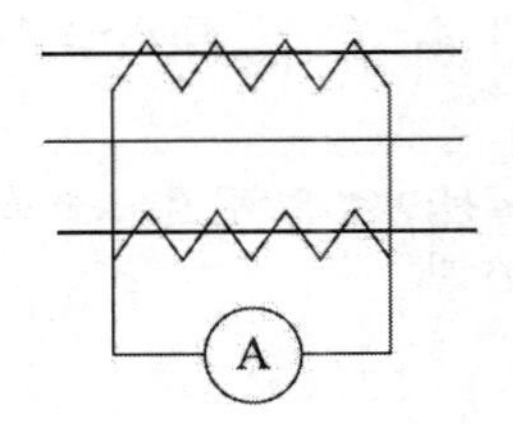

① 60　② $60\sqrt{3}$
③ 30　④ $30\sqrt{3}$

|정|답|및|해|설|

$a = \frac{I_2}{I_1} = \frac{5}{200} = \frac{1}{40}$

2차 전류계에 흐르는 전류는 $1.5[A]$

$\therefore I_1 = \frac{1}{a}I_2 = 40 \times 1.5 = 60[A]$

【정답】 ①

60. 어떤 변류기의 2차 부담의 임피던스가 1.5[Ω]이라면 2차 부담은 몇 [VA]의 변류기를 선택하는 것이 가장 적당한가?

① 35　② 30
③ 40　④ 100

|정|답|및|해|설|

변류기의 2차 전류는 5[A]이므로

2차 부담$= I_2^2 Z_2 = 5^2 \times 1.5 = 37.5[VA]$

$\therefore$ 40[VA]를 선정

【정답】 ③

61. 평형 3상 3선식 전로에 2개의 PT와 3개의 전압계 V_1, V_2, V_3를 그림과 같이 접속하고 선간 전압을 측정하고 있을 때 퓨즈 F_B가 절단되었다고 하면 각 전압계 지시는 몇 [V]가 되는가? (단, 3상 선간전압은 3000[V]이다.)

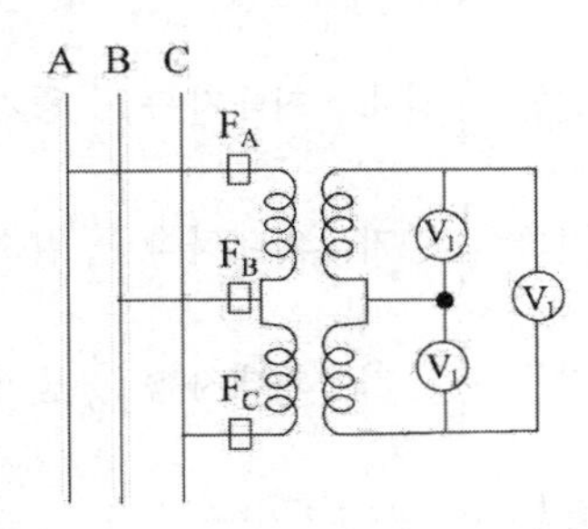

① $V_1 = V_2$ =3000[V], V_3=6000[V]

② $V_1 = V_2 = V_3$=3000[V]

③ $V_1 = V_2$ =1500[V], V_3=3000[V]

④ $V_1 = V_2 = V_3$=1500[V]

|정|답|및|해|설|

퓨즈 F_B가 용단되면 양변성기의 1차가 직렬로 되어 접속점이 단상 변압기의 중성점과 같은 구실을 하여 단상 선간의 전압을 받으므로 1개의 PT에 가해지는 전압은 전의 $\frac{1}{2}$로 된다.

$\therefore V_1 = V_2$=1500[V], V_3=3000[V]

【정답】 ③

62. 3상 외철형 변압기의 권선 A, B, C중 중앙 권선의 접속을 반대로 하는 이유는?

① 자속이 서로 상쇄된다.

② 중앙 자기 통로가 절약된다.

③ 자속파형이 좋아진다.

④ 계철부의 철심 단면적이 반으로 줄어든다.

|정|답|및|해|설|

B상의 코일을 A 및 C상의 그것과 반대방향으로 감으면 중앙 자기 통로가 $\frac{1}{2}$배로 되어 더욱 철심이 절약된다.

【정답】 ②

63. 누설 변압기에 필요한 특성은 무엇인가?

① 정전압 특성　　② 고저항 특성

③ 고임피던스 특성　　④ 수하 특성

|정|답|및|해|설|

[누설 변압기] 2차 전류가 증가하면 2차 전압이 대단히 저하하는 수하특성이 필요하다.

【정답】 ④

64. 주상 변압기의 고압 측에 몇 개의 탭을 놓는 이유는?

① 역률 개선　　② 단자고장대비

③ 선로전압조정　　④ 선로전류조정

|정|답|및|해|설|

[주상 변압기] 전원 전압의 변동이나 부하에 의해서 변압기의 2차에 생긴 전압변동을 보상하여 2차 전압을 일정한 값으로 유지하고 변압기의 권수비(변압비)를 바꾸기 위해서 몇 개의 탭을 설치한다. 탭에는 변압기가 지정된 온도 상승을 넘지 않고 정격 출력으로 연속 사용할 수 있는 전용량 탭과 그렇지 못한 저감용량 탭이 있다. 변압기의 탭 전환은 무부하 상태에서 한다.

【정답】 ③

65. 브흐흘쯔 계전기로 보호되는 기기는?

① 변압기　　② 발전기

③ 동기 전동기　　④ 회전 변류기

|정|답|및|해|설|

[브흐흘츠 계전기] 브흐흘츠 계전기는 변압기의 콘서베이터를 연결하는 도중에 설치하여 변압기 내부고장시에 보호하는 계전기이다.

【정답】 ①

66. 변압기의 보호방식 중 비율 차동 계전기를 사용하는 경우는?

① 변압기의 포화 억제

② 고조파 발생 억제

③ 여자돌입 전류 보호

④ 변압기의 상간 단락 보호

|정|답|및|해|설|

[비율차동계전기] 비율차동계전기는 기기양단의 출입하는 전류의 차로 기기의 고장을 감지하여 보호하는 계전기로서 기기를 주로 보호한다. 【정답】 ④

67. 3300/210[V]의 단상변압기 3대를 △-Y로 결선하여 한 상 30[kW] 전열기의 전원으로 사용하다가 이것을 △-△로 결선했을 때 이 전열기의 소비전력[kW]은?

① 5 ② 10

③ 15 ④ 30

|정|답|및|해|설|

△-Y 결선을 △-△ 결선으로 하면 상전압(2차측 전압)은 $\sqrt{3}$배가 되므로 전력은 $\left(\frac{1}{\sqrt{3}}\right)^2$이 된다. $\rightarrow (P=\frac{V^2}{R})$

$\therefore 30\times\left(\frac{1}{\sqrt{3}}\right)^2$=10[kW]

【정답】 ②

68. 변압기 여자전류에 많이 포함된 고조파는?

① 제 2고조파 ② 제 3고조파

③ 제 4고조파 ④ 제 5고조파

|정|답|및|해|설|

변압기 철심에는 히스테리시스 현상이 있으므로 정현파 자속을 발생하기 위해서는 여자전류의 파형은 왜형파가 된다. 고조파 중에서 제일 큰 것이 3고조파이고, 그 크기는 실제의 변압기에 사용되는 자속 밀도의 범위에서는 등가 정현파 전류의 40[%]에 도달한다. 【정답】 ②

69. 1차 공급전압이 일정할 때 변압기의 1차 코일의 권수를 두배로 하면 여자 전류와 최대자속은 어떻게 변하는가? (단, 자로는 포화 상태가 되지 않는다.)

① 여자전류 $\frac{1}{4}$ 감소, 최대자속 $\frac{1}{2}$감소

② 여자전류 $\frac{1}{4}$감소, 최대자속 $\frac{1}{2}$증가

③ 여자전류 $\frac{1}{4}$증가, 최대자속 $\frac{1}{2}$감소

④ 여자전류 $\frac{1}{4}$증가, 최대자속 $\frac{1}{2}$증가

|정|답|및|해|설|

코일에 전압을 가하면

$V_1 \fallingdotseq E_1 = 4.44fN_1\varnothing_m \rightarrow \therefore \varnothing_m = \frac{V_1}{4.44fN_1}$

V와 f는 일정하고, 권수만을 2배로 하여 $2N_1$로 했을 때의 최대 자속을 $\varnothing_m'$라 하면 $\varnothing_m' = \frac{V_1}{4.44f\times 2N_1} = \frac{1}{2}\varnothing_m$

자도에 자기포화가 없으므로 최대자속은 여자전류와 권수의 곱, 즉 기자력에 비례하므로 $\varnothing_m \propto I_0N_1$

그러므로 권수가 $2N_1$일 때의 여자전류를 I_0'라고 하면

$\frac{I_0'\times 2N_1}{I_0\times N_1} = \frac{\varnothing_m'}{\varnothing_m} = \frac{1}{2} \quad \therefore I_0' = \left(\frac{1}{2}\right)^2 I_o = \frac{1}{4}I_0$

즉, 최대자속밀도는 $\frac{1}{2}$배, 여자전류는 $\frac{1}{4}$배로 감소된다.

【정답】 ①

Chapter

04 유도기

01 유도 전동기의 구조 및 원리

(1) 유도 전동기의 구조

① 고정자 : 유도 전동기의 회전하지 않는 부분으로 틀, 철심, 권선(2층권, 3상 권선)으로 구성

② 회전자 : 유도 전동기의 회전하는 부분으로 축, 철심, 권선으로 구성

농형 회전자	·중·소형에서 많이 사용 ·구조 간단하고 보수가 용이 ·효율 좋음	·속도 조정 곤란 ·기동 토크 작음(대형 운전 곤란)
권선형 회전자	·중·대형에서 많이 사용 ·기동이 쉬움 ·구조가 복잡하고 효율이 떨어진다.	·속도 조정 용이 ·기동 토크가 크고 비례추이 가능한 구조

③ 공극 : 고정자와 회전자 사이에 여자전류는 적게, 가능한 좁게 구성(역률 및 효율 증대)한다.

(2) 유도 전동기의 회전 원리

도체에는 렌츠의 전자유도의 법칙에 의해 유도전류가 흐른다.

기전력의 방향은 플레밍의 오른손 법칙

힘의 방향은 플레밍의 왼손 법칙

① 유기기전력 $e = Blv[V]$

② 힘 $F = BIl[\mathrm{N}]$

여기서, $B[wb/m^2]$: 자속 밀도, $l[\mathrm{m}]$: 도체의 길이, $v[\mathrm{m/s}]$: 속도, $F[\mathrm{N}]$: 힘, $e[V]$: 유기기전력

$I[\mathrm{A}]$: 전류

핵심기출 【기사】 10/2 13/1

유도전동기에서 권선형 회전자에 비해 농형 회전자의 특성이 아닌 것은?

① 구조가 간단하고 효율이 좋다.　② 견고하고 보수가 용이하다.

③ 중, 소형 전동기에 사용된다.　④ 대용량에서 기동이 용이하다.

정답 및 해설 [농형 회전자] 기동 토크 작음(대형운전 곤란)

【정답】 ④

02 유도 전동기의 이론

(1) 동기속도 (N_s)

동기속도 $N_s = \frac{120f}{p}$[rpm], $n_s = \frac{2f}{p}$[rps]

여기서, f : 주파수, p : 극수, N_s : 동기 속도[rpm], n_s : 동기 속도[rps]

(2) 슬립 (s)

슬립 $s = \frac{N_s - N}{N_s} \times 100[\%]$ → $(0 \leq s \leq 1)$

여기서, s : 슬립, N_s : 동기속도[rpm], N : 회전속도[rpm]

※반대 방향 회전 시 슬립 $s = \frac{N_s - (-N)}{N_s} \times 100[\%]$ → $(1 \leq s \leq 2)$

- 슬립의 범위 $0 \leq s \leq 1$
- s=1이면 N=0이어서 전동기가 정지 상태
- s=0이면 $N = N_s$, 전동기가 동기 속도로 회전(무부하 상태)
- 전부하시의 슬립은 소용량은 10~5[%], 중용량 및 대용량은 5~2.5[%] 정도
- 같은 용량에서는 저속도의 것이 고속도의 것보다 크다.
- 같은 정격일 때는 권선형이 농형보다 슬립이 약간 크다.

(3) 회전속도(N)

회전속도 $N = (1-s)N_s = (1-s)\frac{120f}{p}$[rpm]

핵심기출 【기사】 04/1 07/1 11/3 16/3 【산업기사】 08/3 13/1

주파수 50[Hz], 슬립 0.2인 경우의 회전자 속도가 600[rpm] 일 때 유도 전동기의 극수는 몇 극인가?

① 6 ② 8 ③ 12 ④ 16

정답 및 해설 [유도전동기의 속도] $N = (1-s)N_s = (1-s)\frac{120f}{p}$[rpm] → $(N_s = \frac{120f}{p}$[rpm]$)$

$600 = \frac{120}{p} \times 50(1-0.2)$ → $p = 8$(극) 【정답】 ②

03 3상 유도전동기의 분류

(1) 3상 유도전동기

3상 유도전동기는 계자(1차)는 고정자이고 회전자(2차)는 전기자로 구성되어 있으며, 회전자의 형태에 따라 농형 유도전동기와 권선형 유도전동기로 분류 된다.

(2) 농형 유도전동기

① 농형 유도전동기의 회전자

- 회전자는 권선이 없는 금속 막대 여러 개를 단락환으로 조립한 형태를 이룬 전동기
- 사구(스큐 슬롯) 형태의 금속 막대 배치(동(Cu) 막대를 비스듬히 배치하여 고조파 및 소음 제거)

② 농형 유도전동기의 회전 원리

- 농형 유도전동기에 3상 전원을 인가 시 회전 자계가 저절로 발생한다.
- 회전자가 이 회전 자계에 유도되어 끌려가면서 회전한다.

③ 농형 유도전동기의 분류

농형전동기
- 보통농형
- 특수농형
  - 2중 농형 유도 전동기
  - Deep slot(심구홈) 농형 유도 전동기

(3) 권선형 유도전동기

회전자 철심은 원통형으로 되어 있고 규소 강판을 성층해서 만든다.

농형과 달리 회전자에도 권선이 감겨 있는 형태이다.

기동 토크가 큼으로 대형 유도 전동기에 적합하다.

농형에 비해 구조가 복잡하고 효율이 떨어진다.

04 유도전동기의 특성

(1) 전동기가 정지 시

① 1차 유도기전력 $E_1 = 4.44 f w_1 \varnothing K_{w1}$[V]

② 2차 유도기전력 $E_2 = 4.44 f w_2 \varnothing K_{w2}$[V]

③ 1차, 2차 권수비 $a = \dfrac{\omega_1 K_{\omega 1}}{\omega_2 K_{\omega 2}} = \dfrac{E_1}{E_2}$ → (K_ω : 권선계수, ω : 1상 권수, $\varnothing$: 자속, f : 주파수)

④ 정지 시 2차 전류 $I_2 = \dfrac{E_2}{\sqrt{r_2^2 + x_2^2}}$

(2) 전동기가 슬립 s로 회전하고 있는 경우

① 회전시 2차 유도기전력 $E_2' = 4.44 s f_1 w_2 \varnothing K_{w2}$[V]

$E_2' = sE_2$ → (E_2 : 정지시 2차 유도기전력)

② 2차 주파수 $f_2' = sf_1$[Hz] → (f_1 : 1차 주파수, s : 슬립)

(※정지 시 $f_2 = f_1[Hz]$[Hz])

③ 회전시 2차 전류 $I_2' = s\dfrac{E_2}{\sqrt{r_2^2 + (sx_2)^2}}$ 에서 분모, 분자를 s로 나누어주면

$$I_2' = \frac{E_2}{\sqrt{\left(\frac{r_2}{s}\right)^2 + x_2^2}}$$

④ 유도전동기의 외부 저항 $R = \dfrac{r_2}{s} - r_2 = \dfrac{1-s}{s} r_2$

⑤ 유도전동기 2차 역률 $\cos\theta_2 = \dfrac{\frac{r_2}{s}}{\sqrt{\left(\frac{r_2}{s}\right)^2 + x_2^2}}$

여기서, E_1 : 1차 유도 기전력, E_2 : 정지 시 2차 유도 기전력, E_2' : 회전 시 2차 유도 기전력

r_2 : 2차 한 상의 저항, x_2 : 2차 한상의 누설 리액턴스, s : 슬립

(3) 2차 입력과 2차 출력과의 관계

① 2차 동손 $P_{c2} = sP_2$

② 2차 출력(P_0)=2차 입력-2차 동손 → $P_0 = P_2 - sP_2 = (1-s)P_2$[W]

③ 2차 효율 $\eta_2 = \dfrac{2차출력}{2차입력}$ → $\eta_2 = \dfrac{P_0}{P_2} = \dfrac{(1-s)P_2}{P_2} = 1-s$

핵심기출 【기사】 06/1 08/1 08/3 12/2 【산업기사】 06/3

15[kW] 3상유도전동기의 기계손이 350[W], 전부하시의 슬립이 3[%]이다. 전부하시의 2차 동손은 약 몇 [W]인가?

① 275 ② 395 ③ 426 ④ 475

정답 및 해설 [전부하 시 2차 동손] $P_{c2} = sP_2$

P_k : 전동기 출력(150[kW]), P_m : 기계손(350[W]), s : 전부하시의 슬립(0.03)

$P_2 : P : P_{c2} = 1 : (1-s) : s$

$\therefore P_{c2} = sP_2 = \dfrac{s}{1-s}P = \dfrac{s}{1-s}(P_k + P_m) = \dfrac{0.03}{1-0.03}(15000+350) = 475[W]$

【정답】 ④

(4) 유도전동기의 토크(T)

토크 $T = 0.975\dfrac{P_0}{N}$[kg · m] → $T = 0.975\dfrac{P_2}{N_s}$[kg · m]

여기서, P_0 : 전부하 출력, N : 유도전동기 속도, P_2 : 2차 입력, N_s : 동기속도

(5) 동기와트 (P_2)

전동기 속도가 동기속도이므로 토크와 2차 입력 P_2는 정비례하게 되어 2차 입력을 토크로 표시한 것

토크 $T = \dfrac{P_0}{\omega} = \dfrac{P_0}{2\pi n} = \dfrac{P_2}{2\pi n_s} = \dfrac{P_2}{\omega_s}$ → $(\omega = 2\pi n = 2\pi\dfrac{N}{60} = 2\pi f)$

$P_2 = 2\pi \cdot \dfrac{N_s}{60} \cdot T$

$P_2 = P_0 + P_{c2} + P_m$=기계적 출력+2차동손+기계손

(6) 유도전동기의 토크와 전압의 관계

토크 $T = 0.975\dfrac{P_2}{N_s} = k\dfrac{E_2^2}{2X_2}$[kg · m] → $\left(P_2 = \dfrac{E_2^2\dfrac{r_2}{s}}{\left(\dfrac{r_2}{s}\right)^2 + x_2^2}[W]\right)$

$T \propto V^2$ (위 식에서 2차 입력을 토크로 볼 수가 있으므로 토크는 공급 전압의 자승에 비례한다)

(7) 최대 토크

최대 토크 $T_m = 0.975\dfrac{P_2}{N_s} = k\dfrac{E_2^2}{2X_2}$[kg.m]

최대 토크를 갖는 슬립 $s_m = \dfrac{r_2}{\sqrt{r_1^2 + (X_1 + X_2)^2}} ≒ \dfrac{r_2}{X_2}$

여기서, r_1 : 1차 저항, r_2 : 2차 저항, X_1 : 1차 리액턴스, X_2 : 2차 리액턴스

(8) 공급 전압 V와 슬립 s와의 관계

$$\frac{s'}{s} = \left(\frac{V}{V'}\right)^2$$

(9) 기계적 출력과 토크와의 관계

$P_0 = \omega T = 2\pi n T$ → $n = n_s(1-s) = \dfrac{2f}{p}(1-s)$

$\therefore P_0 = 2\pi \cdot \dfrac{2f}{p}(1-s)T = T \cdot \dfrac{4\pi f}{p}(1-s)$[W]

핵심기출 【기사】 04/3 06/2 09/3 12/2 12/3 13/1 17/3 【산업기사】 11/2 16/1

권선형 유도 전동기에서 2차 측 저항을 3배로 하면 최대 토크는 어떻게 되는가?

① 3배가 된다. ② $\sqrt{3}$ 배가 된다.

③ $\frac{1}{3}$ 배가 된다. ④ 변하지 않는다.

정답 및 해설 [유도 전동기의 최대 토크] $T_m = 0.975\frac{P_2}{N_s} = k\frac{E_2^2}{2X_2}$[kg.m]

최대 토크는 2차 저항과 아무런 관계가 없으며, 최대 토크를 발생하는 슬립만 2차 저항에 비례한다.

【정답】 ④

05 권선형 유도전동기의 비례추이

(1) 권선형 유도전동기의 비례추이

2차 회로 저항의 크기를 조정함으로써 슬립(s)을 바꾸어 속도와 토크를 조정하는 것

최대 토크는 불변

$$\frac{r_2}{s_m} = \frac{r_2 + R}{s_t}$$

기동시(전부하 토크로 기동) 외부 저항 $R = \frac{1-s}{s} r_2$

여기서, r_2 : 2차 권선의 저항

R : 2차 외부 회로 저항

s_m : 최대 토크 시 슬립, s_t : 기동시 슬립

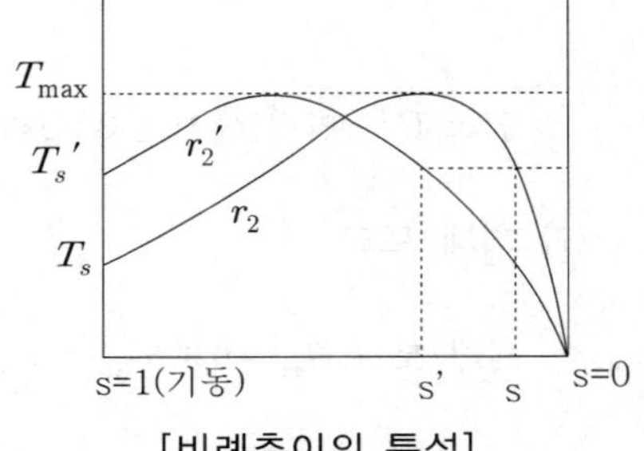

[비례추이의 특성]

(2) 비례추이 특성

권선형 유도전동기는 2차에 외부 저항을 삽입할 수 있다.

속도-토크 곡선에 2차 합성 저항의 변화에 비례하여 이동하는 것

2차 저항 r_2를 변화해도 최대 토크(T_{max})는 변하지 않는다.

기동시 외부 저항을 증가시키면 슬립 증가, 기동 토크 증가, 기동 전류 감소

비례추이는 권선형 유도전동기의 기동법(기동 저항기법) 및 속도 제어에 이용된다.

(3) 비례추이 할 수 있는 것

1차 입력(P_1), 1차 전류(I_1), 2차 전류(I_2), 역률($\cos\theta$), 동기 와트(P_2), 토크(T)

(4) 비례추이 할 수 없는 것

출력(P_0), 2차 효율(η), 2차 동손(P_{c2}), 동기 속도(N_s)

핵심기출 【기사】 04/2 06/1 18/2

3상 권선형 유도전동기의 전부하 슬립 5[%], 2차 1상의 저항 0.5[Ω]이다. 이 전동기의 기동 토크를 전부하 토크와 같도록 하려면 외부에서 2차에 삽입할 저항[Ω]은?

① 8.5　　② 9　　③ 9.5　　④ 10

정답 및 해설 [비례추이] $\frac{r_2}{s_m} = \frac{r_2 + R}{s_t}$

기동시(전부하 토크로 기동) 외부저항 $R = \frac{1-s}{s} r_2$

여기서, r_2 : 2차 권선의 저항, R : 2차 외부 회로 저항, s_m : 최대 토크 시 슬립

s_t : 기동시 슬립

전부하 슬립 : 5[%], 2차 1상의 저항 0.5[Ω]

$\frac{r_2}{s_m} = \frac{r_2 + R}{s_t}$ → $\frac{0.5}{0.05} = \frac{0.5 + R}{1}$

2차 외부 저항 $R = 10 - 0.5 = 9.5[\Omega]$　　【정답】 ③

06 유도전동기의 원선도

(1) 원선도란?

전동기의 실부하 시험을 하지 않고도 유도 전동기에 대한 간단한 시험의 결과로부터 전동기의 특성을 쉽게 구할 수 있도록 한 것

가장 많이 사용되는 것은 L형 원선도이다.

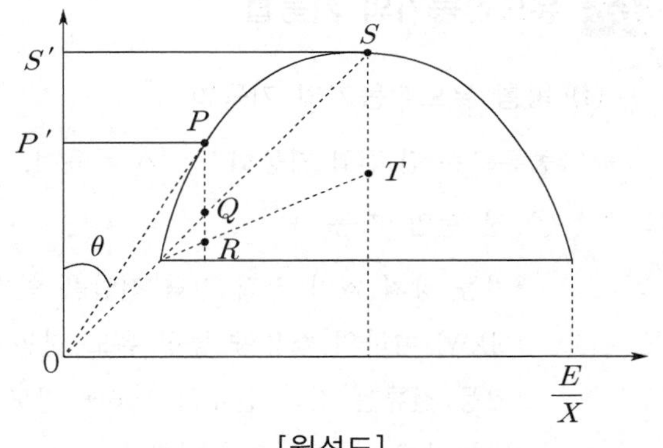

[원선도]

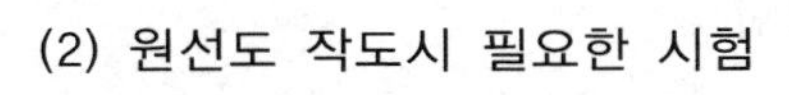

(2) 원선도 작도시 필요한 시험

① 무부하 시험 : 무부하의 크기와 위상각 및 철손을 얻는다.

② 구속 시험(단락 시험) : 단락전류의 크기와 위상각을 얻는다.

③ 1차 , 2차의 동손 분리를 위하여 저항 측정 시험을 실시한다.

(3) 원선도에서 구할 수 있는 것과 없는 것

① 구할 수 있는 것 : 입력, 손실, 토크, 출력, 조상설비용량, 효율, 역률

② 구할 수 없는 것 : 기계적 출력, 기계손

(4) 원선도의 특징

① 원선도의 지름 : $\frac{E}{X}$에 비례 → (X : 누설 리액턴스)

② 역률 : $\cos\theta = \frac{OP'}{OP}$

③ 2차 효율 : $\eta_2 = \frac{PQ}{PR}$

핵심기출 【기사】 05/1 【기사】 08/2 10/2 13/1 13/3 14/1 15/3 19/3

3상 유도 전동기의 원선도를 작성하는데 필요치 않은 것은?

① 무부하시험 ② 구속시험

③ 권선저항 측정 ④ 전부하시의 회전수 측정

정답 및 해설 [원선도 작성에 필요한 시험]

① 무부하시험 : 무부하의 크기와 위상각 및 철손

② 구속시험(단락 시럼) : 단락전류의 크기와 위상각

③ 저항 측정 시험이 있다. 【정답】 ④

07 유도전동기의 기동법

(1) 농형 유도전동기의 기동법

종류로는 전 전압 기동법, $Y-\Delta$ 기동법, 기동 보상기법, 콘도르퍼법, 변연장 △결선법 등이 있다.

① 전 전압 기동

- 기동 장치 없이 직접 정격 전압을 인가하여 기동하는 방법
- 5[kW] 이하의 소용량 농형 유도 전동기에 적용
- 기동 전류는 정격 전류의 4~6배 정도
- 기동시에 역률이 좋지 않다.

② Y-△ 기동

- 기동 시 Y로 기동, 운전 시에는 △로 운전
- 기동할 때 선간전압 V_1은 정격전압의 $1/\sqrt{3}$ 이므로 △결선으로 기동 시에 비해 기동전류는 1/3이 되고 기동토크도 1/3으로 감소한다.
- 기동전류는 전부하 전류의 200~250[%]
- 기동토크는 전부하 토크의 30~40[%] 정도
- 5~15[kW] 정도의 농형 유도전동기 기동에 적용

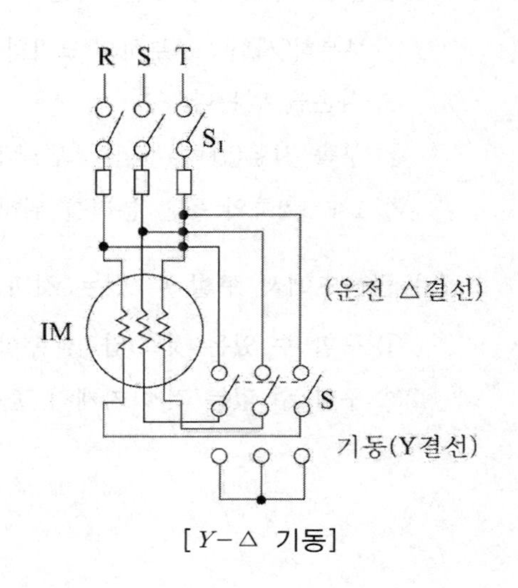

[$Y-\Delta$ 기동]

③ 기동보상기법

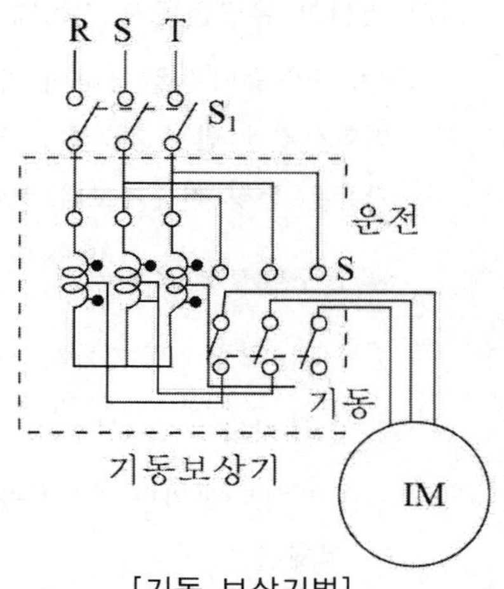

[기동 보상기법]

- 기동보상기는 단권변압기의 일종
- 3상 단권변압기를 이용하여 기동전압을 감소시킴으로써 기동전류를 제한하도록 한 기동 방식을 기동 보상기법이라 한다.
- 기동보상기의 탭 전압은 50[%], 65[%], 80[%]
- 15[kW] 이상 농형 유도 전동기 기동에 적용

④ 리액터 기동

- 전동기의 단자 사이에 리액터를 삽입해서 기동하고, 기동 완료 후에 리액터를 단락하는 방법
- 가속이 부드럽다.
- 리액터의 크기는 보통 정격 전압의 50~80[%] 값을 선택한다.
- 토크 효율이 나쁘고 기동토크가 작게 되는 결점

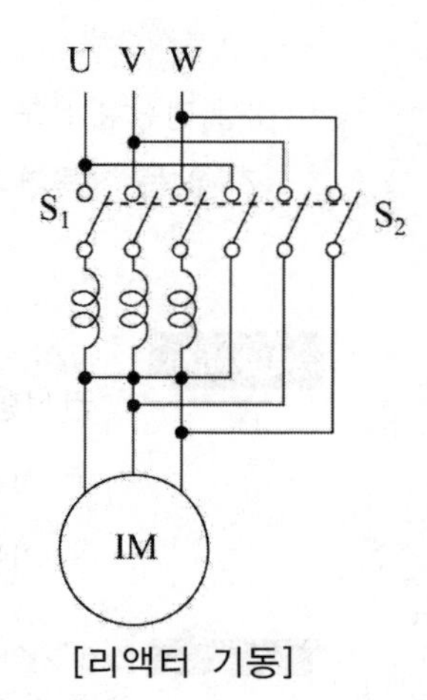

[리액터 기동]

⑤ 콘도로퍼법

- 기동보상기법과 리액터기동 방식을 혼합한 방식
- 원활한 기동이 가능하지만, 가격이 비싸다.

핵심기출 【기사】 10/1 15/3 18/3 【산업기사】 04/3 17/3

농형 유도전동기의 기동 방법으로 옳지 않은 것은?

① Y-△기동　② 2차 저항에 의한 기동

③ 전전압 기동　④ 리액터 기동

정답 및 해설 [농형 유도전동기의 기동]

① Y - △　② 전전압 기동(소용량)

③ 기동기 사용　④ 리액터 기동

※2차 저항에 의한 기동은 권선형 유도 전동기　【정답】 ②

(2) 권선형 유도전동기 기동법

2차측의 슬립링을 통하여 기동 저항을 삽입하고 비례 추이의 특성을 이용하여 속도-토크 특성을 변화시켜 가면서 가동하는 방식

기동은 농형 전동기보다 뛰어나고 중부하 때에도 원활히 기동

등가 부하저항 $R = \frac{(1-s)r}{s}$ → (r : 회전자 저항, s : 전부하 시의 슬립)

종류로는 2차 저항 기동법, 게르게스법 등이 있다.

① 2차 저항 기동법

- 2차 회로에 가변 저항기를 접속하고 비례추이의 원리에 의하여 큰 기동 토크를 얻고 기동 전류도 억제된다.
- 비례추이 이용

② 게르게스법

3상 권선형 유도 전동기의 2차 회로 중 한 개가 단선 된 경우 슬립 s=50[%] 부근에서 더 이상 가속되지 않는 게르게스 현상을 이용해 기동하는 방법

핵심기출 【기사】 16/3 【산업기사】 04/3 17/3

권선형 유도전동기 기동 시 2차 측에 저항을 넣는 이유는?

① 회전수 감소 ② 기동전류 증대

③ 기동 토크 감소 ④ 기동 전류 감소와 기동 토크 증대

정답 및 해설 [2차 저항 기동법] 2차 회로에 가변 저항기를 접속하고 비례추이의 원리에 의하여 큰 기동 토크를 얻고 기동 전류도 억제된다. 【정답】 ④

08 유도전동기의 속도 제어법

(1) 유도전동기의 속도 제어

유도전동기는 운전과 취급이 쉽고 전 부하에서도 몇 [%]의 슬립으로 회전하는 우수한 전동기이나 속도가 극수와 전원 주파수로 정해지므로 간단하게 속도를 제어하기 곤란하다.

속도 제어 방법은 $N = (1-s)N_s$, $N_s = \frac{120f}{p}$ 이므로 슬립, 주파수, 극수의 3가지 중에서 어느 하나를 바꾸는 방법밖에 없고 주파수와 극수는 간단한 방법으로 바꿀 수 없으므로 비교적 슬립을 변경시켜 제어 한다.

(2) 농형 유도전동기의 속도 제어법

① 주파수 제어

·전동기의 회전속도 $N=(1-s)N_s$, $N_s=\dfrac{120f}{p}$ 에서

$N=\dfrac{120f}{p}(1-s)$ 이므로, 전원의 주파수를 변경시키면 연속적으로 원활하게 속도 제어

·인견, 방직 공장의 포트 전동기, 선박의 전기 추진용 등 특수한 경우에만 사용한다.

② 극수 변경

·$N_s=\dfrac{120f}{p}$ 에서 극수(p)를 변환시켜 속도를 변환 시키는 방법

·주로 농형 전동기에 쓰이는 방법

·비교적 효율이 좋다.

·연속적인 속도 제어가 아니라 단계적인 속도 제어 방법

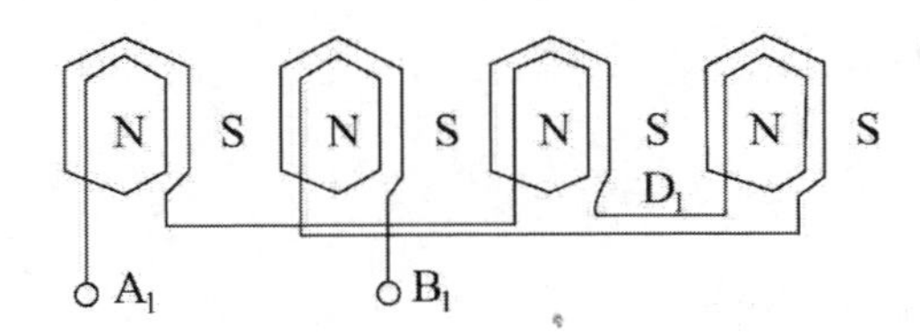

(a) 8극의 경우

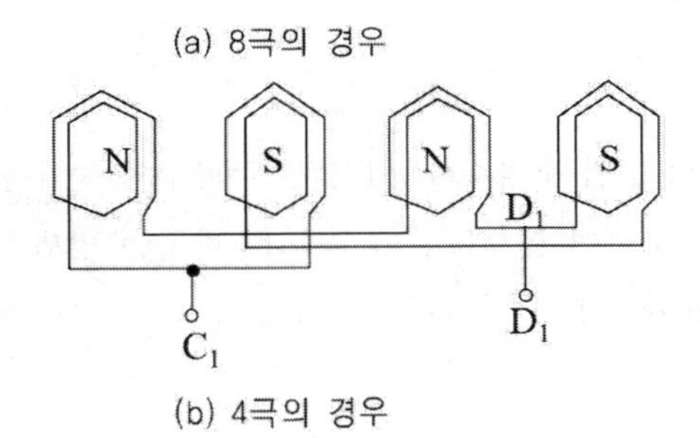

(b) 4극의 경우

·〈그림-a〉는 8극에서 4극으로 변경시킨 접속이다. (a)와 같이 접속하면 4개의 코일이 직렬로 되어 8극이 되며 코일의 접속을 그대로 두고 인출선의 접속을 (b)와 같이 바꾸면 2개의 코일이 직렬로 되고 이것이 2개의 병렬로 되어 4극이 된다.

③ 전압 제어법

·유도전동기의 토크가 전압의 제곱에 비례하는 성질을 이용한 것

·주로 선풍기에 사용

핵심기출 【기사】 07/3 09/2 13/1 15/1 17/3 19/3

다음 농형 유도전동기에 주로 사용되는 속도 제어법은?

① 극수 제어법 ② 2차 여자 제어법

③ 2차 저항 제어법 ④ 종속 제어법

정답 및 해설 [유도전동기의 제어법]

① 농형 유도전동기 속도 제어법 : 주파수를 바꾸는 방법, 극수를 바꾸는 방법, 전원 전압을 바꾸는 방법

② 권선형 유도전동기의 속도 제어법 : 2차 여자 제어법, 2차 저항 제어법, 종속 제어법

【정답】 ①

(3) 권선형 유도전동기의 속도 제어법

① 슬립 제어 (2차 저항을 가감하는 방법)

- 토크의 비례추이를 응용한 것으로 2차 회로에 저항을 넣어 같은 토크에 대한 슬립을 변화시키는 방법
- 구조가 간단하며 제어 조작이 용이하다.
- 장시간 연속 사용할 수 없다.
- 속도 조정 범위가 적다.
- 2차 동손이 증가하고 효율이 나빠지는 결점
- 권선형 유도전동기에서만 사용이 가능

② 2차 여자 제어

- 주파수 변환기를 사용하여 회전자의 슬립 주파수(sf)와 같은 주파수의 전압을 발생시켜 이것을 슬립링을 통해서 회전자 권선에 공급하여 슬립(s), 즉 속도를 바꾸는 방법
- 2차 여자 제어법으로는 크래머(kramer) 방식, 세르비우스(scherbious) 방식, 정지 세르비우스 방식 등이 있다.

㉮ E_c를 2차 기전력과 반대 방향으로 인가

- $I_2 = \dfrac{sE_2 - E_c}{r_2}$
- E_c를 증가시키면 속도는 감소 (슬립 증가)
- E_c를 감소시키면 속도는 증가 (슬립 감소)

㉯ E_c를 2차 기전력과 같은 방향으로 인가

- $I_2 = \dfrac{sE_2 + E_c}{r_2}$
- E_c를 증가시키면 속도는 증가 (슬립 감소)
- E_c를 감소시키면 속도는 감소 (슬립 증가)

③ 종속 접속법

2대의 유도 전동기를 서로 종속시켜서 전체 극수를 달리하여 속도를 제어하는 방식

㉮ 직렬 종속법 : 두 전동기의 극수의 합으로 속도가 변한다. $(p_1 + p_2)$

$$N = \frac{120f}{p_1 + p_2}[rpm]$$

㉯ 차동 종속법 : 두 전동기의 극수의 차로 속도가 변한다. $(p_1 - p_2)$

$$N = \frac{120f}{p_1 - p_2}[rpm]$$

㉰ 병렬 종속법 : 두 전동기의 극수의 평균치로 속도가 변환된다. ($\frac{p_1 + p_2}{2}$)

$$N = \frac{2 \times 120f}{p_1 + p_2}[rpm] \quad \rightarrow (p_1 : M_1\text{의 극수}, \ p_2 : M_2\text{의 극수})$$

핵심기출 【기사】 05/1 07/2 18/2 【산업기사】 04/3 05/3 07/2 09/3 19/3

유도전동기의 회전자에 슬립 주파수의 전압을 가하는 속도 제어는?

① 2차 저항법 ② 자극수 변환법

③ 인버터 주파수 변환법 ④ 2차 여자법

정답 및 해설 [2차 여자 제어법] 유도 전동기의 회전자에 슬립 주파수의 전압을 가하는 속도 제어하는 방법

【정답】 ④

09 유도전동기의 이상 현상

(1) 크라우링 현상 (차동기 운전)]

① 정의

3상 유도 전동기에서 회전자의 슬롯수 및 권선법이 적당하지 않아 고조파가 발생되고, 이로 인해 전동기는 낮은 속도에서 안정 상태가 되어 더 이상 가속하지 않는 현상

② 원인

·공극이 불균일할 때

·고조파가 전동기에 유입될 때

③ 방지 대책

방지책으로는 스큐 슬롯(경사 슬롯)을 채용한다.

(2) 유도전동기의 고조파 회전자계 방향 및 속도

① 회전자계 방향

㉮ $h=3n$ → (3, 6, 9,...) : 기본파와 동위상 이므로 회전자계를 발생하지 않는다.

여기서, h : 고조파 차수, n : 1,2,3.....등의 정수

㉯ $h=3n+1$ → (4, 7, 10,...) : 기본파와 같은 방향의 회전자계 발생

㉰ $h=3n-1$ → (5, 8, 11,...) : 기본파와 반대 방향의 회전자계 발생

② 회전속도 $= \dfrac{1}{\text{고조파 차수}}$

(3) 게르게스(Gerges) 현상

① 정의

- 3상 유도전동기를 무부하 또는 경부하 운전 중 한 상이 결상이 되어도 전동기가 소손되지 않고 정격 속도의 1/2배의 속도에서 운전되며 그 이상은 가속되지 않는 현상
- 게르게스 현상의 슬립은 대략 0.5(50[%])의 값을 갖는다.

② 원인

3상 권선형 전동기의 단상 운전이다.

③ 방지 대책

방지책으로는 결상 운전을 방지한다.

핵심기출 【기사】 13/1

제9차 고조파에 의한 기자력의 회전 방향 및 속도는 기본파 회전 자계와 비교할 때 다음 중 적당한 것은?

① 기본파와 역방향이고 9배의 속도 ② 기본파와 역방향이고 1/9배의 속도

③ 회전자계를 발생하지 않는다. ④ 기본파와 동방향이고 9배의 속도

정답 및 해설 [전동기의 고조파 차수]

① $3n$ → 3, 6, 9, ... : 기본파와 동위상 이므로 회전자계를 발생하지 않는다.

② $3n+1$ → 4, 7, 10, ... : 기본파와 회전자계 방향이 같다.

③ $3n-1$ → 5, 8, 11, ... : 기본파와 회전자계 방향이 반대이다. 【정답】 ③

10 유도전동기의 제동

(1) 전기적 제동

회생제동	·전동기의 유도기전력을 전원 전압보다 높게 하는 방식 ·발생전력을 전원으로 반환하면서 제동하는 방식, 전원 측에 반환
발전제동	·직류전동기는 전기자회로를 전원에서 끊고 저항을 접속 ·유도전동기는 1차 권선에 직류를 통하고 2차쪽(회전자)은 단락 ·발생전력을 내부에서 열로 소비하는 제동방식
역전제동 (역상제동)	·3상중 2상의 결선을 바꾸어 역회전시킴으로 제동시키는 방식 ·전동기 급제동시 사용 ·강한 역토크 발생
단상제동	권선형 유도전동기의 고정자에 단상전압을 걸어주고 회전자회로에 저항을 연결하여 제동시키는 방식

(2) 기계적 제동

회전 부분과 정지 부분 사이의 마찰을 이용하여 제동하는 방법

핵심기출 【기사】 11/2

유도전동기의 제동법 중 유도전동기를 전원에 접속한 상태에서 동기속도 이상의 속도로 운전하여 유도 발전기로 동작시킴으로써 그 발생 전력을 전원으로 반환하면서 제동하는 방법은?

① 발전 제동 ② 회생 제동

③ 역상 제동 ④ 단상 제동

정답 및 해설 [회생 제동] 발생 전력을 전원으로 반환하면서 제동하는 방식 【정답】 ③

11 단상 유도전동기

(1) 단상 유도전동기의 특징

단상 유도전동기는 회전 자계가 없다.

회전 자계가 없으므로 자기 기동하지 못한다.

정류자와 브러시 같은 보조적인 수단에 의해 기동되어야 한다.

(2) 단상 유도전동기의 종류

① 반발 기동형

- 기동시 회전자 권선을 브러시로 단락시켜 생기는 반발력으로 기동하는 방식
- 브러시 이동만으로 속도 제어 및 역전이 가능하다.
- 기동 토크가 가장 크다.

② 반발 유도형

- 유도전동기에서 회전 방향을 바꿀 수 없다.
- 구조가 극히 단순하다.
- 기동토크가 작아서 운전 중에도 코일에 전류가 계속 흐르므로 소형 선풍기 등 출력이 매우 작은 0.05마력 이하의 소형 전동기에 사용된다.

③ 콘덴서 기동형

- 단상 유도전동기에서 역률이 가장 좋다.
- 기동토크는 크고, 기동 전류는 작다.
- 선풍기 등과 같은 소형 가전기기에 사용

④ 콘덴서 전동기

- 역률과 효율이 좋아서 가정용 선풍기, 전기세탁기, 냉장고 등에 주로 사용
- 정지 상태일 때는 전압을 가해도 회전하지 않는 결점

⑤ 분상 기동형

- 불평형 2상 전동기로서 기동하는 방법
- 원심 개폐기 작동 시기는 회전자 속도가 동기속도의 60~80[%]일 때
- 기동토크는 보통이다.

⑥ 세이딩 코일형

- 운전 중에도 셰이딩 코일에 전류가 계속 흐르므로 효율과 역률이 매우 좋지 않다.
- 구조가 간단하나 기동토크가 매우 작고 효율과 역률이 떨어지며, 회전 방향을 바꿀 수 없는 큰 결점이 있다.

⑦ 모노사이클릭 기동형

- 소형 단상 유도전동기의 기동 방법으로서 고정자 권선을 3상 권선으로 하고 그 두 단자를 직접 선로에 연결하고 선로각에 분로로 접속한 저항과 리액턴스를 직렬로 접속한 것의 저항과 리액턴스의 결합점에 다른 1개의 단자를 연결하는 방식을 채용
- 수십 W까지의 소형의 것에 한한다.

(3) 기동 토크가 큰 순서

① 반발 기동형　　② 반발 유도형　　③ 콘덴서 기동형
④ 콘덴서 전동기　　⑤ 분상 기동형　　⑥ 세이딩 코일형
⑦ 모노사이클릭 기동 전동기

핵심기출 【기사】 07/1 09/1 14/3 17/2 【산업기사】 14/2 16/2 16/3

다음 단상 유도전동기 중 기동토크가 가장 큰 것은?

① 콘덴서 기동형　　② 반발 기동형
③ 분상 기동형　　④ 세이딩 코일형

정답 및 해설 [기동 토크의 크기 순위] 반발 기동형 → 반발 유도형 → 콘덴서 기동형 → 분상 기동형 → 세이딩 코일형(또는 모노 사이클릭 기동형) 【정답】 ②

12 유도전압 조정기(IVR)

(1) 유도전압 조정기란?

유도전압 조정기는 유도 전동기의 원리와 단권 변압기의 원리를 이용한 것으로 단상과 3상이 있으며 다음과 같은 차이점과 공통점이 있다.

① 단상과 3상의 차이점

단상 유도전압 조정기	·교번 자계 이용 ·입력 전압과 출력 전압의 위상이 같다 ·단락 코일이 설치되어 있다.
3상 유도전압 조정기	·회전자계 이용 ·입력과 출력 전압의 위상차가 있다 ·단락 코일이 없다.

② 단상과 3상의 공통점

- ·1차 권선(분로 권선)과 2차 권선(직렬 권선)이 분리되어 있다.
- ·회전자의 위상각으로 전압이 조정된다.
- ·원활한 전압 조정 가능

(2) 단락권선

단상 유도 전압 조정기	·분로 권선과 직각으로 설치 ·직렬 권선의 누설 리액턴스를 감소시켜 전압 강하를 감소한다.
3상 유도 전압 조정기	3상 유도 전압 조정기에서는 직렬 권선에 의한 기자력은 회전자의 위치에 관계없이 항상 1차 부하 전류에 의한 분로 권선 기전력에 의해 상쇄되므로 단락 권선을 필요로 하지 않는다.

(3) 전압 조정 범위

회전자의 위상각 a를 0~180° 범위 안에서 조정하여 전압 조정하며 이때 2차로 나오는 전압 E_2라고 하면 출력 측 전압(E)

$E = E_1 + E_2 \cos a$

여기서, E : 출력 전압, E_1 : 전원 전압, E_2 : 조정 전압, a : 회전자 위상각

① $a = 0°$일 때 $E = E_1 + E_2$ → $(\cos 0 = 1)$

② $a = 90°$일 때 $E = E_1$ → $(\cos 90 = 0)$

③ $a = 180°$일 때 $E = E_1 - E_2$ → $(\cos 180 = -1)$

(4) 정격용량과 부하용량

① 단상

㉮ 단상 정격용량 $P = E_2 I_2 [W]$ ㉯ 단상 부하용량 $P = V_2 I_2 [W]$

※입력 전압과 출력 전압 사이에 위상차가 없다.

② 3상

㉮ 3상 정격용량 $P = \sqrt{3}\, E_2 I_2 [W]$ ㉯ 3상 부하용량 $P = \sqrt{3}\, V_2 I_2 [W]$

※입력 전압과 출력 전압 사이에 위상차가 있다.

핵심기출 【기사】 11/1

단상 유도 전압 조정기의 양 권선이 일치할 때 직렬권선의 전압이 150[V], 전원전압이 220[V]일 경우 1차와 2차 권선의 축 사이의 각도가 30° 이면, 양 권선이 일치할 때 2차측 유기 전압이 150[V], 전원 전압이 220[V]일 경우 부하 측 전압은 약 몇 [V]인가?

① 370 ② 350 ③ 220 ④ 150

정답 및 해설 [단상 유도 전압 조정기의 출력 측 전압(E)] $E = E_1 + E_2 \cos\alpha [V]$

$E = 220 + 150 \cos 30° = 350 [V]$

【정답】 ②

13 특수 농형 유도전동기

(1) 2중 농형 유도전동기

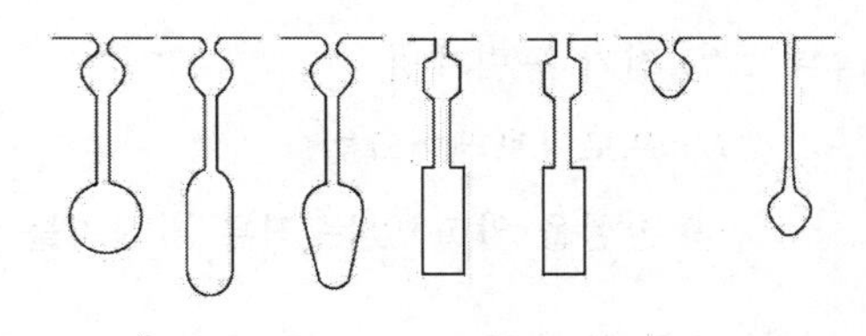

2중 농형 유도전동기의 고정자는 보통 유도전동기와 똑같으나 회전자는 2중으로 도체를 넣을 수 있도록 〈그림〉과 같이 철심의 안쪽과 바깥쪽에 2개의 홈을 만든다.

외측 도체는 저항이 높은 황동 또는 동니켈 합금의 도체를 사용

내측 도체는 저항이 낮은 전기동 사용

2중 농형 유도전동기는 기동전류가 작고, 기동토크가 크다.

보통 농형보다 역률, 최대 토크 등은 감소한다.

(2) 심구형 농형 유도 전동기

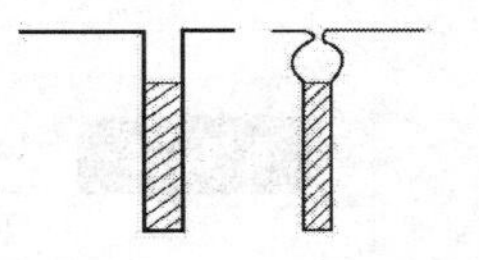

〈그림〉과 같이 슬롯을 깊게 하고 여기에 도체를 넣으면 슬롯 상부 도체 부분은 인덕턴스가 적고 슬롯 밑바닥으로 들어감에 따라 인덕턴스가 커진다.

회전자 권선을 단면의 폭이 좁고 길이가 긴 도체를 써서 농형 권선으로 하면 전동기를 가동시킬 때에는 회전자 전압의 주파수가 크므로 표피 작용으로 말미암아 상부 도체 부분에 대부분의 전류가 흐르고 도체 전체의 실효 저항이 크게 되어 기동 특성이 좋아진다.

속도가 높아짐에 따라서 회전자 주파수가 적게 되므로 전류는 도체 전체에 거의 균일하게 흐르게 되어도 실효 저항이 감소하여 효율이 좋아진다.

2중 농형 전동기나 심구형 전동기에서는 역률이 나빠지고 최대 토크가 적게 된다는 단점이 있다.

핵심기출 【기사】 06/1 11/2

보통 농형에 비하여 2중 농형 전동기의 특징인 것은?

① 최대토크가 크다. ② 손실이 적다.

③ 기동토크가 크다. ④ 슬립이 크다.

정답 및 해설 [2중 농형 유도 전동기] 2중 농형 유도 전동기는 기동전류가 작고, 기동토크가 크다. 또한 농형보다 역률, 최대토크 등은 감소한다.

【정답】 ③

14 유도전동기의 시험

(1) 부하 시험

① 전기 동력계법

② 프로니브레이크법

③ 손실을 알고 있는 직류 발전기를 사용하는 방법

(2) 슬립의 측정

① 직류 밀리볼트계법 (권선형 유도 전동기)

② 수화기법

③ 스트로보스코프법

④ 회전계법 (회전계로 직접 회전수를 특정해서 s를 구하는 방법)

핵심기출 【산업기사】 15/1

유도전동기의 슬립을 측정하려고 한다. 다음 중 슬립의 측정법이 아닌 것은?

① 동력계법 ② 수화기법

③ 직류 밀리볼트계법 ④ 스트로보스코프법

정답 및 해설 [유도전동기 슬립의 측정] 슬립의 측정법에는 직류 밀리볼트계법, 수화기법, 스트로보스코프법 등이 있다.

【정답】 ①

15 정류자 전동기

(1) 단상 직권 정류자 전동기 (만능 전동기)

① 정의

- 단상 직권 정류자 전동기(단상 직권 전동기)는 교·직 양용으로 사용할 수 있으며 만능 전동기라고도 불린다.
- 단상 직권 정류자 전동기에는 직권형, 보상 직권형, 유도 보상 직권형 등이 있다.

② 구조

- 계자극에서 발생하는 철손을 줄이기 위해 성층 철심을 사용한다.
- 성층 철심, 역률 및 정류 개선을 위해 약계자, 강전기자 형으로 한다.
- 회전 속도를 증가시킬수록 역률이 개선된다.

㉮ 보상권선 설치 : 역률 개선, 전기자 기자력을 상쇄, 누설 리액턴스 감소 등으로 정류 작용을 개선한다.

㉯ 저항 도선 설치 : 변압기 기전력에 의한 단락 전류를 작게 하여 정류를 좋게 한다.

㉰ 변압기 기전력 : 직권 정류자 전동기의 브러시에 의해 단락되는 코일 내의 전압

$e_t = 4.44 f \varnothing N [V]$ → ($e_t \propto \varnothing \propto I$)

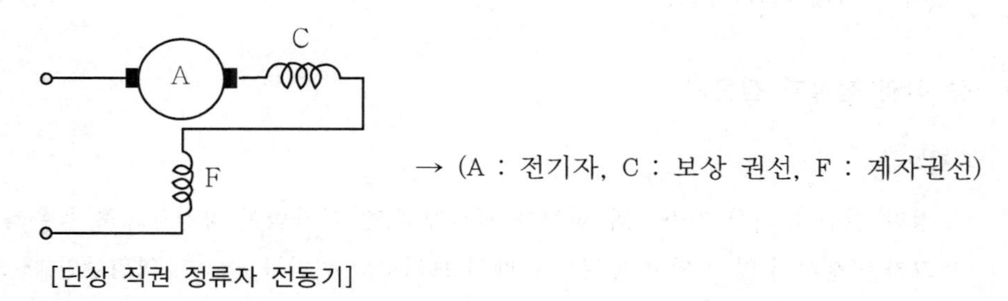

[단상 직권 정류자 전동기]

③ 용도

기동 토크와 고속 회전수가 필요한 재봉틀, 믹서, 소형 공구, 치과 의료용 기구 등에 사용된다.

핵심기출 【기사】 04/3 12/3 17/1 18/3

단상 직권 정류자 전동기에 있어서의 보상권선의 효과로 틀린 것은?

① 전동기의 역률을 개선하기 위한 것이다.

② 전기자(電機子) 기자력을 상쇄 시킨다.

③ 누설(leakage) 리액턴스가 적어진다.

④ 제동 효과가 있다.

정답 및 해설 [단상 직권 정류자 전동기] 단상 직권 정류자 전동기의 보상권선은 역률 개선, 전기자 기자력을 상쇄, 누설 리액턴스 감소 등으로 정류 작용을 개선한다.

【정답】 ④

(2) 단상 정류자 전동기 (단상 반발 전동기)

① 정의 및 특징

- 회전 권선을 브러시로 단락하고 고정자 권선을 전원에 접속하여 회전자에 유도 전류를 공급하는 직권형 교류 정류자 전동기이다.
- 기동 토크가 매우 크다.
- 브러시를 이용하여 연속적인 속도 제어가 가능하다.

② 종류

- 아트킨손형 전동기
- 톰슨 전동기
- 데리 전동기
- 윈터 아이히베르그 전동기

(3) 3상 직권 정류자 전동기

① 정의

고정자 권선에 의한 기자력과 회전자 권선에 의한 기자력이 공간적으로 동위상과 역위상일 때 토크가 발생하지 않게 되고 동위상일 때의 브러시의 위치를 $\rho=0°$, 역위상일 때 브러시의 위치를 단락 시킨다.

② 특징

- 속도-토크 특성은 직권성의 변속도 특성을 갖고 있다.
- 토크는 거의 전류의 제곱에 비례하며 기동 토크가 매우 크다.
- 효율은 저속에서는 나쁘나 동기 속도 근처에서 가장 좋지만 3상 유도 전동기에 비하면 뒤진다.
- 역률은 저속에서 좋지 않으나 동기 속도 근처나 이상에서는 매우 양호하며 거의 100[%] 정도이다.

③ 중간 변압기를 사용하는 주된 이유

- 고정자 권선과 직렬로 접속해서 동기속도에서 역률을 100[%]로 하기 위함이다.
- 변압기로 전압과 권수비를 바꿀 수가 있어서 변동기 특성도 조정할 수가 있다.
- 전원 전압의 크기에 관계없이 회전자 전압을 정류 작용에 알맞은 값으로 선정할 수 있다.
- 중간 변압기의 권수비를 바꾸어 전동기 특성을 조정할 수 있다.
- 중간 변압기의 철심을 포화하면 경부하시 속도 상승을 억제할 수 있다.

핵심기출 【기사】 10/3 13/3 17/2 18/3 【산업기사】 06/3 10/2 14/1 17/2

3상 직권 정류자전동기에서 중간변압기를 사용하는 주된 이유가 아닌 것은?

① 고정자 권선과 병렬로 접속해서 사용하여 동기속도 이상에서 역률을 100[%]로 할 수 있다.

② 전원전 압의 크기에 관계없이 회전자 전압을 정류 작용에 알맞은 값으로 선정할 수 있다.

③ 중간 변압기의 권수비를 바꾸어 전동기 특성을 조정할 수 있다.

④ 중간 변압기의 철심을 포화하면 경부하시 속도 상승을 억제할 수 있다.

정답 및 해설 [중간 변압기를 사용하는 이유] 고정자 권선과 직렬로 접속해서 동기속도에서 역률을 100[%]로 하기 위함이다. 변압기로 전압과 권수비를 바꿀 수가 있어서 변동기 특성도 조정할 수가 있다.

【정답】 ①

(4) 교류 분권 정류자 전동기 (슈라게 전동기)

① 정의

3차 권선을 갖춘 1차 권선은 회전자에, 그리고 2차 권선은 고정자에 설치한 권선형 3상 유도 전동기라고 할 수 있다.

② 특징

- 토크 변화에 비해 속도 변화가 매우 작아 정속도 전동기인 동시에 가변 속도 전동기로 사용된다.
- 브러시를 이동하여 속도 제어가 가능하다. 회전 방향은 바꿀 수 없다.
- 역률과 효율이 좋다.

③ 전압 정류 개선 방법

- 보상권선 설치
- 보극 설치
- 저항브러시 사용

핵심기출 【기사】 12/2

3상 분권 정류자 전동기인 슈라게 전동기의 특징은?

① 1차 권선을 회전자에 둔 3상 권선형 유도 전동기

② 1차 권선을 고정자에 둔 3상 권선형 유도 전동기

③ 1차 권선을 고정자에 둔 3상 농형 유도 전동기

④ 1차 권선을 회전자에 둔 3상 농형 유도 전동기

정답 및 해설 [슈라게 전동기] 3차 권선을 갖춘 1차 권선은 회전자에, 그리고 2차 권선은 고정자에 설치한 권선형 3상 유도 전동기라고 할 수 있다. 【정답】 ①

Chapter 04

시험 전 반드시 체크해야 할

단원 핵심 체크

01 유도 전동기에서 권선형 회전자에 비해 농형 회전자의 특성으로는 구조가 간단하고 효율이 좋고, 견고하고 보수가 용이하고, (   )형 전동기에 많이 사용된다.

02 유도전동기의 슬립(slip) s의 범위는 (   ) 이다.

03 3상 유도전동기의 슬립이 $s<0$인 경우 속도를 증가시키면 출력이 (   ) 한다.

04 회전자는 권선이 없는 금속 막대 여러 개를 단락환으로 조립한 형태를 이룬 전동기를 (   )라고 한다.

05 출력 P_o, 2차 동손 P_{c2}, 2차 입력 P_2 및 슬립 s인 유도전동기에서의 관계, 즉 $P_2 : P_{c2} : P_o =$ (①) : (②) : (③) 이다.

06 유도전동기의 토크와 전동기에 가해지는 단자전압과의 관계에서 토크는 단자전압의 (   ) 한다.

07 권선형 유도전동기에서 2차 저항을 변화시켜 속도를 제어하는 경우 최대토크는 (   ) 하다.

08 유도전동기의 동기와트는 동기속도 하에서의 (   )을 말한다.

09 비례추이를 하는 전동기는 (   )로서 외부에 접속된 저항으로 속도와 토크를 가변적으로 운전할 수가 있다.

10 권선형 유도전동기에서 비례추이의 특성으로 기동시 외부 저항을 증가시키면 슬립 (①), 기동토크 (②), 기동전류는 (③) 한다.

11 권선형 유도전동기에서 비례추이 할 수 있는 것은 1차 입력, 1차 전류, 2차 전류, 역률, 동기와트, 토크 등 이고, 비례추이 할 수 없는 것은 (①), (②), (③) 등 이다.

12 3상 유도전동기의 원선도를 작성하는데 필요한 시험은 (①), (②), (③) 등이다.

13 유도 전동기의 원선도에서 원의 지름은 ( )에 비례한다. (단, E를 1차 전압, r은 1차로 환산한 저항, x를 1차로 환산한 누설리액턴스라 한다.)

14 농형 유도전동기의 기동법으로 5[kW] 이하의 소용량에 적용되며, 기동 시에 역률이 좋지 않은 기동법은 ( )이다.

15 유도 전동기의 2차 회로에 2차 주파수와 같은 주파수로 적당한 크기와 위상 전압을 외부에 가하는 속도 제어법은 ( )법이다.

16 3상 권선형 유도전동기의 2차 회로가 단선이 된 경우에 부하가 약간 무거운 정도에서는 슬립이 50[%]인 곳에서 운전이 된다. 이러한 현상을 ( )현상 이라고 한다.

17 유도전동기의 제동법 중 유도전동기를 전원에 접속한 상태에서 동기속도 이상의 속도로 운전하여 유도발전기로 동작시킴으로써 그 발생 전력을 전원으로 반환하면서 제동하는 방법은 ( ) 이다.

18 구조가 간단하나 기동토크가 매우 작고 효율과 역률이 떨어지며, 회전 방향을 바꿀 수 없는 큰 결점을 가진 단상 유동전동기는 ( ) 이다.

19 보통 농형 유도전동기에 비하여 2중 농형 유도전동기는 기동전류가 (①), 기동토크가 (②).

20 브러시의 위치를 이동시켜 회전 방향을 역회전 시킬 수 있는 단상 유도전동기는 ( ) 전동기이다.

21 가정용 재봉틀, 소형 공구, 영사기, 치과 의료용 등에 사용하고 있으며, 교류, 직류 양쪽 모두에 사용되는 만능 전동기는 ( ) 이다.

22 3차 권선을 갖춘 1차 권선은 회전자에, 그리고 2차 권선은 고정자에 설치한 권선형 3상 유도전동기로 브러시를 이동하여 속도 제어가 가능한 전동기는 ( ) 이다.

정답

(1) 중·소
(2) $0 \leqq s \leqq 1$
(3) 증가
(4) 농형 유도전동기
(5) ① 1, ② s, ③ $(1-s)$
(6) 제곱에 비례
(7) 항상 일정
(8) 2차 입력
(9) 권선형 유도전동기
(10) ① 증가 ② 증가 ③ 감소
(11) ① 출력 ② 2차효율 ③ 2차동손
(12) ① 무부하시험 ② 구속시험 ③ 권선저항 측정
(13) $\dfrac{E}{x}$
(14) 전전압 기동
(15) 2차 여자제어
(16) 게르게스
(17) 회생 제동
(18) 세이딩 코일형
(19) ① 작고, ② 크다
(20) 반발 기동형
(21) 단상 직권 정류자 전동기
(22) 교류 분권 정류자 전동기 (슈라게 전동기)

Chapter 04

기출문제에서 뽑은 최다 빈출

적중 예상문제

1. 3상 유도 전동기의 회전 방향은 이 전동기에서 발생되는 회전 자계의 회전 방향과 어떤 관계가 있는가?

① 아무 관계도 없다.
② 회전 자계의 회전 방향으로 회전한다.
③ 회전 자계의 반대 방향으로 회전한다.
④ 부하 조건에 따라 정해진다.

|정|답|및|해|설|

[3상 유도 전동기] 회전 자계는 공간적으로 정현파 분포로 되면서 시간적으로 $\frac{\pi x}{r}$의 속도로 상회전 방향으로 회전한다.

【정답】 ②

2. 3상 유도 전동기의 공급 전압이 일정하고 주파수가 정격 값보다 수 [%] 감소할 때 다음 현상 중 옳지 않는 것은?

① 동기 속도가 감소한다.
② 철손이 약간 증가한다.
③ 누설 리액턴스가 증가한다.
④ 역률이 나빠진다.

|정|답|및|해|설|

[누설 리액턴스] 누설 리액턴스는 주파수에 비례하므로 주파수가 감소하면 감소한다. $(x=2\pi fl)$

【정답】 ③

3. 고정자가 매초 100회전 하고 회전자가 매초 95회전 하고 있을 때 회전자의 도체에 유기되는 기전력의 주파수 [Hz]는?

① 5　　② 10
③ 15　　④ 20

|정|답|및|해|설|

[2차 주파수] $f_2{}' = sf_1[\mathrm{Hz}]$

$N_0 = 100[rps]$, $N_2 = 95[rps]$

$$s = \frac{N_0 - N_2}{N_0} = \frac{100-95}{100} = 0.05$$

$\therefore f_2{}' = sf_1 = 0.05 \times 100 = 5[Hz]$

【정답】 ①

4. 6극의 3상 유도 전동기가 50[Hz]의 전원에 접속되어 운전하고 있다. 회전자의 주파수가 2.3[Hz]로 운전할 때의 회전자 속도는 몇 [rpm]인가?

① 855　　② 954
③ 987　　④ 867

|정|답|및|해|설|

[유도전동기의 회전속도] $N = (1-s)\frac{120f}{p}[\mathrm{rpm}]$

$p=6$, $f_1 = 50[Hz]$, $f_2{}' = 2.3[Hz]$

$f_2{}' = sf_1 \quad \rightarrow \quad s = \frac{f_2{}'}{f_1} = \frac{2.3}{50} = 0.046$

$$\therefore N = (1-s)\frac{120}{p}f_1 = (1-0.046) \times \frac{120}{6} \times 50 = 954[rpm]$$

【정답】 ②

5. 4극 7.5[kW], 200[V], 60[Hz]의 3상 유도 전동기가 있다. 전부하에서의 2차 입력이 7950[W]이다. 이 경우의 슬립을 구하면? (단, 여기서 기계손은 130[W]이다.)

① 0.04 ② 0.05

③ 0.06 ④ 0.07

|정|답|및|해|설|

[슬립] $s=\frac{P_{c2}}{P_2}\quad\rightarrow(P_{c2}=sP_2)$

$P=7.5[kW],\ P_2=7950[W],\ P_f=130[W]$

$P_0=P+P_f=7500+130=7630[W]$

$P_{c2}=P_2-P_0=7950-7630=320[W]$

$\therefore s=\frac{P_{c2}}{P_2}=\frac{320}{7950}=0.04$

【정답】 ①

6. 220[V], 60[Hz], 7.5[kW]인 3상 유도 전동기의 전부하 때의 회전자 동손이 485[W]이고, 기계손이 400[W]라 한다. 이 전동기의 슬립은 약 몇 [%]인가?

① 5.8 ② 6.2

③ 6.5 ④ 7.1

|정|답|및|해|설|

[슬립] $s=\frac{P_{c2}}{P_2}\quad\rightarrow(P_{c2}=sP_2)$

$P=7500[W],\ P_{c2}=485[W],\ P_f=400[W]$

$P_2=P+P_f+P_{c2}=7500+400+485=8385[W]$

$\therefore s=\frac{P_{c2}}{P_2}=\frac{485}{8385}\fallingdotseq 0.058=5.8[\%]$

【정답】 ①

7. 권선형 유도 전동기의 슬립 s에 있어서의 2차 전류는? (단, E_2, X_2 는 전동기 정지시의 2차 유기전압과 2차 리액턴스로 하고 R_2는 2차 저항으로 한다.)

① $\frac{E_2}{\sqrt{\left(\frac{R_2}{S}\right)^2+X_2^2}}$ ② $\frac{SE_2}{\sqrt{R_2^2+\frac{X_2^2}{S}}}$

③ $\frac{E_2}{\sqrt{\left(\frac{R_2}{1}-S\right)^2+X_2}}$ ④ $\frac{E_2}{\sqrt{(SR_2)^2+X_2^2}}$

|정|답|및|해|설|

[전동기가 슬립 s로 회전시 2차 전류]

$I_2{}'=\frac{E_2{}'}{Z_2}=\frac{sE_2}{\sqrt{R_2^2+(sX_2)^2}}=\frac{E_2}{\sqrt{\left(\frac{R_2}{s}\right)^2+X_2^2}}[A]$

【정답】 ①

8. 60[Hz], 8극의 권선형 유도 전동기가 810[rpm]으로 운전하고 있을 때 2차 유기 전압은 30[V]였다. 이 상태로 운전 중 급격히 전원측의 3선중 2선을 교환하면 2차 유기 전압 및 2차 주파수는 얼마인가?

① 30[V], 180[Hz]

② 570[V], 114[Hz]

③ 570[V], 95[Hz]

④ 57[V], 11.4[Hz]

|정|답|및|해|설|

[2차 주파수] $f_2{}'=sf_1[\text{Hz}]$

동기 속도 $N_s=\frac{120}{p}f=\frac{120}{8}\times 60=900[rpm]$

3선중 2선을 교환하기전 슬립을 s_1이라 하면

$s_1=\frac{N_s-N}{N_s}=\frac{900-810}{900}=0.1$

슬립 s로 회전 시 2차 유도 기전력 $E_2{}'=sE_2$에서

정지시 2차 유기 기전력 $E_2=\frac{E_2{}'}{s}=\frac{30}{0.1}=300[V]$

3선중 2선을 교환하면 역회전이 되므로 그때의 슬립을 s_2라 하면

$$s_2 = \frac{N_s - (-N)}{N_s} = \frac{900-(-810)}{900} = 1.9$$

$\therefore E_2' = sE_2 = 1.9 \times 300 = 570[V]$

$f_2' = sf_1 = 1.9 \times 60 = 114[Hz]$

【정답】 ②

9. 4극, 60[Hz], 220[V]의 3상 농형 유도 전동기가 있다. 운전시의 입력 전류 9[A], 역률 85[%](지상), 효율 80[%], 슬립이 5[%]이다. 회전속도와 출력 [kW]는 얼마인가?

① 1700[rpm], 2.43[kW]

② 1710[rpm], 2.33[kW]

③ 1720[rpm], 2.23[kW]

④ 1730[rpm], 2.13[kW]

|정|답|및|해|설|

[유도전동기의 회전속도(N)] $N = (1-s)\frac{120f}{p}$ [rpm]

[출력] $P = \sqrt{3}\, VI\cos\theta\, \eta [kW]$

동기속도 $N_s = \frac{120}{P}f = \frac{120}{4} \times 60 = 1800[rpm]$

회전속도 $N = (1-s)N_s = (1-0.05) \times 1800 = 1710[rpm]$

출력 $P = \sqrt{3}\, VI\cos\theta\,\eta[W]$

$= \sqrt{3} \times 220 \times 9 \times 0.85 \times 0.8 \times 10^{-3} \fallingdotseq 2.33[kW]$

【정답】 ②

10. 슬립 5[%]인 유도전동기의 등가 부하 저항은 2차 저항의 몇 배인가?

① 4 ② 5

③ 19 ④ 20

|정|답|및|해|설|

[유도 전동기의 등가 부하 저항] $R = \frac{1-s}{s}r_2$

$R = \frac{1-s}{s}r_2 = \frac{1-0.05}{0.05}r_2 = 19r_2$ 【정답】 ③

11. 다상 유도전동기의 등가 회로에서 기계적 출력을 나타내는 정수는?

① $\frac{r_2'}{s}$ ② $(1-s)r_2'$

③ $\frac{s-1}{s}r_2'$ ④ $\left(\frac{1}{s}-1\right)r_2'$

|정|답|및|해|설|

[출력] $P_0 = P_2 - P_{c2} - P_m$

여기서, P_2 : 회전자입력, P_{c2} : 2차동손, P_m : 기계손

슬립 s일 때의 회전자 전류 I_2'는

$$I_2' = \frac{E_2}{\sqrt{\left(\frac{r_2}{s}\right)^2 + x_2^2}}$$

$\cos\theta_2 = \dfrac{\frac{r_2}{s}}{\sqrt{\left(\frac{r_2}{s}\right)^2 + x_2^2}}$, 2차동손 $P_{c2} = (I_2')^2 r_2$

회전자 입력 $P_2 = E_2 I_2' \cos\theta_2 = (I_2')^2 \frac{r_2}{s}$

$\therefore$ 출력 $P_0 = P_2 - (I_2')^2 r_2 = (I_2')^2\left(\frac{r_2}{s} - r_2\right)$

$= (I_2')^2 r_2 \frac{1-s}{s} -= (I_2')^2 r_2 \left(\frac{1}{s}-1\right)$

【정답】 ④

12. 60[Hz], 4극, 3상 유도 전동기의 2차 효율이 0.95일 때, 회전 속도 [rpm]는? (단, 기계손은 무시한다.)

① 1780 ② 1710

③ 1620 ④ 1500

|정|답|및|해|설|

[유도전동기의 회전속도(N)] $N = (1-s)\frac{120f}{p}$ [rpm]

2차효율 $\eta_2 = 1 - s = 0.95$

$\therefore N = (1-s)\frac{120}{p}f = 0.95 \times \frac{120}{4} \times 60 = 1710[rpm]$

【정답】 ②

13. 20극의 권선형 유도 전동기를 60[Hz]의 전원에 접속하고 전부하로 운전할 때 2차회로의 주파수가 3[Hz]이었다. 또 이때의 2차 동손이 500[W]이었다면 이때의 기계적 출력은 얼마인가?

① 9[kW] ② 9.5[kW]
③ 10[kW] ④ 10.5[kW]

|정|답|및|해|설|

[유도 전동기의 기계적 출력] $P_0 = P_2 - P_{c2}[W]$

$f_1 = 60[Hz],\ f_2' = 3[Hz],\ P_{C2} = 500[W]$

슬립 $s = \frac{f_2'}{f_1} = \frac{3}{60} = 0.05 \ \rightarrow$ (2차 주파수 $f_2' = sf_1$[Hz])

$P_2 = \frac{P_{c2}}{s} = \frac{500}{0.05} = 10000[W] \ \rightarrow (P_{c2} = sP_2)$

$\therefore P_0 = P_2 - P_{c2} = 10000 - 500 = 9500[W] \times 10^3 = 9.5[kW]$

【정답】 ②

14. 유도전동기의 회전력을 T라 하고 전동기에 가해지는 단자전압을 V_1[V]라고 할 때 T와 V_1과의 관계는?

① $T \propto V_1$ ② $T \propto V_1^2$
③ $T \propto \frac{1}{2} V_1$ ④ $T \propto 2V_1$

|정|답|및|해|설|

[유도전동기의 토크와 전압의 관계] $T \propto V^2$

$T = k\frac{sE^2r^2}{r_2^2 + (sx_2)^2}$에서 $T = kV^2,\ s = k\frac{1}{V^2}$

【정답】 ②

15. 400[V]로 기동 토크가 전부하 토크의 200[%]인 3상 유도 전동기의 단자 전압을 낮추어 전부하 토크의 150[%] 기동하자면 단자 전압을 얼마로 낮추어야 하는가?

① 약 300[V] ② 약 350[V]
③ 약 600[V] ④ 약 700[V]

|정|답|및|해|설|

[유도 전동기의 토크와 전압의 관계]

$T \propto V^2$이므로 $V' = \sqrt{\frac{T'}{T} \times V^2} = \sqrt{\frac{150}{200} \times 400^2} \fallingdotseq 346[V]$

【정답】 ②

16. 50[Hz], 4극, 20[kW]의 3상 유도 전동기가 있다. 전부하시의 회전수가 1450[rpm]이라면 발생 토크는 몇 [Kg·m]인가?

① 약 13.45[Kg·m] ② 약 11.25[Kg·m]
③ 약 10.02[Kg·m] ④ 8.75[Kg·m]

|정|답|및|해|설|

[유도전동기의 토크] $T = 0.975\frac{P_0}{N}$[kg · m]

$T = 0.975 \times \frac{20 \times 10^3}{1450} = 13.45[kg \cdot m]$

【정답】 ①

17. 극수 p인 3상 유도전동기가 주파수 f[Hz], 슬립 s, 토크 T[N·m]로 회전하고 있을 때 기계적 출력[W]은?

① $T \times \frac{4\pi f}{p}(1-s)$ ② $T \times \frac{4pf}{\pi}(1-s)$
③ $T \times \frac{4\pi f}{p}s$ ④ $T \times \frac{\pi f}{2p}(1-s)$

|정|답|및|해|설|

[기계적 출력] $P = T \cdot \omega[W]$

회전속도 $N = N_s(1-s) = \frac{120f}{p}(1-s)[rpm]$

$w = 2\pi n = \frac{4\pi f}{p}(1-s)[rad/s] \quad \rightarrow (n = \frac{N}{60} = \frac{2f}{p}(1-s))$

$\therefore P = T \cdot \frac{4\pi f}{p}(1-s)[W]$

【정답】 ①

18. 유도 전동기의 특성에서 토크 T와 2차 입력 P_2, 동기 속도 N_s의 관계는?

① 토크는 2차 입력에 비례하고, 동기 속도에 반비례한다.

② 토크는 2차 입력과 동기속도의 곱에 비례한다.

③ 토크는 2차 입력에 반비례하고, 동기속도에 비례한다.

④ 토크는 2차 입력의 자승에 비례하고, 동기속도의 자승에 반비례한다.

|정|답|및|해|설|

[유도 전동기의 토크]

$$T=0.975\frac{P}{N}=0.975\frac{(1-s)P_2}{(1-s)N_s}=0.975\frac{P_2}{N_s}[kg\cdot m]$$

【정답】 ①

19. 권선형 유도전동기의 2차측 저항을 2배로 증가시켰다. 그때의 최대 회전력은?

① 2배 ② $\frac{1}{2}$ 배

③ $\sqrt{2}$ 배 ④ 불변

|정|답|및|해|설|

$$T=k\frac{sE^2r^2}{r_2^2+(sx_2)^2}=RE_2^2\frac{r^2}{\frac{r_2^2}{s}+sx_2^2} \quad \cdots\cdots ①$$

①에서 E_2, r_2, x_2가 일정하다면 $\frac{r_2^2}{s}=sx_2^2$

$\therefore r_2=sx_2$일 때 최대토크 T_m이 된다.

최대토크 T_m을 발생하는 슬립을 s_m이라 하면

$$s_m=\frac{r_2}{x_2} \quad \cdots\cdots ②$$

식 ②를 식 ①에 대입하면 $T_m=RE_2^2\frac{1}{2x_2}\propto\frac{1}{x_2}$

따라서 최대토크 T_m은 전압 E_2의 제곱에 비례하고 2차 리액턴스 x_2에 반비례하지만 2차 전항 r_2와는 아무런 관계가 없음을 알 수 있다. 따라서 r_2를 2배로 하면 비례 추이에 의해서 T_m은 슬립이 $2S_m$인 곳에 발생하고 최대토크는 변하지 않는다.

【정답】 ④

20. 출력 22[kW], 8극 60[Hz]의 권선형 3상 유도 전동기의 전부하 회전수가 855[rpm]라고 한다. 같은 부하 토크로 2차 저항 r_2를 4배로 하면 회전속도는 얼마인가?

① 720[rpm] ② 730[rpm]

③ 740[rpm] ④ 750[rpm]

|정|답|및|해|설|

[유도전동기의 회전속도] $N=(1-s)N_s$[rpm]

p=8극, f=60[Hz], N=855[rpm]

동기속도 $N_s=\frac{120}{p}f=\frac{120}{8}\times 60=900[rpm]$

슬립 $s=\frac{N_s-N}{N_s}=\frac{900-855}{900}=0.05$

r_2를 4배로 하면 비례추이의 원리에 의해 슬립도 4배가 되므로 $\frac{r_2}{s}=\frac{4r_2}{s'}$ → $s'=0.05\times 4=0.2$

$\therefore N=(1-s')N_s=(1-0.2)\times 900=720[rpm]$

【정답】 ①

21. 3상 권선형 유도 전동기의 2차 회로에 저항을 삽입하는 목적이 아닌 것은?

① 속도를 줄이지만 최대토크를 크게 하기 위해

② 속도제어를 하기 위하여

③ 기동토크를 크게 하기 위하여

④ 기동전류를 줄이기 위하여

|정|답|및|해|설|

[3상 권선형 유도 전동기] 2차 회로 저항을 크게 하면 비례추이의 원리에 의해 기동시에 큰 토크를 얻을 수 있고 기동전류를 억제할 수 있다.

【정답】 ①

22. 슬립 s_t는 최대 토크를 발생하는 3상 유도 전동기에서 2차 1상의 저항을 r_2라 하면 최대 토크로 기동하기 위한 2차 1상의 외부로부터 가해 주어야 할 저항은?

① $\frac{1-s_t}{s_t}r_2$　　② $\frac{1+s_t}{s_t}r_2$

③ $\frac{r_2}{1-s_t}$　　④ $\frac{r_2}{s_t}$

|정|답|및|해|설|

[기동시(전부하 토크로 기동) 외부 저항] $R=\frac{1-s}{s}r_2$]

외부 저항 $R=\frac{1-s_t}{s_t}r_2$ 권선형 유도전동기에서 비례추이의 원리이다. 외부저항으로 슬립을 조정하여 최대토크를 얻을 수가 있다.

【정답】 ①

23. 3상 유도 전동기의 최대 토크를 T_m, 최대 토크를 발생하는 슬립 s_t, 2차 저항 R_2와의 관계는?

① $T_m \propto R_2$, s_t = 일정

② $T_m \propto R_2$, $s_t \propto R_2$

③ T_m = 일정, $s_t \propto R_2$

④ $T_m \propto \frac{1}{R}$, $s_t \propto R_2$

|정|답|및|해|설|

[최대 토크를 갖는 슬립] $s_t=\frac{r_2}{\sqrt{r_1^2+(x_1+x_2)^2}} \fallingdotseq \frac{r_2}{x_2}$

최대 토크를 T_m, 즉 동기와트를 P_2라 하면

[최대 토크] $T_m=0.975\frac{P_2}{N_s}=k\frac{E_2^2}{2X_2}[\text{kg.m}]$

동기와트 P_2를 발생하는 슬립 s_t는

$s_t=\pm\frac{r_2'}{\sqrt{r_1^{2}{}'+(x_1+x_2')^2}} \propto r_2'$

그러므로 P_2, 즉 T_m은 r_2'에 관계없이 일정하고 P_2을 발생하는 슬립 s_t는 r_2'에 비례한다.

【정답】 ③

24. 권선형 유도 전동기를 기동시에 최대 토크로 기동시키기 위해서 2차 회로에 1상당 몇 [Ω]의 저항을 연결해야 하는가? (단, 여기서 2차 1상의 권선 저항이 0.4[Ω]이고 2차 측으로 환산한 리액턴스의 합이 2.0[Ω]이고 1차 권선 저항은 무시한다.)

① 1.65　　② 1.6

③ 1.55　　④ 1.5

|정|답|및|해|설|

[기동시(전부하 토크로 기동) 외부 저항] $R=\frac{1-s}{s}r_2$

최대 토크시 슬립 $s_t=\frac{r_2}{\sqrt{r_1^2+(x_1+x_2)^2}} \fallingdotseq \frac{r_2}{x_2}$

$s_t \fallingdotseq \frac{r_2}{x_2}=\frac{0.4}{2}=0.2$

$\therefore R=\frac{1-s_t}{s_t}r_2=\frac{1-0.2}{0.2}\times 0.4=1.6[\Omega]$

【정답】 ②

25. 전부하 슬립 2[%], 1상의 저항이 0.1[Ω]인 3상 유도 전동기의 슬립링을 거쳐서 2차의 외부에 저항을 삽입하여 그 기동토크를 전부하 토크와 같게 하고자 한다. 이 저항값 [Ω]은?

① 5.0　　② 4.9

③ 4.8　　④ 4.7

|정|답|및|해|설|

[기동시(전부하 토크로 기동) 외부 저항] $R=\frac{1-s}{s}r_2$

기동시의 슬립 $s'=1$

$\frac{r^2}{s}=\frac{r^2+R}{s'} \rightarrow \frac{0.1}{0.02}=\frac{0.1+R}{1}$,

$\therefore R=\frac{0.1}{0.02}-0.1=4.9[\Omega]$

【정답】 ②

26. 유도 전동기의 토크 속도 곡선이 비례추이(propor tional shifting) 한다는 것은 그 곡선이 무엇에 비례해서 이동하는 것을 말하는가?

① 슬립　　② 회전수
③ 공급 전압　　④ 2차 합성 저항

|정|답|및|해|설|

[비례추이] 권선형 유도 전동기에서 2차 저항이 증가하면 토크 곡선 등이 슬립이 증가하는 방향으로 2차 저항에 비례하며 이동한다. 즉 같은 토크에서 2차 저항과 슬립은 비례한다. 이를 비례추이라 한다. 【정답】 ④

27. 2차 1상의 권선 저항이 0.3[Ω]이고, 2차 측으로 환산한 1차와 2차 1상의 리액턴스의 합이 1.6[Ω]인 3상 권선형 유도 전동기가 있다. 기동시에 최대 토크를 발생케 하는 삽입 저항 R[Ω]는? (단, 1차 권선 저항은 무시하는 것으로 한다.)

① 1.30　　② 1.45
③ 1.75　　④ 1.90

|정|답|및|해|설|

[기동시 외부 저항] $R=\frac{1-s}{s}r_2$

$s_m \fallingdotseq \frac{r_2}{x_2}=\frac{0.3}{1.6}=0.1875$

$\therefore R=\frac{1-s_m}{s_m}r_2=\frac{1-0.1875}{0.1875}\times 0.3=1.3[\Omega]$

【정답】 ①

28. 60[Hz], 6극 권선형 3상 유도 전동기가 있다. 전부하시의 회전수는 1,152[rpm]이다. 지금 회전수 900[rpm]에서 전부하 토크를 발생시키려면 회전자에 투입해야 할 외부 저항은 얼마인가?(단, 회전자는 Y 결선 이고 각 상 저항 R_2=0.03[Ω]이다.)

① 0.1275　　② 0.1375
③ 0.1475　　④ 0.1575

|정|답|및|해|설|

[유도 전동기의 비례추이] $\frac{r_2}{s_m}=\frac{r_2+R}{s_t}$

동기 속도 $N_s=\frac{120}{p}f=\frac{120}{6}\times 60=1200[rpm]$

전부하시 슬립 $s=\frac{N_s-N}{N_s}=\frac{1200-1152}{1200}=0.04$

$s'=\frac{1200-900}{1200}=0.25$

$\frac{r_2}{s}=\frac{r_2+R}{s'} \rightarrow \frac{0.03}{0.04}=\frac{0.03+R}{0.25}$

$\therefore R=\frac{0.03}{0.04}\times 0.25-0.03=0.1575[\Omega]$

【정답】 ④

29. 4극, 60[Hz] 3상 유도 전동기가 있다. 2차 1상의 저항이 0.01[Ω], s=1일 때 2차 1상의 리액턴스가 0.04[Ω]이라면 전동기는 몇 [rpm]에서 최대 토크를 발생하는가?

① 1,300　　② 1,350
③ 1,400　　④ 1,450

|정|답|및|해|설|

[최대 토크를 갖는 슬립] $s_m=\frac{r_2}{\sqrt{r_1^2+(x_1+x_2)^2}} \fallingdotseq \frac{r_2}{x_2}$

$s_m=\frac{r_2}{x_2}=\frac{0.01}{0.04}=0.25$

$\therefore N=(1-s_m)\frac{120}{p}f=(1-0.25)\times\frac{120}{4}\times 60=1350[rpm]$

【정답】 ②

30. 유도 전동기의 1차 상수는 무시하고 상수 $Z_2=0.2+j0.4[\Omega]$이라면 이 전동기가 최대 토크를 발생할 때의 슬립은?

① 0.05　　② 0.15
③ 0.35　　④ 0.5

|정|답|및|해|설|

[최대 토크를 갖는 슬립] $s_m = \frac{r_2}{\sqrt{r_1^2+(x_1+x_2)^2}} \doteq \frac{r_2}{x_2}$

$s_m = \frac{r_2}{x_2} = \frac{0.2}{0.4} = 0.5$ 【정답】 ④

31. 1차(고정자 측) 1상당 저항이 $r_1[\Omega]$, 리액턴스 $x_1[\Omega]$이고, 1차에 환산한 2차 측(회전자 측) 1상당 저항은 $r_2[\Omega]$, 리액턴스 $x_2[\Omega]$이 되는 권선형 유도 전동기로 기동시키려고 하면 2차에 1상당 얼마의 외부 저항 (1차로 환산한 값) $[\Omega]$을 연결하면 되는가?

① $\frac{r_2'}{\sqrt{r_1^2+(x_1+x_2')^2}}$

② $\sqrt{r_1^2+(x_1+x_2')^2}-r_2'$

③ $\sqrt{(r_1+r_2')^2+(x_1+x_2')^2}$

④ $\sqrt{r_1^2+(x_1+x_2')^2}+r_2'$

|정|답|및|해|설|

[최대 토크를 갖는 슬립] $s_m = \frac{r_2}{\sqrt{r_1^2+(x_1+x_2)^2}} \doteq \frac{r_2}{x_2}$

$s_m = \frac{r_2'}{\sqrt{r_1^2+(x_1+x_2')^2}} \cdot r_m = \frac{mV_1^2}{2r_1+\sqrt{r_1^2+(x_1+x_2')^2}}$

기동 시에는 s'=1이므로 기동저항을 R이라고 하면

$\frac{r_2'}{s_m} = \frac{r_2'+R}{s'} \rightarrow \frac{r_2'}{s_m} = \frac{r_2'+R}{1}$

$\therefore R = \sqrt{r_1^2+(x_1+x_2')^2}-r_2'[\Omega]$ 【정답】 ②

32. 그림과 같이 유도전동기의 속도 토크 곡선에서 2차 저항이 최대인 것은?

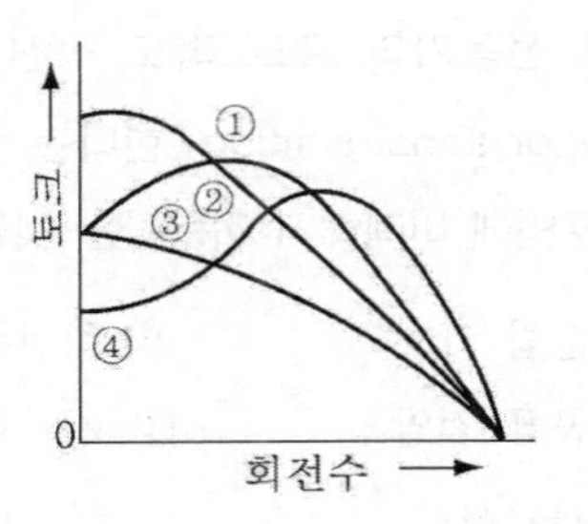

① ④ ② ③

③ ② ④ ①

|정|답|및|해|설|

[비례추이의 특성] 토크는 비례추이를 하므로 저항이 클수록 최대토크를 발생하는 슬립점이 점점 왼쪽으로 이동한다. ③은 최대 토크가 (-)쪽에 이동한 것이므로 2차 저항이 가장 크다. 【정답】 ②

33. 농형 유도전동기의 기동법이 아닌 것은?

① 전전압기동법 ② 기동보상기법

③ 콘도르파법 ④ 기동저항기법

|정|답|및|해|설|

[농형 유도 전동기의 기동법] 기동저항기는 권선형 전동기의 기동 방식이다. 【정답】 ④

34. 10[kW] 정도의 농형 유도 전동기 기동에 가장 적당한 방법은?

① 기동 보상기에 의한 기동

② Y-△기동

③ 저항기동

④ 직접기동

|정|답|및|해|설|

[농형 유도 전동기의 기동법] 전전압 기동을 하기 곤란한 5~15[kW]의 농형 유도전동기에 Y-△기동이 적당하다.

【정답】 ②

35. 3상 유도 전동기의 단자 전압을 일정하게 하고 1차 코일의 접속을 △로부터 Y로 바꾸었을 때 최대 토크의 크기는 다음 중 어떻게 변하는가?

① $\frac{1}{3}$배 ② $\frac{1}{\sqrt{3}}$

③ $\sqrt{3}$ ④ 3배

|정|답|및|해|설|

[유도 전동기의 토크와 전압] $T \propto V^2$

△에서 Y로 전환하면 1상에 가해지는 전압은 $\frac{1}{\sqrt{3}}$배가 된다. 토크는 전압의 제곱에 비례하므로 기동토크는 $\left(\frac{1}{\sqrt{3}}\right)^2 = \frac{1}{3}$배가 된다. 【정답】 ①

36. 유도 전동기의 1차 접속을 △에서 Y로 바꾸면 기동시의 1차 전류는?

① $\frac{1}{3}$로 감소 ② $\frac{1}{\sqrt{3}}$로 감소

③ $\sqrt{3}$ 으로 증가 ④ 3배

|정|답|및|해|설|

선간 전압을 V, 기동시의 1상 임피던스를 Z라 하면 선전류 I는

△결선의 경우 $I_\triangle = \frac{\sqrt{3}\,V}{Z}[A]$

Y결선의 경우 $I_Y = \frac{V}{\sqrt{3}\,Z}[A]$

$$\therefore \frac{I_Y}{I_\triangle} = \frac{\frac{\sqrt{3}\,V}{Z}}{\frac{V}{\sqrt{3}\,Z}} = \frac{1}{3}$$

△에서 Y로 바꾸면 권선 내의 전류는 $\frac{1}{3}$이 된다.

【정답】 ①

37. 유도 전동기 기동 보상기의 탭 전압으로 보통 사용되지 않는 전압은 정격 전압의 몇 [%] 정도인가?

① 35[%] ② 50[%]

③ 65[%] ④ 80[%]

|정|답|및|해|설|

[기동 보상기의 탭전압] 정격전압의 50[%], 65[%], 80[%]가 보통이다. 【정답】 ①

38. 유도 전동기의 기동방식 중 권선형에만 사용할 수 있는 방식은?

① 리액터기동

② Y-△기동

③ 2차회로의 저항삽입

④ 기동보상기

|정|답|및|해|설|

[권선형 유도전동기 기동법] 권선형 유도전동기의 기동은 슬립링을 거쳐 회전자에 기동저항을 접속해서 행한다. 이와 같이 하면 비례추이의 원리에 의해 임의의 기동토크점이나 임의의 기동전류점에서 기동할 수 있다.

【정답】 ③

39. 12극과 8극의 3상 유도전동기를 병렬종속 접속법으로 속도제어를 할 때 전원 주파수가 60[Hz]인 경우 무부하 속도는 몇 [rpm]인가?

① 900 ② 720

③ 600 ④ 360

|정|답|및|해|설|

[종속 접속법(병렬 종속법)] 병렬 종속법인 경우 운전 동기 속도는 $N_s = \frac{2\times120}{p_1+p_2}f = \frac{240}{12+8}60 = 720[\text{rpm}]$

【정답】 ②

40. 3상 유도 전동기의 속도를 제어시키고자 한다. 적합하지 않는 방법은?

① 주파수 변환법 ② 종속법
③ 2차 여자법 ④ 전전압법

|정|답|및|해|설|

[유도 전동기의 속도 제어] 전전압법은 농형 유도 전동기 기동법 중 하나이다.

【정답】 ④

41. 유도 전동기의 속도 제어법 중 저항 제어와 무관한 것은?

① 농형 유도 전동기
② 비례추이
③ 속도 제어가 간단하고 원활함
④ 속도 조정 범위가 적다

|정|답|및|해|설|

[2차 저항을 가감하는 방법] 저항 제어법은 비례추이의 성질을 이용하여 전동기의 속도 제어를 하기 때문에 농형 유도 전동기와 같이 2차 회로의 저항을 변화시킬 수 없는 것에는 응용할 수 없지만 권선형 유도전동기와 같이 2차 회로의 저항을 가감저항기로 자유롭게 가감할 수 있는 것에서는 그 저항을 가감하여 비례추이에 의해서 기동토크를 하거나 속도제어를 할 수 있다. 【정답】 ①

42. 권선형 유도 전동기의 저항 제어법의 장점은 다음 중 어느 것인가?

① 부하에 대한 속도 변동이 크다.
② 구조가 간단하며 제어 조작이 용이하다.
③ 역률이 좋고, 운전 효율이 양호하다.
④ 전부하로 장시간 운전하여도 온도 상승이 적다.

|정|답|및|해|설|

[슬립 제어 (2차 저항을 가감하는 방법)]
① 속도 조정 범위가 적다.
② 2차 동손이 증가하고 효율이 나빠지는 결점 운전 효율이 나쁘다.
③ 장시간 연속 사용할 수 없다.

【정답】 ②

43. 포트 모터의 속도 제어에 쓰이는 방법은 어느 것인가?

① 극수 변환에 의한 제어
② 1차 회전에 의한 제어
③ 저항에 의한 제어
④ 주파수 변환에 의한 제어

|정|답|및|해|설|

[주파수 제어] 주파수 변환기 또는 전용 발전기를 구동하는 전동기의 속도를 조정하여 포트 모터의 전원 주파수를 변환한다. 【정답】 ④

44. 유도 전동기의 회전자에 슬립 주파수의 전압을 공급하여 속도 제어를 하는 방법은?

① 2차 저항법 ② 직류 여자법
③ 주파수 변환법 ④ 2차 여자법

|정|답|및|해|설|

[2차 여자 제어] 주파수 변환기를 사용하여 회전자의 슬립 주파수 sf와 같은 주파수의 전압을 발생시켜 이것을 슬립링을 통해서 회전자 권선에 공급하여 슬립(s), 즉 속도를 바꾸는 방법을 2차 여자법이라 한다.

【정답】 ④

45. 선박의 전기 추진용 전동기의 속도 제어에 가장 알맞은 것은?

① 주파수 변환에 의한 제어
② 극수 변환에 의한 제어
③ 1차 회전에 의한 제어
④ 2차 저항에 의한 제어

|정|답|및|해|설|
[주파수 제어] 주파수 변환에 의한 제어는 전동기 단자에 가해지는 전원 주파수를 바꾸어 속도를 제어하는 방법이다. 이 경우는 원동기의 속도제어에 의해 전용발전기의 주파수를 변화시키는 것으로 포트모터, 선박의 전기추진용 전동기 등에 채용된다. 【정답】 ①

46. 유도전동기의 1차 전압 변화에 의한 속도 제어에서 SCR을 사용하는 경우 변화시키는 것은?

① 위상각 ② 주파수
③ 역상분 토크 ④ 전압의 최대치

|정|답|및|해|설|
[유도전동기 속도제어] SCR에 의해서 위상을 제어함으로 최대치를 가변시킬 수가 있다. 【정답】 ④

47. 3상 권선형 유도 전동기의 속도 제어를 위하여 2차 여자법을 사용하고자 할 때 그 방법은?

① 1차 권선에 가해주는 전압과 동일한 전압을 회전자에 가한다.
② 직류 전압을 3상 일괄해서 회전자에 가한다.
③ 회전자 기전력과 같은 주파수의 전압을 회전자에 가한다.
④ 회전자에 저항을 넣어 그 값을 변화시킨다.

|정|답|및|해|설|
[2차 여자 제어] 권선형 유도 전동기의 2차 여자법에 의한 속도 제어에서 슬립 주파수의 전압(회전자 기전력과 같은 주파수)을 2차 유기 전압과 같은 방향으로 가하면 속도가 상승하고, 반대 방향으로 가하면 속도가 감소한다.
【정답】 ③

48. 그림과 같은 SE_2는 권선형 3상 유도 전동기의 2차 유기 전압이고 E_c는 2차 여자법에 의한 속도 제어를 하기 위하여 외부에서 회전자 슬립에 가한 슬립 주파수의 전압이다. 여기서, E_c의 작용 중 옳은 것은?

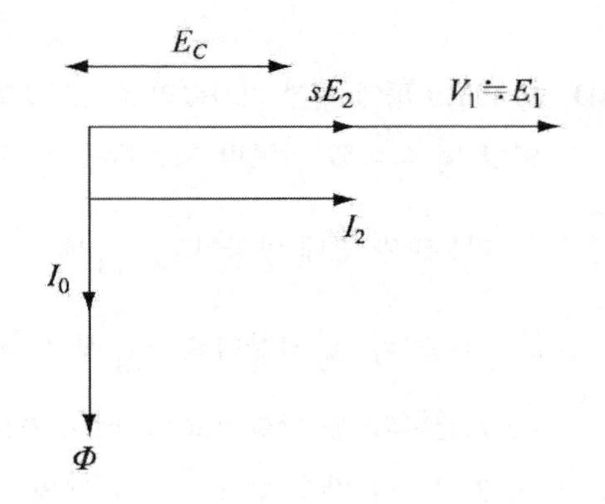

① 역률을 향상시킨다.
② 속도를 강하하게 한다.
③ 속도를 상승하게 한다.
④ 역률과 속도를 떨어뜨린다.

|정|답|및|해|설|
[2차 여자 제어] 권선형 유도 전동기의 2차 여자법에 의한 속도제어에서 슬립 주파수의 전압을 2차 유기 전압과 같은 방향으로 가하면 속도가 상승하고, 반대 방향으로 가하면 속도가 감소한다.
【정답】 ③

49. 일정 토크 부하에 알맞은 유도전동기의 주파수 제어에 의한 속도 제어 방법을 사용할 때 공급전압과 주파수는 어떤 관계를 유지하여야 하는가?

① 공급전압이 항상 일정하여야 한다.
② 공급전압의 자승에 주파수는 비례되어야 한다.
③ 공급전압과 주파수는 비례되어야 한다.
④ 공급전압의 자승에 반비례하는 주파수를 공급하여야 한다.

|정|답|및|해|설|

[유도전동기의 유기기전력] $E=4.444f_n \varnothing_m \propto f$

【정답】 ③

50. 제 13고조파에 의한 기자력의 회전자계의 회전 방향 및 속도와 기본파 회전자계의 관계는?

① 기본파와 반대 방향이고, $\frac{1}{13}$배의 속도
② 기본파와 동 방향이고, $\frac{1}{13}$배의 속도
③ 기본파와 동 방향이고, 13배의 속도
④ 기본파와 반대 방향이고, 13배의 속도

|정|답|및|해|설|

[회전자계 방향] 고조파 차수 $h=3n+1=4, 7, 10, 13....$ 등은 기본파와 같은 방향의 회전자계로 $\frac{1}{h}$의 속도를 회전한다.

회전속도$=\frac{1}{\text{고조파 차수}}=\frac{1}{13}$

【정답】 ②

51. 3상 유도 전동기를 불형평 전압으로 운전하면 토크와 입력의 관계는?

① 토크는 증가하고 입력은 감소
② 토크는 증가하고 입력은 증가
③ 토크는 감소하고 입력은 증가
④ 토크는 감소하고 입력은 감소

|정|답|및|해|설|

3상 유도전동기의 단자전압은 전압 불평형의 정도가 커지면 불평형 전류가 흘러 전류는 증가 하지만 전동기의 출력은 감소되고 동손은 커지며 전동기의 상승온도가 높아진다. 전압 불평형이 큰 경우는 전동기에 가한 전압이 단상이 된다. 이것은 전원스위치의 접속 불량, 퓨즈의 1전 절단, 또는 전동기의 구출선(1차 권선)이 끊어진 경우 등에 일어나는 현상이다.

【정답】 ③

52. 유도전동기의 슬립(slip)을 측정하려고 한다. 다음 중 슬립의 측정법은 어느 것인가?

① 직류 밀리볼트계법
② 동력계법
③ 보조 발전기법
④ 프로니브레이크법

|정|답|및|해|설|

[유도전동기의 시험(슬립의 측정)] 슬립의 측정법에는 직류 밀리볼트계법, 수화기법, 스트로보스코프법 등이 있다.

【정답】 ①

53. 유도전동기의 보호방식에 따른 종류가 아닌 것은?

① 방진형 ② 방수형
③ 전개형 ④ 방폭형

|정|답|및|해|설|

[유도전동기] 유도전동기는 외피의 형태, 통풍방식, 보호방식 등에 따라 다음과 같이 분류한다.
① 외피에 의한 분류 : 개방형, 반밀폐형
② 통풍방식에 의한 분류 : 자기통풍형, 타력통풍형
③ 보호방식에 의한 분류 : 보호형, 차폐형, 방진형, 방말형, 방적형, 방침형, 방수형, 수중형, 방식형, 방폭형

【정답】 ③

54. 그림과 같은 3상 유도전동기의 원선도에서 P점과 같은 부하 상태로 운전할 때 2차 효율은?

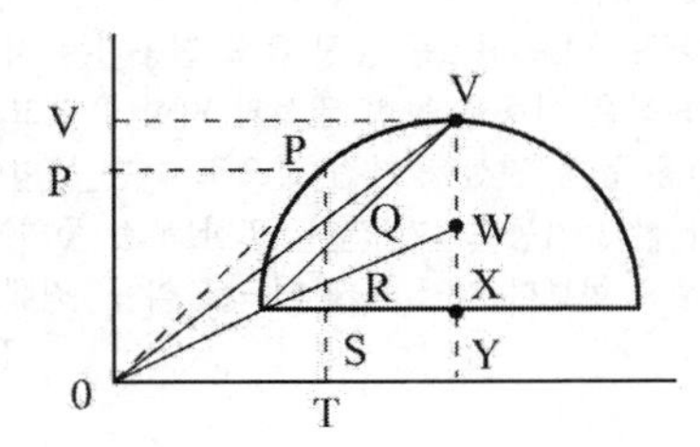

① $\frac{PQ}{PR}$ ② $\frac{PQ}{PT}$

③ $\frac{PR}{PT}$ ④ $\frac{PR}{PS}$

|정|답|및|해|설|

[유도 전동기의 원선도] 2차 효율 $\eta_2 = \frac{P}{P_2} = \frac{PQ}{PR}$

【정답】 ①

55. 3상 유도 전동기가 75[%]의 부하를 가지고 운전하고 있던 중 1선이 개방되면 어떻게 되는가?

① 즉시, 정지한다.

② 계속 운전하며, 전동기에 큰 지장이 없다.

③ 역방향으로 회전한다.

④ 계속 운전하나 소손될 위험이 따른다.

|정|답|및|해|설|

전부하로 운전하고 있는 3상 유도전동기의 전원 개폐기에 있어서 1선의 퓨즈가 용단된다면 단상 전동기가 되어 같은 방향의 토크를 얻을 수 있다. 따라서

① 최대토크는 50[%] 전후로 된다.

② 최대 토크를 발생하는 슬립 S는 S=0쪽으로 가까워진다.

③ 최대토크 부근에서는 1차 전류가 증가한다.

만일 정지하는 경우에는 과대 전류가 흘러서 나머지 퓨즈가 용단되거나 차단기가 동작한다.

회전을 계속한다면

① 슬립이 2배 정도로 되고 회전수는 떨어진다.

② 1차 전류가 2배 가까이 되어서 열손실이 증가하고, 계속 운전하면 과열로 소손된다. 【정답】 ④

56. 제 5고조파에 의한 기자력의 회전 방향 및 속도가 기본파 회전자계에 대한 관계는?

① 기본파와 같은 방향이고 5배의 속도

② 기본파와 같은 방향이고 $\frac{1}{5}$배의 속도

③ 기본파와 역방향으로 5배의 속도

④ 기본파와 역방향으로 $\frac{1}{5}$배의 속도

|정|답|및|해|설|

[유도 전동기의 고조파 회전자계 방향 및 속도]

고조파 차수 $h' = 3n+1 = 5$차, 8차, 11차 … 등은 기본파와 반대 방향의 회전 자계로 $\frac{1}{h'}$의 속도를 회전한다.

【정답】 ④

57. 직류 서보모터와 교류 2상 서보모터를 비교해서 잘못된 것은?

① 교류식은 회전부분의 마찰이 크다.

② 기동토크는 직류식이 월등히 크다.

③ 회로의 독립은 교류식이 용이하다.

④ 대용량의 제작은 직류식이 용이하다.

|정|답|및|해|설|

교류식은 베어링 마찰분으로 마찰이 적다.

【정답】 ①

58. 3상 4극 유도 전동기가 있다. 고정자의 슬롯수가 24이라면 슬롯과 슬롯 사이의 전기각은 얼마인가?

① 20[°] ② 30[°]

③ 40[°] ④ 60[°]

|정|답|및|해|설|

[전기각] $\alpha = \frac{\pi}{\frac{슬롯수}{극수}}[rad]$

$\alpha = \frac{\pi}{\frac{24}{4}} = \frac{\pi}{6}[rad] = 30°$ 【정답】 ②

59. 3상 유도 전동기가 경부하로 운전 중 1선의 퓨즈가 끊어지면 어떻게 되는가?

① 속도가 증가하여 다른 퓨즈도 녹아 떨어진다.

② 속도가 낮아지고 다른 퓨즈도 녹아 떨어진다.

③ 전류가 감소한 상태에서 회전이 계속된다.

④ 전류가 증가한 상태에서 회전이 계속된다.

|정|답|및|해|설|

[3상 유도 전동기] 전류가 증가한 상태에서 회전이 계속되나 부하가 걸리면 바로 소손된다. 【정답】 ④

60. 횡축에 속도 n을 종축에 토크 T를 취하여 전동기 및 부하의 속도 토크 특성곡선을 그릴 때 그 교점이 안정 운전점인 경우에 성립하는 관계식은? (단, 전동기의 발생 토크를 T_M , 부하의 반항 토크를 T_L 이라 한다.)

① $\frac{dT_m}{dT_L} < \frac{dT_L}{dn}$　② $\frac{dT_m}{dn} < \frac{dT}{dn} = 0$

③ $\frac{dT_m}{dT_L} = \frac{dT_L}{dn}$　④ $\frac{dT_m}{dn} < \frac{dT_L}{dn}$

|정|답|및|해|설|

전동기토크(가속)는 속도가 높아지면서 감속하도록 하고 부하토크(감속)는 속도가 높아지면서 커지도록 하면 된다.
그러면 속도가 운전점에서 이탈하더라도 정상 운전점으로 복귀할 수 있어서 운전이 매우 안정해진다.

【정답】 ④

61. 2중 농형 전동기가 보통 농형 전동기에 비해서 다른 점은?

① 기동전류가 크고, 기동토크도 크다.

② 기동전류가 적고, 기동토크도 작다.

③ 기동전류가 적고, 기동토크는 크다.

④ 기동전류가 크고, 기동토크는 작다.

|정|답|및|해|설|

[2중 농형 유도 전동기] 2중 농형 유도 전동기는 저항이 크고 리액턴스가 작은 기동용 농형 권선과 저항이 작고 리액턴스가 큰 운전용 농형 권선을 가진 것으로 보통 농형에 비하여 기동전류가 적고 기동토크가 크다. 또한 운전 중의 등가 리액턴스는 보통 농형보다 약간 크게 되므로 역률, 최대토크 등이 감소된다. 【정답】 ③

62. 2중 농형 전동기의 결점인 것은?

① 기동 kVA가 크고, 기동 토크가 크다.

② 기동 kVA가 작고, 기동 토크가 작다.

③ 기동 kVA가 작고, 기동 토크가 크다.

④ 기동 kVA가 크고, 기동 토크가 작다.

|정|답|및|해|설|

[2중 농형 유도 전동기] 2중 농형 유도 전동기는 저항이 크고 리액턴스가 작은 기동용 농형 권선과 저항이 작고 리액턴스가 큰 운전용 농형 권선을 가진 것으로 보통 농형에 비하여 기동전류가 적고 기동토크가 크다.

【정답】 ③

63. 단상 유도전동기의 특징이 아닌 것은?

① 기동토크가 없으므로 기동장치가 필요하다.

② 기계손이 없어도 무부하 속도는 동기속도보다 작다.

③ 슬립이 2보다 작고 0이 되기 전에 토크가 0이 된다.

④ 권선형은 비례추이를 하며, 최대 토크는 변화한다.

|정|답|및|해|설|

[단상 유도전동기] 비례추이는 3상 권선형 유도전동기에 적용되는 내용이다. 【정답】 ④

64. 단상 유도 전동기의 기동 방법중 가장 기동 토크가 작은 것은 어느 것인가?

① 반발 기동형 ② 반발 유도형

③ 콘덴서 분상형 ④ 분상 기동형

|정|답|및|해|설|

[단상 유도 전동기의 기동 토크 크기 순서]

① 반발 기동형 ② 반발 유도형

③ 콘덴서 기동형 ④ 콘덴서 전동기

⑤ 분상 기동형 ⑥ 세이딩 코일형

⑦ 모노사이클릭 기동 전동기

【정답】 ④

65. 단상 유도 전압 조정기에 대한 설명 중 틀린 것은?

① 교번자계의 전자유도작용을 이용한다.

② 회전자계에 의한 유도 작용을 이용한다.

③ 무단으로 스무스하게 전압의 조정이 된다.

④ 전압, 위상의 변화가 없다.

|정|답|및|해|설|

[유도 전압 조정기] 3상 유도 전동기는 회전자계에 의한 유도 작용을 이용하여 2차 전압의 위상을 변경시켜 2차 전압을 조정한다. 단상 유도 전동기는 교번자계의 전자유도를 이용하고 전압, 위상의 변화가 없으나 단락 코일이 필요하다.

【정답】 ②

66. 4줄의 출구선이 나와 있는 분상 기동형 단상 유도전동기가 있다. 이 전동기를 그림(도면)과 같이 결선했을 때 시계 방향으로 회전한다면 반시계 방향으로 회전시키고자 할 경우 어느 결선이 옳은가?

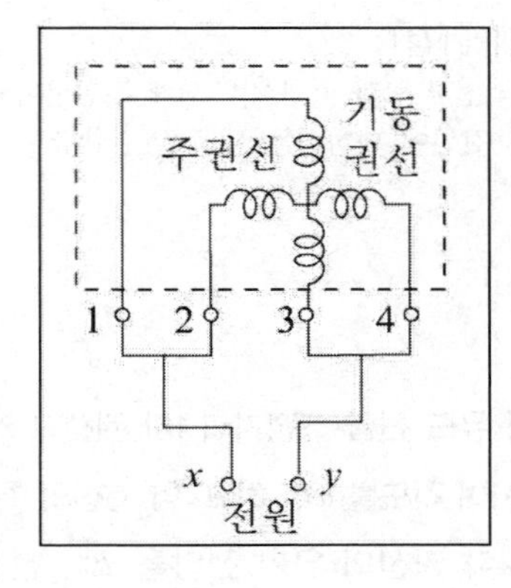

①

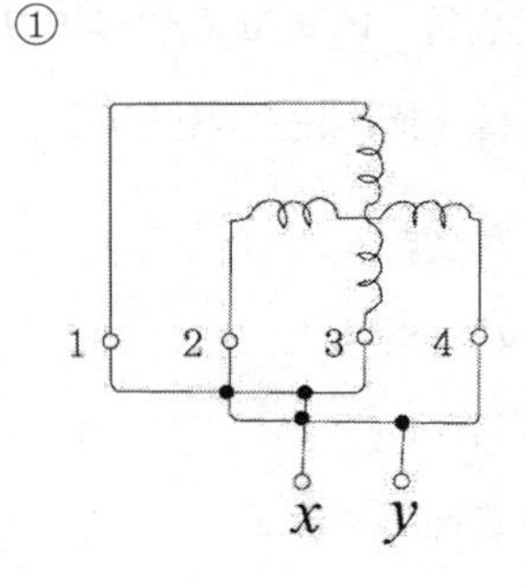

②

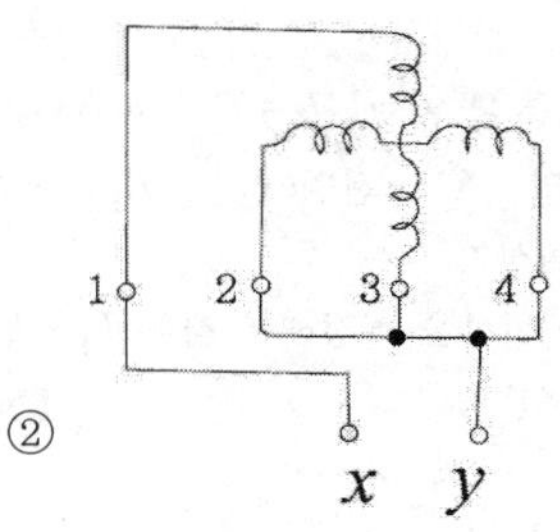

③

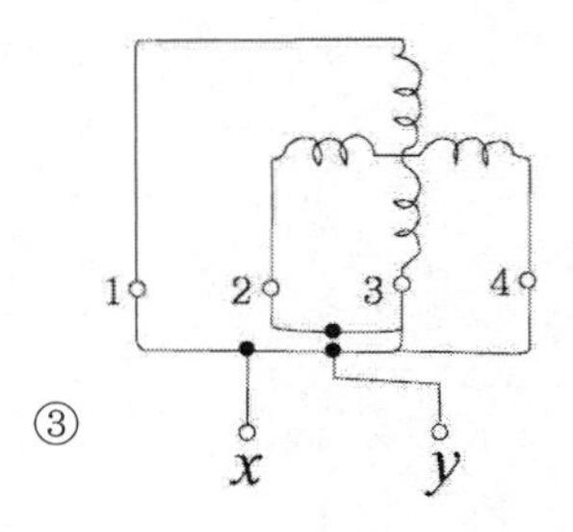

④

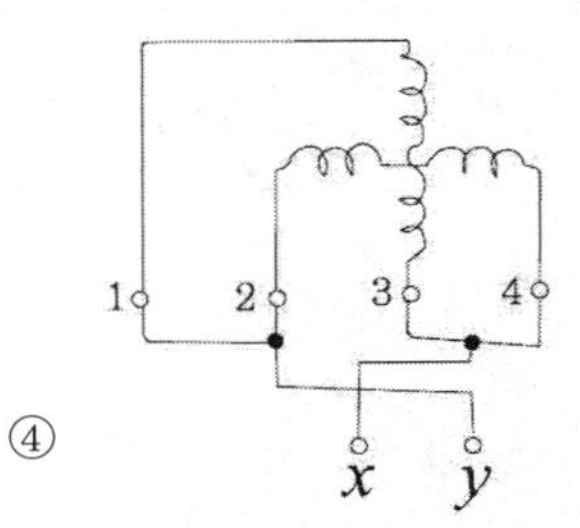

|정|답|및|해|설|

기동 권선의 전류 방향이 반대가 되게 주권선이나 기동권선 중 1개만을 전원에 대하여 반대로 연결한다.

【정답】 ④

67. 단상 유도 전압 조정기의 1차 권선과 2차 권선의 축 사이 각도를 a라 하고, 양 권선의 축이 일치할 때 2차 권선의 유기 전압을 E_2, 전원 전압을 V_1, 부하측 전압을 V_2라고 하면 임의의 각이 a일 때의 V_2를 나타내는 식은?

① $V_2 = V_1 + E_2 \cos a$

② $V_2 = V_1 - E_2 \cos a$

③ $V_2 = E_2 + V_1 \cos a$

④ $V_2 = E_2 - V_1 \cos a$

|정|답|및|해|설|

[전압 조정기의 전압 조정 범위] $E = E_1 + E_2 \cos a$

여기서, E : 출력 전압, E_1 : 전원 전압, E_2 : 조정 전압

a : 회전자 위상각

조정전압 E 를 SCR로 위상을 조정해서 최대 $E_1 + E_2$, 최소 $E_1 - E_2$로 조정할 수 있다.

【정답】 ①

68. 유도 전압 조정기의 설명을 옳게 한 것은?

① 단락권선은 단상 및 3상 유도전압 조정기 모두 필요하다.

② 3상 유도전압 조정기에는 단락권선이 필요 없다.

③ 3상 유도전압 조정기의 1차와 2차 전압은 동상이다.

④ 단상유도 전압 조정기의 기전력은 회전 자계에 의해서 유도된다.

|정|답|및|해|설|

[전압 조정기의 전압 조정 범위] 단상 유도 전압 조정기는 교번자계에 의하고 단락 권선이 필요하지만 3상에는 필요하지 않다. 3상 유도 전압 조정기는 회전자계에 의한다.

【정답】 ②

69. 단상 유도 전압 조정기의 1차 전압 100[V], 2차 100±30[V], 2차 전류는 50[A]이다. 이 조정 정격은 몇 [kVA]인가?

① 1.5 ② 3.5

③ 15 ④ 50

|정|답|및|해|설|

[전압 조정기의 전압 조정 범위] $E = E_1 + E_2 \cos a$

여기서, E : 출력 전압, E_1 : 전원 전압, E_2 : 조정 전압

a : 회전자 위상각

$E_1 = 100[V]$, $E_2 = 100 \pm 30[V]$, $I_2 = 50[A]$이므로

조정정격, 즉 자기용량 P는

$P = E_2 I_2 = 30 \times 50 \times 10^{-3} = 1.5[kVA]$

【정답】 ①

Chapter
05 정류기 및 특수 회전기

01 전력 변환기기

(1) 전력 변환 기기의 종류

① 사이클로 컨버터 : 교류(AC)를 교류(AC)로 주파수 변환하는 장치 (AC 전력 증폭)

② 초퍼 : 직류(DC)를 직류(DC)로 직접 제어하는 장치 (DC 전력 증폭)

③ 인버터 : 직류(DC)를 교류(AC)로 변환

④ 컨버터 : 교류(AC)를 직류(DC)로 변환

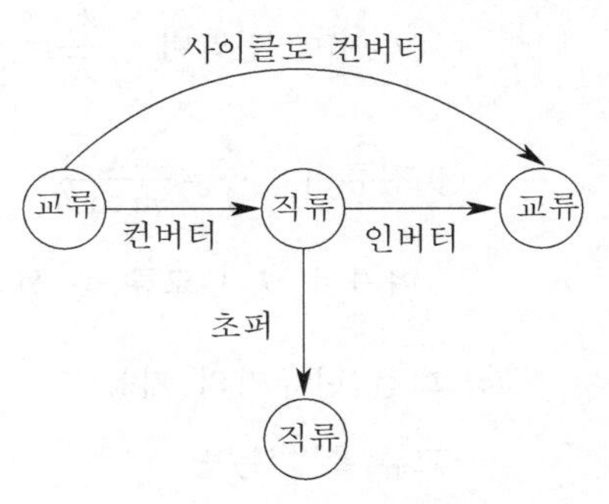

[전력 변환기의 종류]

핵심기출 【기사】 06/2 17/2 【산업기사】 07/1

직류를 다른 전압의 직류로 변환하는 전력 변환기기는?

① 초퍼 ② 인버터

③ 사이클로 컨버터 ④ 브리지형 인버터

정답 및 해설 [전력변환장치] ① 컨버터(AC-DC) : 직류 전동기의 속도 제어
② 인버터(DC-AC) : 교류 전동기의 속도제어
③ 직류 초퍼 회로(DC-DC) : 직류 전동기의 속도제어
④ 사이클로 컨버터(AC-AC) : 가변 주파수, 가변 출력 전압 발생

【정답】 ①

---

(2) 회전 변류기

① 정의

- 동기 변류기라고도 하며 동기 전동기와 직류 발전기를 조합한 것
- 교류 측에서 보면 동기 전동기이고, 직류 측에서 보면 직류 발전기인데, 전기자 권선에는 두 가지 전류가 겹쳐서 흐른다.

② 회전 변류기의 구조 및 원리

입력 측 3상 교류(AC)를 이용하여 동기 전동기를 회전시킨 후, 동기 전동기 축과 직렬 연결된 직류 발전기를 회전시켜 직류(DC) 출력을 얻는 컨버터이다.

③ 교류 전압(E_a)과 직류 전압(E_d)의 관계

㉮ 전압비 : $\frac{E_a}{E_d}=\frac{1}{\sqrt{2}}\sin\frac{\pi}{m}$

여기서, E_a : 교류 측 전압[V], E_d : 직류 측 전압[V], m : 상수

㉠ 3∅ 전압비 : $\frac{E_a}{E_d}=\frac{\sqrt{3}}{2\sqrt{2}}$ ㉡ 6∅ 전압비 : $\frac{E_a}{E_d}=\frac{1}{2\sqrt{2}}$

㉯ 전류비 : $\frac{I_a}{I_d}=\frac{2\sqrt{2}}{m\cos\theta}$

여기서, I_a : 교류 측 선전류[A], I_d : 직류 측 전류[A], $\cos\theta$: 역률, m : 상수

④ 회전 변류기의 기동

·교류 측 기동법

·기동 전동기에 의한 기동법

·직류 측 기동법

⑤ 회전 변류기의 전압 조정 방법

·직렬 리액턴스에 의한 방법

·유도 전압 조정기를 사용하는 방법

·부하시 전압 조정 변압기를 사용하는 방법

·동기 승압기를 사용하는 방법

⑥ 회전 변류기의 난조

난조의 원인	·직류 측 부하의 급격한 변화 ·역률이 매우 나쁠 때 ·교류 측 전원 주파수의 주기적 변화 ·브러시의 위치가 중성점보다 늦은 위치에 있을 때
난조 방지 대책	·제동 권선의 작용을 강하게 할 것 ·전기자 저항에 비해 리액턴스를 크게 할 것 ·허용되는 범위 내에서 자극수를 적게 하고 기하학 각도와 전기각의 차를 적게 한다.

핵심기출 【기사】 06/3 【산업기사】 07/2 09/2

회전 변류기의 직류 측 전압을 조정하는 방법이 아닌 것은?

① 직렬 리액턴스에 의한 방법

② 부하 시 전압 조정 변압기를 사용하는 방법

③ 동기 승압기를 사용하는 방법

④ 여자 전류를 조정하는 방법

정답 및 해설 [회전 변류기] 회전 변류기는 교류 측과 직류 측의 전압비가 일정하므로 직류 측 여자 전류를 가감하여 직류 전압을 조정할 수 없다. 따라서 직류 전압을 조정하기 위해서는 슬립링에 가해지는 교류 전압을 조정하여야 한다. 【정답】 ④

(3) 수은 정류기

① 수은 정류기의 원리

진공관 안에 수은 기체를 넣고 순방향에서는 수은 기체가 방전하고 역방향에서는 방전하지 않는 특성을 이용한다.

② 교류 전압(E_a)과 직류 전압(E_d)의 관계

㉮ 전압비 : $\dfrac{E_a}{E_d}=\dfrac{\dfrac{\pi}{m}}{\sqrt{2}\sin\dfrac{\pi}{m}}$

㉠ 전압비(3상) : $E_d=1.17E_a$

㉡ 전압비(6상) : $E_d=1.35E_a$

㉯ 전류비 : $\dfrac{I_a}{I_d}=\dfrac{1}{\sqrt{m}}$

여기서, E_a : 교류 측 전압[V], E_d : 직류 측 전압[V], I_a : 교류 측 전류[A], I_d : 직류 측 전류[A]

m : 상수

③ 수은 정류기의 이상 현상

- 정상적인 정류 작용이 점호인 데 비해 정류가 잘 안 되는 현상들을 말한다.
- 이상 현상으로는 역호, 통호, 실호, 이상전압 등이 있다.

㉮ 역호(Back Firing)] : 수은 정류기가 역방향으로 방전되어 밸브 작용의 상실로 인한 전자 역류 현상

역호 발생 원인	·내부 잔존 가스 압력의 상승 ·화성 불충분 ·양극의 수은 물방울 부착 ·양극 표면의 불순물 부착 ·양극 재료의 불량 ·전류, 전압의 과대 ·증기 밀도의 과대
역호 방지 방법	·정류기의 과부하로 되지 않도록 할 것 ·냉각 장치에 주의하여 과열, 과냉을 피할 것 ·진공도를 충분히 높게 할 것 ·양극 재료의 선택에 주의할 것 ·양극에 직접 수은 증기가 부착되지 않도록 할 것 ·양극의 바로 앞에 그리드를 설치하고 이것을 부전위로 하여 역호를 저지시킬 것

㉯ 이상전압(Abnormal Voltage) : 수은 정류기가 정류되지만 직류 측 전압이 너무 높아 과열되는 현상이다.

㉰ 통호(Arc-through) : 수은 정류기가 지나치게 방전되는 현상(아크 유출)

㉱ 실호(Misfiring) : 수은 정류기 양극의 점호가 실패하는 현상(점호 실패)

④ 수은 정류기의 효율

$$\text{효율 } \eta = \frac{E_d I_d}{E_d I_d + E_a I_a} \times 100 = \frac{E_d}{E_d + E_a} \times 100 = \frac{1}{1 + \dfrac{E_a}{E_d}} \times 100[\%]$$

여기서, E_d : 직류 측 전압[V], E_a : 아크전압[V], I_d : 직류 측 전류[A], η : 수은 정류기의 효율

※E_a의 값은 E_d, I_d에 관계없이 거의 일정하기 때문에 수은 정류기의 효율은 E_d가 높을수록 좋아지고 부하 변동에 대한 효율의 변화는 매우 작다.

핵심기출 【기사】 18/2

3상 수은 정류기의 직류 평균 부하 전류가 50[A]가 되는 1상 양극 전류 실효값[A]은 약 몇 [A]인가?

① 9.6　　② 17　　③ 29　　④ 87

정답 및 해설 [수은 정류기의 전압비와 전류비] $\frac{I_d}{I_a} = \sqrt{m}$

여기서, I_a : 교류 측 전류[A], I_d : 직류 측 전류[A], m : 상수

직류 평균 부하 전류 : 50[A], 상수 : 3

전류비 $\frac{I_d}{I_a} = \sqrt{m}$ → 실효값 $I_a = \frac{I_d}{\sqrt{m}} = \frac{1}{\sqrt{3}} \times 50 = 28.86[A]$

【정답】 ③

(4) 다이오드(반도체 정류기)

① 다이오드의 구조 및 원리

그림에서 처럼 전류가 한쪽으로만 흐르는 정류작용, 즉 애노드에 (+), 캐소드에 (−)를 가할 때 순방향 바이어스로 도통 상태가 된다. 역방향으로는 전류가 차단되는 PN접합 반도체의 특징을 이용한다.

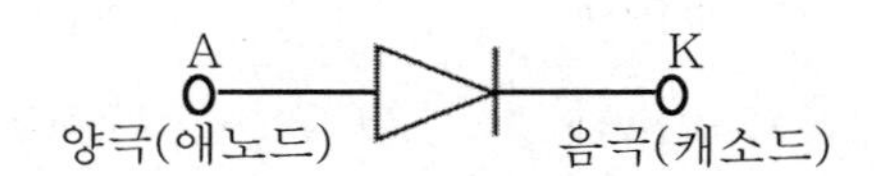

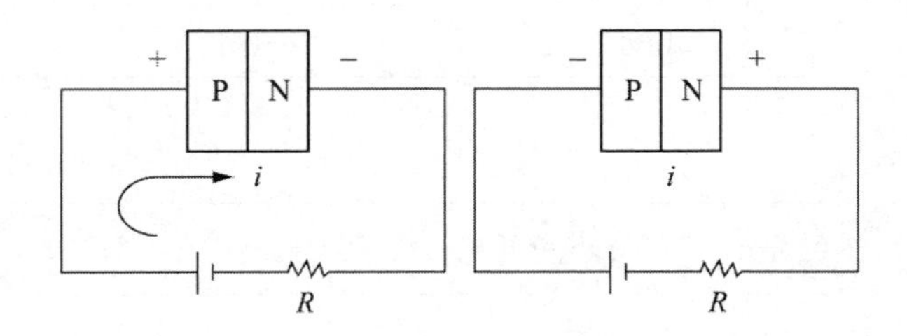

② 다이오드의 종류

㉮ 정류용 다이오드 : AC를 DC로 정류

㉯ 바랙터 다이오드 : 정전용량이 전압에 따라 변화하는 소자

㉰ 바리스터 다이오드 : 과도 전압, 이상 전압에 대한 회로 보호용으로 사용되는 소자

㉱ 제너 다이오드 : 정전압 다이오드라고도 하며, 전압을 일정하게 유지하기 위한 전압 제어 소자로 널리 사용된다.

③ 다이오드의 접속

㉮ 다이오드 직렬연결 : 과전압 방지

㉯ 다이오드 병렬연결 : 과전류 방지

핵심기출 【기사】 07/1

전압을 일정하게 유지하기 위해서 이용되는 다이오드는?

① 정류용 다이오드　　② 바랙터 다이오드

③ 바리스터 다이오드　　④ 제너 다이오드

정답 및 해설 [다이오드의 종류] 제너 다이오드 : 정전압 다이오드라고도 하며, 전압을 일정하게 유지하기 위한 전압 제어 소자로 널리 사용된다. 【정답】 ④

(5) 각 정류 회로의 특성

① 단상 정류 회로

	단상 반파	단상 전파 (중간탭)	단상 전파 (브릿지)
직류 출력	$E_d = \frac{\sqrt{2}}{\pi}E = 0.45E$	$E_d = \frac{2\sqrt{2}}{\pi}E = 0.9E$	$E_d = \frac{2\sqrt{2}}{\pi}E = 0.9E$
맥동 주파수	60[Hz]	120[Hz]	120[Hz]
정류 효율	40.6[%]	57.5[%]	81.1[%]
PIV (최대 역전압)	$PIV = \sqrt{2}E$	$PIV = 2\sqrt{2}E$	$PIV = \sqrt{2}E$
맥동률	121[%]	48[%]	48[%]

② 3상 정류 회로

	3상 반파	3상 전파 (브릿지)
직류 출력	$E_d = \frac{3\sqrt{6}}{2\pi}E = 1.17E$	$E_d = \frac{3\sqrt{6}}{\pi}E = 2.34E$ (또는 $E_d = 1.35E_l$)
맥동 주파수	180[Hz]	360[Hz]
정류 효율	96.7[%]	99.8[%]
PIV (최대 역전압)	$PIV = \sqrt{6}E$	$PIV = \sqrt{6}E$
맥동률	17[%]	4[%]

여기서, E_d : 직류 전압, E : 교류 전압

③ 다상 정류 회로

$$E_d = \frac{\sqrt{2}\sin\frac{\pi}{m}}{\frac{\pi}{m}} \cdot E \quad \rightarrow (m \ : \text{상수})$$

④ 맥동률

$$\text{맥동률} = \sqrt{\frac{\text{실효값}^2 - \text{평균값}^2}{\text{평균값}^2}} \times 100 = \frac{\text{맥동 전압의 교류분실효치}}{\text{직류 전압의 평균치}} \times 100[\%]$$

종류	단상 반파	단상 전파	단상 브리지	3상 반파	3상 브리지
맥동률	121[%]	48.4[%]	48.4[%]	17[%]	4.2[%]

※평활 회로 : 정류 회로를 거친 직류화 맥류는 직류 성분과 교류 성분을 모두 가지고 있어 직류 전원을 사용하는 전자 회로에 사용할 수 없다. 따라서 맥류에서 교류 성분과 불요파를 제거하고 직류와 가깝게 만들어 내는 평활 회로를 사용하게 된다.

핵심기출 【기사】 05/3 09/2 13/3 【산업기사】 13/3 16/1

단상 반파 정류로 직류전압 100[V]를 얻으려고 한다. 최대 역전압(Peak Inverse Voltage), 즉 PIV는 몇 [V] 이상의 다이오드를 사용해야 하는가?

① 100 ② 156 ③ 223 ④ 314

정답 및 해설 [단상 반파 직류 평균 전압] $E_d = \frac{\sqrt{2}}{\pi}E = 0.45E$

$E = \frac{E_d}{0.45} = \frac{100}{0.45} = 222[V]$

∴단상 반파의 최대 역전압 $PIV = \sqrt{2}E = \sqrt{2} \times 222 = 314[V]$ 【정답】 ④

(6) 사이리스터 정류기(실리콘 정류기) : SCR(Silicon Controlled Rectifier)

사이리스터는 교류 입력을 받아 정류 전압의 위상각을 제어하여 교류 전력을 제어하는 소자이다.

① SCR의 원리 및 구조

- 전류가 한쪽으로만 흐르는 정류 작용을 이용한 것
- 순방향으로 전압이 가해지면 도통하고, 역방향으로 전압이 가해지면 도통하지 않는 수동적인 소자
- 사용자가 임으로 ON, OFF 시킬 수는 없지만, 사용자가 원하는 시점에 도통시킬 수 있는 소자로 교류 전압을 위상 제어 하는데 사용된다.
- 기호 ─▷├─

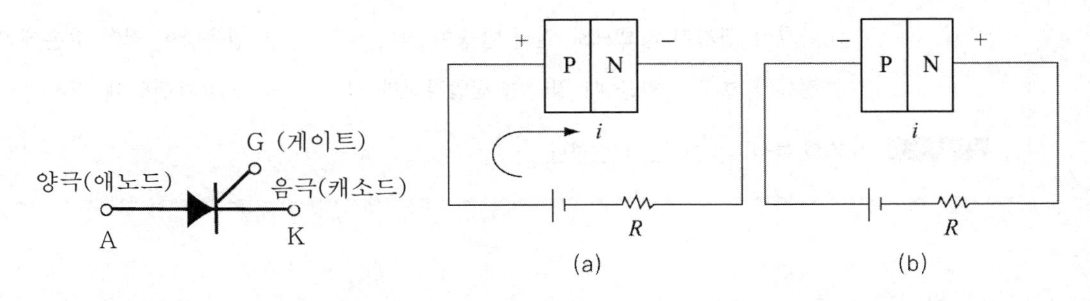

※그림의 화살표 방향이 전류를 흐르게 하는 순방향을 나타내고 있다.

② SCR의 특징

- 아크가 생기지 않으므로 열의 발생이 적다.
- 전류가 흐르고 있을 때 양극의 전압 강하가 작다.
- 위상 제어 소자로 전압 및 주파수를 제어한다.
- 작은 게이트 신호로 대전력을 제어한다.
- 정류 기능을 갖는 단일 방향성 3단자 소자이다.
- 대전류용이고 동작 시간이 짧다.
- 교류, 직류 모두 제어할 수 있다.
- 역방향 내전압이 가장 크다.
- 효율 99[%]로 가장 좋다.
- 전류 밀도가 크다.

· 과전압에 약하다. · 열용량이 적어 고온에 약하다.

· 역률각 이하에서는 제어가 되지 않는다.

③ SCR의 기능

㉮ 순방향 도통 상태 : 다이오드의 저항이 매우 낮은 상태

㉯ 역방향 저지 상태 : 다이오드의 저항이 매우 큰 상태

㉰ 누설전류 : 역방향 저지 상태에서 역방향으로(음극에서 양극으로) 전류가 흐르는 경우가 있으며 이 전류를 누설전류라고 한다.

㉱ 다이오드 정격전류 : 다이오드가 파괴되지 않고 순방향으로 통과 시킬 수 있는 전류의 최대값

㉲ 다이오드 정격전압 : 다이오드가 견딜 수 있는 최대의 역전압

④ SCR의 동작 상태

㉮ 순방향 저지상태 : 순방향 전압이 SCR에 인가되어도 SCR을 점호하기 전까지는 계속 불통 상태에 머물러 있는 상태

㉯ 턴-온(Turn-on) : SCR이 Off 상태에서 On 상태의 도통 상태가 되는 것을 말한다.

㉰ SCR 소호 : 소자에 역전압이 걸려 흐르던 전류가 멈추면 소호된다.

㉱ 유지전류 : 게이트가 개방되어 도통되고 있는 상태를 유지하기 위해 최소의 순전류

㉲ 래칭전류 : 사이리스터를 확실하게 턴온시키기 위해 필요한 최소한의 순전류

핵심기출 【기사】 15/2 19/3

SCR의 특징이 아닌 것은?

① 아크가 생기지 않으므로 열의 발생이 적다. ② 열용량이 적어 고온에 약하다.

③ 전류가 흐르고 있을 때 양극의 전압강하가 작다. ④ 과전압에 강하다.

정답 및 해설 [SCR의 특성] ④ 과전압에 약하다. 【정답】 ④

⑤ SCR의 종류

㉮ 트라이액(TRIAC)

· 기호 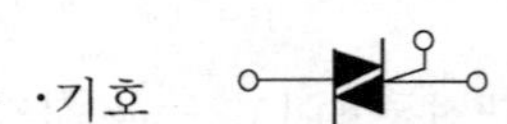

· 쌍방향성 3단자 사이리스터

· 순·역 양방향으로 게이트 전류를 흐르게 하면 도통

· On/Off 위상 제어, 교류회로의 전압, 전류를 제어

· 냉장고, 전기담요의 온도 제어 및 조광장치 등에 쓰인다.

㉯ SSS

·기호

·쌍방향성 2단자 사이리스터

·SSS(Silicon Symmertrical Switch의 약자)는 트라이액에서 PNPN의 4층을 PNPNP의 5층으로 하여 게이트를 없앤 2단자 구조의 5층 다이오드라고도 한다.

·동작특성은 순·역 양방향으로 도통하는 성질

·교류스위치, 조광장치 등에 쓰인다.

㉰ SCS

·기호

·역저지 4극(단자) 사이리스터

·SCR과 같은 4층 구조이며, 제어전극을 양극측과 음극측으로 만든 4단자 구조이다.

·한 쪽의 전극에 적당한 바이어스를 거는 것에 따라 다른 쪽의 제어 감도를 바꿀 수 있다.

㉱ GTO

·기호 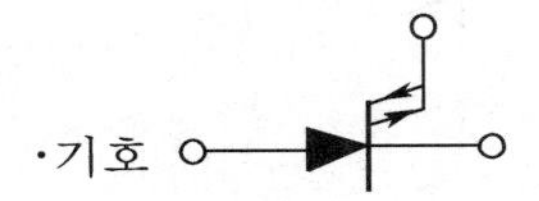

·역저지 3극 사이리스터

·자기소호 기능이 가장 좋은 소자

·GTO는 직류 전압을 가해서 게이트에 정의 펄스를 주면 off에서 on으로, 부의 펄스를 주면 그 반대인 on에서 off로의 동작이 가능하다.

㉲ IGBT(Insulated Gate Bipolar Transistor)

·기호 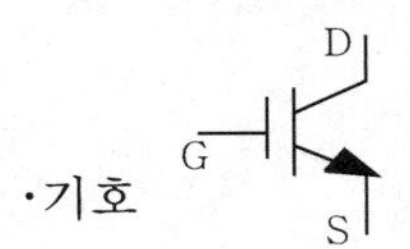

·대전류 · 고전압의 전기량을 제어

·소스에 대한 게이트의 전압으로 도통과 차단을 제어

·게이트 구동전력이 매우 낮다.

·스위칭 속도는 FET와 트랜지스터의 중간 정도로 빠른 편에 속한다.

·용량은 일반 트랜지스터와 동등한 수준이다.

㉳ MOSFET(MOS field-effect transistor)

·디지털 회로와 아날로그 회로에서 가장 일반적인 전계 효과 트랜지스터(FET)이다.

·모스펫은 전력손실이 없어 구동 전력이 적고 스위칭 속도가 뛰어나기 때문에 디지털 회로에 광범위하게 사용

[SCR의 비교]

방향성	명칭	단자	기호	응용 예
역저지 (단방향) 사이리스터	SCR	3단자		정류기 인버터
	LASCR			정지스위치 및 응용스위치
	GTO			쵸퍼 직류스위치
	SCS	4단자		
쌍방향성 사이리스터	SSS	2단자		초광장치, 교류스위치
	TRIAC	3단자		초광장치, 교류스위치
	역도통			직류효과
다이오드		2단자		정류기
트랜지스터		3단자		증폭기

핵심기출 【기사】 05/1 05/2 07/1 07/2 08/1 08/3 10/1 12/2 15/2 16/3 18/3 【산업기사】 04/1 06/1 16/1 17/2

다음 사이리스터 중 3단자 사이리스터가 아닌 것은?

① SCS ② SCR

③ GTO ④ TRIAC

정답 및 해설 [사이리스터의 종류] SCS(Silicon Controlled Switch)는 1방향성 4단자 사이리스터이다.

① SCS : 역저지 4단자 소자
② SCR : 역저지(단방향성) 3단자 소자
③ GTO : 역저지 3단자 소자
④ TRIAC : 쌍방향성 3단자 소자

【정답】 ①

02 특수 회전기

(1) 서보(servo) 모터

자동 제어 구조나 자동 평형 계기에서 전압 입력을 회전각으로 바꾸기 위해 사용되는 전동기
2상 교류 서보 모터나 직류 서보 모터가 사용된다.

DC 서보(servo) 모터는 BLDC 모터라고도 하고 서보 모터는 말을 잘 듣는 모터이므로 응답이 느리면 안 된다.

→(서보(servo)는 하인이나 종(servant)에서 따온 말이다.)

DC 서보 모터의 기계적 시정수는 $\frac{JR}{K_e K_f}$ [s]

여기서, R : 권선의 저항, J : 관성 모멘트, K_e : 서보 유기 전압 정수, K_f : 서보 모터의 도체 정수

① 2상 서보 모터의 제어 방식

㉮ 전압 제어 방식 : 주권선에 보통 위상을 90° 진상으로 콘덴서 C를 직렬로 접속하여 일정 전압을 가하고 제어 권선에는 입력 전압의 크기만이 변화하는 신호를 걸어 속도 제어를 하는 방식

㉯ 위상 제어 방식 : 주권선에는 위상을 90° 진상으로 콘덴서를 통하여 일정 전압을 가하고, 제어권선에도 정격 전압을 가하여 그 위상을 ±90° 변화시켜 제어 하는 방식

㉰ 전압·위상 혼합 제어 방식 : 가장 일반적으로 사용되는 방식이며, 전압 제어와 위상 제어의 각각의 장점을 취한 방식이다.

※DC 서보 모터는 역률이 1이다.

② DC 서보 모터의 분류

㉮ 코어(철심)에 슬롯이 있는 모터

- ·슬롯이 있는 모터
- ·슬롯이 없는 모터

㉯ 코어 리스 모터

- ·레이디얼 에어캡(지름 방향 공극)형 모터
- ·액시얼 에어캡(축방향)형 모터

③ 서보 모터의 특징

- ·기동 토크가 크다.
- ·회전자 관성 모멘트가 적다.
- ·제어 권선 전압이 0에서는 기동해서는 안 되고, 곧 정지해야 한다.
- ·직류 서보 모터의 기동토크가 교류 서보 모터보다 크다.
- ·속응성이 좋다.
- ·시정수가 짧다.
- ·기계적 응답이 좋다.
- ·회전자 팬에 의한 냉각 효과를 기대할 수 없다.
- ·단위 전류당 발생 토크가 크고 효율이 좋다.
- ·토크 맥동이 작고, 안정된 제어가 용이하다.
- ·기계적 접점이 없고 신뢰성이 높다.

④ 서보 모터가 갖추어야 할 조건

- 기동 토크가 클 것
- 토크-속도 곡선이 수하특성을 가질 것
- 회전자 관성 모멘트가 적어야 하므로 축 방향으로 길게 한 구조로 한다.
- 전압이 0이 되었을 때 신속하게 정지할 것

핵심기출 【기사】 04/3 07/1 09/1 12/2 15/1 【기사】 04/2 04/3

자동 제어 장치에 사용되는 서보 모터(servo motor)의 특징을 나타낸 것 중 옳지 않은 것은?

① 빈번한 시동, 정지, 역전 등의 가혹한 상태에 견디도록 견고하고 큰 돌입 전류에 견딜 것

② 직류 서보 모터에 비하여 교류 서보 모터의 시동 토크가 매우 크다.

③ 기동 토크는 크나, 회전부의 관성 모멘트가 작고 전기적 시정수가 짧을 것

④ 발생 토크는 입력 신호에 비례하고 그 비가 클 것

정답 및 해설 [서보 모터의 특징] ② 직류 서보 모터의 기동 토크가 교류 서보 모터보다 크다.

【정답】 ②

(2) 스텝 모터

스텝 모터는 위치 제어를 할 때 각도 오차가 매우 적은 전동기로 가속, 감속, 속도 조정 등 제어가 용이해서 자동 제어에 많이 사용된다.

- 가속과 감속이 용이하다.
- 정역전 및 변속이 용이하다.
- 위치제어 시 각도 오차가 적다.

① 스텝 모터의 장점

- 위치 및 속도를 검출하기 위한 장치가 필요 없다.
- 컴퓨터 등 다른 디지털 기기와의 인터페이스가 용이하다.
- 가속, 감속이 용이하며 정·역전 및 변속이 쉽다.
- 속도제어 범위가 광범위하며, 초저속에서 큰 토크를 얻을 수 있다.
- 위치제어를 할 때 각도 오차가 적고 누적되지 않는다.
- 정지하고 있을 때 그 위치를 유지해 주는 토크가 크다.
- 유지 보수가 쉽다.

② 스텝 모터의 단점

- 분해 조립, 또는 정지 위치가 한정된다.
- 서보모터에 비해 효율이 나쁘다.
- 마찰 부하의 경우 위치 오차가 크다.
- 오버슈트 및 진동의 문제가 있다.
- 대용량의 대형기는 만들기 어렵다.

(3) 선형 전동기(리니어 모터)

회전기의 회전자 접속 방향에 발생하는 전자력을 직선적인 기계 에너지로 변환시키는 장치

① 장점

- 모터 자체의 구조가 간단하여 신뢰성이 높고 보수가 용이하다.
- 기어, 벨트 등 동력 변환 기구가 필요 없고 직접 직선 운동이 얻어진다.
- 마찰을 거치지 않고 추진력이 얻어진다.
- 원심력에 의한 가속 제한이 없고 고속을 쉽게 얻을 수 있다.

② 단점

- 회전형에 비하여 공극이 커서 역률, 효율이 낮다.
- 저속도를 얻기 어렵다.
- 부하관성의 영향이 크다.

핵심기출 【기사】 05/2 13/3 14/1 【산업기사】 16/1

다음은 스텝 모터(Step Motor)의 장점을 나열한 것이다. 틀린 것은?

① 피드백 루프가 필요 없어 오픈 루프로 손쉽게 속도 및 위치 제어를 할 수 있다.

② 디지털 신호를 직접 제어할 수 있으므로 컴퓨터 등 다른 디지털 기기와 인터페이스가 쉽다.

③ 가속, 감속이 용이하며 정·역전 및 변속이 쉽다.

④ 위치 제어를 할 때 각도 오차가 있고 누적된다.

정답 및 해설 [스텝 모터의 특성] 스텝 모터는 각도 오차가 매우 적은 전동기로 자동 제어 장치에 많이 사용된다.

【정답】 ④

Chapter 05

시험 전 반드시 체크해야 할

단원 핵심 체크

01 정지 사이리스터 회로에 의해 전원 주파수와 다른 주파수의 전력으로 변환시키는 직접 회로장치를 (　　　　　　　)라고 한다.

02 회전 변류기의 직류 측 전압을 조정하는 방법으로는 직렬 리액턴스에 의한 방법, 유도 전압 조정기를 사용하는 방법, 동승 변압기를 사용하는 방법, 그리고 부하 시 (　　　　　)를 사용하는 방법 등이 있다.

03 회전 변류기의 난조의 원인으로는 직류 측 부하의 급격한 변화, 역률이 매우 (　①　) 때, 교류 측 전원 주파수의 주기적 변화, 브러시의 위치가 중성점보다 (　②　) 위치에 있을 때 등 이다.

04 수은 정류기가 역방향으로 방전되어 밸브 작용의 상실로 인한 전자 역류 현상을 (　　　　)라고 한다.

05 수은 정류기의 역호를 방지하기 위해 운전상 주의할 사항으로 과도한 (　①　)를 피한다. 진공도를 항상 양호하게 유지한다. 철제 수은 정류기는 (　②　)극 바로 앞에 그리드를 설치한다. 냉각 장치에 주의하여 과열, 과냉을 피할 것 등이다.

06 정류 회로에서 출력 전압의 맥류분을 감소하기 위해 사용하는 것은 (　　　)이다.

07 다이오드를 사용한 정류 회로에서 여러 개를 직렬로 연결하여 사용할 경우 얻는 효과는 (　①　) 방지, 정류 회로에서 여러 개를 병렬로 연결하여 사용할 경우 얻는 효과는 (　②　) 방지이다.

08 사이리스터는 교류 입력을 받아 정류 전압의 (　　　　　　)을 제어하여 교류 전력을 제어하는 소자이다.

09 SCR은 정류 기능을 갖는 (　　①　　)방향성 (　　②　　)단자 소자이다.

10 다이오드를 이용한 저항 부하의 단상 반파 정류 회로에서 맥동률(리플률)은 (　　　　　　)[%] 이다.

11 사이리스터를 확실하게 턴온시키기 위해 필요한 최소한의 순전류를 (　　①　　)라 하고, 게이트가 개방되어 도통되고 있는 상태를 유지하기 위해 최소의 순전류를 (　　②　　)라고 한다.

12 TRIAC은 (　　①　　)방향성 (　　②　　)단자 사이리스터이다.

13 SCS(Silicon Controlled Switch)는 (　　①　　)방향성 (　　②　　)단자 사이리스터이다.

14 자동 제어 장치에 사용되는 서보 모터(servomotor)가 갖추어야 할 조건으로는 기동 토크가 (　　①　　). 토크–속도 곡선이 (　　②　　)을 가질 것. 전압이 0이 되었을 때 신속하게 정지할 것. 회전자 관성 모멘트가 적어야 하므로 축 방향으로 길게 한 구조로 한다.

15 스텝 모터의 주요 특징으로는 속도 제어 범위가 광범위하며, 초 저속에서 큰 토크를 얻을 수 있다. 정역전 및 변속이 용이하다. 그리고 위치 제어 시 각도 오차가 (　　　　　　).

정답

(1) 사이클로컨버터	(2) 전압 조정 변압기	(3) ① 나쁠, ② 늦은
(4) 역호	(5) ① 부하 전류, ② 양(+)	(6) 평활회로
(7) ① 과전압, ② 과전류	(8) 위상각	(9) ① 단(1), ② 3
(10) 48	(11) ① 래칭전류, ② 유지전류	(12) ① 양(2), ② 3
(13) ① 단(1), ② 4	(14) ① 크다, ② 수하 특성	(15) 적다

Chapter 05

기출문제에서 뽑은 최다 빈출

적중 예상문제

1. 6상 회전 변류기에서 직류 600[V]를 얻으려면 슬립링 사이의 교류 전압을 몇 [V]로 하여야 하는가?

① 약 212 ② 약 300
③ 약 424 ④ 약 848

|정|답|및|해|설|

[회전 변류기의 전압비] $\frac{E_a}{E_d} = \frac{1}{\sqrt{2}} \sin\frac{\pi}{m}$

$m = 6,\ E_d = 600[V]$

$\frac{E_a}{E_d} = \frac{1}{\sqrt{2}} \sin\frac{\pi}{m}$ 에서

$\therefore E_a = \frac{1}{\sqrt{2}} \sin\frac{\pi}{6} E_d = \frac{1}{2\sqrt{2}} E_d = \frac{1}{2\sqrt{2}} \times 600 = 212[V]$

【정답】 ①

2. 단중 중권 6상 회전 변류기의 직류 측 전압 E_d와 교류 측 슬립링 간의 기전력 E_a에 대해 옳은 식은?

① $E_a = \frac{1}{2\sqrt{2}} E_d$ ② $E_a = 2\sqrt{2} E_d$
③ $E_a = \frac{3}{2\sqrt{2}} E_d$ ④ $E_a = \frac{1}{\sqrt{2}} E_d$

|정|답|및|해|설|

[회전 변류기의 전압비] $\frac{E_a}{E_d} = \frac{1}{\sqrt{2}} \sin\frac{\pi}{m}$

$\frac{E_a}{E_d} = \frac{1}{\sqrt{2}} \sin\frac{\pi}{m}$ →(6상이므로 $m = 6$)

$\therefore E_a = \frac{1}{\sqrt{2}} \sin\frac{\pi}{6} E_d = \frac{1}{2\sqrt{2}} E_d$ →($\sin 30 = \frac{1}{2}$)

【정답】 ①

3. 회전 변류기의 전압 제어에 쓰이지 않는 것은?

① 유도 변압 조정기 ② 직렬 리액턴스
③ 변압기 탭 변환 ④ 계자 저항기

|정|답|및|해|설|

[회전 변류기의 전압 조정 방법] 직렬 리액턴스에 의한 방법, 유도 전압 조정기를 사용하는 방법, 부하시 전압 조정 변압기를 사용하는 방법, 동기승압기를 사용하는 방법

【정답】 ④

4. 3상 수은 정류기의 직류 측 전압 E_d와 교류 측 전압 E의 비 $\frac{E_d}{E}$는?

① 0.855 ② 1.02
③ 1.17 ④ 1.86

|정|답|및|해|설|

[수은 정류기의 전압비]

$\frac{E_d}{E} = \frac{\sqrt{2}\sin\frac{\pi}{m}}{\frac{\pi}{m}}$ →(3상이므로 $m = 3$)

$\therefore \frac{E_d}{E} = \frac{\sqrt{2}\sin\frac{\pi}{3}}{\frac{\pi}{3}} = 1.17$

【정답】 ③

5. 6상식 수은 정류기의 무부하시에 있어서의 직류 측 전압 [V]은 얼마인가? (단, 교류 측 전압은 E[V], 격자 제어 위상각 및 아크 전압 강하를 무시한다.)

① $\frac{3\sqrt{2}E}{\pi}$ ② $\frac{6(\sqrt{3}-1)E}{\pi}$

③ $\frac{\sqrt{2}\pi E}{3}$ ④ $\frac{3\sqrt{6}E}{\pi}$

|정|답|및|해|설|

[수은 정류기의 전압비] $\frac{E_d}{E}=\frac{\sqrt{2}\sin\frac{\pi}{m}}{\frac{\pi}{m}}$

$\frac{E_d}{E}=\frac{\sqrt{2}\sin\frac{\pi}{m}}{\frac{\pi}{m}}$ $\rightarrow(m=6)$

$\therefore \frac{E_d}{E}=\frac{\sqrt{2}\sin\frac{\pi}{6}}{\frac{\pi}{6}}=\sqrt{2}E\times\frac{1}{2}\times\frac{6}{\pi}=\frac{3\sqrt{2}}{\pi}E=1.35E[V]$

【정답】 ①

6. 일반적으로 전철이나 화학용과 같이 비교적 용량이 큰 수은 정류기용 변압기의 2차측 결선 방식으로 쓰이는 것은?

① 6상 2중 성형 ② 3상 반파

③ 3상 전파 ④ 3상 크로스파

|정|답|및|해|설|

[수은 정류기] 수은 정류기의 직류측 전압은 맥동이 있으므로 맥동률 적게 하기 위하여 상수를 많게 한다. 그러나 상수가 너무 많으면 결선이나 구조가 복잡하게 되므로 6상 또는 12상을 사용한다. 특히 대용량의 경우는 6상식이 쓰인다.

【정답】 ①

7. 수은 정류기 이상 현상 또는 전기적 고장이 아닌 것은?

① 역호 ② 이상 전압

③ 점호 ④ 통호

|정|답|및|해|설|

[수은 정류기의 이상 현상] 역호, 이상전압, 통호, 실호

※수은 정류기를 동작시키기 위해서는 어떠한 방법으로 수은 음극 위에 음극점을 만들 필요가 있다. 이것을 점호라 한다.

【정답】 ③

8. 수은 정류기에 있어서 정류기의 밸브 작용이 상실되는 현상을 무엇이라고 하는가?

① 점호(ignition)

② 역호(back firing)

③ 실호(misfiring)

④ 통호(arc-through)

|정|답|및|해|설|

[수은 정류기의 이상 현상(역호)] 역호의 원인은 전류 전압의 과대 또는 불순물, 내부 잔존 가스 압력의 상승 등이다. 역호를 방지하려면 과열, 과냉을 피하는 것이 가장 중요하다.

【정답】 ②

9. 수은 정류기의 전압과 효율과의 관계는?

① 전압이 높아짐에 따라 효율은 떨어진다.

② 전압이 높아짐에 따라 효율이 좋아진다.

③ 전압과 효율은 무관하다.

④ 어느 전압 이하에서는 전압에 관계없이 일정하다.

|정|답|및|해|설|

[수은 정류기의 효율]

$$\eta=\frac{E_dI_d}{E_dI_d+E_aI_a}\times100=\frac{E_d}{E_d+E_a}\times100=\frac{1}{1+\frac{E_a}{E_d}}\times100$$

여기서, E_d : 직류 측 전압[V], E_a : 아크 전압[V]

I_d : 직류 측 전류[A]

E_a의 값은 E_d, I_d에 관계없이 거의 일정하기 때문에 수은 정류기의 효율은 E_d가 높을수록 좋아지고 부하 변동에 대한 효율의 변화는 매우 작다.

【정답】 ②

10. 다음과 같은 반도체 정류기 중에서 역방향 내전압이 가장 큰 것은?

① 실리콘 정류기 ② 게르마늄 정류기
③ 셀렌 정류기 ④ 아산화동 정류기

|정|답|및|해|설|

[실리콘 정류기] 실리콘 정류기의 역방향 내전압은 500~1000[V] 정도이다. 【정답】 ①

11. 단상 반파 정류회로에서 변압기 2차 전압의 실효값을 E[V]라 할 때 직류 전류 평균값 [A]은 얼마인가? (단, 정류기의 전압 강하는 e[V]이다.)

① $\dfrac{\left(\dfrac{\sqrt{2}}{\pi}E-e\right)}{R}$ ② $\dfrac{1}{2}\cdot\dfrac{E-e}{R}$

③ $\dfrac{2\sqrt{2}}{\pi}\cdot\dfrac{E}{R}$ ④ $\dfrac{2\sqrt{2}}{\pi}\cdot\dfrac{E-e}{R}$

|정|답|및|해|설|

[단상 반파 정류 회로의 평균 출력] $E_{d0}\equiv 0.45E[V]$

정류기 내의 전압 강하를 e라 하면 직류 전압 평균값 E_d

$E_d=E_{d0}-e[V]$

따라서 직류 전류 평균값 I_d

$$\therefore I_d=\frac{E_d}{R}=\frac{E_{d0}-e}{R}=\frac{\frac{\sqrt{2}}{\pi}E-e}{R}[A]$$

단, E:변압기 2차 상전압(실효값)[V], R : 부하 저항[Ω]

【정답】 ①

12. 권수비가 1:2인 변압기(이상 변압기로 한다)를 사용하여 교류 100[V]의 입력을 가했을 때 전파 정류하면 출력 전압의 평균값 [V]은?

① $\dfrac{400\sqrt{2}}{\pi}$ ② $\dfrac{300\sqrt{2}}{\pi}$

③ $\dfrac{600\sqrt{2}}{\pi}$ ④ $\dfrac{200\sqrt{2}}{\pi}$

|정|답|및|해|설|

[단상 전파 직류 출력(전압 평균값)] $E_d=\dfrac{2\sqrt{2}}{\pi}E=0.9E$

$$E_d=\frac{2\sqrt{2}}{\pi}E=\frac{2\sqrt{2}}{\pi}\times 2\times 100=\frac{400\sqrt{2}}{\pi}[V]$$

【정답】 ①

13. 그림과 같은 정류 회로에 정현파 교류 전원을 가할 때 가동 코일형 전류계의 지시(평균값)[A]는? (단, 전원 전류의 최대값은 I_m 이다.)

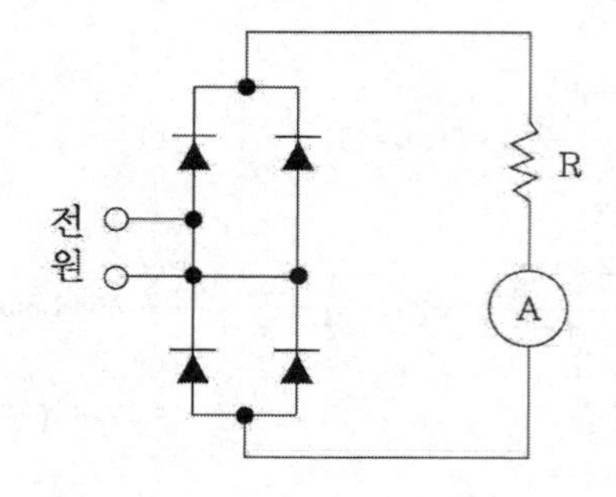

① $\dfrac{I_m}{\sqrt{2}}$ ② $\dfrac{2}{\pi}I_m$

③ $\dfrac{I_m}{\pi}$ ④ $\dfrac{I_m}{2\sqrt{2}}$

|정|답|및|해|설|

[단상 전파 직류 출력(전압 평균값)] $E_d=\dfrac{2\sqrt{2}}{\pi}E=\dfrac{2}{\pi}E_m$

$\rightarrow(E_m=\sqrt{2}E)$ 【정답】 ②

14. 그림과 같은 6상 반파 정류 회로에서 450[V]의 직류 전압을 얻는 데 필요한 변압기의 직류 권선 전압은 몇 [V]인가?

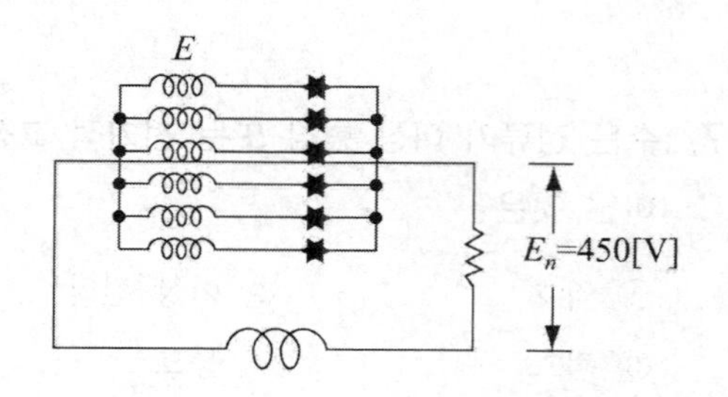

① 333 ② 348

③ 356 ④ 375

|정|답|및|해|설|

[6상 반파 출력의 평균전압)] $E_d = 1.35E$

$E_d = 1.35E \quad \rightarrow \quad \therefore \; E = \frac{E_d}{1.35} = \frac{450}{1.35} = 333[V]$

【정답】 ①

15. 그림과 같은 단상 전파 정류회로에서 부하 측에 인덕턴스 L을 삽입하면 다음과 같은 효과가 있다. 여기서, 틀린 것은?

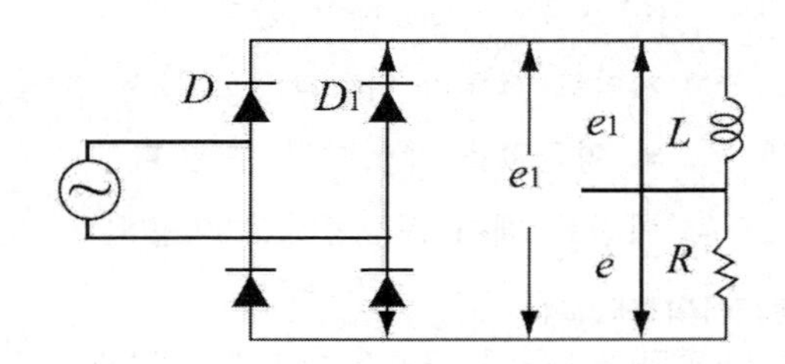

① L이 클수록 e_R, i_d는 평활한 직류에 가까워진다.

② L=∞에서는 완전한 직류로 된다.

③ E_{d0}, I_d에는 변화가 없다.

④ E_{d0}에는 변화가 있다.

|정|답|및|해|설|

[인덕턴스의 삽입] 정류 회로에서 맥동률 감소시키는 효과가 있다.

※④ L이 클수록 E_{d0}는 언제나 일정하다.

【정답】 ④

16. 그림과 같은 단상 전파 정류 회로에서 첨두 역전압(PIV) [V]은 얼마인가? (단, 변압기 2차 측 a, b 간 전압은 200[V]이고 정류기의 전압 강하는 20[V]이다.)

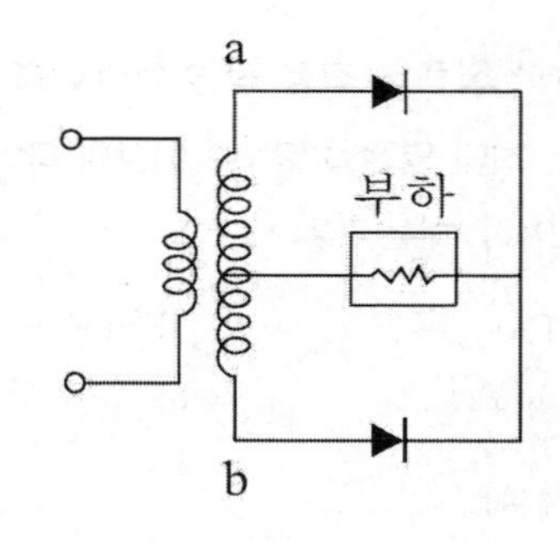

① 20 ② 200

③ 262 ④ 282

|정|답|및|해|설|

[단상 전파의 첨두 역전압] $PIV = 2\sqrt{2}E - e$

$PIV = 2\sqrt{2}E - e[V] = 2\sqrt{2} \times 100 - 20 = 262[V]$

【정답】 ③

17. 그림에서 밀리암페어계의 지시 [mA]를 구하면? (단, 밀리암페어계는 가동 코일형이라하고, 정류기의 저항은 무시한다.)

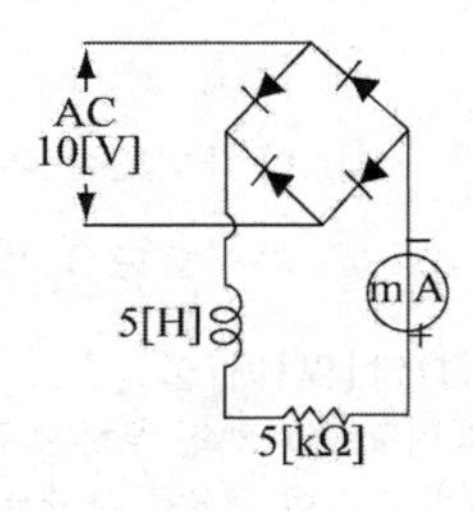

① 2.5

② 1.8

③ 1.2

④ 0.8

|정|답|및|해|설|

[단상 전파(브릿지)의 직류 출력] $E_d = \frac{2\sqrt{2}}{\pi}E[V]$

전류계는 가동 코일형이므로 직류 평균값을 가리킨다. 이와 같은 단상 전파회로의 직류 평균값 I_d는 다음 식과 같고 리액턴스와는 무관하다.

$E_d = \frac{2\sqrt{2}}{\pi}E = \frac{2\sqrt{2}}{\pi} \times 10 = 9[V]$

$\therefore$ 직류평균전류 $I_d = \frac{E_d}{R}$

$= \frac{9}{5 \times 10^3} = 1.8 \times 10^{-3}[A] = 1.8[mA]$

【정답】 ②

18. 단상 반파 정류로 직류 전압 150[V]를 얻으려고 한다. 최대 역전압 몇 [V] 이상의 다이오드를 사용하여야 하는가?

① 약 150　　② 약 166
③ 약 333　　④ 약 470

|정|답|및|해|설|

[단상 반파 정류 회로의 PIV] $PIV = \sqrt{2}E$

$E_d = \frac{2}{\pi}E = 0.45E \rightarrow E = \frac{E_d}{0.45} = \frac{150}{0.45} = 333[V]$

$\therefore PIV = \sqrt{2}E = \sqrt{2} \times 333 = 471[V]$

【정답】 ④

19. 다이오드를 사용한 정류 회로에서 과대한 부하 전류에 의해 다이오드가 파손될 우려가 있을 때의 조치로서 적당한 것은?

① 다이오드 양단에 적당한 값의 콘덴서를 추가한다.
② 다이오드 양단에 적당한 값의 저항을 추가한다.
③ 다이오드를 직렬로 추가한다.
④ 다이오드를 병렬로 추가한다.

|정|답|및|해|설|

[다이오드의 접속] 부하 전류가 과도한 경우에는 다이오드를 병렬로 하여 전류를 분산시키고 전압이 과도할 때는 다이오드를 직렬로 하여 전압을 분산시킬 수 있다.

【정답】 ④

20. 단상 반파 정류 회로인 경우 정류 효율은 몇 [%]인가?

① 12.6　　② 40.6
③ 60.6　　④ 81.2

|정|답|및|해|설|

[단상 반파 정류 회로의 효율]

$$\eta = \frac{P_{dc}}{P_{ac}} \times 100 = \frac{\left(\frac{I_m}{\pi}\right)^2 R_L}{\left(\frac{I_m}{2}\right)^2 R_L} \times 100 = \frac{4}{\pi^2} \times 100 = 40.6[\%]$$

【정답】 ②

21. SCR의 설명으로 적당하지 않은 것은?

① 게이트 전류 (I_g)로 통전 전압을 가변시킨다.
② 주 전류를 차단하려면 게이트 전압을 (0) 또는 (-)로 해야 한다.
③ 게이트 전류의 위상각으로 통전 전류의 평균값을 제어시킬 수 있다.
④ 대전류 제어 정류용으로 이용된다.

|정|답|및|해|설|

[SCR의 특징] SCR은 게이트에 (+)의 트리거 펄스가 인가되면 통전 상태로 되어 정류 작용이 개시되고, 일단 통전이 시작되면 게이트 전류를 차단해도 극전류(애노드 전류)는 차단되지 않는다. 이때에 이를 차단하려면 애노드 전압을 (0) 또는 (-)로 해야 한다.

【정답】 ②

22. SCR(실리콘 정류 소자)의 특징이 아닌 것은?

① 아크가 생기지 않으므로 열의 발생이 적다.
② 과전압에 약하다.
③ 게이트에 신호를 인가할 때부터 도통할 때까지의 시간이 짧다.
④ 전류가 흐르고 있을 때의 양극 전압 강하가 크다.

|정|답|및|해|설|

[SCR의 특징] 전류가 흐르고 있을 때 도통 상태에서 전압 강하가 작다.

【정답】 ④

23. 도통(On) 상태에 있는 SCR을 차단(Off) 상태로 만들기 위해서는?

① 전원 전압이 부(-)가 되도록 한다.
② 게이트 전압이 부(-)가 되도록 한다.
③ 게이트 전류를 증가시킨다.
④ 게이트 펄스 전압을 가한다.

|정|답|및|해|설|

[SCR의 특징] A(애노우드)에 (-)전압을 가하던지 전류를 유지 전류 이하로 하면 된다. 【정답】 ①

24. SCR을 OFF 상태에서 ON 상태가 되게 하는 방법으로 잘못된 것은?

① 게이트 전류를 흘린다.
② 온도를 높인다.
③ 애노드에 (+)의 전압을 내압까지 인가한다.
④ 애노드에 인가하는 전압 상승률을 작게 잡는다.

|정|답|및|해|설|

[SCR의 특징] SCR은 온도에 약하다.

【정답】 ②

25. 사이리스터가 기계적인 스위치보다 특성이 될 수 없는 것은?

① 내충격성 ② 소형 경량
③ 무소음 ④ 고온에 강하다.

|정|답|및|해|설|

[SCR의 특징] 사이리스터는 기계적 접점이 없으므로 무소음으로 전환되고, 아크가 없고 접촉 불량 등의 염려가 없는 동시에 수명은 반영구적이다. 소형 경량으로 대전력을 제어 가능하지만 열용량이 적으므로 온도 상승에 약하다.

【정답】 ④

26. 사이리스터에서의 래칭 전류에 관한 설명으로 옳은 것은?

① 게이트를 개방한 상태에서 사이리스터 도통 상태를 유지하기 위한 최소의 순전류
② 게이트를 저압을 인가한 후에 급히 제거한 상태에서 도통 상태가 유지되는 최소 순전류
③ 사이리스터의 게이트를 개방한 상태에서 전압을 상승하면 급히 증가하게 되는 순전류
④ 사이리스터가 턴 온 하기 시작하는 순전류

|정|답|및|해|설|

[래칭 전류] 게이트 개방 상태에서 SCR이 도통되고 있을 때, 그 상태를 유지하기 위한 최소의 순전류를 유지전류라 하고 턴온되려고 할 때는 이 이상의 순전류가 필요하고, 확실히 턴온시키기 위해서 필요한 최소의 순전류를 래칭 전류라 한다.

【정답】 ④

27. 그림과 같이 SCR을 이용하여 교류 전력을 제어할 때 전압 제어가 가능한 범위는? (단, a : 부하시의 제어각, r : 부하 임피던스각)

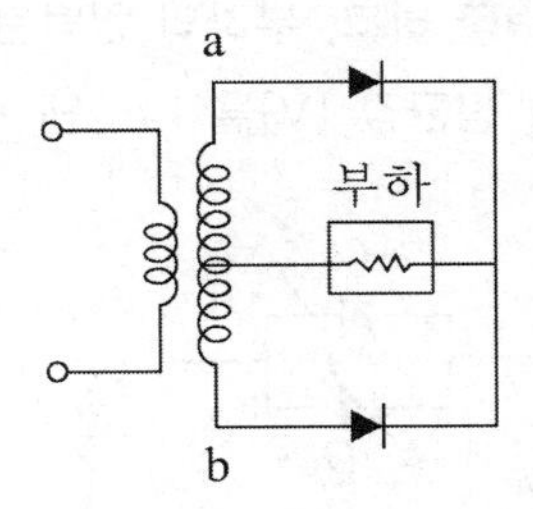

① a 〉 r
② a = r
③ a, r에 관계없이 가능하다.
④ a 〈 r

|정|답|및|해|설|

[SCR의 특징] 제어각은 부하역률각(임피던스각)보다 클 때만 제어가 가능하다. 【정답】 ①

28. 그림과 같은 단상 전파제어회로에서 부하의 역률각 ∅가 60^0의 유도부하일 때 제어각 a를 0^0에서 180^0까지 제어하는 경우에 전압제어가 불가능한 범위는?

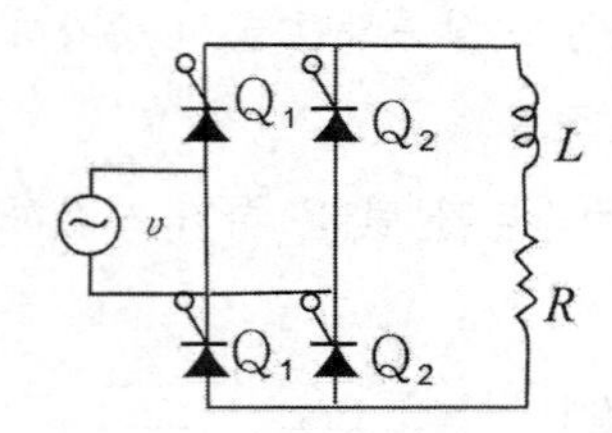

① $a \le 30^0$ ② $a \le 60^0$
③ $a \le 90^0$ ④ $a \le 120^0$

|정|답|및|해|설|

사이리스터는 역률각보다 큰 범위만 제어가 가능하다.
【정답】 ②

29. 그림과 같이 4개의 소자를 전부 사이리스터를 사용한 대칭 브리지 회로에서 사이리스터의 점호각을 a라 하고, 부하의 인덕턴스 L=0일 때의 전압 평균값 [V]을 나타낸 식은?

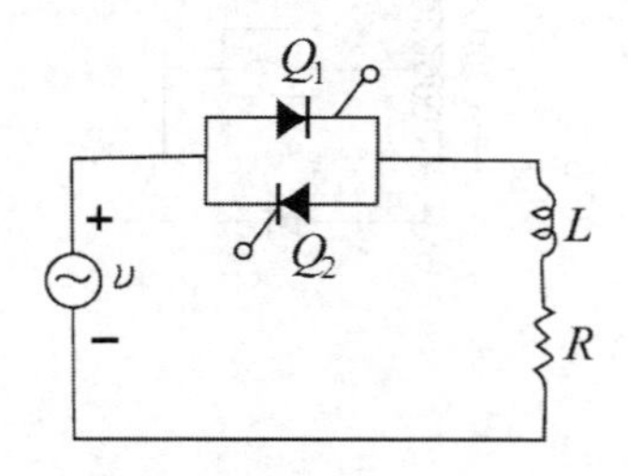

① $E_{d0}\cos a$ ② $E_{d0}\sin a$

③ $E_{d0}\dfrac{1+\cos a}{2}$ ④ $E_{d0}\dfrac{1-\cos a}{2}$

|정|답|및|해|설|

$$E_{d0}=\frac{2}{2\pi}\int_0^{\pi}\sqrt{2}E\sin\theta\,d\theta=\frac{\sqrt{2}E}{\pi}[-\cos\theta]_0^{\pi}$$

$$=\frac{\sqrt{2}E}{\pi}(1+1)=\frac{2\sqrt{2}E}{\pi}[V]$$

$$E_{d0}=\frac{1}{\pi}\int_a^{\pi}\sqrt{2}E\sin\theta\,d\theta=\frac{\sqrt{2}E}{\pi}[-\cos\theta]_a^{\pi}$$

$$=\frac{\sqrt{2}E}{\pi}(1+\cos\alpha)=\frac{2\sqrt{2}}{\pi}\times E\times\frac{1+\cos\alpha}{2}$$

$$=E_{d0}\left(\frac{1+\cos\alpha}{2}\right)[V]$$

【정답】 ③

30. 실리콘 정류기의 최고 허용 온도 [℃]는?

① 20~50 ② 60~90
③ 100~130 ④ 140~200

|정|답|및|해|설|

[SCR의 특징] 실리콘의 온도 범위는 150[℃] 정도이다. 게르마늄보다 온도가 높아서 주로 실리콘 정류기가 사용 된다.
【정답】 ④

31. 다음 사이리스터 중 3단자 사이리스터가 아닌 것은?

① SCR ② GTO
③ SCS ④ TRIAC

|정|답|및|해|설|

[SCS의 특징] SCS는 1방향성 4단자 사이리스터이다.
【정답】 ③

32. 다음 중 2방향성 3단자 사이리스터의 대표적인 것은?

① SCR ② SSS
③ SCS ④ TRIAC

|정|답|및|해|설|

[TRIAC의 특징] TRIAC은 쌍방향성 3단자 사이리스터이다. SSS는 쌍방향성 2단자 사이리스터 SCS는 단일 방향성 4단자 사이리스터 【정답】 ④

33. 사이리스터의 명칭에 관한 설명 중 틀린 것은?

① SCR은 역저지 3극 사이리스터이다.
② SSS는 2극 쌍방향 사이리스터이다.
③ TRIAC는 2극 쌍방향 사이리스터이다.
④ SCS는 역저지 4극 사이리스터이다.

|정|답|및|해|설|

[TRIAC의 특징] TRIAC은 쌍방향성 3단자 사이리스터이다.
【정답】 ③

34. 어떤 정류기의 부하 전압이 2,000[V]이고, 맥동률이 3[%]이면 교류분은 몇[V] 포함되어 있는가?

① 20 ② 30
③ 50 ④ 60

|정|답|및|해|설|

[맥동률] 맥동률= $\frac{\text{나머지 교류분}}{\text{직류분}}$

∴ 교류분=맥동율×직류분=0.03×2000=60[V]

【정답】 ④

35. 사이클로컨버터(Cycioconverter)란?

① 실리콘 양방향성 소자이다.
② 제어 정류기를 사용한 주파수 변환기이다.
③ 직류 제어소자이다.
④ 전류 제어소자이다.

|정|답|및|해|설|

[사이클로 컨버터] 사이클로 컨버터란 정지 사이리스터 회로에 의해 전원 주파수와 다른 주파수의 전력으로 변환시키는 직접회로 장치이다. 【정답】 ②

Memo

전기기사·산업기사 필기 최근 5년간 기출문제

2020 전기산업기사 기출문제

(통합)

41. 단상 다이오드 반파 정류회로인 경우 정류 효율은 약 몇 [%]인가? (단, 저항부하인 경우이다.)

① 12.6 ② 40.6
③ 60.6 ④ 81.2

|정|답|및|해|설|

[정류효율]

$$\eta_r = \frac{\text{부하에 공급된 직류전력}}{\text{교류 입력전력}} \times 100 = \left(\frac{I_d}{I}\right)^2 = \left(\frac{\frac{I_m}{\pi}}{\frac{I_m}{2}}\right)^2$$

$$= \left(\frac{2}{\pi}\right)^2 = 0.406 \times 100 = 40.6[\%]$$

【정답】 ②

42. 직류발전기를 병렬 운전에서 균압모선을 필요로 하지 않는 것은?

① 분권발전기 ② 직권발전기
③ 평복권발전기 ④ 과복권발전기

|정|답|및|해|설|

[균압선의 목적]

- 병렬 운전을 안정하게 하기 위하여 설치하는 것
- 일반적으로 직권 및 복권 발전기에는 직권 계자 코일에 흐르는 전류에 의하여 병렬 운전이 불안정하게 되므로 균압선을 설치하여 직권 계자 코일에 흐르는 전류를 분류하게 된다.

【정답】 ①

43. 3상 유도전동기의 전원측에서 임의의 2선을 바꾸어 접속하여 운전하면? [06/2]

① 회전방향이 반대가 된다.
② 회전방향은 불변이나 속도가 약간 떨어진다.
③ 즉각 정지된다.
④ 바꾸지 않았을 때와 동일하다.

|정|답|및|해|설|

[역상제동] 3상 유도 전동기의 경우 3선 중 임의의 2선의 접속을 반대로 하면 회전계자의 방향이 반대로 되어 운전한다. 주로 급제동 시에 많이 사용한다.

【정답】 ①

44. 직류 분권전동기의 정격 전압 220[V], 정격전류 105[A], 전기자저항 및 계자회로의 저항이 각각 $0.1[\Omega]$ 및 $40[\Omega]$이다. 기동전류를 정격전류의 150[%]로 할 때의 기동저항은 약 몇 $[\Omega]$인가?

① 0.46 ② 0.92
③ 1.21 ④ 1.35

|정|답|및|해|설|

[기동시 전기자저항] 기동시 전기자저항=전기자저항+기동저항

계자전류 $I_f = \frac{V}{R_f} = \frac{220}{40} = 5.5[A]$

기동전류는 정격의 150[%]

기동전류$= 105 \times 1.5 = 157.5[A]$

기동시 전기자전류 $I_a = I - I_f = 157.5 - 5.5 = 152[A]$

$R_a + R_s = \frac{V}{I_a} = \frac{220}{152} = 1.45[\Omega]$

기동저항 $R_s = 1.45 - R_a = 1.45 - 0.1 = 1.35[\Omega]$

【정답】 ④

45. 전기자저항과 계자저항이 각각 0.8[Ω]인 직류 직권전동기가 회전수 200[rpm], 전기자전류 30[A] 일 때 역기전력은 300[V]이다. 이 전동기의 단자전압을 500[V]로 사용한다면 전기자전류가 위와 같은 30[A]로 될 때의 속도[rpm]는? (단, 전기자반작용, 마찰손, 풍손 및 철손은 무시한다.)

① 200 ② 301

③ 452 ④ 500

|정|답|및|해|설|

[전동기의 회전수] $N=\frac{k}{\varnothing}\cdot E_c \quad \rightarrow (E_c$: 역기전력)

· 단자전압 $V=E_c+I_a(r_a+r_s)=300+30(0.8+0.8)=348[V]$

$$N=k\frac{E_c}{\varnothing} \quad \rightarrow \quad \frac{k}{\varnothing}=\frac{N}{E_c}=\frac{200}{300}$$

· 변경 후의 역기전력

$E_c'=V-I_a(r_a+r_s)=500-30(0.8+0.8)=452[V]$

그러므로 $N'=\frac{k}{\varnothing}\cdot E_c'=\frac{200}{300}\times 452=301[rpm]$

【정답】 ②

46. 수은 정류기에 있어서 정류기의 밸브작용이 상실되는 현상을 무엇이라고 하는가?

① 동호 ② 실호

③ 역호 ④ 점호

|정|답|및|해|설|

[역호] 음극에 대해 부전위로 있는 양극에 어떠한 원인에 의해 음극점이 형성되어 정류기의 밸브 작용이 상실되어 버리는 현상

【정답】 ③

47. 3상 유도전동기의 전원주파수와 전압의 비가 일정하고 정격속도 이하로 속도를 제어하는 경우 전동기의 출력 P와 주파수 f와의 관계는? [17/1]

① $P\propto f$ ② $P\propto \frac{1}{f}$

③ $P\propto f^2$ ④ P는 f에 무관

|정|답|및|해|설|

[유도전동기 토크]

$$T=\frac{P_0}{2\pi\frac{N}{60}}=\frac{P_0}{\frac{2\pi}{60}(1-s)N_s}=\frac{P_0}{(1-s)\frac{2\pi}{60}\times\frac{120}{p}f}$$

$$=\frac{P_0}{(1-s)\frac{4\pi f}{p}}[N\cdot m]$$

출력 $P_0=(1-s)\frac{4\pi f}{p}T \qquad \therefore P_0\propto f$

【정답】 ①

48. SCR에 대한 설명으로 옳은 것은?

① 증폭기능을 갖는 단방향성 3단자 소자이다.

② 제어기능을 갖는 양방향성 3단자 소자이다.

③ 정류기능을 갖는 단방향성의 3단 소자이다.

④ 스위칭기능을 갖는 양방향성의 3단자 소자이다.

|정|답|및|해|설|

[SCR] SCR은 정류기능을 갖는 단일방향성 3단자 소자(PNPN4층 구조)로서 게이트에 (+)의 트리거 펄스가 인가되면 on상태로 되어 정류 작용이 되고, 일단 on되면 게이트 전류를 차단해도 주전류는 차단되지 않는다.

【정답】 ③

49. 유도전동기의 주파수 60[Hz]이고 전부하에서 회전수가 매분 1164회이면 극수는? (단, 슬립은 3[%]이다.) [08/3 13/1]

① 4 ② 6

③ 8 ④ 10

|정|답|및|해|설|

[유도 전동기의 회전자 속도] $N=(1-s)N_s=\frac{120f}{p}(1-s)[\text{rpm}]$

슬립 $s=\frac{N_s-N}{N_s}\times 100$

동기속도 $N_s=\frac{N}{1-\frac{s}{100}}=\frac{1164}{1-0.03}=1200[rpm]$

$N_s=\frac{120f}{p} \qquad \therefore p=\frac{120f}{N_s}=\frac{120\times 60}{1200}=6$[극]

여기서, s : 슬립, p : 극수, f : 주파수

【정답】 ②

50. 동기기의 과도 안정도를 증가시키는 방법이 아닌 것?

① 속응 여자 방식 채용
② 동기 탈조계전기를 사용
③ 동기화 리액턴스를 작게 한다.
④ 회전자의 플라이휠 효과를 작게 한다.

|정|답|및|해|설|

[동기기의 안정도 향상 대책]
① 계통의 직렬 리액턴스 감소
② 전압 변동률을 적게 한다(속응 여자 방식 채용, 계통의 연계, 중간 조상 방식).
③ 계통에 주는 충격을 적게 한다(적당한 중성점 접지 방식, 고속 차단 방식, 재폐로 방식).
④ 고장 중의 발전기 돌입 출력의 불평형을 적게 한다.
※회전자의 플라이휠 효과를 크게 한다.

【정답】 ④

51. 전압비 3300/110[V], 1차 누설임피던스 $Z_1 = 12 + j13[\Omega]$, 2차 누설임피던스 $Z_2 = 0.015 + j0.013[\Omega]$인 변압기가 있다. 1차로 환산된 등가임피던스[Ω]는? [13/3]

① $25.5 + j24.7$ ② $25.5 + j22.7$
③ $24.7 + j25.5$ ④ $22.7 + j25.5$

|정|답|및|해|설|

[등가임피던스=전체임피던스] $Z_1' = Z_1 + a^2 Z_2$

· 권수비 $a = \dfrac{E_1}{E_2} = \dfrac{3300}{110} = 30$

· 1차로 환산한 등가임피던스 Z_1'

$Z_1' = Z_1 + a^2 Z_2 = 12 + j13 + 30^2 \times (0.015 + j0.013)$
$= 25.5 + j24.7[\Omega]$

【정답】 ①

52. 동기발전기의 단자 부근에서 단락이 일어났다고 할 때 단락전류에 대한 설명으로 옳은 것은? [09/2 06/2 04/2 기사17/1 06/3 04/3]

① 서서히 증가한다.
② 발전기는 즉시 정지한다.
③ 일정한 큰 전류가 흐른다.
④ 처음은 큰 전류가 흐르나 점차로 감소한다.

|정|답|및|해|설|

[단락전류] 평형 3상 전압을 유기하고 있는 발전기의 단자를 갑자기 단락하면 단락 초기에 전기자 반작용이 순간적으로 나타나지 않기 때문에 막대한 과도 전류가 흐르고, 수초 후에는 영구 단락 전류값에 이르게 된다.

【정답】 ④

53. 어떤 공장에 뒤진 역률 0.8인 부하가 있다. 이 선로에 동기조상기를 병렬로 결선해서 선로의 역률을 0.95로 개선하였다. 개선 후 전력의 변화에 대한 설명으로 틀린 것은?

① 피상전력과 유효전력은 감소한다.
② 피상전력과 무효전력은 감소한다.
③ 피상전력은 감소하고 유효전력은 변화가 없다.
④ 무효전력은 감소하고 유효전력은 변화가 없다.

|정|답|및|해|설|

[역률개선] 무효전력(P_r)을 줄이는 것

피상전력 $P_a = \sqrt{P^2 + P_r^2}$

따라서 무효전력과 피상전력은 줄고, 유효전력은 변하지 않는다.

【정답】 ①

54. 기동 시 정류자의 불꽃으로 라디오의 장해를 주며 단락장치의 고장이 일어나기 쉬운 전동기는?

① 직류 직권전동기
② 단상 직권전동기
③ 반발기동형 단상유도전동기
④ 세이딩코일형 단상유도전동기

|정|답|및|해|설|

[반발기동형 단상유도전동기] 반발기동형 단상유도전동기는 기동시에 반발전동기(정류자전동기)로서 기동하므로, 직권전동기와 같은 큰 기동토크를 내지만, 기동시 정류자의 불꽃으로 단락장치의 고장이 일어나기 쉽다.

【정답】 ③

55. 8극, 유도기전격 100[V], 전기자전류 200[A]인 직류 발전기의 전기자 권선을 중권에서 파권으로 변경했을 경우의 유도기전력과 전기자전류는?

① 100[V], 200[A] ② 200[V], 100[A]
③ 400[V], 50[A] ④ 800[V], 25[A]

|정|답|및|해|설|

[유도기전력] $E=\frac{pz\varnothing}{a}\cdot\frac{N}{60}$

- 중권 → 파권
- $a=p=8$ → $a=2$
- $E=100[V]$ → $E'=?$
- $I_a=200[A]$ → $I_a'=?$

$a=\frac{2}{8}=\frac{1}{4}$배 감소

E'는 병렬회로수 a와 반비례하므로 4배 증가해서 400[V]

$I=\frac{I_a}{a}=\frac{200}{8}=25[A]$ → $I_a'=2I=2\times25=50[A]$

【정답】 ③

56. 8극, 50[kW], 3300[V], 60[Hz]인 3상 권선형 유도전동기의 전부하 슬립이 4[%]라고 한다. 이 전동기의 슬립링 사이에 0.16[Ω]의 저항 3개를 Y로 삽입하면 전부하 토크를 발생할 때의 회전수[rpm]는? (단, 2차 각상의 저항은 0.04[Ω]이고, Y접속이다.)

① 660 ② 720
③ 750 ④ 880

|정|답|및|해|설|

[회전자속도] $N=N_s(1-s)$ → $s\propto r_2$

$r_2=0.04[\Omega]$

$r_2+R=0.04+0.16=0.2$

$\frac{0.2}{0.04}=5$배

$s'\propto r_2'$

$N'=N_s(1-s')=\frac{120f}{p}(1-5s)=\frac{120\times60}{8}(1-5\times0.04)=720$

【정답】 ②

57. 임피던스 강하가 5[%]인 변압기가 운전 중 단락되었을 때 단락전류는 정격전류의 몇 배인가? [08/2 07/2]

① 10 ② 15
③ 20 ④ 25

|정|답|및|해|설|

[단락전류] $I_s=\frac{100}{\%Z}I_n=\frac{100}{5}I_n=20I_n[A]$

【정답】 ③

58. 변압기의 임피던스와트와 임피던스전압을 구하는 시험은? [14/1]

① 충격전압시험 ② 부하시험
③ 무부하시험 ④ 단락시험

|정|답|및|해|설|

[단락시험] 변압기의 단락시험으로는 임피던스 전압과 전력을 측정하여 임피던스, 동손(임피던스 와트), 임피던스 전압, 권선의 저항을 구할 수가 있다.

※무부하 시험으로는 철손과 여자 어드미턴스 등을 구할 수가 있다.

【정답】 ④

59. 변압기에서 1차 측의 여자어드미턴스를 Y_0라고 한다. 2차 측으로 환산한 여자어드미턴스 Y_0'을 옳게 표현한 것은?

① $Y_0'=a^2Y_0$ ② $Y_0'=aY_0$
③ $Y_0'=\frac{Y_0}{a^2}$ ④ $Y_0'=\frac{Y_0}{a}$

|정|답|및|해|설|

[권수비] $a=\sqrt{\frac{Z_1}{Z_2}}=\sqrt{\frac{\frac{1}{Y_0}}{\frac{1}{Y_0'}}}=\sqrt{\frac{Y_0'}{Y_o}}$

$a^2=\frac{Y_0'}{Y_0}$ → $Y_0'=a^2Y_0$

【정답】 ①

60. 3상 동기기의 제동권선을 사용하는 주 목적은? [14/1]

① 출력이 증가한다. ② 효율이 증가한다.
③ 역률을 개선한다. ④ 난조를 방지한다.

|정|답|및|해|설|

[제동권선의 역할]
① 난조 방지
② 기동토크 발생
③ 불평형 부하시의 전류, 전압 파형 개선
④ 송전선의 불평형 단락시의 이상 전압 방지

【정답】 ④

41. 직류기의 구조가 아닌 것은?

① 계자 권선 ② 전기자 권선
③ 내철형 철심 ④ 전기자 철심

|정|답|및|해|설|

[직류기의 구조]
· 정류자
· 전기자 : 철심, 권선
· 계자
※내철형 철심은 변압기의 구조이다.

【정답】 ③

42. 다음중 인버터(inverter)의 설명으로 바르게 나타낸 것은? [08/3 13/2]

① 직류를 교류로 변환
② 교류를 교류로 변환
③ 직류를 직류로 변환
④ 교류를 직류로 변환

|정|답|및|해|설|

· 인버터(Inverter) : 직류 → 교류
· 컨버터(converter) : 교류 → 직류

【정답】 ①

43. 표면을 절연 피막 처리한 규소강판을 성층하는 이유로 옳은 것은?

① 절연성을 높이기 위해
② 히스테리시스손을 작게 하기 위해
③ 자속을 보다 잘 통하게 하기 위해
④ 와전류에 의한 손실을 작게 하기 위해

|정|답|및|해|설|

[성층하는 이유] 와류손 $P_e = \sigma_e (tfk_f B_m)^2$에서 철심의 단위 두께($t$)를 적게하여 와류손을 감소시킨다.
저규소 강판(규소 함유율 1~1.4[%])을 성층한 철심을 사용한다.

【정답】 ④

44. 직류 전동기의 역기전력에 대한 설명 중 틀린 것은? [15/1]

① 역기전력이 증가할수록 전기자 전류는 감소한다.
② 역기전력은 속도에 비례한다.
③ 역기전력은 회전방향에 따라 크기가 다르다.
④ 부하가 걸려 있을 때에는 역기전력은 공급전압보다 크기가 작다.

|정|답|및|해|설|

[역기전력] 전기회로 내의 임피던스 양끝에서 흐르고 있는 전류와 반대 방향으로 생기는 기전력으로 회전 방향에 따라 크기가 같다.

【정답】 ③

45. 동기발전기 종류 중 회전계자형의 특징으로 옳은 것은?

① 고주파 발전기에 사용
② 극소용량, 특수용으로 사용
③ 소요전력이 크고 기구적으로 복잡
④ 기계적으로 튼튼하여 가장 많이 사용

|정|답|및|해|설|

[동기 발전기의 회전계자형의 특징] 전기자를 고정자로 하고, 계자극을 회전자로 한 것
·전기자 권선은 전압이 높고 결선이 복잡(Y결선)

· 계자회로는 직류의 저압회로이며 소요 전력도 적다.
· 전기자보다 계자가 철의 분포가 많기 때문에 회전시 기계적으로 더 튼튼하며, 구조가 간단하여 회전에 유리하다.
· 전기자는 권선을 많이 감아야 되므로 회전자 구조가 커지기 때문에 원동기 측에서 볼 때 출력이 더 증대하게 된다.
· 절연이 용이하다. 【정답】 ④

46. 직류전동기 중 부하가 변하면 속도가 심하게 변하는 전동기는? [06/3]

① 직류분권전동기　② 직류직권전동기
③ 차동복권전동기　④ 가동복권전동기

|정|답|및|해|설|

[직류 직권전동기] 직류 직권전동기는 직류 전동기 중 부하가 변하면 속도가 현저하게 변하는 특성이 있다.

【정답】 ②

47. 직류기에서 전류용량이 크고 저전압 대전류에 가장 적합한 브러시 재료는? [13/2]

① 금속 흑연질　② 전기 흑연질
③ 탄소질　④ 금속질

|정|답|및|해|설|

[브러시의 종류 및 적용]
· 탄소질 브러시 : 소형기, 저속기
· 흑연질 브러시 : 대전류, 고속기
· 전기 흑연질 브러시 : 일반 직류기
· 금속 흑연질 브러시 : 저전압, 대전류

【정답】 ①

48. 변압기의 효율이 가장 좋을 때의 조건은? [05/2 08/2]

① 철손 = 동손　② 철손 $=\frac{1}{2}$동손
③ $\frac{1}{2}$철손 $=$ 동손　④ 철손 $=\frac{2}{3}$동손

|정|답|및|해|설|

[변압기의 효율] 변압기의 최대 효율은 고정손인 철손과 가변손인 동손이 같게 될 때 발생한다. 즉, 철손 P_i =동손 P_c이다.

【정답】 ①

49. 3상, 6극, 슬롯수 54의 동기 발전기가 있다. 어떤 전기자 코일의 두 변이 제1슬롯과 제8슬롯에 들어 있다면 기본파에 대한 단절권 계수는 약 얼마인가? [12/1]

① 0.6983　② 0.7848
③ 0.8749　④ 0.9397

|정|답|및|해|설|

[단절권 계수] $K_p = \sin\frac{\beta\pi}{2} \quad \rightarrow \left(\beta = \frac{\text{코일피치}}{\text{극피치}}\right)$

동기발전기에서 단절권은 기전력이 전절권보다는 낮지만 고조파제거가 용이해서 사용되는 권선법이다. 그러므로 단절권 계수는 1보다 작지만 많이 작아지지 않는다.
단절권계수가 1인 경우가 전절권과 같은 것이고 그보다 짧아서 단절권이 되는 것이다.

극 간격은 $\frac{\text{슬롯수}}{\text{극수}} = \frac{54}{6} = 9$

코일 피치는 8−1=7이므로

극 간격으로 표시한 코일 피치 $\beta = \frac{7}{9}$

단절권 계수 $K_p = \sin\frac{7\pi}{2\times 9} = \sin\frac{21.95}{18} = \sin 70 = 0.9397$

【정답】 ④

50. 1차 전압 6900[V], 1차 권선 3000회, 권수비 20의 변압기가 60[Hz]에 사용할 때 철심의 최대 자속[Wb]은? [04/3 15/2]

① 0.76×10^{-4}　② 8.63×10^{-3}
③ 80×10^{-3}　④ 90×10^{-3}

|정|답|및|해|설|

$2\text{차권수} = \frac{1\text{차권수}}{\text{권수비}} = \frac{3000}{20} = 150[\text{회}]$

$E_1 = 4.44 f N_1 \varnothing_m [V]$

최대자속 $\varnothing_m = \frac{E_1}{4.44 f N_1} = \frac{6900}{4.44\times 60\times 3000}$

$= 0.00863 = 8.63\times 10^{-3} [Wb]$

【정답】 ②

51. 30[kW]의 3상 유도전동기에 전력을 공급할 때 2대의 단상변압기를 사용하는 경우 변압기의 용량[kVA]은? (단, 전동기의 역률과 효율은 각각 84[%], 86[%]이고 전동기 손실은 무시한다.) [15/2]

① 10　　② 20
③ 24　　④ 28

|정|답|및|해|설|

[V결선시 변압기 용량] $P_v = \sqrt{3}P_n$

→(P_n : 변압기 1대의 요량)

변압기 2대를 사용하면 V결선이다.

V결선의 용량 $P_v = \sqrt{3}P_n = \frac{P}{\cos\theta \cdot \eta}$ 이므로

$$P_n = \frac{P}{\sqrt{3}\cos\theta \cdot \eta} = \frac{1}{\sqrt{3}} \cdot \frac{30}{0.84 \times 0.86} \fallingdotseq 24[\text{kVA}]$$

【정답】 ③

52. 12극과 8극 2개의 유도전동기를 종속법에 의한 직렬 종속법으로 속도 제어를 할 때, 전원주파수가 60[Hz]인 경우 무부하 속도[rps]는?

① 5　　② 6
③ 200　　④ 360

|정|답|및|해|설|

[동기속도=무부하속도] $N_s = \frac{2f}{p}[rps] = \frac{120f}{p}[rpm]$

직렬 종속법 : $N_s = \frac{2f}{p_1 + p_2}[rps] = \frac{120f}{p_1 + p_2}[rpm]$

$p_1 = 12,\ p_2 = 8,\ f = 60[Hz]$

$$N_s = \frac{120f}{p_1 + p_2} = \frac{120 \times 60}{12 + 8} = 360[rpm] = 6[rps]$$

【정답】 ②

53. 부흐홀쯔 계전기로 보호되는 기기는? [04/1 07/3]

① 회전 변류기　　② 동기전동기
③ 발전기　　④ 변압기

|정|답|및|해|설|

[부흐홀쯔 계전기] 부흐홀쯔 계전기는 변압기의 내부고장으로 인한 열화현상을 방지하는데 사용된다. 【정답】 ④

54. 단상 유도전동기 중 기동토크가 가장 작은 것은?

① 반발 기동형　　② 분상 기동형
③ 셰이딩 코일형　　④ 커패시터 기동형

|정|답|및|해|설|

[단상 유도전동기] 단상 유도전동기에 대한 기동 토크의 크기는 반발 기동형 〉 반발 유도형 〉 콘덴서 기동형 〉 연구 콘덴서형〉 분상 기동형 〉 셰이딩 코일형〉 모노사이클릭 기동형 순이다.

【정답】 ①

55. 유도전동기의 실부하법에서 부하로 쓰이지 않는 것은?

① 전동발전기
② 전기동력계
③ 프로니 브레이크
④ 손실을 알고 있는 직류발전기

|정|답|및|해|설|

[실부하법(부하시험)]

· 전기동력계법
· 프로니 브레이크법
· 손실을 알고 있는 직류발전기를 사용하는 방법

【정답】 ①

56. 동기기의 전기자 권선법으로 적합하지 않는 것은?

① 중권　　② 2층권
③ 분표권　　④ 환상권

|정|답|및|해|설|

[동기기 전기자 권선법] 2층권, 단절권, 분포권 사용

※환상권 : 환상 철심에 권선을 안팎으로 감은 것으로 직류기나 동기기에 사용되지 않는다. 【정답】 ④

57. 어떤 정류기의 출력전압이 2000[V]이고 맥동률이 3[%]이면 교류분은 몇 [V] 포함되어 있는가?

[08/1 08/3]

① 20 ② 30 ③ 60 ④ 70

|정|답|및|해|설|

[맥동률] 맥동률$=\frac{\Delta E}{E_d}\times 100$ [%]

여기서, ΔE : 교류분, E_d : 직류분

$\Delta E = 0.03 \times 2000 = 60[V]$

【정답】 ③

58. 돌극형 동기발전기에서 직축 리액턴스를 X_d, 횡축 리액턴스를 X_q라 할 때의 그 크기 사이에 어떤 관계가 있는가?

[05/3 기사 12/1 18/3]

① $x_d > x_q$ ② $x_d < x_q$

③ $x_d = x_q$ ④ $2x_d = x_q$

|정|답|및|해|설|

[동기발전기 리액턴스] 돌극형(철극기)은 직축이 횡축에 비하여 공극이 작아 직축(동기) 리액턴스 x_d가 횡축(동기) 리액턴스 x_q보다 크다. ($x_d > x_q$)

반면, 비철극기에서는 공극이 일정해 $x_d = x_q = x_s$로 된다.

【정답】 ①

59. 단상 및 3상 유도전압 조정기에 관하여 옳게 설명한 것은?

[10/1 14/3]

① 단락 권선은 단상 및 3상 유도전압 조정기 모두 필요하다.

② 3상 유도전압 조정기에는 단락 권선이 필요 없다.

③ 3상 유도전압 조정기의 1차와 2차 전압은 동상이다.

④ 단상 유도전압 조정기의 기전력은 회전 자계에 의해서 유도 된다.

|정|답|및|해|설|

[유도전압 조정기] 3상 유도 전압 조정기의 직렬 권선에 의한 기전력은 회전 자계의 위치에 관계없이 1차 부하 전류에 의한 분로 권선의 기자력에 의하여 소멸되므로 단락 권선이 필요 없다.

단상 유도 전압 조정기는 교번자계, 3상 유도 전압 조정기는 회전 자계로 구동되며, 1, 2차 전압간에 위상차가 생긴다.

【정답】 ②

60. 전압비 a인 단상변압기 3대를 1차 △ 결선, 2차 Y결선 하고 1차에 선간전압 V[V]를 가했을 때 무부하 2차 선간전압[N]은?

① $\frac{V}{a}$ ② $\frac{a}{V}$

③ $\sqrt{3}\cdot\frac{V}{a}$ ④ $\sqrt{3}\cdot\frac{a}{V}$

|정|답|및|해|설|

[무부하시 2차 선간전압] $V_2 = \sqrt{3}E_2$

1차 △결선이므로 선간전압=상전압, 따라서 $V_{1p} = V$

권수비 $a=\frac{V_1}{V_2}$ 이므로 $V_{2p} = \frac{V_{1p}}{a} = \frac{V}{a}$

Y결선이므로 선간전압 $V_{2l} = \sqrt{3}\,V_{2p} = \sqrt{3}\cdot\frac{V}{a}$

【정답】 ③

41. 직류 전동기의 속도제어법이 아닌 것은?

① 계자제어법 ② 전압제어법
③ 저항제어법 ④ 2차여자법

|정|답|및|해|설|

[직류 전동기 속도제어]
- 전압제어법
- 저항제어법
- 계자제어법

【정답】 ④

42. 동기발전기의 단자 부근에서 단락이 일어났다고 할 때 단락전류에 대한 설명으로 옳은 것은?

[09/2 기사 04/3 06/3 17/1]

① 서서히 증가한다.
② 발전기는 즉시 정지한다.
③ 일정한 큰 전류가 흐른다.
④ 처음은 큰 전류가 흐르나 점차로 감소한다.

|정|답|및|해|설|

[단락전류] 평형 3상 전압을 유기하고 있는 발전기의 단자를 갑자기 단락하면 단락 초기에 전기자 반작용이 순간적으로 나타나지 않기 때문에 막대한 과도 전류가 흐르고, 수초 후에는 영구 단락 전류값에 이르게 된다. 【정답】 ④

43. 동기발전기의 병렬운전 중 계자를 변환시키면 어떻게 되는가?

① 무효순환전류가 흐른다.
② 주파수 위상이 변한다.
③ 유효순환전류가 흐른다.
④ 속도 조정률이 변한다.

|정|답|및|해|설|

[병렬운전중의 계자 변환] 동기발전기는 리액턴스 성분이 크기 때문에 무효(지상)순환전류가 흐른다. 【정답】 ①

44. 유입자냉식으로 옳은 것은?

[17/3]

① ONAN ② ONAF
③ AF ④ AN

|정|답|및|해|설|

[변압기의 냉각 방식]
- ANAN : 건식 밀폐 자냉식
- ONAN : 유입 자냉식
- ONAF : 유입 풍랭식
- OFAF : 송유 풍냉식

【정답】 ①

45. 3300[V], 60[Hz]용 변압기의 와류손이 360[W]이다. 이 변압기를 2750[V], 50[Hz]에서 사용할 때 이 변압기의 와류손은 몇 [W]인가?

[기사 06/1 09/1]

① 250 ② 330
③ 418 ④ 518

|정|답|및|해|설|

[변압기의 와류손] $P_e = K\left(f \cdot \frac{V}{f}\right)^2 = KV^2$

여기서, K : 재료에 따라 정해지는 상수, V : 전압

$P_e = kV^2[W]$에서 $P_e \propto V^2$

따라서 와류손은 주파수 f와는 무관하고

전압 V의 제곱에 비례한다.

$$\therefore P_e{}' = P_e \times \left(\frac{V'}{V}\right)^2 = 360 \times \left(\frac{2750}{3300}\right)^2 = 250[W]$$

【정답】 ①

46. 발전기 또는 주변압기의 내부고장 보호용으로 가장 널리 쓰이는 것은?

[18/3 기사 10/2 18/3]

① 과전류계전기 ② 비율차동계전기
③ 방향단락계전기 ④ 거리계전기

|정|답|및|해|설|

[변압기 내부고장 검출용 보호 계전기]
- 차동계전기(비율차동 계전기)
- 압력계전기
- 부흐홀츠 계전기
- 가스 검출 계전기

① 과전류계전기 : 일정한 전류 이상이 흐르면 동작
③ 방향단락계전기 : 환상 선로의 단락 사고 보호에 사용
④ 거리계전기 : 선로의 단락보호 및 사고의 검출용으로 사용

【정답】 ②

47. 유도전동기의 토크(회전력)는? [05/2]

① 단자전압과 무관
② 단자전압에 비례
③ 단자전압의 제곱에 비례
④ 단자전압의 3승에 비례

|정|답|및|해|설|

[3상 유도전동기의 토크(회전력)] 유도전동기의 회전력(T)은 슬립 s가 일정하면, 토크는 공급전압 V_1의 제곱에 비례하여 변화한다. $T \propto kV_1^2$ 【정답】 ③

48. 권선형 유도전동기에서 2차 저항을 변화시켜서 속도제어를 하는 경우 최대 토크는? [11/2 16/1

① 항상 일정하다.
② 2차 저항에만 비례한다.
③ 최대 토크가 생기는 점의 슬립에 비례한다.
④ 최대 토크가 생기는 점의 슬립에 반비례한다.

|정|답|및|해|설|

[유도 전동기의 슬립과 토크] $\dfrac{r_2}{s_m} = \dfrac{r_2 + R}{s_t}$

여기서, r_2 : 2차 권선의 저항, s_m : 최대 토크시 슬립
s_t : 기동시 슬립(정지 상태에서 기동시 $s_t = 1$)
R : 2차 외부 회로 저항

r_2를 크게 하면 s_m이 r_2에 비례추이 하므로 최대 토크는 변하지 않고, 기동 토크만 증가한다. 【정답】 ①

49. 유도전동기의 슬립을 측정하려고 한다. 다음 중 슬립의 측정법이 아닌 것은? [15/1]

① 프로니브레이크법 ② 수화기법
③ 직류 밀리볼트계법 ④ 스트로보스코프법

|정|답|및|해|설|

[슬립 측정법] 슬립의 측정법에는 직류밀리볼트계법, 수화기법, 스트로보스코프법 등이 있다.
※프로니브레이크법 : 중·소형 직류전동기의 토크 측정 방법이다.

【정답】 ①

50. 교류를 교류로 변환하는 기기로서 주파수를 변환하는 기기는?

① 인버터 ② 전동 직류발전기
③ 회전변류기 ④ 사이클로 컨버터

|정|답|및|해|설|

· 인버터(Inverter) : 직류 → 교류
· 컨버터(converter) : 교류 → 직류
· 사이클로컨버터 : 교류 → 교류 【정답】 ④

51. 단상 직권 정류자 전동기에서 보상권선과 저항 도선의 작용을 설명한 것 중 옳지 않은 것은? [기사 04/3 17/1]

① 역률을 좋게 한다.
② 변압기의 기전력을 크게 한다.
③ 전기자 반작용을 제거해 준다.
④ 저항 도선은 변압기 기전력에 의한 단락전류를 작게 한다.

|정|답|및|해|설|

[보상권선] 저항 도선은 변압기 기전력에 의한 단락전류를 작게 하여 정류를 좋게 한다. 또한 보상권선은 전기자 반응을 상쇄하여 역률을 좋게 할 수 있고 변압기 기전력을 작게 해서 정류작용을 개선한다. 【정답】 ②

52. 220[V] 3상 유도전동기의 전부하 슬립이 4[%]이다. 공급전압이 10[%] 저하된 경우의 전부하 슬립은? [06/1 10/2]

① 4[%] ② 5[%]
③ 6[%] ④ 7[%]

|정|답|및|해|설|

[슬립과 공급전압] $\frac{s'}{s}=\left(\frac{V_1}{V_1'}\right)^2$ → $(s \propto \frac{1}{V^2})$

$s'=s\left(\frac{V_1}{V_1'}\right)^2=0.04\times\left(\frac{V_1}{V_1\times0.9}\right)^2$

$=0.04\times\left(\frac{220}{220\times0.9}\right)^2=0.05$ 【정답】 ②

53. 변압기 출력이 4[kW]일 때 전부하 동손은 270[W], 철손은 150[W]이다. 이때 최대효율일 때의 부하는?

① 66.7 ② 70.7
③ 86.6 ④ 92.2

|정|답|및|해|설|

[변압기의 최대 효율시의 부하] 최대 효율 조건 $P_i=\left(\frac{1}{m}\right)^2P_c$ →($\frac{1}{m}$부하 시)

$\frac{P_i}{P_e}=\frac{150}{270}=66.7[\%]$ 【정답】 ①

54. 가동복권 발전기의 내부 결선을 바꾸어 직권발전기로 사용하려면? [07/1]

① 직권계자를 단락시킨다.
② 분권계자를 개방시킨다.
③ 직권계자를 개방시킨다.
④ 외분권 복권형으로 한다.

|정|답|및|해|설|

[북권 발전기를 직권 및 분권발전기로 사용하는 경우]
- 직권발전기로 사용시 : 분권계자권선 개방
- 분권발전기로 사용시 : 직권걔자권선 단락

【정답】 ②

55. 변압기유 열화방지 대책으로 틀린 것은? [16/1]

① 밀봉방식 ② 흡착제방식
③ 수소봉입방식 ④ 개방형 콘서베이터

|정|답|및|해|설|

[변압기 열화 방지 대책]
- 콘서베이터 설치
- 브리더(흡착제) 방식
- 너기 질소봉입(밀봉) 【정답】 ③

56. 동기 전동기의 자기동법에서 계자권선을 단락하는 이유는? [11/1 16/1 기사 11/1]

① 기동이 쉽다.
② 기동권선으로 이용한다.
③ 고전압의 유도를 방지한다.
④ 전기자 반작용을 방지한다.

|정|답|및|해|설|

기동시의 고전압을 방지하기 위해서 저항을 접속하고 단락 상태로 기동한다. 【정답】 ③

57. 정격전압 100[V], 전기자전류 10[A]일 때 1500[rpm]인 직류분권전동기의 무부하 속도는 약 몇[rpm]인가? (단, 전기자저항은 0.3[Ω]이고 전기자 반작용은 무시한다.)

① 1646[rpm] ② 1600[rpm]
③ 1582[rpm] ④ 1546[rpm]

|정|답|및|해|설|

[직류 분권 전동기의 속도]
- 전기자전류 $I_a=100[A]$일 때의 역기전력
  $E=V-I_aR_a=100-(10\times0.3)=97[V]$
- 무부하시 $I_a=0$일 때의 역기전력 $E_0=V=100[V](\because I_a=0)$
- 전기자 반작용을 무시하면 $E=k\phi N$에서 $\phi=$일정
  $E\propto N$ → $E_0:E=N_0:N$ → $100:97=N_0:1500$

$\therefore N_0=\frac{100}{97}\times1500 \fallingdotseq 1546[rpm]$ 【정답】 ④

58. 부하전류가 50[A]일 때, 단자전압이 100[V]인 직류직권발전기의 부하전류가 70[A]로 되면 단자전압은 몇[V]가 되겠는가? (단, 전기자저항 및 직권계자권선의 저항은 각각 0.1[Ω]이고, 전기자반작용과 브러시의 접촉저항 및 자기포화는 모두 무시한다.) [09/1]

① 110[V] ② 114[V]
③ 140[V] ④ 154[V]

|정|답|및|해|설|

부하전류 $I = I_f = I_a$, 계자전류 $I_f = k\varnothing$

부하전류가 50[A]에서 70[A]로 1.4배 증가했다.

유기기저력은 자속과 비례관계이므로 유기기전력도 1.4배 증가하게 된다.

유기기전력 $E = V + I_a(R_a + R_s)$이므로

· 부하전력 50[A] → $E = V + I_a R_s = 100 + 50(0.1 + 0.1) = 110[V]$

· 부하전력 70[A] → $E = 110 \times 1.4 = 154[V]$

$V = E - I_a(R_a + R_s) = 154 - 70(0.1 + 0.1) = 140[V]$

【정답】 ③

59. 터빈발전기와 수차발전기의 특징으로 옳지 않은 것은?

① 터빈발전기의 돌극형이다.
② 수차발전기는 저속기이다.
③ 수차발전기의 안정도는 터빈발전기보다 좋다.
④ 터빈발전기는 극수가 2~4개이다.

|정|답|및|해|설|

종류	용도	속도	극수	단락비	안정도	공극
돌극기 (철기계)	수차 발전기	저속	6극 이상	크다 0.9 ~1.2	크다	불균일
비돌극기 (동기계)	터빈 발전기	고속	2~4 극	작다 0.6 ~0.9	작다	균일

【정답】 ①

60. 게이트와 소스 사이에 걸리는 전압으로 제어하는 반도체 소자로 트랜지스터에 비해 스위칭 속도가 매우 빠른 이점이 있으나 용량이 적어 비교적 작은 전력 범위 내에서 사용하는 것은?

① IGBT ② MOSFET
③ SCR ④ TRIAC

|정|답|및|해|설|

[MOSFET] MOSFET은 게이트와 소스 사이에 걸리는 전압으로 제어하며, 스위칭 속도가 매우 빠른 이점이 있으나 용량이 적어 비교적 작은 전력 범위 내에서 적용되는 안계가 있는 반도체 소자이다.

【정답】 ②

2019 전기산업기사 기출문제

[제3과목] 전기기기

41. 정격 150[kVA], 철손 1[kW], 전부하동손이 4[kW]인 단상 변압기의 최대 효율[%]과 최대 효율 시의 부하[kVA]를 구하면 얼마인가? (단, 부하 역률은 1이다.)

① 96.8[%], 125[kVA]
② 97.4[%], 75[kVA]
③ 97[%], 50[kVA]
④ 97.2[%], 100[kVA]

|정|답|및|해|설|

[변압기의 최대 효율시의 부하] 최대 효율 조건 $P_i=\left(\frac{1}{m}\right)^2 P_c$ $\rightarrow(\frac{1}{m}$부하 시)

$\therefore \frac{1}{m}=\sqrt{\frac{P_i}{P_c}}=\sqrt{\frac{1}{4}}=\frac{1}{2}$ $\rightarrow$ (P_i : 철손, P_c : 동손)

따라서, 효율이 최대가 되는 부하는 전부하 용량이 $\frac{1}{2}$이므로

$P_n=P_0\times\frac{1}{m}=150\times\frac{1}{2}=75[\text{kVA}]$, 즉 75[kVA]에서 최대 효율이 된다.

[최대 효율] $\eta_{max}=\dfrac{\frac{1}{m}P\cos\theta}{\frac{1}{m}P\cos\theta+2P_i}\times 100$에서

$P=150[kVA]$, $P_i=1[kW]$, $\cos\theta=1$

$$\eta_{max}=\dfrac{\frac{1}{2}\times150\times1}{\frac{1}{2}\times150\times1+1\times2}\times100=97.4[\%]$$

【정답】 ②

42. 사이리스터에 의한 제어는 무엇을 제어하여 출력 전압을 변환시키는 것인가?

① 전류　② 주파수
③ 토크　④ 위상각

|정|답|및|해|설|

[사이리스터] SCR은 위상각을 제어하여 전압, 전류의 크기를 제어한다.

【정답】 ④

43. 다음 전동력 응용기기에서 GD^2의 값이 적은 것이 바람직한 장치는?

① 압연기　② 엘리베이터
③ 송풍기　④ 냉동기

|정|답|및|해|설|

[엘리베이터용 전동기]

- 일반적으로 성능이 높은 신뢰도를 지녀야 한다.
- 기동 토크가 큰 것이 요구된다.
- 사용빈도가 높으며, 마이너스 부하로부터 과부하까지 광범위하게 제어가 되어야 한다.
- 기동전류와 전동기의 GD^2이 작아야 한다.
- 소음 및 속도와 회전력의 맥동이 없어야 한다.
- 가속도의 변화율이 일정값이 되도록 해야 한다.

※ GD^2 : 플라이휠 효과

【정답】 ②

44. 온도 측정장치 중 변압기의 권선온도 측정에 가장 적당한 것은?

① 탐지코일　② dial온도계
③ 권선온도계　④ 봉상온도계

|정|답|및|해|설|

[권선온도계] 온도 측정장치 중 변압기의 권선온도 측정

【정답】 ③

45. 어떤 변압기의 백분율 저항강하가 2[%], 백분율 리액턴스강하가 3[%]라 한다. 이 변압기로 역률이 80[%]인 부하에 전력을 공급하고 있다. 이 변압기의 전압변동률은 몇 [%]인가?

① 2.4 ② 3.4
③ 3.8 ④ 4

|정|답|및|해|설|

[변압기 전압변동률] $\epsilon = p\cos\theta \pm q\sin\theta[\%]$

→ (+ : 지상, - : 진상, 언급이 없으면 지상)

(p : %저항강하, q : %리액턴스 강하, θ : 부하 Z의 위상각)

$\epsilon = 2\times0.8 + 3\times0.6 = 3.4[\%]$ →$(\sin\theta = \sqrt{1-\cos^2\theta})$

※ 변압기 전압변동률 $\epsilon = \dfrac{V_{20} - V_{2n}}{V_{2n}} \times 100$

(V_{20} : 무부하 2차 단자전압, V_{2n} : 정격 2차 단자 전압)

【정답】 ②

46. 교류 및 직류 양용 전동기(Universal Motor), 또는 만능 전동기라고 하는 전동기는?

① 단상 반발 전동기
② 3상 직권 전동기
③ 단상 직권 정류자 전동기
④ 3상 분권 정류자 전동기

|정|답|및|해|설|

[단상 직권 정류자 전동기] 단상 직권 정류자 전동기(단상 직권 전동기)는 교류 및 직류 양용으로 사용할 수 있으며 만능 전동기라고도 불린다.

- 종류 : 직권형, 보상형, 유도보상형
- 특징 : 성층 철심, 역률 및 정류 개선을 위해 약계자, 강전기자형으로 함, 역률 개선을 위해 보상권선 설치, 회전속도를 증가시킬수록 역률이 개선됨
- 사용 : 75[W] 이하의 소형공구, 치과 의료용

【정답】 ③

47. 어떤 IGBT의 열용량은 0.02[J/℃], 열저항은 0.625[℃/W]이다. 이 소자에 직류 25[A]가 흐를 때 전압강하는 3[V]이다. 몇 [℃]의 온도 상승이 발생하는가?

① 1.5 ② 1.7
③ 47 ④ 52

|정|답|및|해|설|

- 전압강하 $e = IR \rightarrow 3[V] = 25 \times R$
- 저항 $R = \dfrac{e}{I} = \dfrac{3}{25}[\Omega]$
- 소비전력 $P = I^2R = 25^2 \times \dfrac{3}{25} = 75[W]$
- 온도상승 θ = 열저항×소비전력
  $= 0.625 \times 75 = 46.9$[℃]

【정답】 ③

48. 직류전동기의 속도제어법 중 정지 워드 레오나드 방식에 관한 설명으로 틀린 것은?

① 광범위한 속도제어가 가능하다.
② 정토크 가변속도의 용도에 적합하다.
③ 제철용 압연기, 엘리베이터 등에 사용된다.
④ 직권전동기의 저항제어와 조합하여 사용한다.

|정|답|및|해|설|

[직류 전동기 속도제어]

구분	제어 특성		특징
계자 제어	계자 전류의 변화에 의한 자속의 변화로 속도 제어		속도 제어 범위가 좁다. 정출력제어
전압 제어	워드 레오나드 방식		·보조 발전기가 직류 전동기 ·광범위한 속도제어가 가능 ·정토크 제어 방식 ·가장 효율이 좋다. ·제철용 압연기, 권상기, 엘리베이터 등에 사용
	일그너 방식		·부하의 변동이 심할 때 광범위하고 안정되게 속도를 제어 ·보조 전동기가 교류 전동기 ·제어 범위가 넓고 손실이 거의 없다. ·설비비가 많이 든다는 단점 ·주 전동기의 속도와 회전 방향을 자유로이 변화
저항 제어	전기자 회로의 저항 변화에 의한 속도 제어법		효율이 나쁘다.

【정답】 ④

49. 권수비 30인 단상 변압기의 1차에 6600[V]를 공급하고, 2차에 40[kW], 뒤진 역률 80[%]의 부하를 걸 때 2차전류 I_2 및 1차전류 I_1은 약 몇 [A] 인가? (단, 변압기의 손실은 무시한다.)

① $I_2 = 145.5$, $I_1 = 4.85$
② $I_2 = 181.8$, $I_1 = 6.06$
③ $I_2 = 227.3$, $I_1 = 7.58$
④ $I_2 = 321.3$, $I_1 = 10.28$

|정|답|및|해|설|

· 2차전류 $I_2 = \frac{P_2}{V_2 \cos\theta} = \frac{40 \times 10^3}{220 \times 0.8} = 227.3$

$\rightarrow$(권수비 $a = \frac{V_1}{V_2} \rightarrow V_2 = \frac{V_1}{a} = \frac{6600}{30} = 220$)

· 1차전류 $I_1 = \frac{I_2}{a} = \frac{227.3}{30} = 7.58$ $\rightarrow$ (권수비 $a = \frac{I_2}{I_1}$)

【정답】 ③

50. 동기전동기에서 90° 앞선 전류가 흐를 때 전기자 반작용은?

① 교차자화 작용을 한다.
② 편자 작용을 한다.
③ 감자 작용을 한다.
④ 증자 작용을 한다.

|정|답|및|해|설|

[동기전동기의 전기자 반작용]

역률	동기전동기	작용
역률 1	전기자 전류와 공급 전압이 동위상일 경우	교차 자화 작용 (횡축 반작용)
앞선 역률 0	전기자 전류가 공급 전압보다 90[°] 앞선 경우 (진상)	감자 작용 (직축 반작용)
뒤선 역률 0	전기자 전류가 공급 전압보다 90[°] 뒤진 경우 (지상)	증자 작용(자화작용) (직축 반작용)

※동기 전동기의 전기자 반작용은 동기 발전기와 반대

【정답】 ③

51. 일정 전압으로 운전하는 직류전동기의 손실이 $x + yI^2$으로 될 때 어떤 전류에서 효율이 최대가 되는가? (단, x, y는 정수이다.) [산 04/2]

① $I = \sqrt{\frac{x}{y}}$　　② $I = \sqrt{\frac{y}{x}}$
③ $I = \frac{x}{y}$　　④ $I = \frac{y}{x}$

|정|답|및|해|설|

[최대 효율 조건] $x = yI^2$ $\rightarrow$ (부하손 = 무부하손)

· x : 부하전류에 관계없는 고정손(무부하손)
· yI^2 : 전류의 제곱에 비례하는 부하손

$\therefore I = \sqrt{\frac{x}{y}}$

【정답】 ①

52. T결선에 의하여 3300[V]의 3상으로부터 200[V], 40[KVA]의 전력을 얻는 경우 T좌 변압기의 권수비는 약 얼마인가? [산 15/3]

① 16.5　② 14.3　③ 11.7　④ 10.2

|정|답|및|해|설|

[T좌 변압기의 권수비] $a_T = a \times \frac{\sqrt{3}}{2}$

(a : 일반 권수비, a_T : T좌 변압기 권수비)

권수비 $a = \frac{V_1}{V_2} = \frac{3300}{200}$ 이므로

$\therefore a_T = a \times \frac{\sqrt{3}}{2} = \frac{3300}{200} \times 0.866 = 14.3$

【정답】 ②

53. 유도전동기 슬립 s의 범위는? [산 08/1]

① s 〈 −1　② −1 〈 s 〈 0
③ 0 〈 s 〈 1　④ 1 〈 s

|정|답|및|해|설|

[유도전동기의 슬립의 범위] 슬립 $s = \frac{N_s - 1}{N_s}$

· 유도전동기의 동작 범위 $1 > s > 0$
· 유도제동기의 동작 범위 $s > 1$
· 유도발전기의 동작 범위 $s < 0$

【정답】 ③

54. 전기자 총 도체수 500, 6극, 중권의 직류전동기가 있다. 전기자 전 전류가 100[A]일 때의 발생 토크 [kg · m]는 약 얼마인가? (단, 1극당 자속수는 0.01[Wb]이다.) [산 10/1]

① 8.12 ② 9.54
③ 10.25 ④ 11.58

|정|답|및|해|설|

[직류 전동기의 토크] $T=\frac{pZ}{2\pi a}\varnothing I_a[N\cdot m]$

$=\frac{1}{9.8}\frac{pZ}{2\pi a}\varnothing I_a[kg\cdot m]$

$T=\frac{pZ}{2\pi a}\varnothing I_a=\frac{6\times 500}{2\times\pi\times 6}\times 0.01\times 100=79.58[N\cdot m]$

→ (중권의 병렬회로수 $a=2$)

$1[kg]=9.8[N]$이므로 $\therefore\frac{79.58}{9.8}=8.12[kg\cdot m]$ 【정답】 ①

55. 3상 동기발전기 각 상의 유기기전력 중 제3고조파를 제거하려면 코일간격/극간격을 어떻게 하면 되는가?

① 0.11 ② 0.33
③ 0.67 ④ 0.34

|정|답|및|해|설|

[단절권] 파형개선, 고조파제거

n차 고조파 단절계수 $K_p=\sin\frac{n\beta\pi}{2}<1$

여기서, β : 상수비로 → $\beta=\frac{\text{권선 피치}}{\text{자극 피치}}$

$K_3=\sin\frac{3\beta\pi}{2}$ → $\sin\frac{3\beta\pi}{2}=0$ → (고조파가 제거이므로 0)

$\sin\frac{3\beta\pi}{2}=0$에서 → ($\sin\theta=0$인 경우 $\theta=0,\ \pi,\ 2\pi\ldots$)

$\frac{3\beta\pi}{2}=\pi\rightarrow\beta=\frac{2}{3}=0.666$ 【정답】 ③

56. 3상 유도전동기의 토크와 출력을 설명하는 말 중 옳은 것은? [산 06/1]

① 속도에 관계없다.
② 동일 속도에서 발생한다.
③ 최대 출력은 최대 토크보다 고속도에서 발생한다.
④ 최대 토크가 최대 출력보다 고속도에서 발생한다.

|정|답|및|해|설|

[3상 유도전동기의 토크와 출력]
·최대 토크는 전부하 토크에 175~250[%]이다.
·최대 슬립은 전부하 슬립에 20~30[%]이다.

→(토크 $\tau=0.975\times\frac{P_0}{N}[kg\cdot m]$)

→(출력 $P_0=1.026NT$)

따라서 최대 출력은 최대 토크보다 고속도에서 발생한다.

【정답】 ③

57. 단자전압 220[V], 부하전류 48[A], 계자전류 2[A], 전기자 저항 0.2[Ω]인 직류분권발전기의 유기기전력[V]은? (단, 전기자 반작용은 무시한다.) [기 04/3, 산 05/1, 15/1]

① 210 ② 225
③ 230 ④ 250

|정|답|및|해|설|

[분권발전기의 유기기전력] $E=V+I_aR_a$

(V : 단자전압, I_a : 전기자전류, R_a : 전기자저항)

부하전류(I) : 48[A], 계자전류(I_f) : 2[A], 전기자저항(R_a) : 0.2[Ω]

$E=V+I_aR_a$ → $(I_a=I+I_f)$

$=220+(48+2)\times 0.2=230[V]$ 【정답】 ③

58. 200[kW], 200[V]의 직류 분권발전기가 있다. 전기자 권선의 저항이 0.025[Ω]일 때 전압변동률은 몇 [%]인가? [산 08/2, 15/1, 19/1]

① 6.0 ② 12.5 ③ 20.5 ④ 25.0

|정|답|및|해|설|

[전압변동률] $\epsilon=\frac{V_0-V_n}{V_n}\times 100$

(V_0 : 무부하 단자전압 V_n : 단자전압)

$V_0=V_n+R_aI_a$ → ($V_0=E$(기전력))

$I_a=I+I_f=\frac{P}{V}+\frac{V}{R_f}$에서 계자저항이 주어지지 않았으므로

$I_a = \frac{P}{V} = \frac{200 \times 10^3}{200} = 1000$

$V_0 = V_n + R_a I_a = 200 + 0.025 \times 1000 = 225$

전압변동률 $\epsilon = \frac{V_0 - V_n}{V_n} \times 100 = \frac{225 - 200}{200} \times 100 = 12.5[\%]$

【정답】 ②

59. 동기발전기에서 전기자전류를 I, 역률을 $\cos\theta$라 하면 횡축반작용을 하는 성분은? [산 04/2, 16/3]

① $I\tan\theta$ ② $I\cot\theta$
③ $I\sin\theta$ ④ $I\cos\theta$

|정|답|및|해|설|

[동기발전기의 전기자반작용]

- $I\cos\theta$(유효전류)는 기전력과 같은 위상의 전류 성분으로서 횡축 반작용을 한다.
- $I\sin\theta$(무효전류)는 $\pi/2$[rad]만큼 뒤지거나 앞서기 때문에 직축 반작용을 한다.

【정답】 ④

60. 단상유도전동기와 3상유도전동기를 비교했을 때 단상 유도전동기에 해당되는 것은? [산 10/1]

① 역률, 효율이 좋다.
② 중량이 작아진다.
③ 기동장치가 필요하다.
④ 대용량이다.

|정|답|및|해|설|

[단상 유도전동기의 특징]

- 단상 유도전동기는 회전자계가 없어서 정류자와 브러시 같은 보조적인 수단에 의해 기동되어야 한다.
- 슬립이 0이 되기 전에 토크는 미리 0이 된다.
- 2차저항이 증가되면 최대토크는 감소한다.
- 2차저항 값이 어느 일정 값 이상이 되면 토크는 부(-)가 된다.

【정답】 ③

41. 자극수 4, 전기자도체수 50, 전기자저항 0.1[Ω]의 중권 타여자 전동기가 있다. 정격전압 105[V], 정격전류 50[A]로 운전하던 것을 전압 106[V] 및 계자회로를 일정히 하고 무부하로 운전했을 때 전기자전류가 10[A]이라면 속도변동률은 몇 [%]인가? (단, 매극의 자속은 0.05[Wb]라 한다.)

① 3 ② 5
③ 6 ④ 8

|정|답|및|해|설|

[속도변동률] $\epsilon = \frac{N_0 - N_n}{N_n} \times 100$

(N_0 : 무부하 속도, N_n : 정격속도)

역기전력 $E = K\varnothing N \propto N$이므로

$\epsilon = \frac{E_0 - E}{E} \times 100[\%]$

정격전압(V): 105[V], 정격전류(I): 50[A], 전기자저항(R_a): 0.1[Ω]

$E = V - IR_a = 105 - 50 \times 0.1 = 100[V]$

$E_0 = V' - I_a R_a = 106 - 10 \times 0.1 = 105[V]$

$\epsilon = \frac{E_0 - E}{E} \times 100 = \frac{105 - 100}{100} \times 100 = 5[\%]$

【정답】 ②

42. 동기발전기의 권선을 분포권으로 하면? [기 04/3, 05/1, 07/3]

① 집중권에 비하여 합성 유도기전력이 높아진다.
② 권선의 리액턴스가 커진다.
③ 파형이 좋아진다.
④ 난조를 방지한다.

|정|답|및|해|설|

[분포권을 사용하는 이유]

① 분포권은 집중권에 비하여 합성 유기기전력이 감소한다.
② 기전력의 고조파가 감소하여 파형이 좋아진다.
③ 권선의 누설 임피던스가 감소한다.
④ 전기자 권선에 의한 열을 고르게 분포시켜 과열을 방지하고 코일 배치가 균일하게 되어 통풍 효과를 높인다.

【정답】 ③

43. 직류 분권발전기가 운전 중 단락이 발생하면 나타나는 현상으로 옳은 것은?

① 과전압이 발생한다.
② 계자저항이 확립된다.
③ 큰 단락전류로 소손된다.
④ 작은 단락전류가 흐른다.

|정|답|및|해|설|

[직류 분권발전기] 분권발전기의 운전 중 단락이 발생하면
$I_f \downarrow \rightarrow \varnothing \downarrow \rightarrow E \downarrow \rightarrow V \downarrow \rightarrow I_s \downarrow$

【정답】 ④

44. 단락비가 큰 동기발전기에 관한 설명 중 옳지 않은 것은? [기 09/1]

① 전압 변동률이 크다.
② 전기자 반작용이 작다.
③ 과부하 용량이 크다.
④ 동기 임피던스가 작다.

|정|답|및|해|설|

[단락비가 큰 동기발전기] 단락비가 큰 동기발전기는 동기 임피던스가 작기 때문에 전기자 반작용이 작고 전압 변동률이 작다. 단점으로는 철손이 크고 효율이 나쁘다.

【정답】 ①

45. 어떤 변압기의 부하역률이 60[%]일 때 전압변동률이 최대라고 한다. 지금 이 변압기의 부하역률이 100[%]일 때 전압변동률을 측정했더니 3[%]였다. 이 변압기의 부하역률이 80[%]일 때 전압변동률은 몇 [%]인가?

① 2.4
② 3.6
③ 4.8
④ 5.0

|정|답|및|해|설|

[전압변동률] $\epsilon = p\cos\theta + q\sin\theta$
- ϵ_{max} 발생시 $\rightarrow$ $\cos\theta = 0.6$
- $\cos\theta' = 1$ $\rightarrow$ $\epsilon = 3[\%]$
- $\cos\theta'' = 0.8$ $\rightarrow$ $\sin\theta = 0.6$일 때 전압변동률이므로

① $\epsilon = p\cos\theta' + q\sin\theta'$ $\rightarrow$ $3 = p \times 1 + q \times 0$
$\therefore p = 3$
② 최대 전압변동률을 발생하는 역률
$\cos\varnothing_{max} = \dfrac{p}{\sqrt{p^2+q^2}} \rightarrow 0.6 = \dfrac{3}{\sqrt{3^2+q^2}} \rightarrow \therefore q = 4$
③ $\epsilon = p\cos\theta'' + q\sin\theta'' = 3 \times 0.8 + 4 \times 0.6 = 4.8[\%]$

【정답】 ③

46. 직류발전기에서 기하학적 중성축과 θ만큼 브러시의 위치가 이동되었을 감자기자력(AT/극)은? (단, $K = \dfrac{I_a z}{2pa}$)

① $K\dfrac{\theta}{\pi}$
② $K\dfrac{2\theta}{\pi}$
③ $K\dfrac{3\theta}{\pi}$
④ $K\dfrac{4\theta}{\pi}$

|정|답|및|해|설|

[매극당 감자기자력] $AT_d = \dfrac{z}{2p}\dfrac{I_a}{a}\dfrac{2\theta}{\pi}$[AT/pole]]

$K = \dfrac{I_a z}{2pa}$ 이므로 $AT_d = \dfrac{z}{2p}\dfrac{I_a}{a}\dfrac{2\theta}{\pi} = K\dfrac{2\theta}{\pi}$[AT/pole]]

【정답】 ②

47. 동기 주파수 변환기의 주파수 f_1 및 f_2 계통에 접속되는 양 극을 P_1, P_2라 하면 다음 어떤 관계가 성립되는가? [산 15/2]

① $\dfrac{f_1}{f_2} = \dfrac{P_1}{P_2}$
② $\dfrac{f_1}{f_2} = P_2$
③ $\dfrac{f_1}{f_2} = \dfrac{P_2}{P_1}$
④ $\dfrac{f_2}{f_1} = P_1 \cdot P_2$

|정|답|및|해|설|

[동기주파수] 동기 주파수 변환기는 다음의 관계가 있다.
$N_s = \dfrac{120f_1}{P_1} = \dfrac{120f_2}{P_2}$ 이므로 $\dfrac{f_1}{P_1} = \dfrac{f_2}{P_2}$ $\quad\therefore \dfrac{f_1}{f_2} = \dfrac{P_1}{P_2}$

【정답】 ①

48. 다음은 직류발전기의 정류곡선이다. 이 중에서 정류 말기에 정류의 상태가 좋지 않은 것은?

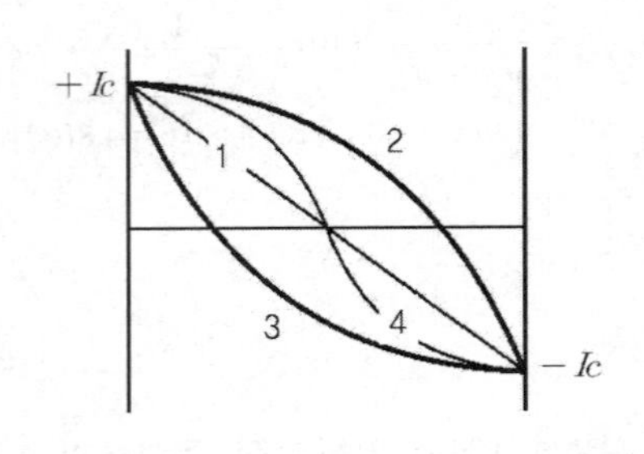

① 1　② 2
③ 3　④ 4

|정|답|및|해|설|

[정류곡선]

1. 직선정류 : 1번 곡선으로 가장 이상적인 정류곡선
2. 부족정류 : 2번 곡선, 큰 전압이 발생하고 정류 종료, 즉 브러시의 뒤쪽에서 불꽃이 발생
3. 과정류 : 3번 곡선, 정류 초기에 높은 전압이 발생, 브러시 앞부분에 불꽃이 발생
4. 정현정류 : 4번 곡선, 전류가 완만하므로 브러시 전단과 후단의 불꽃발생은 방지할 수 있다.

【정답】 ②

49. 다음 정류방식 중 맥동률이 가장 작은 방식은? (단, 저항부하를 사용한 경우이다.) [산 04/3, 08/1]

① 단상반파정류　② 단상전파정류
③ 3상반파정류　④ 3상전파정류

|정|답|및|해|설|

[맥동률] 맥동률$=\frac{\Delta E}{E_d}\times 100$ [%]

(ΔE : 교류분, E_d : 직류분)

정류 종류	단상 반파	단상 전파	3상 반파	3상 전파
맥동률[%]	121	48	17.7	4.04
정류 효율	40.5	81.1	96.7	99.8
맥동 주파수	f	$2f$	$3f$	$6f$

【정답】 ④

50. 권선형 유도전동기 저항 제어법의 장점은?

① 역률이 좋고, 운전 효율이 양호하다.
② 부하에 대한 속도 변동이 작다.
③ 구조가 간단하며 제어조작이 용이하다.
④ 전부하로 장시간 운전해도 온도 상승이 적다.

|정|답|및|해|설|

[권선형 유도전동기의 저항제어법]

- 비례추이에 의한 외부 저항 R로 속도 조정이 용이하다.
- 부하가 적을 때는 광범위한 속도 조정이 곤란 하지만, 일반적으로 부하에 대한 속도 조정도 크게 할 수가 있다.
- 운전 효율이 낮고, 제어용 저항기는 가격이 비싸다.

【정답】 ③

51. 권선형 유도전동기에서 비례추이를 할 수 없는 것은? [산 05/1, 07/1, 07/3 11/1, 14/2]

① 회전력　② 1차 전류
③ 2차 전력　④ 출력

|정|답|및|해|설|

[권선형 유도전동기의 비례추이]

① 비례추이를 할 수 있는 것 : 1차 전류, 2차 전류, 역률, 동기와트 등
② 비례추이를 할 수 없는 것 : 출력, 2차 동손, 2차 효율 등

【정답】 ④

52. 직류 직권전동기의 속도제어에 사용되는 기기는?

① 초퍼　② 인버터
③ 듀얼 컨버터　④ 사이클로 컨버터

|정|답|및|해|설|

[전력변환장치]

① 컨버터(AC-DC) : 직류 전동기의 속도 제어
② 인버터(DC-AC) : 교류 전동기의 속도 제어
③ 초퍼(고정DC-가변DC) : 직류 전동기의 속도 제어
④ 사이클로 컨버터(고정AC-가변AC) : 가변 주파수, 가변 출력 전압 발생

【정답】 ①

53. 6극 유도전동기의 고정자 슬롯 홈 수가 36이라면 인접한 슬롯 사이의 전기각은? [기 05/2, 07/2, 08/1]

① 30[°]　　② 60[°]

③ 90[°]　　④ 120[°]

|정|답|및|해|설|

[전기각] $\alpha = \dfrac{\pi}{\dfrac{\text{슬롯수}}{\text{극수}}}[rad] \rightarrow \alpha = \dfrac{\pi}{\dfrac{36}{6}} = \dfrac{\pi}{6}[rad] = 30°$

【정답】 ①

54. 그림은 복권발전기의 외부특성곡선이다. 이 중 과복권을 나타내는 곡선은?

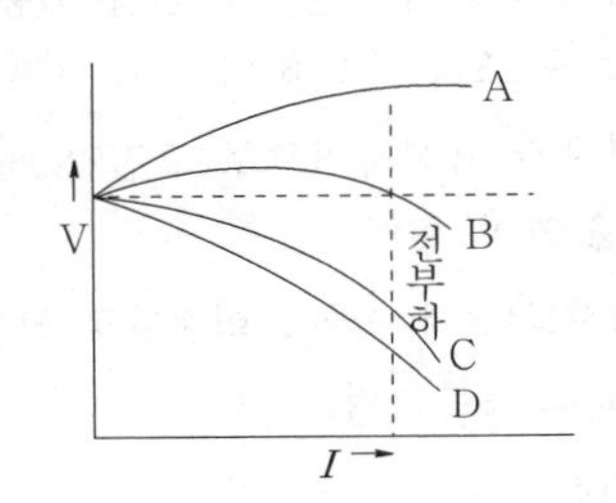

① A　　② B

③ C　　④ D

|정|답|및|해|설|

[복권발전기의 외부특성곡선]

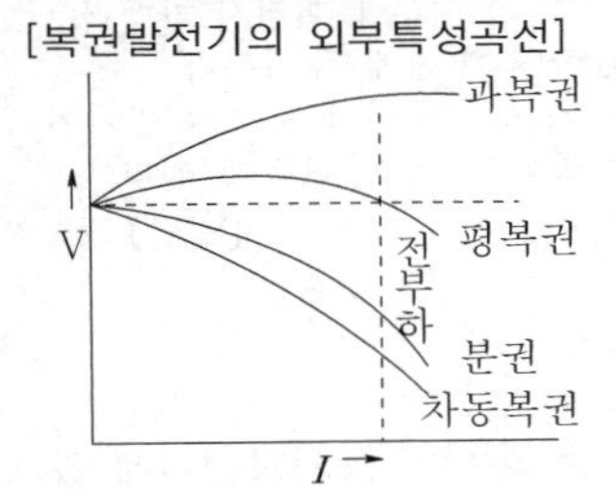

【정답】 ①

55. 누설변압기에 필요한 특성은 무엇인가? [산 04/1]

① 정전압 특성　　② 고저항 특성

③ 고임피던스 특성　　④ 수하 특성

|정|답|및|해|설|

[누설변압기] 누설변압기는 정전류 특성이 필요하며, 전류를 일정하게 유지하는 수하특성이 있는 정전류 변압기이다.

· 전압변동률이 크다.　　· 효율이 나쁘다.

· 누설인덕턴스가 크다.

【정답】 ④

56. 단상 변압기 3대를 이용하여 △－△ 결선을 하는 경우의 설명으로 틀린 것은?

① 중성점을 접지할 수 없다.

② Y－Y결선에 비해 상전압이 선간전압의 $\dfrac{1}{\sqrt{3}}$ 배이므로 절연이 용이하다.

③ 3대 중 1대에서 고장이 발생하여도 나머지 2대로 V결선하여 운전을 계속할 수 있다.

④ 결선 내에 순환전류가 흐르나 외부에는 나타나지 않으므로 통신 장애에 대한 염려가 없다.

|정|답|및|해|설|

[△－△ 결선의 장·단점]

장점	·기전력의 파형이 왜곡되지 않는다. ·한 대의 변압기가 고장이 생기면, 나머지 두 대로 V 결선 시켜 계속 송전시킬 수 있다. ·장래 수용 전력을 증가하고자 할 때 V 결선으로 운전하는 방법이 편리하다. ·대전류에 적당하다.
단점	·지락 사고의 검출이 어렵다. ·권수비가 다른 변압기를 결선하면 순환전류가 흐른다. ·중성점 접지를 할 수 없다.

② 상전압과 선간전압이 같다.

【정답】 ②

57. 직류 전동기의 속도 제어 방법 중 광범위한 속도 제어가 가능하며, 운전 효율이 가장 좋은 방법은? [산 05/2, 17/3]

① 계자제어　　② 전압제어

③ 직렬저항제어　　④ 병렬저항제어

|정|답|및|해|설|

[직류 전동기의 속도 제어법 비교]

구분	제어 특성	특징
계자 제어법	계자 전류의 변화에 의한 자속의 변화로 속도 제어	속도 제어 범위가 좁다.
전압 제어법	·정트크 제어 －워드 레오나드 방식 －일그너 방식	·제어 범위가 넓다. ·운전 효율 우수 ·손실이 적다. ·정역운전 가능 ·설비비 많이 듬
저항 제어법	전기자 회로의 저항 변화에 의한 속도 제어법	효율이 나쁘다.

【정답】 ②

58. 200[V]의 배전선 전압을 220[V]로 승압하는 30[kVA]의 부하에 전력을 공급하는 단권변압기가 있다. 이 변압기의 자기용량은 약 몇 [kVA]인가?

① 2.73　② 3.55
③ 4.26　④ 5.25

|정|답|및|해|설|

[변압기의 자기용량] $\frac{부하용량}{자기용양} = \frac{V_h}{V_h - V_l}$

(V_h : 높은 전압, V_l : 낮은 전압)

자기용량 $= \frac{V_h - V_l}{V_h} \times$ 부하용량 $= \frac{220-200}{220} \times 30 = 2.73[kVA]$

【정답】 ①

59. 동기발전기의 무부하시험, 단락시험에서 구할 수 없는 것은?

① 철손　② 단락비
③ 동기리액턴스　④ 전기자 반작용

|정|답|및|해|설|

[동기발전기의 시험]

측정 항목	시험의 종류
철손	무부하 시험
기계손	무부하 시험
동기임피던스	단락 시험
동기리액턴스	단락 시험
단락비	무부하(포화) 시험, 단락 시험

【정답】 ④

60. 유도전동기에서 공간적으로 본 고정자에 의한 회전자계와 회전자에 의한 회전자계는?

① 항상 동상으로 회전한다.
② 슬립만큼의 위상각을 가지고 회전한다.
③ 역률각 만큼의 위상각을 가지고 회전한다.
④ 항상 180[°] 만큼의 위상각을 가지고 회전한다.

|정|답|및|해|설|

[유도전동기] 유도전동기에서 공간적으로 본 고정자에 의한 회전자계와 회전자에 의한 회전자계는 항상 동상으로 회전한다.

【정답】 ①

41. 동기발전기에 회전계자형을 사용하는 이유로 틀린 것은?

① 기전력의 파형을 개선한다.
② 계자가 회전자이지만 저전압 소용량의 직류이므로 구조가 간단하다.
③ 전기자가 고정자이므로 고전압 대전류용에 좋고 절연이 쉽다.
④ 전기자보다 계자극을 회전자로 하는 것이 기계적으로 튼튼하다.

|정|답|및|해|설|

[동기 발전기의 회전계자형의 특징] 전기자를 고정자로 하고, 계자극을 회전자로 한 것

- 전기자 권선은 전압이 높고 결선이 복잡(Y결선)
- 계자회로는 직류의 저압회로이며 소요 전력도 적다.
- 전기자보다 계자가 철의 분포가 많기 때문에 회전시 기계적으로 더 튼튼하며, 구조가 간단하여 회전에 유리하다.
- 전기자는 권선을 많이 감아야 되므로 회전자 구조가 커지기 때문에 원동기 측에서 볼 때 출력이 더 증대하게 된다.
- 절연이 용이하다.

【정답】 ①

42. 60[Hz] 12극 회전자 외경 2[m]의 동기발전기에 있어서 자극면의 주변속도[m/s]는? [산 04/3 12/2]

① 32.5　② 43.8
③ 54.5　④ 62.8

|정|답|및|해|설|

[주변속도] $v = \pi Dn = \pi D\frac{N_s}{60}$ [m/s]

(D[m] : 전기자 직경, n[rps] : 전기자의 회전속도)

동기속도 $N_s = \frac{120f}{p} = \frac{120 \times 60}{12} = 600[rpm]$

$\therefore v = \pi D \cdot \frac{N_s}{60} = \pi \times 2 \times \frac{600}{60} = 62.8[m/s]$

【정답】 ④

43. 단상 전파정류회로를 구성한 것으로 옳은 것은?

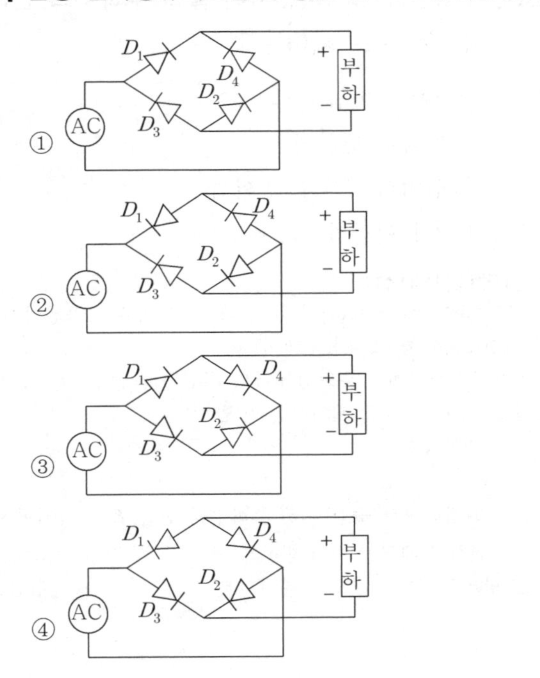

|정|답|및|해|설|

[단상 전파정류회로]

①의 AC에서

· +반파 : $D_1 \rightarrow$ 통전, $D_3 \rightarrow$ 개방

· −반파 : $D_2 \rightarrow$ 통전, $D_4 \rightarrow$ 개방

부하에 전력을 공급하므로 단상 전파정류회로이다.

【정답】 ①

44. 동기전동기의 전기자반작용에서 전기자전류가 앞서는 경우 어떤 작용이 일어나는가?

① 증자작용 ② 감자작용

③ 횡축반작용 ④ 교차자화작용

|및|해|설|

[동기전동기의 전기자반작용]

역률	동기전동기	작용
역률 1	전기자 전류와 공급 전압이 동위상일 경우	교차 자화 작용 (횡축 반작용)
앞선 역률 0	전기자 전류가 공급 전압보다 90[°] 앞선 경우 (진상)	감자 작용 (직축 반작용)
뒤선 역률 0	전기자 전류가 공급 전압보다 90[°] 뒤진 경우 (지상)	증자 작용(자화작용) (직축 반작용)

【정답】 ②

45. 3상유도전동기의 원선도를 작성하는데 필요치 않은 것은? [기 05/1 산 05/1 08/2 10/2 13/1 13/3 14/1 15/3]

① 무부하 시험

② 구속 시험

③ 권선 저항 측정

④ 전부하시의 회전수 측정

|정|답|및|해|설|

[원선도 작성에 필요한 시험]

① 무부하 시험 : 무부하의 크기와 위상각 및 철손

② 구속 시험(단락 시렴) : 단락전류의 크기와 위상각

③ 저항 측정 시험이 있다. 【정답】 ④

46. 유도전동기 원선도에서 원의 지름은? (단, E는 1차 전압, r은 1차로 환산한 저항, x를 1차로 환산한 누설리액턴스라 한다.) [산 15/2 기 19/3]

① rE에 비례 ② rxE에 비례

③ $\dfrac{E}{r}$에 비례 ④ $\dfrac{E}{x}$에 비례

|정|답|및|해|설|

[원선도의 반지름] $\rho = \dfrac{E_s E_r}{B} \rightarrow (B$: 임피던스)

유도전동기는 일정값의 리액턴스와 부하에 의하여 변하는 저항(r_2'/s)의 직렬 회로라고 생각되므로 부하에 의하여 변호하는 전류 벡터의 궤적, 즉 원선도의 지름은 전압에 비례하고 리액턴스에 반비례한다. 즉, 지름 $\propto \dfrac{E}{x}$ 【정답】 ④

47. 단상 직권 정류자 전동기에 관한 설명 중 틀린 것은? (단, A : 전기자, C : 보상권선, F : 계자권선이라 한다.)

① 직권형은 A와 F가 직렬로 되어 있다.

② 보상 직권형은 A, C 및 F가 직렬로 되어 있다.

③ 단상 직권정류자전동기에서는 보극권선을 사용하지 않는다.

④ 유도 보상 직권형은 A와 F가 직렬로 되어 있고 C는 A에서 분리한 후 단락되어 있다.

|정|답|및|해|설|

[단상 직권 정류자 전동기]

① 직권형은 A와 F가 직렬로 되어 있다.
② 보상 직권형은 A, C 및 F가 직렬로 되어 있다.
③ 유도 보상 직권형은 A와 F가 직렬로 되어 있고 C는 A에서 분리한 후 단락되어 있다.

※직권전동기는 전기자반작용이 문제이므로 이를 방지하기 위해서 보상권선이나 보극권선을 사용한다.

【정답】 ③

48. PN 접합 구조로 되어 있고 제어는 불가능하나 교류를 직류로 변환하는 반도체 정류 소자는?

① IGBT ② 다이오드
③ MOSFET ④ 사이리스터

|정|답|및|해|설|

[다이오드] PN 접합 구조로 되어 있고 제어는 불가능하나 AC를 DC로 변환(정류 다이오드)하는 반도체 소자로 애노드에 (+), 캐소드에 (-)만 존재하므로 제어가 불가능하다.

【정답】 ②

49. 3상 분권 정류자 전동기의 설명으로 틀린 것은?

① 변압기를 사용하여 전원전압을 낮춘다.
② 정류자권선은 저전압 대전류에 적합하다.
③ 부하가 가해지면 슬립의 발생 소요 토크는 직류전동기와 같다.
④ 특성이 가장 뛰어나고 널리 사용되고 있는 전동기는 시라게 전동기이다.

|정|답|및|해|설|

[3상 분권 정류자 전동기]

③ 3상 분권 정류자 전동기는 유도전동기와 동일하다.

※시라게 전동기 : 3상 분권 정류자 전동기로서 직류 분권 전동기와 비슷한 정속도 특성을 가지며, 브러시 이동으로 간단하게 속도 제어를 할 수 있다.

【정답】 ③

50. 유도전동기의 회전자에 슬립 주파수의 전압을 가하는 속도 제어는? [기 05/1]

① 2차 저항법
② 자극수 변환법
③ 인버터 주파수 변환법
④ 2차 여자법

|정|답|및|해|설|

[유도전동기 속도 제어법] 농형(극수, 주파수, 1차전압제어), 권선형(2차저항, 2차여자제어)

- 2차여자제어법 : 유도전동기의 회전자에 슬립 주파수의 전압을 가하는 속도 제어하는 방법
- $I_2 = \frac{SE_2 \pm E_c}{r_2}$

I_2는 일정하므로 슬립(slip) 주파수의 전압 E_c의 크기에 따라 S가 변하게 되고 속도가 변하게 된다. 이와 같이 속도를 바꾸는 방법을 2차 여자법이라 한다.

【정답】 ④

51. 권선형 유도전동기의 속도-토크 곡선에서 비례추이는 그 곡선이 무엇이 비례하여 이동하는가?

① 슬립 ② 회전수
③ 공급전압 ④ 2차 저항

|정|답|및|해|설|

[비례추이]

비례추이란 2차 회로 저항(외부 저항)의 크기를 조정함으로써 슬립을 바꾸어 속도와 토크를 조정하는 것이다.

최대 토크는 불변

$\frac{r_2}{s_m} = \frac{r_2 + R}{s_t}$

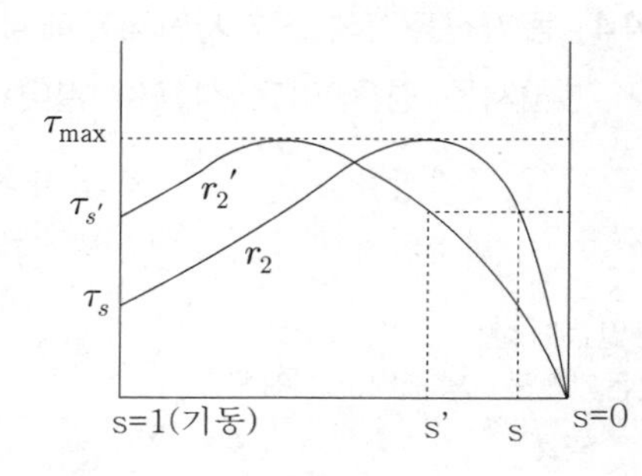

【정답】 ④

52. 정격전압 200[V], 전기자 전류 100[A]일 때 1000[rpm]으로 회전하는 직류 분권전동기가 있다. 이 전동기의 무부하 속도는 약 몇 [rpm]인가? (단, 전기자 저항은 $0.15[\Omega]$이고 전기자 반작용은 무시한다.) [산 16/2]

① 981 ② 1081
③ 1100 ④ 1180

|정|답|및|해|설|

[직류 분권전동기의 무부하 속도]

① 전기자전류 $I_a = 100[A]$일 때의 역기전력

$E = V - I_aR_a = 200 - (100 \times 0.15) = 185[V]$

② 무부하시 $I_a = 0$일 때의 역기전력 $E_0 = V = 200[V](\because I_a = 0)$

③ 전기자 반작용을 무시하면 $E = k\phi N$에서 $\phi =$일정하므로 $E \propto N$

따라서 $E_0 : E = N_0 : N \rightarrow$ 200:185= N_0:1000

$\therefore N_0 = \frac{200}{185} \times 1000 ≒ 1081[\text{rpm}]$ 【정답】 ②

53. 이상적인 변압기에서 2차를 개방한 벡터도 중 서로 반대 위상인 것은

① 자속, 여자전류
② 입력전압, 1차 유도기전력
③ 여자전류, 2차 유도기전력
④ 1차 유도기전력, 2차 유도기전력

|정|답|및|해|설|

[변압기] 이상적인 변압기가 무부하 시(2차 개방 시) $t_2 = 0$일 때

V_1(입력전압=1차전압)$= -E_1 = -N_1 \frac{d\varnothing}{dt}[V]$가

렌츠의 법칙으로 벡터도는 $V_1 = -E_1$이다.

즉, 입력전압 V_1과 1차유기기전력 E_1은 서로 반대인 위상이다.

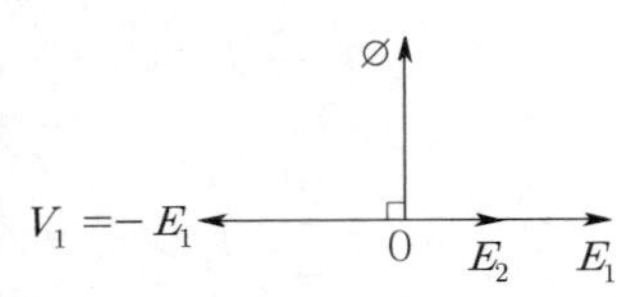

【정답】 ②

54. 동일 정격의 3상 동기발전기 2대를 무부하로 병렬 운전하고 있을 때 두 발전기의 기전력 사이에 30° 의 위상차가 있으면 한 발전기에서 다른 발전기에 공급되는 유효전력은 몇 [kW]인가? (단, 각 발전기의(1상의) 기전력은 1000[V], 동기 리액턴스는 4[Ω]이고, 전기자 저항은 무시한다.) [산 13/1]

① 62.5 ② $62.5 \times \sqrt{3}$
③ 125.5 ④ $125.5 \times \sqrt{3}$

|정|답|및|해|설|

[3상 동기발전기의 수수전력] $P_s = \frac{E^2}{2x_s}\sin\delta$

$P_s = \frac{1000^2}{2 \times 4}\sin 30[^\circ] = 62500[W] = 62.5[kW]$

※ 수수전력 : 동기화 전류 때문에 서로 위상이 같게 되려고 수수하게 될 때 발생되는 전력

【정답】 ①

55. 어떤 단상 변압기의 2차 무부하 전압이 240[V]이고, 정격 부하시의 2차 단자전압이 230[V]이다. 전압 변동률은 약 얼마인가? [기 10/1 17/1]

① 4.35[%] ② 5.15[%]
③ 6.65[%] ④ 7.35[%]

|정|답|및|해|설|

[전압 변동률] $\epsilon = \frac{V_{20} - V_{2n}}{V_{2n}} \times 100[\%]$

(V_{20} : 2차 무부하 전압, V_{2n} : 2차 전부하 전압)

$\epsilon = \frac{240 - 230}{230} \times 100 = 4.35[\%]$ 【정답】 ①

56. 정격전압 6000[V], 용량 5000[kVA]의 Y결선 3상 동기발전기가 있다. 여자전류 200[A]에서의 무부하 단자전압 6000[V], 단락전류 600[A]일 때, 이 발전기의 단락비는 약 얼마인가? [산 08/3]

① 0.25 ② 1
③ 1.25 ④ 1.5

|정|답|및|해|설|

[단락비] $K_s = \frac{I_s}{I_n}$ → (I_n : 정격전류, I_s : 단자전류)

발전기의 용량 $P_a = \sqrt{3}\, V_n I_n [kVA]$에서

정격전류 $I_n = \frac{P_a}{\sqrt{3}\, V_n} = \frac{5000 \times 10^3}{\sqrt{3} \times 6000} = 481.13[A]$

단락비 $K_s = \frac{I_s}{I_n} = \frac{600}{481} = 1.25$

【정답】 ③

57. 다음은 직류발전기의 정류곡선이다. 이 중에서 정류 초기에 정류의 상태가 좋지 않은 것은?

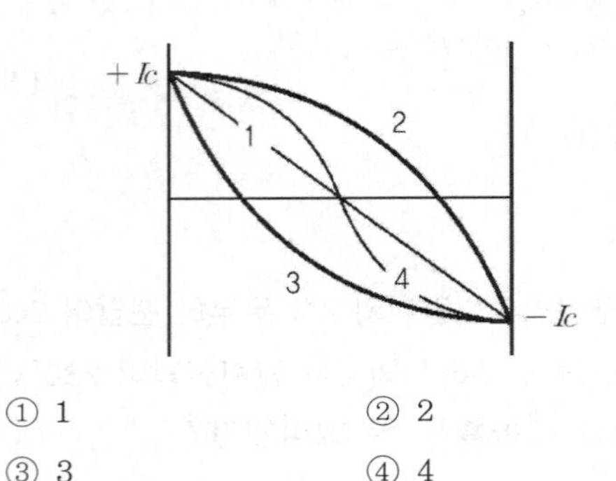

① 1 ② 2
③ 3 ④ 4

|정|답|및|해|설|

[정류곡선]

1. 직선정류 : 1번 곡선으로 가장 이상적인 정류곡선
2. 부족정류 : 2번 곡선, 큰 전압이 발생하고 정류 종료, 즉 브러시의 뒤쪽에서 불꽃이 발생
3. 과정류 : 3번 곡선, 정류 초기에 높은 전압이 발생, 브러시 앞부분에 불꽃이 발생
4. 정현정류 : 4번 곡선, 전류가 완만하므로 브러시 전단과 후단의 불꽃발생은 방지할 수 있다.

【정답】 ③

58. 2대의 변압기로 V결선하여 3상 변압하는 경우 변압기 이용률 약 몇 [%]인가? [기 06/3 산 10/1]

① 57.8 ② 66.6
③ 86.6 ④ 100

|정|답|및|해|설|

[V결선 변압기 이용률] V결선에는 변압기 2대를 사용했을 경우 그 정격출력의 합은 $2V_2I_2$이므로 변압기 이용률

$$U = \frac{\sqrt{3}\, V_2 I_2}{2 V_2 I_2} \times 100 = \frac{\sqrt{3}}{2} \times 100 = 0.866(86.6[\%])$$

【정답】 ③

59. 직류기의 전기자에 일반적으로 사용되는 전기자 권선법은? [기 04/1 08/1 산 09/3]

① 단층권 ② 2층권
③ 환상권 ④ 개로권

|정|답|및|해|설|

[직류기의 권선법] 직류기의 전기자 권선법으로 2층권, 고상권, 폐로권을 채택한다. 2층권은 코일의 제작 및 권선 작업이 용이하므로 직류기에서 거의 2층권만이 사용된다.

【정답】 ②

60. 3300/200[V], 50[kVA]인 단상 변압기의 %저항, %리액턴스를 각각 2.4[%], 1.6[%]라 하면 이때의 임피던스 전압은 약 몇 [V]인가?

① 95 ② 100
③ 105 ④ 110

|정|답|및|해|설|

[임피던스 전압] $V_s = \frac{\%Z \times V_{1n}}{100}[V]$

%임피던스(%Z) $= \sqrt{(\%r)^2 + (\%x)^2}$ → ($Z = \sqrt{r^2 + x^2}$)

$= \sqrt{2.4^2 + 1.6^2} \fallingdotseq 2.88[\%]$

$V_s = \frac{\%Z \times V_{1n}}{100} = \frac{2.88 \times 3300}{100} \fallingdotseq 95[V]$

【정답】 ①

2018 전기산업기사 기출문제

41. 전압이나 전류의 제어가 불가능한 소자는?

① SCR ② GTO
③ IGBT ④ Diode

|정|답|및|해|설|
[다이오드(Diode)] 다이오드는 입력단의 전압이 높을 때만 turn on이 된다. 스위칭만 하는 것이므로 전압이나 전류 제어가 안 된다. 다른 사이리스터는 위상각 등으로 크기를 제어할 수가 있다. 【정답】 ④

42. 2대의 동기발전기가 병렬운전하고 있을 때 동기화 전류가 흐르는 경우는?

① 부하분담에 차가 있을 때
② 기전력의 크기에 차가 있을 때
③ 기전력의 위상에 차가 있을 때
④ 기전력의 파형에 차가 있을 때

|정|답|및|해|설|
[동기 발전기의 병렬 운전]
① 기전력의 크기에 차가 있을 때 : 무효 순환 전류(무효 횡류)
② 기전력의 위상에 차가 있을 때 : 동기화 전류(유효횡류)
③ 기전력의 파형에 차가 있을 때 : 고조파 무효순환 전류
【정답】 ③

43. 전기자저항이 각각 $R_A = 0.1[\Omega]$과 $R_B = 0.2[\Omega]$인 100[V], 10[kW]의 두 분권발전기의 유기기전력을 같게 해서 병렬운전 하여 정격전압으로 135[A]의 부하전류를 공급할 때 각 기기의 분담전류는 몇 [A]인가?

① $I_A = 80,\ I_B = 55$ ② $I_A = 90,\ I_B = 45$
③ $I_A = 100,\ I_B = 35$ ④ $I_A = 110,\ I_B = 25$

|정|답|및|해|설|
[직류 발전기 병렬 운전 시 부하의 분담] 부하 분담은 두 발전기의 단자전압이 같아야 하므로 유기전압(E)와 전기자 회로의 저항 R_a에 의해 결정된다.
① 저항의 같으면 유기전압이 큰 측이 부하를 많이 분담
② 유기전압이 같으면 전기자 회로 저항에 반비례해서 분담
③ $E_1 - R_{a1}(I_1 + I_{f1}) = E_2 - R_{a2}(I_2 + I_{f2}) = V$

$E_1,\ E_2$: 각 기의 유기 전압[V]

$R_{a1},\ R_{a2}$: 각 기의 전기자 저항[Ω]

$I_1,\ I_2$: 각 기의 부하 분담 전류[A]

$I_{f1},\ I_{f2}$: 각 기의 계자전류[A], V : 단자전압

※유기기전력은 같으며 전기자 저항이 1 : 2이므로 부하분담은 전기자 저항에 반비례하여 2 : 1이 되어 90 : 45가 된다.
【정답】 ②

44. 직류 타여자발전기의 부하전류와 전기자전류의 크기는?

① 전기자전류와 부하전류가 같다.
② 부하전류가 전기자전류보다 크다.
③ 전기자전류가 부하전류보다 크다.
④ 전기자전류와 부하전류는 항상 0이다.

|정|답|및|해|설|

[직류 타여자 발전기] 타여자 발전기는 다른 직류 전원(축전지 또는 다른 직류 발전기)으로부터 계자전류를 공급받아서 계자 자속을 만들기 때문에 계자철심에 전류 자기가 없어도 발전할 수 있다.

전기자전류 $I_a = I$ 【정답】 ①

45. 직류 분권전동기에서 단자전압 210[V], 전기자전류 20[A], 1500[rpm]으로 운전할 때 발생토크는 약 몇 [N • m]인가? 단, 전기자 저항은 $0.15[\Omega]$이다.

① 13.2 ② 26.4
③ 33.9 ④ 66.9

|정|답|및|해|설|

[직류 분권 전동기 토크] $T=\frac{E_cI_a}{2\pi n}=\frac{E_cI_a}{2\pi\frac{N}{60}}[\text{N.m}]$

[역기전력] $E_c = V-R_aI_a = 210-20\times 0.15 = 207[V]$

토크 $T=\frac{E_cI_a}{2\pi\frac{N}{60}}=\frac{207\times 20}{2\pi\times\frac{1,500}{60}}=26.4[N\cdot m]$

【정답】 ②

46. 60[Hz], 12극, 회전자의 외경 2[m]인 동기발전기에 있어서 회전자의 주변속도는 약 몇 [m/s]인가?

① 43 ② 62.8
③ 120 ④ 132

|정|답|및|해|설|

[전기자 주변 속도] $v=\pi D\frac{N_s}{60}[\text{m/s}]$

[동기속도] $N_s=\frac{120f}{p}[\text{rpm}]$

여기서, πD : 회전자 둘레, n : 회전속도[rps]$(=\frac{N_s[rpm]}{60})$

p : 극수, f : 주파수

$N_s=\frac{120f}{p}=\frac{120\times 60}{12}=600[rpm]$

$v=\pi D\frac{N_s}{60}=\pi\times 2\times\frac{600}{60}=62.8[m/s]$

【정답】 ②

47. 220[V], 60[Hz], 8극, 15[kW]의 3상 유도전동기에서 전부하 회전수가 864[rpm]이면 이 전동기의 2차 동손은 몇 [w]인가?

① 435 ② 537
③ 625 ④ 723

|정|답|및|해|설|

[동기 속도] $N_s=\frac{120f}{p}=\frac{120\times 60}{8}=900[rpm]$

[슬립] $s=\frac{N_s-N}{N_s}=\frac{900-864}{900}=0.04$

$P_0=(1-s)P_2 \rightarrow P_2=\frac{P_0}{1-s}$

2차 동손 $P_{c2}=sP_2=\frac{s}{1-s}P_0=\frac{0.04}{1-0.04}\times 15000=625[W]$

【정답】 ③

48. 병렬운전하고 있는 2대의 3상 동기발전기 사이에 무효순환전류가 흐르는 경우는?

① 부하의 증가 ② 부하의 감소
③ 여자전류의 변화 ④ 원동기의 출력 변화

|정|답|및|해|설|

[동기발전기의 병렬 운전 조건 및 불만족시 현상]

① 기전력의 크기가 같을 것 → 무효순환전류(무효횡류)
② 기전력의 위상이 같을 것 → 동기화 전류(유효횡류)
③ 기전력의 주파수가 같을 것 → 난조 발생
④ 기전력의 파형이 같을 것 → 고조파 무효순환전류
⑤ 기전력의 상회전 방향이 일치할 것

【정답】 ③

49. 유도전동기의 특성에서 토크와 2차 입력 및 동기속도의 관계는?

① 토크는 2차 입력과 동기속도의 곱에 비례한다.
② 토크는 2차 입력에 반비례하고, 동기속도에 비례한다.
③ 토크는 2차 입력에 비례하고, 동기속도에 반비례한다.
④ 토크는 2차 입력의 자승에 비례하고, 동기속도의 자승에 반비례한다.

|정|답|및|해|설|

[유도 전동기의 토크 $T=0.975\frac{P_2}{N_s}[kg\cdot m]$

여기서, P_2 : 2차 입력, N_s : 동기 속도

토크는 2차 입력 P_2에 비례하고 동기속도 N_s에 반비례한다.

【정답】 ③

50. 직류발전기를 병렬 운전할 때 균압선이 필요한 직류발전기는?

① 분권발전기, 직권발전기

② 분권발전기, 복권발전기

③ 직권발전기, 복권발전기

④ 분권발전기, 단극발전기

|정|답|및|해|설|

[균압선의 목적]

- 병렬 운전을 안정하게 하기 위하여 설치하는 것
- 일반적으로 직권 및 복권 발전기에는 직권 계자 코일에 흐르는 전류에 의하여 병렬 운전이 불안정하게 되므로 균압선을 설치하여 직권 계자 코일에 흐르는 전류를 분류하게 된다.

【정답】 ③

51. △결선 변압기의 한 대가 고장으로 제거되어 V결선으로 공급할 때 공급할 수 있는 전력은 고장전 전력에 대하여 몇 [%]인가?

① 57.7 ② 66.7

③ 75.0 ④ 86.3

|정|답|및|해|설|

[V결선] △결선 변압기의 한 대가 고장인 경우의 3상 공급 방식

$$\text{출력비}=\frac{V\text{결선의 출력}}{\triangle\text{결선의 출력}}=\frac{\sqrt{3}K}{3K}=\frac{\sqrt{3}}{3}\times 100=0.577\times 100=57.7[\%]$$

【정답】 ①

52. 유도전동기의 출력과 같은 것은?

① 출력=입력전압-철손

② 출력=기계출력-기계손

③ 출력=2차 입력-2차 저항손

④ 출력=입력전압-1차 저항손

|정|답|및|해|설|

[유도전동기 출력] 출력=2차 입력-2차 저항손

【정답】 ③

53. 220[V], 50[kW]인 직류 전동기를 운전하는 데 전기자 저항(브러시의 접촉저항 포함)이 0.05[Ω]이고 기계적 손실이 1.7[kW], 표유손이 출력의 1[%]이다. 부하전류가 100[A]일 때의 출력은 약 몇 [kW]인가?

① 14.5 ② 167.7

③ 18.2 ④ 19.6

|정|답|및|해|설|

[직류 직권 전동기의 역기전력] $E_c=V-I_aR_a[V]$

여기서, V : 단자전압[V], E_c : 역기전력[V]

I_a : 전기자전류[A], R_a : 전기자권선저항[Ω]

$E_c=V-I_aR_a=220-0.05\times 100=215[V]$

[기계적 출력] $P=E_cI=215\times 100\times 10^{-3}=21.5[kW]$

[실제 출력] $P'=21.5-1.7-(21.5\times 0.01)=19.6[kW]$

【정답】 ④

54. 변압기의 2차를 단락한 경우 1차 단락전류 I_{s1}은? 단, V_1 : 1차 단자전압, Z_1 : 1차 권선의 임피던스, Z_2 : 2차 권선의 임피던스, a : 권수비, Z : 부하의 임피던스

① $I_{s1}=\frac{V_1}{Z_1+a^2Z_2}$ ② $I_{s1}=\frac{V_1}{Z_1+aZ_2}$

③ $I_{s1}=\frac{V_1}{Z_1-aZ_2}$ ④ $I_{s1}=\frac{V_1}{Z_1+Z_2+Z}$

|정|답|및|해|설|

[1차 단락 전류] $I_{s1}=\frac{V_1}{Z_1+Z_2}=\frac{V_1}{Z_1+a^2Z_2}$

【정답】 ①

55. 농형 유도전동기의 속도제어법이 아닌 것은?

① 극수 변환
② 1차 저항 변환
③ 전원전압 변환
④ 전원주파수 변환

|정|답|및|해|설|

[농형 유도전동기의 속도 제어법]
· 주파수를 바꾸는 방법 · 극수를 바꾸는 방법
· 전원 전압을 바꾸는 방법
[권선형 유도전동기의 속도 제어법]
· 2차 여자 제어법 · 2차 저항 제어법
· 종속 제어법

【정답】 ②

56. 선박추진용 및 전기자동차용 구동전동기의 속도 제어로 가장 적합한 것은?

① 저항에 의한 제어
② 전압에 의한 제어
③ 극수 변환에 의한 제어
④ 전원주파수에 의한 제어

|정|답|및|해|설|

[농형 유도전동기의 속도 제어법]
· 주파수 변환법 : 인견, 방직 공장의 포트 전동기(Pot Motor)나 선박의 전기 추진용으로 사용
· 극수 변환법 : 비교적 효율이 좋다. 연속적인 속도 제어가 아니라 단계적인 속도제어 방법
· 전압 제어법 : 전원전압의 크기를 조절하여 속도제어

【정답】 ④

57. 75[W] 이하의 소 출력으로 소형공구, 영사기, 치과 의료용 등에 널리 이용되는 전동기는?

① 단상 반발전동기
② 영구자석 스텝전동기
③ 3상 직권 정류자전동기
④ 단상 직권 정류자전동기

|정|답|및|해|설|

[단상 정류자 전동기] 단상 직권 정류자 전동기(단상 직권 전동기)는 교류, 직류 양용으로 사용할 수 있으며 만능 전동기라고도 불린다.

① 직권 특성
· 단상 직권 정류자 전동기 : 직권형, 보상직권형, 유도보상직권형이 있으며, 75[W] 정도 이하의 소형 공구, 영사기, 치과 의료용으로 사용
· 단상 반발 전동기 : 아트킨손형 전동기, 톰슨 전동기, 데리 전동기 등이 있다.
② 분권 특성 : 현제 실용화 되지 않고 있음

【정답】 ④

58. 변압기의 등가회로를 작성하기 위하여 필요한 시험은?

① 권선저항측정, 무부하시험, 단락시험
② 상회전시험, 절연내력시험, 권선저항측정
③ 온도상승시험, 절연내력시험, 무부하시험
④ 온도상승시험, 절연내력시험, 권선저항측정

|정|답|및|해|설|

[변압기 등가회로를 그리기 위한 시험] 등가회로 작성에는 권선의 저항을 알아야 하고, 철손을 측정하는 무부하 시험, 동손을 측정하는 단락 시험이 필요하다. 반환부하법은 변압기의 온도 상승 시험을 하는데 필요한 시험법이다.

【정답】 ①

59. 변압기에서 권수가 2배가 되면 유기기전력은 몇 배가 되는가?

① 1 ② 2
③ 4 ④ 8

|정|답|및|해|설|

[변압기 유기기전력]
① 1차 유기기전력 $E_1 = 4.44fN_1\varnothing_m$
② 2차 유기기전력 $E_2 = 4.44fN_2\varnothing_m$
여기서, f : 1, 2차 주파수, N_1, N_2 : 1, 2차 권수
$\varnothing_m$: 최대 자속
$\therefore E \propto N \propto 2$

【정답】 ②

60. 다이오드를 사용한 정류회로에서 여러 개를 병렬로 연결하여 사용할 경우 얻는 효과는?

① 인가전압 증가
② 다이오드의 효율 증가
③ 부하 출력의 맥동률 감소
④ 다이오드의 허용 전류 증가

|정|답|및|해|설|
[다이오드의 접속]
· 다이오드 직렬 연결 : 과전압 방지
· 다이오드 병렬 연결 : 과전류 방지

【정답】 ④

41. 직류 직권전동기의 운전상 위험 속도를 방지하는 방법 중 가장 적합한 것은?

① 무부하 운전한다.
② 경부하 운전한다.
③ 무여자 운전한다.
④ 부하와 기어를 연결한다.

|정|답|및|해|설|
[직류 직권 전동기] 직류 직권 전동기는 자속이 발생되지 않아서($I=I_a=I_f=0,\ \varnothing=0$) 회전속도가 무구속 속도에 이르게 되어 위험한 상태가 된다. 따라서 무부하 운전을 할 수 없다. 그러므로, 직권전동기는 부하와 벨트구동을 하지 않는다.

【정답】 ④

42. 단상변압기를 병렬 운전하는 경우 부하전류의 분담에 관한 설명 중 옳은 것은?

① 누설리액턴스에 비례한다.
② 누설임피던스에 비례한다.
③ 누설임피던스에 반비례한다.
④ 누설리액턴스의 제곱에 반비례한다.

|정|답|및|해|설|
[변압기의 전류 분담] $\dfrac{I_a}{I_b}=\dfrac{P_A}{P_B}\cdot\dfrac{\%Z_B}{\%Z_A}$

여기서, $I_a,\ I_b$: 각 변압기의 분담 전류
$P_A,\ P_B$: $A,\ B$ 변압기의 용량
$\%Z_A,\ \%Z_B$: $A,\ B$ 변압기의 %임피던스

【정답】 ③

43. 동기기의 단락전류를 제한하는 요소는?

① 단락비 ② 정격전류
③ 동기임피던스 ④ 자기여자 작용

|정|답|및|해|설|
[동기기의 단락 전류 제한] 3상 돌발 단락이 발생하였을 때 단락전류를 제한하는 것은 제동 권선이 없는 발전기에서는 전기자 누설 리액턴스와 계자권선의 누설 리액턴스의 합인 직축 과도 리액턴스이고, 제동 권선이 있는 것에서는 전기자 누설 리액턴스와 제동 권선의 누설 리액턴스의 합인 직축 초기 과도 리액턴스이다.

※동기 리액턴스(동기 임피던스)=누설 리액턴스+반작용 리액턴스

【정답】 ③

44. 직류전동기의 속도제어법 중 광범위한 속도제어가 가능하며 운전효율이 좋은 방법은?

① 병렬 제어법 ② 전압 제어법
③ 계자 제어법 ④ 저항 제어법

|정|답|및|해|설|
[직류전동기 속도 제어] $n=K\dfrac{V-I_aR_a}{\phi}$

구분	제어 특성	특징
계자 제어	계자 전류의 변화에 의한 자속의 변화로 속도 제어	속도 제어 범위가 좁다. 정출력제어
전압 제어	워드 레오나드 방식 일그너 방식	·제어 범위가 넓다. ·손실이 적다. ·정역운전 가능 정토크제어
저항 제어	전기자 회로의 저항 변화에 의한 속도 제어법	효율이 나쁘다.

【정답】 ②

45. 정격전압에서 전 부하로 운전하는 직류 직권전동기의 부하전류가 50[A]이다. 부하 토크가 반으로 감소하면 부하전류는 약 몇 [A]인가? 단, 자기포화는 무시한다.

① 25　　② 35
③ 45　　④ 50

|정|답|및|해|설|

[직류 직권 전동기 토크와 속도와의 관계]

$T \propto \varnothing I_a = I_a^2 \propto \frac{1}{N^2}$ 이므로

$T: \frac{1}{2}T = 50^2 : I^2 \rightarrow I = \sqrt{\frac{\frac{1}{2}T}{T}} \times 50 = \frac{50}{\sqrt{2}} = 35.36[A]$

【정답】 ②

46. 3상 동기발전기가 그림과 같이 1선 지락이 발생하였을 경우 지락전류 I_o를 구하는 식은? 단, E_a는 무부하 유기기전력의 상전압, Z_o, Z_1, Z_2는 영상, 정상, 역상 임피던스이다.

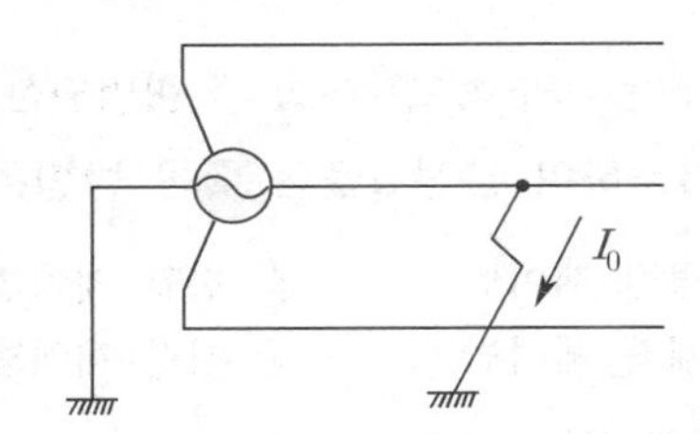

① $\dot{I_o} = \frac{3\dot{E_a}}{\dot{Z_o} \times \dot{Z_1} \times \dot{Z_2}}$　　② $\dot{I_o} = \frac{\dot{E_a}}{\dot{Z_o} + \dot{Z_1} + \dot{Z_2}}$

③ $\dot{I_0} = \frac{3\dot{E_a}}{\dot{Z_o} + \dot{Z_1} + \dot{Z_2}}$　　④ $\dot{I_a} = \frac{3\dot{E_a}}{\dot{Z_o} + \dot{Z_2}^2 + \dot{Z_2}^3}$

|정|답|및|해|설|

1선 지락 시 $I_o = I_1 = I_2$

지락전류 $I_g = 3I_o = \frac{3E_a}{Z_o + Z_1 + Z_2}$

【정답】 ③

47. 전기자 저항이 $0.3[\Omega]$인 분권발전기가 단자전압 550[V]에서 부하전류가 100[A]일 때 발생하는 유도전력[V]은? 단, 계자전류는 무시한다.

① 260　　② 420
③ 580　　④ 750

|정|답|및|해|설|

[직류 분권 발전기]

- 전기자전류 $I_a = I_f + I$
- 유기기전력 $E = V + I_a R_a + e_a + e_b$

여기서, I_a : 전기자전류, R_a : 전기자저항, E : 유기기전력
V : 단자전압, I : 부하전류, I_f : 계자전류
e_a : 전기자반작용에 의한 전압강하[V]
e_b : 브러시의 접촉저항에 의한 전압강하[V]

$I_a = I + I_f = 100 + 0 = 100$

$E = V + I_a R_a = 550 + 100 \times 0.3 = 580[V]$

【정답】 ③

48. 유도전동기의 동기와트에 대한 설명으로 옳은 것은?

① 동기속도에서 1차 입력
② 동기속도에서 2차 입력
③ 동기속도에서 2차 출력
④ 동기속도에서 2차 동손

|정|답|및|해|설|

[동기 와트(P_2)] 전동기 속도가 동기속도이므로 토크와 2차 입력 P_2는 정비례하게 되어 2차 입력을 토크로 표시한 것을 동기와트라고 한다.

【정답】 ②

49. 4극, 60[Hz]의 정류자 주파수 변환기가 회전자계 방향과 반대방향으로 1,440[rpm]으로 회전할 때의 주파수는 몇 [Hz]인가?

① 8　　② 10
③ 12　　④ 15

|정|답|및|해|설|

[전동기가 슬립 s로 회전하고 있는 경우 2차 주파수]

$f_2 = sf_1$[Hz]

여기서, f_1 : 1차 주파수, s : 슬립

동기속도 $N_s = \frac{120f}{P} = \frac{120 \times 60}{4} = 1800[rpm]$

슬립 $s = \frac{N_s - N}{N_s} = \frac{1800 - 1440}{1800} = 0.2$ → (N : 회전자속도)

2차 주파수 $f_2 = sf_1 = 0.2 \times 60 = 12$[Hz]

【정답】 ③

50. 유도전동기의 속도제어 방식으로 틀린 것은?

① 크레머 방식

② 일그너 방식

③ 2차 저항제어 방식

④ 1차 주파수제어 방식

|정|답|및|해|설|

[유도 전동기의 속도 제어]

[농형 유도 전동기]

① 주파수 변환법 : 역률이 양호하며 연속적인 속조에어가 되지만, 전용 전원이 필요, 인견·방직 공장의 포트모터, 선박의 전기추진기에 적용

② 극수 변환법

③ 전압 제어법 : 전원 전압의 크기를 조절하여 속도제어

[권선형 유도 전동기]

① 2차 저항법 : 토크의 비례추이를 이용한 것으로 2차 회로에 저항을 삽입 토크에 대한 슬립 s를 바꾸어 속도 제어

② 2차 여자법 : 회전자 기전력과 같은 주파수 전압을 인가하여 속도제어, 고효율로 광범위한 속도제어

③ 종속접속법

- 직렬종속법 : $N = \frac{120}{P_1 + P_2} f$
- 차동종속법 : $N = \frac{120}{P_1 - P_2} f$
- 병렬종속법 : $N = 2 \times \frac{120}{P_1 + P_2} f$

※일그너 방식은 직류전동기의 속도제어 중 전압제어에 해당한다.

【정답】 ②

51. 병렬운전 중인 A, B 두 동기발전기 중 A발전기의 여자를 B발전기보다 증가시키면 A발전기는?

① 동기화 전류가 흐른다.

② 부하전류가 증가한다.

③ 90° 진상전류가 흐른다.

④ 90° 지상전류가 흐른다.

|정|답|및|해|설|

[동기 발전기의 병렬 운전]

- A발전기 여자전류 증가 : A발전기에는 지상전류가 흘러 A발전기의 역률이 저하되며 B발전기에는 진상전류가 흘러 B발전기의 역률은 좋아지게 된다.
- B발전기 여자전류 증가 : B발전기에는 지상전류가 흘러 B발전기의 역률이 저하되며 A발전기에는 진상전류가 흘러 A발전기의 역률은 좋아지게 된다.

【정답】 ④

52. 3상 동기기에 제동권선의 주 목적은?

① 출력 개선　　② 효율 개선

③ 역률 개선　　④ 난조 방지

|정|답|및|해|설|

[제동권선의 역할]

① 난조의 방지 (발전기 안정도 증진)

② 기동 토크의 발생

③ 불평형 부하시의 전류, 전압 파형 개선

④ 송전선의 불평형 단락시의 이상 전압 방지

【정답】 ④

53. 유도전동기의 슬립 s의 범위는?

① $1 < s < 0$　　② $0 < s < 1$

③ $-1 < s < 1$　　④ $-1 < s < 0$

|정|답|및|해|설|

[유도 전동기의 슬립(s)] $s = \frac{N_s - N}{N_s} \times 100[\%]$

여기서, N_s : 동기 속도[rpm], N : 회전 속도[rpm]

[슬립의 범위]

- $0 < s < 1$
- s=1이면 N=0이어서 전동기가 정지 상태
- s=0이면 $N = N_s$, 전동기가 동기 속도로 회전(무부하 상태)

【정답】 ②

54. 단상 반파정류회로에서 평균 직류전압 200[V]를 얻는 데 필요한 변압기 2차 전압은 약 몇 [V]인가? 단, 부하는 순저항이고 직류기의 전압강하는 15[V]로 한다.

① 400 ② 478
③ 512 ④ 642

|정|답|및|해|설|

[단상 반파 정류 직류 평균 전압] $E_d = \left(\frac{\sqrt{2}}{\pi} - e\right)E = 0.45E - e$

$E = \frac{E_d + e}{0.45} = \frac{200 + 15}{0.45} \fallingdotseq 478[V]$

【정답】 ②

55. 3상 전원에서 2상 전원을 얻기 위한 변압기의 결선방법은?

① △ ② T
③ Y ④ V

|정|답|및|해|설|

[변압기 상수 변환법]

- 3상을 2상으로 : 스코트 결선(T결선), 메이어 결선, 우드 브리지 결선
- 3상을 6상 : Fork 결선, 2중 성형결선, 환상 결선, 대각결선, 2중 △ 결선, 2중 3각 결선

【정답】 ②

56. 교류 단상 직권전동기의 구조를 설명한 것 중 옳은 것은?

① 역률 및 정류 개선을 위해 약계자 강전기자형으로 한다.
② 전기자 반작용을 줄이기 위해 약계자 강전기자형으로 한다.
③ 정류 개선을 위해 강계자 약전기자형으로 한다.
④ 역률 개선을 위해 고정자와 회전자의 자로를 성층철심으로 한다.

|정|답|및|해|설|

[단상 직권 전동기] 만능 전동기, 직류, 교류 양용

- 종류 : 직권형, 보상형, 유도보상형
- 특징
  - 성층 철심, 역률 및 정류 개선을 위해 약계자, 강전기자형으로 함
  - 역률 개선을 위해 보상권선 설치, 변압기 기전력 적게 함
  - 회전속도를 증가시킬수록 역률이 개선

【정답】 ①

57. 임피던스 전압강하 4[%]의 변압기가 운전 중 단락되었을 때 단락전류는 정격전류의 몇 배가 흐르는가?

① 15 ② 20
③ 25 ④ 30

|정|답|및|해|설|

[단락전류] $I_s = \frac{100}{\%Z}I_n = \frac{100}{4} \times I_n = 25I_n$

【정답】 ③

58. 단상 유도전압조정기의 원리는 다음 중 어느 것을 응용한 것인가?

① 3권선 변압기
② V결선 변압기
③ 단상 단권변압기
④ 스콧트결선(T결선) 변압기

|정|답|및|해|설|

[단상 유도전압조정기]

- 단상 단권 변압기 원리
- 교번 자계 이용
- 입력 전압과 출력 전압의 위상이 같다.
- 단락 코일이 설치되어 있다.

※3상 유도전압조정기 : 3상 유도전동기의 원리(회전자계)

【정답】 ③

59. 권선형 유도전동기의 설명으로 틀린 것은?

① 회전자의 3개의 단자는 슬립링과 연결되어 있다.

② 기동할 때에 회전자는 슬립링을 통하여 외부에 가감저항기를 접속한다.

③ 기동할 때에 회전자에 적당한 저항을 갖게 하여 필요한 기동토크를 갖게 한다.

④ 전동기 속도가 상승함에 따라 외부저항을 점점 감소시키고 최후에는 슬립링을 개방한다.

|정|답|및|해|설|

[권선형 유도전동기(비례추이)]
2차 저항을 감소하면 슬립이 적어져 속도가 상승한다.
2차 저항을 증가하면 슬립이 커져서 속도가 감소한다.

【정답】 ④

60. 변압기 단락시험과 관계없는 것은?

① 전압 변동률 ② 임피던스 와트
③ 임피던스 전압 ④ 여자 어드미턴스

|정|답|및|해|설|

[변압기 시험] 변압기의 시험으로 중요한 것이 단락시험, 무부하 시험이다.
・단락시험 : 임피던스 전압, 임피던스 와트, 동손, 전압변동률
・무부하 시험 : 여자 전류, 철손, 여자 어드미턴스

【정답】 ④

41. 3상 Y결선, 30[kW], 460[V], 60[Hz] 정격인 유도전동기의 시험결과가 다음과 같다. 이 전동기의 무부하 시 1상당 동손은 약 몇 [W]인가? 단, 소수점 이하는 무시한다.

무부하 시험 : 인가전압 460[V], 전류 32[A]
소비전력 : 4,600[W]
직류시험 : 인가전압 12[V], 전류 60[A]

① 102 ② 104
③ 106 ④ 108

|정|답|및|해|설|

저항 $R=\frac{V}{I}=\frac{12}{60}=0.2[\Omega]$

한 상의 저항은 $R'=\frac{0.2}{2}=0.1[\Omega]$

한 상의 동손 $P_c=I^2R=32^2\times 0.1=102.4[W]$

【정답】 ①

42. 임피던스 강하가 4[%]인 변압기가 운전 중 단락되었을 때 그 단락전류는 정격전류의 몇 배인가?

① 15 ② 20
③ 25 ④ 30

|정|답|및|해|설|

[단락전류] $I_s=\frac{100}{\%Z}I_n=\frac{100}{4}\times I_n=25I_n$

【정답】 ③

43. 3상 유도전동기의 특성에 관한 설명으로 옳은 것은?

① 최대 토크는 슬립과 반비례한다.

② 기동토크는 전압의 2승에 비례한다.

③ 최대 토크는 2차 저항과 반비례한다.

④ 기동토크는 전압의 2승에 반비례한다.

|정|답|및|해|설|

[3상 유도 전동기의 토크] $T=P_2=\frac{E_2^2\frac{r_2}{s}}{\left(\frac{r_2}{s}\right)^2+x_2^2}[W]$

따라서 토크는 공급전압의 2승에 비례, 즉, $T\propto E^2$

【정답】 ②

44. 3상 유도전동기의 속도제어법이 아닌 것은?

① 극수변환법　② 1차 여자제어
③ 2차 저항제어　④ 1차 주파수제어

|정|답|및|해|설|

[유도 전동기의 속도 제어]

[농형 유도 전동기]

① 주파수 변환법 : 역률이 양호하며 연속적인 속조에어가 되지만, 전용 전원이 필요, 인견·방직 공장의 포트모터, 선박의 전기추진기 등에 이용
② 극수 변환법
③ 전압 제어법 : 전원 전압의 크기를 조절하여 속도제어

[권선형 유도 전동기]

① 2차 저항법 : 토크의 비례추이를 이용한 것으로 2차 회로에 저항을 삽입 토크에 대한 슬립 s를 바꾸어 속도 제어
② 2차 여자법 : 회전자 기전력과 같은 주파수 전압을 인가하여 속도제어, 고효율로 광범위한 속도제어
③ 종속접속법

· 직렬종속법 : $N=\frac{120}{P_1+P_2}f$　· 차동종속법 : $N=\frac{120}{P_1-P_2}f$

· 병렬종속법 : $N=2\times\frac{120}{P_1+P_2}f$

【정답】 ②

45. 3상 유도전동기의 출력이 10[kW], 전부하 때의 슬립이 5[%]라 하면 2차 동손은 약 몇 [kW]인가?

① 0.426　② 0.526
③ 0.626　④ 0.726

|정|답|및|해|설|

[2차 동손] $P_{2c}=sP_2$

[2차 출력] $P_0=P_2-sP_2=(1-s)P_2$ [W]

$P_{e2}=\frac{s}{1-s}P_0=\frac{0.05}{1-0.05}\times 10=0.526$

【정답】 ②

46. 직류발전기의 전기자 권선법 중 단중 파권과 단중 중권을 비교했을 때 단종 파권에 해당하는 것은?

① 고전압 대전류　② 저전압 소전류
③ 고전압 소전류　④ 저전압 대전류

|정|답|및|해|설|

[중권과 파권의 차이점]

항목	단중 중권	단중 파권
a(병렬 회로수)	p(mp)	2(2m)
b(브러시수)	p	2혹은 p
균압접속	4극 이상이면 균압접속	불필요
용도	대전류 저전압	소전류 고전압

여기서, m : 다중도, p : 극수

【정답】 ③

47. 일반적으로 전철이나 화학용과 같이 비교적 용량이 큰 수은 정류기용 변압기의 2차 측 결선 방식으로 쓰이는 것은?

① 3상 반파　② 3상 전파
③ 3상 크로즈파　④ 6상 2중 성형

|정|답|및|해|설|

[변압기 상수 변환법]

·3상을 2상으로 : 스코트 결선(T결선), 메이어 결선, 우드 브리지 결선
·3상을 6상 : Fork 결선, 2중 성형결선, 환상 결선, 대각결선, 2중 △ 결선, 2중 3각 결선
※부하가 수은 정류기일 때는 포크 결선을 사용한다.

【정답】 ④

48. 자기용량 3[kVA], 3000/100[V]의 단권변압기를 승압기로 연결하고 1차 측에 3000[V]를 가했을 때 그 부하용량[kVA]은?

① 76　② 85
③ 93　④ 94

|정|답|및|해|설|

$V_h=V_l\left(1+\frac{1}{a}\right)=3000\left(1+\frac{100}{3000}\right)=3100$[V]

$\frac{\text{자기용량}}{\text{부하용량}}=\frac{e_2I_2}{V_hI_2}=\frac{e_2}{V_h}\fallingdotseq\frac{V_hV_l}{V_h}$

$\text{부하용량}=\frac{V_h}{e_2}\times\text{자기용량}=\frac{3100}{100}\times 3=93$[kVA]

【정답】 ③

49. SCR에 관한 설명으로 틀린 것은?

① 3단자 소자이다.

② 전류는 애노드에서 캐소드로 흐른다,

③ 소형의 전력을 다루고 고주파 스위칭을 요구하는 응용분야에 주로 사용된다.

④ 도통 상태에서 순반향 애노드전류가 유지 전류 이하로 되면 SCR은 차단상태로 된다.

|정|답|및|해|설|

[SCR(실리콘 제어 정류기)의 기능]

- 실리콘 정류 소자 역저지 3단자, 대전력 제어
- 부성저항 특성이 없다.
- 동작 최고 온도가 가장 높다(200[℃]).
- 정류기능의 단일 방향성 3단자 소자
- 게이트의 작용 : 통과 전류 제어 작용
- 위상 제어, 인버터, 초퍼 등에 사용
- 역방향 내전압 : 약 500~1,000[V](역방향 내전압이 가장 크다.)

【정답】 ③

50. 직류 분권전동기의 기동 시에는 계자저항기의 저항 값은 어떻게 설정하는가?

① 끊어둔다,

② 최대로 해 둔다,

③ 0(영)으로 해 둔다.

④ 중위(中位)로 해 둔다.

|정|답|및|해|설|

[직류 전동기 기동시]

- 기동저항기 : 최대
- 계자저항기 : 최소(기동토크를 크게 하기 위하여 0으로 해둔다.)

【정답】 ③

51. 공급전압이 일정하고 역률 1로 운전하고 있는 동기전동기의 여자전류를 증가시키면 어떻게 되는가?

① 역률은 뒤지고 전기자 전류는 감소한다.

② 역률은 뒤지고 전기자 전류는 증가한다.

③ 역률은 앞서고 전기자 전류는 감소한다.

④ 역률은 앞서고 전기자 전류는 증가한다.

|정|답|및|해|설|

[위상특성곡선(V곡선)] 공급전압 V와 부하를 일정하게 유지하고 계자전류 I_f 변화에 대한 전기자전류 I_a의 변화관계를 그린 곡선이다. 역률 1인 상태에서 계자전류를 증가시키면 부하전류의 위상이 앞서고, 계자전류를 감소하면 전기자전류의 위상은 뒤진다.

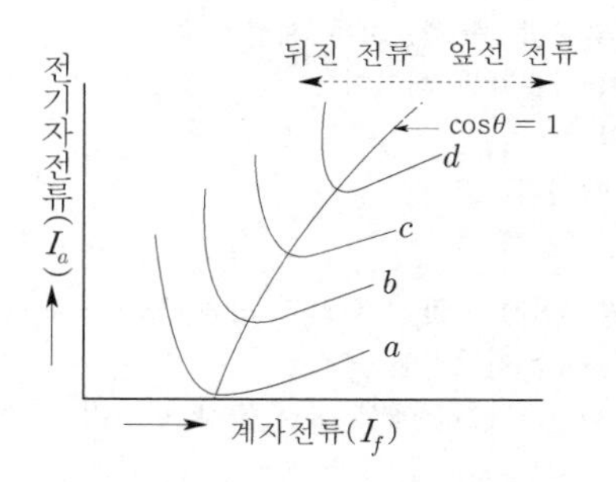

[그림5] 동기전동기 위상 특성곡선]

① 여자전류를 감소시키면 역률은 뒤지고 전기자전류는 증가한다(부족여자 L).

② 여자전류를 증가시키면 역률은 앞서고 전기자전류는 증가한다(과여자 L).

③ V곡선에서 $\cos\theta$=1(역률 1)일 때 전기자전류가 최소다.

④ a번 곡선으로 운전 중 출력이 증가하면 곡선은 상향이 되어 부하가 가장 클 때가 d번 곡선이다.

【정답】 ④

52. 동기발전기의 단락비나 동기임피던스를 산출하는 데 필요한 특성곡선은?

① 부하 포화곡선과 3상 단락곡선

② 단상 단락곡선과 3상 단락곡선

③ 무부하 포화곡선과 3상 단락곡선

④ 무부하 포화곡선과 외부특성곡선

|정|답|및|해|설|

[단락비 (K_s)] 동기 발전기에 있어서 정격속도에서 무부하 정격전압을 발생시키는 여자전류와 단락 시에 정격전류를 흘려 얻는 여자전류와의 비 $K_s = \frac{I_{f1}}{I_{f2}} = \frac{I_s}{I_n} = \frac{1}{\%Z_s} \times 100$

여기서, I_{f1} : 무부하시 정격전압을 유지하는데 필요한 여자전류

I_{f2} : 3상단락시 정격전류와 같은 단락전류를 흐르게 하는데 필요한 여자전류

I_n : 한 상의 정격전류, I_s : 단락전류

- 단락비 계산 : 무부하 포화 시험, 3상 단락시험

【정답】 ③

53. 변압기 내부 고장에 대한 보호용으로 사용되는 계전기는 어느 것이 적당한가?

① 방향계전기 ② 온도계전기
③ 접지계전기 ④ 비율차동계전기

|정|답|및|해|설|

[변압기 내부고장 검출용 보호 계전기]
·차동계전기(비율차동 계전기)
·압력계전기
·부흐홀츠 계전기
·가스 검출 계전기
① 방향단락계전기 : 환상 선로의 단락 사고 보호에 사용
② 온도계전기 : 기계적인 보호
③ 접지계전기 : 다회선에서 접지 고장 회선의 선택

【정답】 ④

54. 직류 분권 전동기 운전 중 계자 권선의 저항이 증가할 때 회전속도는?

① 일정하다. ② 감소한다.
③ 증가한다. ④ 관계없다.

|정|답|및|해|설|

[직류 분권 전동기의 속도] $n = K\frac{V - I_a R_a}{\phi}$

$I_f = \frac{V}{R_f}$에서 계자저항 R_f를 증가하면 계자전류 I_f가 감소하며 따라서, 자속 ϕ가 감소하므로 속도는 증가한다.

【정답】 ③

55. 동기기의 과도 안정도를 증가시키는 방법이 아닌 것은?

① 단락비를 크게 한다.
② 속응 여자방식을 채용한다.
③ 회전부의 관성을 작게 한다.
④ 역상 및 영상 임피던스를 크게 한다.

|정|답|및|해|설|

[동기기 안정도 증진방법]
① 동기 임피던스를 작게 한다.
② 속응 여자 방식을 채택한다.
③ 회전자에 플라이 휘일을 설치하여 관성 모멘트를 크게 한다.
④ 정상 임피던스는 작고, 영상, 역상 임피던스를 크게 한다.
⑤ 단락비를 크게 한다.

【정답】 ③

56. 단상 반발 유도 전동기에 대한 설명으로 옳은 것은?

① 역률은 반발기동형보다 나쁘다.
② 기동토크는 반발기동형보다 크다.
③ 전부하 효율은 반발기동형보다 좋다.
④ 속도의 변화는 반발기동형보다 크다.

|정|답|및|해|설|

[단상 반발 유도형전동기]
· 기동토크는 반발기동형보다 작다.
· 최대 토크는 반발기동형보다 크다.
· 부하에 의한 속도 변화는 반발기동형보다 크다.
· 효율은 좋지 않지만 역률은 좋다.
· 유도 전동기에서 회전 방향을 바꿀 수 없다.
· 구조가 극히 단순하다.
· 기동 토크가 작아서 운전 중에도 코일에 전류가 계속 흐르므로 소형 선풍기 등 출력이 매우 작은 0.05마력 이하의 소형 전동기에 사용된다.

【정답】 ④

57. 2중 농형 유도전동기가 보통 농형 유도전동기에 비해서 다른 점은 무엇인가?

① 기동전류가 크고, 기동토크도 크다.
② 기동전류가 적고, 기동토크도 적다.
③ 기동전류가 적고, 기동토크는 크다.
④ 기동전류가 크고, 기동토크는 적다.

|정|답|및|해|설|

[2중 농형 유도전동기]
·기동 전류가 작다.
·기동 토크가 크다.
·열이 많이 발생하여 효율은 낮다.

【정답】 ③

58. 직류전동기의 공급전압을 V[V], 자속을 ϕ[Wb], 전기자 전류를 I_a[A], 전기자 저항을 $R_a[\Omega]$, 속도를 N[rpm]이라 할 때 속도의 관계식은 어떻게 되는가?

① $N = k\frac{V + I_a R_a}{\phi}$　　② $N = k\frac{V - I_a R_a}{\phi}$

③ $N = k\frac{\phi}{V + I_a R_a}$　　④ $N = k\frac{\phi}{V - I_a R_a}$

|정|답|및|해|설|

[직류 전동기 회전속도] $n = k\frac{E_c}{\varnothing} = k\frac{V - I_a R_a}{\varnothing}$[rps]

여기서, V : 단자전압[V], E_c : 역기전력[V], $\varnothing$: 자속

I_a : 전기자전류[A], R_a : 전기자권선저항[Ω]

K : 기계상수($k = \frac{a}{pz}$)

【정답】 ②

59. 유입식 변압기에 콘서베이터(conseravtor)를 설치하는 목적으로 옳은 것은?

① 충격 방지　　② 열화 방지

③ 통풍 장치　　④ 코로나 방지

|정|답|및|해|설|

[콘서베이터의 용도] 콘서베이터는 변압기의 상부에 설치된 원통형의 유조(기름통)로서, 그 속에는 1/2 정도의 기름이 들어 있고 주변압기 외함 내의 기름과는 가는 파이프로 연결되어 있다. 변압기 부하의 변화에 따르는 호흡 작용에 의한 변압기 기름의 팽창, 수축이 콘서베이터의 상부에서 행하여지게 되므로 높은 온도의 기름이 직접 공기와 접촉하는 것을 방지하여 기름의 열화를 방지하는 것이다.

【정답】 ②

60. 3상 반파 정류회로에서 직류 전압의 파형은 전원전압 주파수의 몇 배의 교류분을 포함하는가?

① 1　　② 2

③ 3　　④ 6

|정|답|및|해|설|

[정류 회로의 비교]

정류 종류	단상 반파	단상 전파	3상 반파	3상 전파
직류전압	$E_d = 0.45E$	$E_d = 0.9E$	$E_d = 1.17E$	$E_d = 1.35E$
맥동률[%]	121	48	17.7	4.04
정류 효율	40.5	81.1	96.7	99.8
맥동 주파수	f	$2f$	$3f$	$6f$

【정답】 ③

2017 전기산업기사 기출문제

41. 450[kVA], 역률 0.85, 효율 0.9인 동기발전기의 운전용 원동기의 입력은 500[kW]이다. 이 원동기의 효율은?

① 0.75　　② 0.80
③ 0.85　　④ 0.90

|정|답|및|해|설|

동기 발전기의 입력 $P_G = \frac{출력}{효율} = \frac{450 \times 0.85}{0.9} = 425[kW]$

원동기의 출력은 발전기의 입력과 같다.
원동기의 입력 500[kW]이므로

원동기의 효율 $\eta = \frac{출력}{입력} = \frac{425}{500} = 0.85$

【정답】 ③

42. 다음 중 일반적인 동기전동기 난조 방지에 가장 유효한 방법은?

① 자극수를 적게 한다.
② 회전자의 관성을 크게 한다.
③ 자극면에 제동권선을 설치한다.
④ 동기리액턴스 x_s를 작게 하고 동기화력을 크게 한다.

|정|답|및|해|설|

[난조] 난조현상은 부하가 급변할 때 조속기의 감도가 예민하면 발생되를 현상

① 난조 발생 원인
·원동기의 조속기 감도가 예민한 경우
·원동기의 토크에 고조파 토크가 포함된 경우
·전기자회로의 저항이 상당히 큰 경우
·부하의 변화(맥동)가 심하여 각속도가 일정하지 않는 경우

② 난조 방지대책
·제동권선 설치
·전기자 저항에 비해 리액턴스를 크게 할 것
·허용되는 범위 내에서 자극수를 적게 하고 기하학 각도와 전기각의 차를 적게 한다.
·고조파 제거 : 단절권, 분포권 설치

【정답】 ③

43. 일반적인 농형 유도전동기에 관한 설명 중 틀린 것은?

① 2차 측을 개방할 수 없다.
② 2차 측의 전압을 측정할 수 있다.
③ 2차 저항 제어법으로 속도를 제어할 수 없다.
④ 1차 3선 중 2선을 바꾸면 회전방향을 바꿀 수 있다.

|정|답|및|해|설|

[농형 유도전동기] 농형 유도전동기의 회전자(2차측)는 회전자 권선의 단락환으로 단락된 구조이므로 2차 측 전압 측정 불가

【정답】 ②

44. sE_2는 권선형 유도전동기의 2차 유기전압이고 E_c는 외부에서 2차 회로에 가하는 2차 주파수와 같은 주파수의 전압이다. E_c가 sE_2와 반대 위상일 경우 E_c를 크게 하면 속도는 어떻게 되는가? 단, $sE_2 - E_c$는 일정하다.

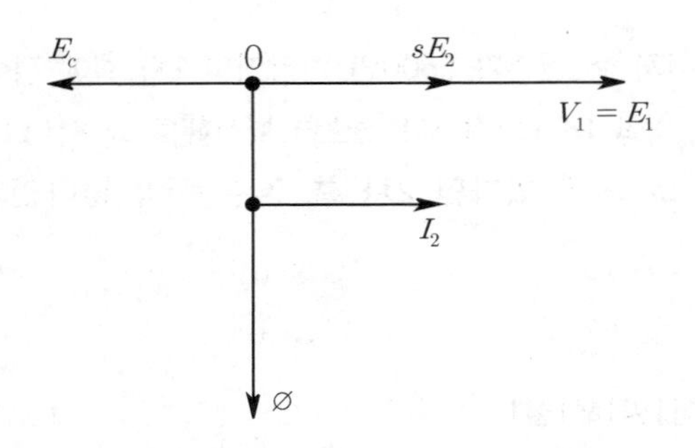

① 속도가 증가한다.　② 속도가 감소한다.
③ 속도에 관계없다.　④ 난조현상이 발생한다.

|정|답|및|해|설|

[2차여자법(슬립 제어)]

$$I_2 = \frac{sE_2 \pm E_c}{r_2}$$

I_2는 일정하므로 슬립(slip) 주파수의 전압 E_c의 크기에 따라 s가 변하게 되고 속도가 변하게 된다. 이와 같이 속도를 바꾸는 방법을 2차 여자법이라 한다.

· E_c를 sE_2와 같은 방향으로 인가 : 속도 증가
· E_c를 sE_2와 반대 방향으로 인가 : 속도 감소

【정답】 ②

45. 3상 유도전동기의 전원주파수와 전압의 비가 일정하고 정격속도 이하로 속도를 제어하는 경우 전동기의 출력 P와 주파수 f와의 관계는?

① $P \propto f$　② $P \propto \frac{1}{f}$
③ $P \propto f^2$　④ P는 f에 무관

|정|답|및|해|설|

[유도전동기 토크]

$$T = \frac{P_0}{2\pi\frac{N}{60}} = \frac{P_0}{\frac{2\pi}{60}(1-s)N_s} = \frac{P_0}{(1-s)\frac{2\pi}{60}\times\frac{120}{p}f}$$

$$= \frac{P_0}{(1-s)\frac{4\pi f}{p}} [N \cdot m]$$

출력 $P_0 = (1-s)\frac{4\pi f}{p}T$　$\therefore P_0 \propto f$

【정답】 ①

46. 변압기의 철심이 갖추어야 할 조건으로 틀린 것은?

① 투자율이 클 것
② 전기 저항이 작을 것
③ 성층 철심으로 할 것
④ 히스테리시스손 계수가 작을 것

|정|답|및|해|설|

[변압기 철심의 구비조건]

· 투자율과 저항률이 클 것
· 히스테리시스손이 작은 규소 강판을 성층하여 사용

【정답】 ②

47. 3상 유도전동기가 경부하로 운전 중 1선의 퓨즈가 끊어지면 어떻게 되는가?

① 전류가 증가하고 회전은 계속한다.
② 슬립은 감소하고 회전수는 증가한다.
③ 슬립은 증가하고 회전수는 증가한다.
④ 계속 운전하여도 열손실이 발생하지 않는다.

|정|답|및|해|설|

① 3상 유도전동기의 경우 1선의 퓨즈가 용단되면 단상 전동기가 되며
 ·최대 토크는 50[%] 전후로 된다.
 ·최대 토크를 발생하는 슬립 s는 0쪽으로 가까워진다.
 ·최대 토크 부근에서는 1차 전류가 증가한다.
② 경부하에서 회전을 계속한다면
 ·슬립이 2배 정도로 되고 회전수는 떨어진다.
 ·1차 전류가 2배 가까이 되어서 열손실이 증가하고, 계속 운전하면 과열로 소손된다.

【정답】 ①

48. 단상 반파정류회로에서 평균 출력전압은 전원전압의 약 몇 [%]인가?

① 45.0　② 66.7
③ 81.0　④ 86.7

|정|답|및|해|설|

[다이오드 정류 회로]

· 단상 전파정류회로 : $E_{d0}=\frac{2}{\pi}E_m=\frac{2}{\pi}\cdot\sqrt{2}E=0.9E$

· 단상 반파정류회로 : $E_{d0}=\frac{E_m}{\pi}=\frac{\sqrt{2}}{\pi}\cdot E=0.45E$

여기서, E_{d0} : 직류전압, E : 교류전압(실효값), E_m : 최대값

【정답】 ①

49. 그림과 같이 전기자 권선에 전류를 보낼 때 회전 방향을 알기 위한 법칙 및 회전 방향은?

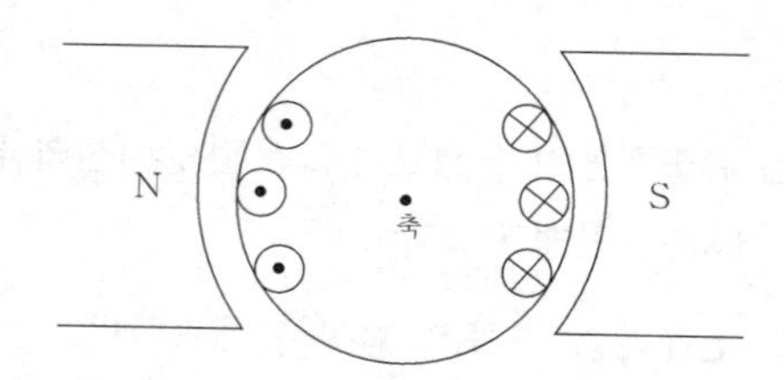

① 플레밍의 왼손법칙, 시계방향
② 플레밍의 오른손법칙, 시계방향
③ 플레밍의 왼손법칙, 반시계방향
④ 플레밍의 오른손법칙, 반시계방향

|정|답|및|해|설|

[플레밍의 왼손 법칙] 전동기의 원리는 플레밍의 왼손법칙에 의한다.

· 중지 : 전류(I)
· 검지 : 자력선 밀도 B
· 엄지 : 힘의 방향

자속밀도 $B[\text{Wb/m}^2]$, 도체의 길이 l, 전류 $I[\text{A}]$를 흘릴 경우 자계 내에서 도체가 받는 힘의 크기

$F=BIl\sin\theta[\text{N}]$ → $F\propto l$

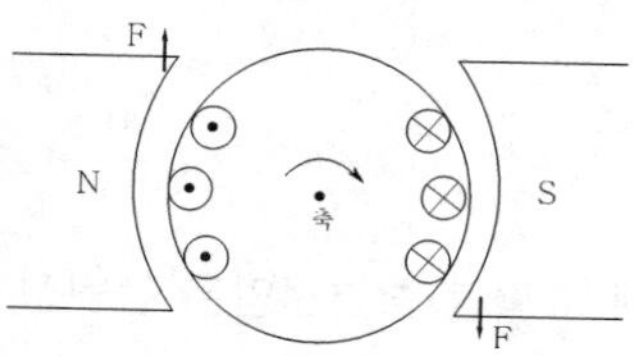

⊙ : 전류가 나오는 방향
⊗ : 전류가 들어가는 방향

【정답】 ①

50. 1차 측 권수가 1,500인 변압기의 2차 측에 접속한 저항 $16[\Omega]$을 1차 측으로 환산했을 때 $8[k\Omega]$으로 되어 있다면 2차 측 권수는 약 얼마인가?

① 75 ② 70
③ 67 ④ 64

|정|답|및|해|설|

[권수비] $a=\frac{N_1}{N_2}=\frac{V_1}{V_2}=\frac{I_2}{I_1}=\sqrt{\frac{R_1}{R_2}}$

$a=\sqrt{\frac{R_1}{R_2}}=\sqrt{\frac{8,000}{16}}=10\sqrt{5}=22.36$

2차측 권수 $N_2=\frac{N_1}{a}=\frac{1,500}{22.36}=67$회

【정답】 ③

51. 출력과 속도가 일정하게 유지되는 동기전동기에서 여자를 증가시키면 어떻게 되는가?

① 토크가 증가한다.
② 난조가 발생하기 쉽다.
③ 유기기전력이 감소한다.
④ 전기자 전류의 위상이 앞선다.

|정|답|및|해|설|

[위상 특성 곡선] 위상 특성 곡선(V곡선)에 나타난 바와 같이 공급 전압 V 및 출력 P_2를 일정한 상태로 두고 여자만을 변화시켰을 경우 전기자 전류의 크기와 역률이 달라진다.

역률 $\cos\theta$=1일 때 전기자전류 최소

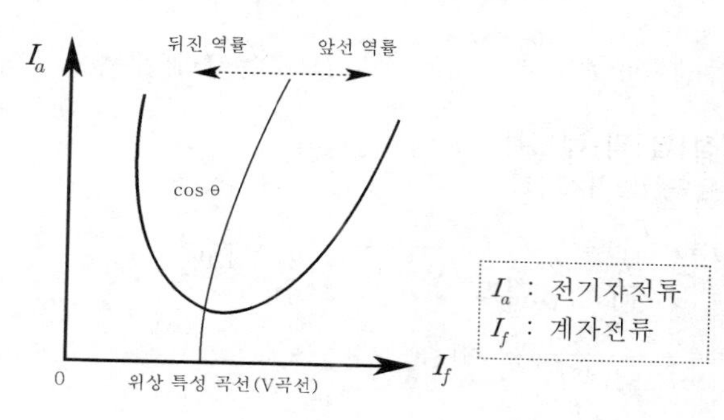

· 과여자(I_f : 증가)→앞선 전류
· 부족 여자(I_f : 감소)→뒤진 전류

【정답】 ④

52. 다음 전자석의 그림 중에서 전류의 방향이 화살표와 같을 때 위쪽 부분이 N극인 것은?

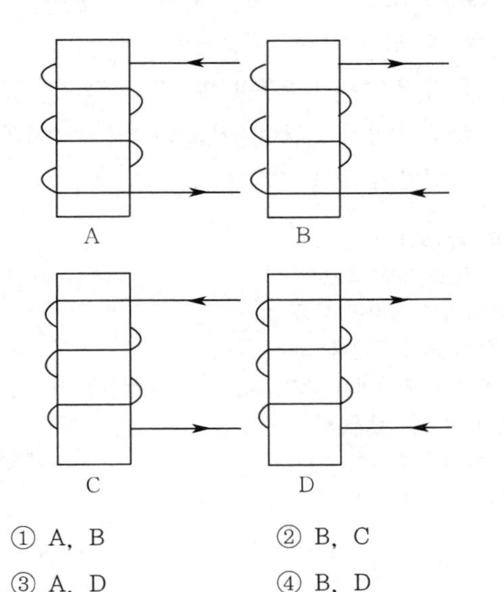

① A, B　　② B, C

③ A, D　　④ B, D

|정|답|및|해|설|

[앙페르의 오른나사법칙] 전류의 방향과 자장의 방향의 관계를 나타내는 법칙. 오른나사의 진행방향으로 전류가 흐를 때 오른나사의 회전방향이 자장의 방향이 된다.

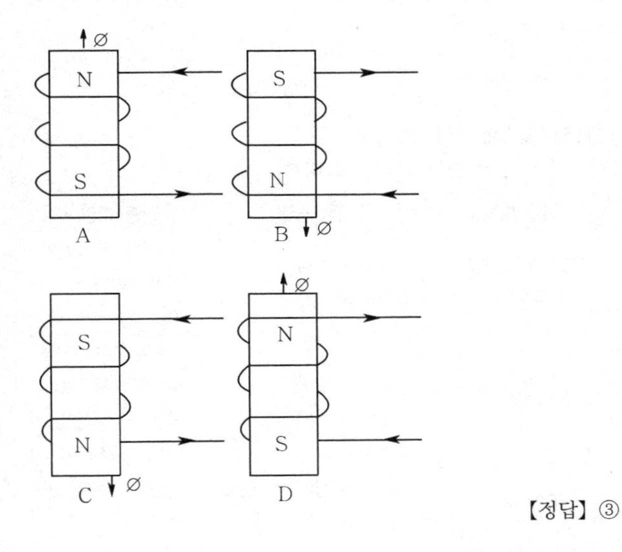

【정답】 ③

53. 동기발전기의 전기자 권선법 중 집중권에 비해 분포권이 갖는 장점은?

① 난조를 방지할 수 있다.

② 기전력의 파형이 좋아진다.

③ 권선의 리액턴스가 커진다.

④ 합성 유도기전력이 높아진다.

|정|답|및|해|설|

분포권이나 단절권은 유기기전력은 감소되나 파형개선과 분포권은 누설리액턴스 감소

단절권은 고조파제거 등의 장점이 있다.　【정답】 ②

54. 와류손이 50[W]인 3,300/110[V], 60[Hz]용 단상변압기를 50[Hz], 3,000[V]의 전원에 사용하면 이 변압기의 와류손은 약 몇 [W]로 되는가?

① 25　　② 31

③ 36　　④ 41

|정|답|및|해|설|

[와류손] $P_e = \sigma_e (tfB_m)^2 \propto f^2B^2 = e^2$ → 전압의 제곱에 비례

$$P_e{}' = P_e \times \left(\frac{e'}{e}\right)^2 = 50 \times \left(\frac{3000}{3300}\right)^2 = 41.3[W]$$

【정답】 ④

55. 2대의 동기발전기를 병렬 운전할 때, 무효횡류(무효순환전류)가 흐르는 경우는?

① 부하분담의 차가 있을 때

② 기전력의 위상차가 있을 때

③ 기전력의 파형에 차가 있을 때

④ 기전력의 크기에 차가 있을 때

|정|답|및|해|설|

[동기 발전기 병렬 운전 조건이 다른 경우]

병렬 운전 조건	조건이 맞지 않는 경우
· 기전력의 크기가 같을 것	· 무효 순한전류
· 기전력의 위상이 같을 것	· 동기화 전류
· 기전력의 주파수가 같을 것	· 동기화 전류
· 기전력의 파형이 같을 것	· 고주파 무효 순한전류

【정답】 ④

56. 포화하고 있지 않은 직류발전기의 회전수가 1/2로 감소되었을 때 기전력을 속도 변화 전과 같은 값으로 하려면 여자를 어떻게 해야 하는가?

① 1/2배로 감소시킨다.
② 1배로 증가시킨다.
③ 2배로 증가시킨다.
④ 4배로 증가시킨다.

|정|답|및|해|설|

[직류 발전기의 유기기전력] $E = p\varnothing n\frac{Z}{a}$ [V]
유기기전력 E는 자속과 회전수의 곱에 비례한다.
n이 1/2로 감소하였을 때, E를 전과 같은 값으로
여자를 속도 변화 전에 비해 2배로 해주어야 한다.

【정답】 ③

57. 교류전동기에서 브러시 이동으로 속도 변화가 용이한 전동기는?

① 동기전동기
② 시라게 전동기
③ 3상 농형 유도전동기
④ 2중 농형 유도전동기

|정|답|및|해|설|

[시라게 전동기] 3상 분권 정류자 전동기로서 직류 분권 전동기와 비슷한 정속도 특성을 가지며, 브러시 이동으로 간단하게 속도 제어를 할 수 있다.

【정답】 ②

58. 단상 유도전압 조정기의 1차 전압 100[V], 2차 전압 $100 \pm 30[V]$, 2차 전류는 50[A]이다. 이 전압 조정기의 정격용량은 약 몇 [kVA]인가?

① 1.5 ② 2.6
③ 5 ④ 6.5

|정|답|및|해|설|

[단상 유도 전압 조정기의 용량]
$P = E_2 \times I_2 \times 10^{-3} = 30 \times 50 \times 10^{-3} = 1.5[\text{kVA}]$

【정답】 ①

59. 변압기의 병렬운전 조건에 해당하지 않는 것은?

① 각 변압기의 극성이 같을 것
② 각 변압기의 정격출력이 같을 것
③ 각 변압기의 백분율 임피던스 강하가 같을 것
④ 각 변압기의 권수비가 같고 1차 및 2차의 정격 전압이 같을 것

|정|답|및|해|설|

[변압기 병렬 운전 조건]
· 각 변압기의 극성이 같을 것
· 각 변압기의 %임피던스 강하가 같을 것
· 각 변압기의 권수비가 같고, 1차와 2차의 정격전압이 같을 것
· 상회전 방향이 같을 것
· 위상 변위가 같아야 한다.

【정답】 ②

60. 4극 단중 파권 직류발전기의 전전류가 $I[A]$일 때, 전기자 권선의 각 병렬회로에 흐르는 전류는 몇 [A]가 되는가?

① $4I$ ② $2I$
③ $I/2$ ④ $I/4$

|정|답|및|해|설|

[전기자 권선의 중권과 파권의 비교]

비교 항목	단중 중권	단중 파권
전기자의 병렬 회로수	·극수와 같다. ($a=p$)	·극수에 관계없이 항상 2이다. ($a=2$)
브러시 수	·극수와 같다. ($B=p=a$)	·2개로 되나, 극수 만큼의 브러시를 둘 수 있다. ($B=2, B=p$)
균압 접속	·4극 이상이면 균압 접속을 해야 한다.	·균압 접속은 필요 없다.
전기자 도체의 굵기, 권수, 극수가 모두 같을 때	·저전압, 대전류를 얻을 수 있다.	·고전압을 얻을 수 있다.

파권의 전기자 병렬회로 수는 극수에 관계없이 항상 $a=2$
각 병렬회로에 흐르는 전류 $I' = \frac{I}{2}$

【정답】 ③

41. 직류기에서 전기자 반작용의 영향을 설명한 것으로 틀린 것은?

① 주자극의 자속이 감소한다.
② 정류자편 사이의 전압이 불균일하게 된다.
③ 국부적으로 전압이 높아져 섬락을 일으킨다.
④ 전기적 중성점이 전동기인 경우 회전방향으로 이동한다.

|정|답|및|해|설|

[전기자 반작용] 전기자 반작용은 전기가 자속에 의해서 계자자속이 일그러지는 현상을 말한다.

[전기자 반작용의 영향]
·전기적 중성축 이동
 –발전기 : 회전 방향으로 이동
 –전동기 : 회전 방향과 반대 방향으로 이동
·주자속 감소
·정류자 편간의 불꽃 섬락 발생 【정답】 ④

42. 6,300/210[V], 20[kVA] 단상변압기 1차 저항과 리액턴스가 각각 15.2[Ω]과 21.6[Ω], 2차 저항과 리액턴스가 각각 0.019[Ω]과 0.028[Ω]이다. 백분율 임피던스는 약 몇 [%]인가?

① 1.86 ② 2.86
③ 3.86 ④ 4.86

|정|답|및|해|설|

[권수비] $a=\frac{V_1}{V_2}=\frac{6300}{210}=30$

$r_{21}=r_1+a^2r_2=15.2+30^2\times 0.019=32.3[\Omega]$
$x_{21}=x_1+a^2x_2=21.6+30^2\times 0.028=46.8[\Omega]$
$\therefore \%Z=\frac{z_{21}I_{1n}}{V_{1n}}\times 100=\frac{PZ}{10V^2}=\frac{20\times\sqrt{32.3^2+46.8^2}}{10\times 6.3^2}\fallingdotseq 2.86[\%]$

【정답】 ②

43. 권선형 유도전동기의 속도제어 방법 중 저항제어법의 특징으로 옳은 것은?

① 효율이 높고 역률이 좋다.
② 부하에 대한 속도 변동률이 작다.
③ 구조가 간단하고 제어조작이 편리하다.
④ 전부하로 장시간 운전하여도 온도에 영향이 적다.

|정|답|및|해|설|

[권선형 유도전동기의 저항제어법]
·비례추이에 의한 외부 저항 R로 속도 조정이 용이하다.
·부하가 적을 때는 광범위한 속도 조정이 곤란 하지만, 일반적으로 부하에 대한 속도 조정도 크게 할 수가 있다.
·운전 효율이 낮고, 제어용 저항기는 가격이 비싸다.

【정답】 ③

44. 직류 분권전동기의 공급전압의 극성을 반대로 하면 회전 방향은 어떻게 되는가?

① 반대로 된다. ② 변하지 않는다.
③ 발전기로 된다. ④ 회전하지 않는다.

|정|답|및|해|설|

직류 분권 전동기의 공급 전압의 극성이 반대로 되면, 계자전류와 전기자 전류의 방향이 동시에 반대로 되기 때문에 회전 방향은 변하지 않는다. 【정답】 ②

45. 단상 50[Hz], 전파 정류 회로에서 변압기의 2차 상전압 100[V], 수은 정류기의 전압 강하 20[V]에서 회로 중의 인덕턴스는 무시한다. 외부 부하로서 기전력 50[V], 내부저항 0.3[Ω]의 축전지를 연결할 때 평균 출력은 약 몇 [W]인가?

① 4,556 ② 4,667
③ 4,778 ④ 4,889

|정|답|및|해|설|

[직류 평균 전압] $E_d=\frac{2\sqrt{2}}{\pi}E-e$
$=0.9E-e=0.9\times 100-20=70[V]$

[평균 부하 전류] $I_d=\frac{E_d-V}{R}=\frac{70-50}{0.3}=66.67[A]$

[평균 출력] $P_0=E_dI_d=70\times 66.67=4,666.9[W]$

【정답】 ②

46. 3상 동기발전기의 여자전류 5[A]에 대한 1상의 유기기전력이 600[V]이고 그 3상 단락 전류는 30[A]이다. 이 발전기의 동기임피던스[Ω]는?

① 10 ② 20
③ 30 ④ 40

|정|답|및|해|설|

[동기임피던스] $Z_s = \frac{E_n}{I_s} = \frac{600}{30} = 20[\Omega]$

【정답】 ②

47. 동기발전의 전기자 권선을 단절권으로 하는 가장 큰 이유는?

① 과열을 방지
② 기전력 증가
③ 기본파를 제거
④ 고조파를 제거해서 기전력 파형 개선

|정|답|및|해|설|

[단절권의 특징]
① 고조파를 제거하여 기전력의 파형을 좋게 한다.
② 자기 인덕턴스 감소
③ 동량 절약
④ 유기기전력이 감소된다. 【정답】 ④

48. 권선형 유도전동기가 기동하면서 동기속도 이하까지 회전속도가 증가하면 회전자의 전압은?

① 증가한다. ② 감소한다.
③ 변함없다. ④ 0이 된다.

|정|답|및|해|설|

[슬립] $s = \frac{N_s - N}{N_s}$

회전속도(N)가 증가하면 슬립이 감소한다.
$E_{2s} = sE_2$에서 회전자의 속도가 증가함에 따라 2차 전압의 크기와 주파수는 감소하고 2차 전류도 감소한다.

【정답】 ②

49. 3상 직권 정류자 전동기의 중간 변압기의 사용 목적은?

① 역회전의 방지
② 역회전을 위하여
③ 전동기의 특성을 조정
④ 직권 특성을 얻기 위하여

|정|답|및|해|설|

[중간 변압기를 사용하는 주요한 이유]
① 직권 특성이기 때문에 경부하에서는 속도가 매우 상승하나 중간변압기를 사용, 그 철심을 포화하도록 해서 그 속도 상승을 제한할 수 있다.
② 전원전압의 크기에 관계없이 정류에 알맞게 회전자 전압을 선택할 수 있다.
③ 중간 변압기의 권수비를 바꾸어 전동기의 특성을 조정할 수 있다. 【정답】 ③

50. 전기자 지름 0.2[m]의 직류발전기가 1.5[kW]의 출력에서 1,800[rpm]으로 회전하고 있을 때 전기자 주변 속도는 약 몇 [m/s]인가?

① 18.84 ② 21.96
③ 32.74 ④ 42.85

|정|답|및|해|설|

[회전자 주변속도] $v = \pi D \cdot \frac{N}{60}[m/s]$

여기서, D: 회전자 둘레, N: 동기 속도[rpm]

$v = \pi D \frac{N_s}{60} = \pi \times 0.2 \times \frac{1800}{60} = 18.84[\text{m/s}]$ 【정답】 ①

51. 2방향성 3단자 사이리스터는?

① SCR ② SSS
③ SCS ④ TRIAC

|정|답|및|해|설|

SCR : 1방향성 3단자, SSS : 2방향성 2단자
SCS : 1방향성 4단자, TRIAC : 2방향성 3단자

[반도체 소자의 비교]
① 방향성
- 양방향성(쌍방향) 소자 : DIAC, TRIAC, SSS
- 역저지(단방향성) 소자 : SCR, LASCR, GTO, SCS

② 단자수
- 2단자 소자 : DIAC, SSS, Diode
- 3단자 소자 : SCR, LASCR, GTO, TRIAC
- 4단자 소자 : SCS 【정답】 ④

52. 동기전동기의 특징으로 틀린 것은?

① 속도가 일정하다.
② 역률을 조정할 수 없다.
③ 직류전원을 필요로 한다.
④ 난조를 일으킬 염려가 있다.

|정|답|및|해|설|

[동기 전동기의 특징]
- 속도가 일정하다.
- 기동 토크가 작다.
- 언제나 역률 1로 운전할 수 있다.
- 역률을 조정할 수 있다.
- 유도 전동기에 비해 효율이 좋다.
- 공극이 크고 기계적으로 튼튼하다.

【정답】 ②

53. 정격 주파수 50[Hz]의 변압기를 일정 전압 60[Hz]의 전원에 접속하여 사용했을 때 여자전류, 철손 및 리액턴스 강하는?

① 여자전류와 철손은 $\frac{5}{6}$ 감소, 리액턴스 강하 $\frac{6}{5}$ 증가
② 여자전류와 철손은 $\frac{5}{6}$ 감소, 리액턴스 강하 $\frac{5}{6}$ 감소
③ 여자전류와 철손은 $\frac{6}{5}$ 증가, 리액턴스 강하 $\frac{6}{5}$ 증가
④ 여자전류와 철손은 $\frac{6}{5}$ 증가, 리액턴스 강하 $\frac{5}{6}$ 감소

|정|답|및|해|설|

전압이 일정하므로

여자전류 $I_\phi = \frac{E}{\omega L} = \frac{E}{2\pi f L} \propto \frac{1}{f}$

$I_\phi{}' = \frac{f}{f'} I_\phi = \frac{50}{60} \times I_\phi = \frac{5}{6} I_\phi$

그러므로 여자전류 $\frac{5}{6}$ 감소

철손 $P_i \propto \frac{E^2}{f}$, $P_i{}' = \frac{50}{60} P_i = \frac{5}{6} P_i$

그러므로 철손 $\frac{5}{6}$ 감소

리액턴스강하 $q = \frac{I_{n1} X_{21}}{V_{1n}} \times 100[\%]$ 이므로

리액턴스강하는 리액턴스에 비례하므로

$X = \omega L = 2\pi f L \propto f$ 이므로 $\frac{6}{5}$ 으로 증가

【정답】 ①

54. 어떤 주상 변압기가 $\frac{4}{5}$ 부하일 때, 최대 효율이 된다고 한다. 전부하에 있어서의 철손과 동손의 비 $\frac{P_c}{P_i}$는 약 얼마인가?

① 0.64 ② 1.56
③ 1.64 ④ 2.56

|정|답|및|해|설|

$m = \frac{4}{5}$, 부하시의 동손 P_c, 전부하 철손 P_i

철손과 동손이 같을 때 최대 효율 발생, $P_i = m^2 P_c$

$\frac{P_c}{P_i} = \frac{1}{m^2} \rightarrow \frac{1}{\left(\frac{4}{5}\right)^2} = \frac{25}{16} = 1.5625$ 【정답】 ②

55. 직류기의 손실 중 기계손에 속하는 것은?

① 풍손 ② 와전류손
③ 히스테리시스손 ④ 브러시의 전기손

|정|답|및|해|설|

[총손실]

① 무부하손
- 철손 : 히스테리시스손, 와류손
- 기계손 : 풍손, 베어링 마찰손

② 부하손
- 전기자 저항손
- 브러시손
- 표류부하손

【정답】 ①

56. 직류기에서 양호한 정류를 얻는 조건으로 틀린 것은?

① 정류 주기를 크게 한다.
② 브러시의 접촉 저항을 크게 한다.
③ 전기자 권선의 인덕턴스를 작게 한다.
④ 평균 리액턴스 전압을 브러시 접촉면 전압 강하보다 크게 한다.

|정|답|및|해|설|
[양호한 정류(불꽃없는 정류)를 얻는 조건]
① 리액턴스 전압을 작게 한다. $(e_L = L\frac{2I_c}{T_c})$
② 단절권 채용으로 자기 인덕턴스를 작게 한다.
③ 정류 주기를 길게 한다.
④ 브러시 접촉저항을 크게 하기 위해 저항 정류로서 탄소 브러시를 사용한다.
⑤ 전압 정류로서 보극을 설치한다.

【정답】 ④

57. 동기전동기의 제동권선은 다음 어떤 것과 같은가?

① 직류기의 전기자
② 유도기의 농형 회전자
③ 동기기의 원통형 회전자
④ 동기기의 유도자형 회전자

|정|답|및|해|설|
[제동권선] 제동권선은 회전 자극 표면에 설치한 유도 전동기의 농형 권선과 같은 권선으로서 진동 에너지를 열로 소비하여 진동(난조)을 방지한다.

[제동권선의 역할]
① 난조방지
② 기동토크 발생
③ 불평형 부하시의 전류, 전압 파형 개선
④ 송전선의 불평형 단락시의 이상 전압 방지

【정답】 ②

58. 권선형 3상 유도전동기의 2차회로는 Y로 접속되고 2차 각 상의 저항은 $0.3[\Omega]$이며 1차, 2차 리액턴스의 합은 $1.5[\Omega]$이다. 기동 시에 최대 토크를 발생하기 위해서 삽입하여야 할 저항$[\Omega]$은? 단, 1차 각 상의 저항은 무시한다.

① 1.2　　② 1.5
③ 2　　④ 2.2

|정|답|및|해|설|
1차 저항 $r_1 = 0$이므로
$R_s' = \sqrt{r_1^2 + (x_1 + x_2')^2} - r_2' = \sqrt{(x_1 + x_2')^2} - r_2'$
$x_1 + x'_2 = 1.5[\Omega]$, $r_2' = 0.3[\Omega]$이므로
$R_s = \sqrt{(x_1 + x_2')^2} - r_2' = \sqrt{(1.5)^2} - 0.3 = 1.2[\Omega]$

【정답】 ①

59. 3상 유도전압조정기의 특징이 아닌 것은?

① 분로권선에 회전자계가 발생한다.
② 입력전압과 출력전압의 위상이 같다.
③ 두 권선은 2극 또는 4극으로 감는다.
④ 1차 권선은 회전자에 감고 2차 권선은 고정자에 감는다.

|정|답|및|해|설|
3상 유도전압조정기의 입력측 전압 E_1과 출력측 전압 E 사이에는 위상차 α가 생긴다.
단상 유도 전압 조정기는 위상차가 부하각$(\alpha \le 30°)$보다 발생하지 않는다.

【정답】 ②

60. 변압기의 부하가 증가할 때의 현상으로서 틀린 것은?

① 동손이 증가한다.　② 온도가 상승한다.
③ 철손이 증가한다.　④ 여자전류는 변함없다.

|정|답|및|해|설|
[변압기의 손실]
부하손 : 동손
무부하손 : 철손(히스테리시스손+와류손)
그러므로 2차 부하가 증가하면 철손은 일정하나 동손은 증가하게 된다.

【정답】 ③

41. 3상 전원의 수전단에서 전압 3,300[V], 전류 1,000[A], 뒤진 역률 0.8의 전력을 받고 있을 때 동기조상기로 역률을 개선하여 1로 하고자 한다. 필요한 동기조상기의 용량은 약 몇 [kVA]인가?

① 1,525 ② 1,950
③ 3,150 ④ 3,429

|정|답|및|해|설|

[유효전력] $P=\sqrt{3}\,VI\cos\theta$
$=\sqrt{3}\times 3300\times 1000\times 0.8\times 10^{-3}=4572.61[\text{kW}]$

[동기조상기 용량] $Q=P(\tan\theta_1-\tan\theta_2)[\text{kVA}]$

$$Q=P\left(\frac{\sqrt{1-\cos^2\theta_1}}{\cos\theta_1}-\frac{\sqrt{1-\cos^2\theta_2}}{\cos\theta_2}\right)$$
$$=4572.61\times\left(\frac{0.6}{0.8}-\frac{0}{1}\right)=3,429.46[\text{kVA}]$$

【정답】 ④

42. 기동장치를 갖는 단상 유도전동기가 아닌 것은?

① 2중농형 ② 분상기동형
③ 반발기동형 ④ 셰이딩코일형

|정|답|및|해|설|

[2중 농형 유도 전동기]
2중 농형 유도전동기의 고정자는 보통 유도전동기와 똑같으나 회전자는 2중으로 도체를 넣을 수 있도록 철심의 안쪽과 바깥쪽에 2개의 홈을 만든다.
① 외측 도체 : 저항이 높은 황동 또는 동니켈 합금의 도체를 사용
② 내측 도체 : 저항이 낮은 전기동 사용
③ 2중 농형 유도전동기는 기동 전류가 작고, 기동 토크가 크다. 또한 보통 농형보다 역률, 최대 토크 등은 감소한다.

【정답】 ①

43. 일반적인 직류전동기의 정격표시 용어로 틀린 것은?

① 연속정격 ② 순시정격
③ 반복정격 ④ 단시간정격

|정|답|및|해|설|

[전동기 정격의 종류]
① 연속 정격 : 확립된 표준의 한도 내에서 주어진 시험 조건하에서 정해진 온도 상승 한도를 넘는 일 없이 연속하여 줄 수 있는 최대의 일정 부하
② 단시간 정격 : 기기를 냉각된 상태에서 사용하기 시작하여 지정된 일정한 단시간 지정 조건 하에서 사용할 때, 그 기기에 대한 표준 규격으로 정하여지는 온도상승 등의 제한을 넘지 않는 정격
③ 반복 정격 : 지정된 조건 아래에서 일정한 부하로 운전과 정지를 주기적으로 반복 사용할 때에 규정된 온도 상승 등 기타의 제반조건을 초과하지 않는 정격
④ 공칭정격 : 규정의 시험 조건하에서 규정 온도를 넘는 일 없이 운전할 수 있는 최대의 부하

【정답】 ②

44. 직류 전동기의 속도 제어 방법 중 광범위한 속도 제어가 가능하며, 운전 효율이 가장 좋은 방법은?

① 계자제어 ② 전압제어
③ 직렬저항제어 ④ 병렬저항제어

|정|답|및|해|설|

[직류 전동기의 속도 제어법 비교]

구분	제어 특성	특징
계자 제어법	계자 전류의 변화에 의한 자속의 변화로 속도 제어	속도 제어 범위가 좁다.
전압 제어법	·정트크 제어 -워드 레오나드 방식 -일그너 방식	·제어 범위가 넓다. ·운전 효율 우수 ·손실이 적다. ·정역운전 가능 ·설비비 많이 듬
저항 제어법	전기자 회로의 저항 변화에 의한 속도 제어법	효율이 나쁘다.

【정답】 ②

45. 트라이액(triac)에 대한 설명으로 틀린 것은?

① 쌍방향성 3단자 사이리스터이다.
② 턴오프 시간이 SCR보다 짧으며 급격한 전압변동에 강하다.
③ SCR 2개를 서로 반대 방향으로 병렬 연결하여 양방향 전류 제어가 가능하다.
④ 게이트에 전류를 흘리면 어느 방향이든 전압이 높은 쪽에서 낮은 쪽으로 도통한다.

|정|답|및|해|설|

[TRIAC의 특징]

- 양방향성 3단자 사이리스터
- 기능상으로 SCR 2개를 역병렬 접속한 것과 같다.
- 게이트에 전류를 흘리면 그 상황에서 어느 방향이건 전압이 높은 쪽에서 낮은 쪽으로 도통한다.
- 정격 전류 이하로 전류를 제어해주면 과전압에 의해서는 파괴되지 않는다. 【정답】 ②

46. 탭전환 변압기 1차측에 몇 개의 탭이 있는 이유는?

① 예비용 단자

② 부하 전류를 조정하기 위하여

③ 수전점의 전압을 조정하기 위하여

④ 변압기의 여자전류를 조정하기 위하여

|정|답|및|해|설|

[탭(tap) 전환 변압기]

전원 전압의 변동이나 부하의 변동에 따라 변압기 2차 측의 전압 변동을 보상하고 일정 전압으로 유지시키기 위하여, 고압측 1차 권선의 중앙 위치에 몇 개의 탭 단자를 두어 변압기의 권수비를 바꿀 수 있도록 설계한 변압기

- 변압기 1차 탭 상승 : 변압기 2차측 전압 강하
- 변압기 1차 탭 강하 : 변압기 2차측 전압 상승

【정답】 ③

47. 스테핑 전동기의 스텝 각이 3° 이고, 스테핑 주파수(pulse rate)가, 1,200[pps]이다. 이 스테핑 전동기의 회전속도[rps]는?

① 10 ② 12

③ 14 ④ 16

|정|답|및|해|설|

[스테핑 모터 속도 계산]

1초당 입력펄스가 1200[pps]이므로

1초당 스텝각은 스텝각×스테핑주파수 $= 3 \times 1,200 = 3,600$

동기 1회전 당 회전각도는 360° 이므로

스테핑 전동기의 회전속도 $n = \frac{3,600^{\circ}}{360^{\circ}} = 10[\text{rps}]$

【정답】 ①

48. 직류기의 전기자 반작용의 영향이 아닌 것은?

① 주자속이 증가한다.

② 전기적 중성축이 이동한다.

③ 정류 작용에 악영향을 준다.

④ 정류자 편간전압이 상승한다.

|정|답|및|해|설|

[전기자 반작용의 영향]

- 전기적 중성축 이동
- 주자속 감소
- 정류자 편간의 불꽃 섬락 발생 【정답】 ①

49. 유도전동기 역상제동의 상태를 크레인이나 권상기의 강하 시에 이용하고 속도 제한의 목적에 사용되는 경우의 제동 방법은?

① 발전제동 ② 유도제동

③ 회생제동 ④ 단상제동

|정|답|및|해|설|

- 회생제동 : 발생전력을 전원으로 반환하면서 제동하는 방식을 회생제동이라고 한다.
- 발전제동 : 발생전력을 내부에서 열로 소비하는 제동방식을 발전제동이라고 한다.
- 역전제동 : 역전제동은 3상중 2상의 결선을 바꾸어 역회전시킴으로 제동시키는 방식이다.
- 단상제동 : 권선형 유도전동기의 1차측을 단상 교류로 여자하고 2차측에 적당한 크기의 저항을 넣으면 전동기의 회전과는 역방향의 토크가 발생되므로 제동된다.
- 유도제동 : 유도전동기 역상제동의 상태를 크레인이나 권상기의 강하 시에 이용하고 속도제한의 목적에 사용되는 경우의 제동방법이다.

  유도제동기의 동작 범위 슬립$(s) > 1$

【정답】 ②

50. 단락비가 큰 동기기의 특징 중 옳은 것은?

① 전압 변동률이 크다.

② 과부하 내량이 크다.

③ 전기자 반작용이 크다.

④ 송전선로의 충전용량이 작다.

|정|답|및|해|설|

[단락비가 큰 기계(철기계)]

·부피가 커지며 값이 비싸다.

·철손, 기계손 등의 고정손이 커서 효율은 나쁘다.

·전압 변동률이 작다.

·안정도 및 과부하 내량이 크다.

·전기자 반작용이 작다.

·선로 충전 용량이 크다.

·극수가 많은 저속기에 적합하다.

(단락비가 작은 기계를 동기계라고 한다.)

【정답】 ②

51. 전류가 불연속인 경우 전원전압 220[V]인 단상 전파정류회로에서 점호각 $\alpha = 90°$ 일 때의 직류 평균전압은 약 몇 [V]인가?

① 45 ② 84

③ 90 ④ 99

|정|답|및|해|설|

[단상 전파 정류 회로의 평균전압]

$E_d = \frac{\sqrt{2}E}{\pi}(1+\cos\alpha) = \frac{\sqrt{2}\times 220}{\pi}(1+\cos 90°) = 99[V]$

【정답】 ④

52. 변압기의 냉각 방식 중 유입 자냉식의 표시 기호는?

① ANAN ② ONAN

③ ONAF ④ OFAF

|정|답|및|해|설|

[변압기의 냉각 방식]

· ANAN : 건식 밀폐 자냉식

· ONAN : 유입 자냉식

· ONAF : 유입 풍랭식

· OFAF : 송유 풍냉식

【정답】 ②

53. 타여자 직류전동기의 속도제어에 사용되는 워드 레오나드(Ward Leonard) 방식은 다음 중 어느 제어법을 이용한 것인가?

① 저항제어법 ② 전압제어법

③ 주파수제어법 ④ 직병렬제어법

|정|답|및|해|설|

[직류전동기의 속도 제어법 비교]

구분	제어 특성	특징
계자 제어법	계자 전류의 변화에 의한 자속의 변화로 속도 제어	속도 제어 범위가 좁다.
전압 제어법	·정트크 제어 -워드 레오나드 방식 -일그너 방식	·제어 범위가 넓다. ·손실이 적다. ·정역운전 가능 ·설비비 많이 듬
저항 제어법	전기자 회로의 저항 변화에 의한 속도 제어법	효율이 나쁘다.

【정답】 ②

54. 단상변압기 2대를 사용하여 3,150[V]의 평형 3상에서 210[V]의 평형 2상으로 변환하는 경우에 각 변압기의 1차 전압과 2차 전압은 얼마인가?

① 주좌 변압기 : 1차 3,150[V], 2차 210[V]
T좌 변압기 : 1차 3,150[V], 2차 210[V]

② 주좌 변압기 : 1차 3,150[V], 2차 210[V]
T좌 변압기 : 1차 $3,150\times\frac{\sqrt{3}}{2}$[V], 2차 210[V]

③ 주좌 변압기 : 1차 $3,150\times\frac{\sqrt{3}}{2}$[V], 2차 210[V]
T좌 변압기 : 1차 $3,150\times\frac{\sqrt{3}}{2}$[V], 2차 210[V]

④ 주좌 변압기 : 1차 $3,150\times\frac{\sqrt{3}}{2}$[V], 2차 210[V]
T좌 변압기: 1차 3,150[V], 2차 210[V]

|정|답|및|해|설|

[스코트 결선 (T결선)] 3상 전원에서 2상 전압을 얻는 결선 방식

·T좌 변압기의 권선비 $a_T = \frac{\sqrt{3}}{2}a$

-주좌 변압기 : 1차 V_1[V], 2차 V_2[V]

-T좌 변압기 : 1차 $V_1\times\frac{\sqrt{3}}{2}$[V], 2차 V_2[V]

【정답】 ②

55. 3상 유도전동기의 속도제어법 중 2차 저항제어와 관계가 없는 것은?

① 농형 유도전동기에 이용된다.
② 토크 속도 특성이 비례추이를 응용한 것이다.
③ 2차 저항이 커져 효율이 낮아지는 단점이 있다.
④ 조작이 간단하고 속도 제어를 광범위하게 행할 수 있다.

|정|답|및|해|설|

① 농형 유도전동기의 속도 제어법

$N=\frac{120f}{p}(1-s)$이므로 N을 바꾸려면 f, p를 바꾸는게 용이하다.

- 주파수를 바꾸는 방법
- 극수를 바꾸는 방법

② 권선형 유도전동기의 속도 제어법

- 2차 여자 제어법
- 2차 저항 제어법(비례추이)
- 종속 제어법

【정답】 ①

56. 직류발전기의 무부하 특성곡선은 다음 중 어느 관계를 표시한 것인가?

① 계자전류-부하전류
② 단자전압-계자전류
③ 단자전압-회전속도
④ 부하전류-단자전압

|정|답|및|해|설|

[무부하 특성 곡선]

정격 속도에서 무부하 상태의 계자전류(I_f)와 유도기전력(E)과의 관계를 나타내는 곡선을 무부하 특성 곡선 또는 무부하 포화 곡선이라고 한다.

【정답】 ②

57. 용량이 50[kVA] 변압기의 철손이 1[kW]이고 전부하동손이 2[kW]이다. 이 변압기를 최대 효율에서 사용하려면 부하를 약 몇 [kVA] 인가하여야 하는가?

① 25　　② 35
③ 50　　④ 71

|정|답|및|해|설|

[변압기의 효율] $m^2P_c=P_i$일 때 최대

여기서, m : 부하, P_c : 동손, P_i : 철손

$m^2\times 2=1,\ m=\sqrt{\frac{1}{2}}=0.707$

출력 $P=50\times 0.707=35.4[\text{kVA}]$에서 최대 효율

【정답】 ②

58. 농형 유도전동기 기동법에 대한 설명 중 틀린 것은?

① 전전압 기동법은 일반적으로 소용량에 적용된다.
② Y−△ 기동법은 기동전압(V)이 $\frac{1}{\sqrt{3}}$[V]로 감소한다.
③ 리액터 기동법은 기동 후 스위치로 리액터를 단락한다.
④ 기동보상기법은 최종 속도 도달 후에도 기동보상기가 계속 필요하다.

|정|답|및|해|설|

[3상 농형 유도 전동기의 기동법]

① 전전압 기동법 : 5[hP] 이하의 소형(3.7[kW])
② Y−△기동법 : 5~15[kW] 정도
③ 기동 보상기법 : 정상 속도에 다다르면 보상기는 회로에서 끊이게 된다.

- 리액터 기동법 : 기동 후 스위치로 리액터를 단락한다. 기동 전류를 제한하고자 할 때, 15[kW] 이상
- 콘도퍼 기동법

【정답】 ④

59. 3상 반작용 전동기(reaction motor)의 특성으로 가장 옳은 것은?

① 역률이 좋은 전동기
② 토크가 비교적 큰 전동기
③ 기동용 전동기가 필요한 전동기
④ 여자권선 없이 동기속도로 회전하는 전동기

|정|답|및|해|설|

반작용 전동기는 직류 여자를 필요로 하지 않고 돌극성이므로 토크를 발생하여 동기 속도로 회전하는 동기전동기이다. 반작용 전동기는 출력은 작고 역률이 낮지만 직류 전원을 필요로 하지 않으므로 구조가 간단하여 전기시계 및 각종 측정 장치용으로 사용된다.

【정답】 ④

60. 2대의 3상 동기발전기를 동일한 부하로 병렬운전하고 있을 때 대응하는 기전력 사이에 60° 의 위상차가 있다면 한쪽 발전기에서 다른 쪽 발전기에 공급되는 1상당 전력은 약 몇 [kW]인가? 단, 각 발전기의 기전력(선간)은 3,300[V], 동기 리액턴스는 $5[\Omega]$이고 전기자 저항은 무시한다.

① 181　　② 314
③ 363　　④ 720

|정|답|및|해|설|

동기화력(P_s)이란 부하각(δ)의 미소변동에 대한 출력의 변화율이다.

$$P_s = \frac{E^2}{2X_s}\sin\delta = \frac{\left(\frac{3300}{\sqrt{3}}\right)^2}{2\times 5}\sin 60° \times 10^{-3} = 314.37[\text{kW}]$$

【정답】 ②

2016 전기산업기사 기출문제

41. 교류 정류자 전동기의 설명 중 틀린 것은?

① 정류 작용은 직류기와 같이 간단히 해결된다.
② 구조가 일반적으로 복잡하여 고장이 생기기 쉽다.
③ 기동토크가 크고 기동 장치가 필요 없는 경우가 많다.
④ 역률이 높은 편이며 연속적인 속도 제어가 가능하다.

|정|답|및|해|설|

교류 정류자 전동기는 정류 작용 문제가 직류기보다 더욱 곤란하기 때문에 출력에 제한을 받는다.

【정답】 ①

42. 직류 분권전동기의 계자저항을 운전 중에 증가시키면?

① 전류는 일정 ② 속도는 감소
③ 속도는 일정 ④ 속도는 증가

|정|답|및|해|설|

직류 분권 전동기 속도 $n = K\frac{V - I_a R_a}{\phi}[\text{rps}]$

계자 저항을 증가시키면 여자 전류(계자 자속) 감소, 속도는 증가한다.

【정답】 ④

43. 역률 80[%](뒤짐)로 전부하 운전 중인 3상 100[kVA], 3000/200[V] 변압기의 저압측 선전류의 무효분은 몇 [A]인가?

① 100 ② $80\sqrt{3}$
③ $100\sqrt{3}$ ④ $500\sqrt{3}$

|정|답|및|해|설|

출력 $P = \sqrt{3}\, V_2 I_2$

저압측 선전류 $I_2 = \frac{P}{\sqrt{3}\, V_2} = \frac{100 \times 10^3}{\sqrt{3} \times 200} = \frac{1000}{2\sqrt{3}}[A]$

무효 전류 $I_c = I_2 \sin\theta = \frac{1000}{2\sqrt{3}} \times \sqrt{1 - 0.8^2} = 100\sqrt{3}[A]$

【정답】 ③

44. 권선형 유도전동기에서 2차 저항을 변화시켜서 속도제어를 하는 경우 최대 토크는?

① 항상 일정하다.
② 2차 저항에만 비례한다.
③ 최대 토크가 생기는 점의 슬립에 비례한다.
④ 최대 토크가 생기는 점의 슬립에 반비례한다.

|정|답|및|해|설|

$\frac{r_2}{s_m} = \frac{r_2 + R}{s_t}$

여기서, r_2 : 2차 권선의 저항, s_m : 최대 토크시 슬립
s_t : 기동시 슬립(정지 상태에서 기동시 $s_t = 1$)
R : 2차 외부 회로 저항

r_2를 크게 하면 s_m이 r_2에 비례추이 하므로 최대 토크는 변하지 않고, 기동 토크만 증가한다.

【정답】 ①

45. 3상 유도 전동기로서 작용하기 위한 슬립 s의 범위는?

① $s \geq 1$　② $0 < s < 1$
③ $-1 \leq s \leq 0$　④ $s=0$ 또는 $s=1$

|정|답|및|해|설|

[슬립의 범위]
·유도전동기 : $0 < s < 1$, $s=1$정지 $s=0$ 동기속도
·유도발전기 : $s < 0$
·제동기 : $1 < s < 2$ 【정답】 ②

46. 변압기유 열화방지 방법 중 틀린 것은?

① 밀봉방식　② 흡착제방식
③ 수소봉입방식　④ 개방형 콘서베이터

|정|답|및|해|설|

변압기유 열화방지 방법으로는 질소 봉입 방식을 적용해서 공기와 절연유가 접촉하지 않도록 한다. 【정답】 ③

47. 스텝 모터(step motor)의 장점이 아닌 것은?

① 가속, 감속이 용이하며 정·역전 및 변속이 쉽다.
② 위치제어를 할 때 각도 오차가 있고 누적된다.
③ 피드백 루프가 필요 없이 오픈 루프로 손쉽게 속도 및 위치 제어를 할 수 있다.
④ 디지털 신호를 직접 제어 할 수 있으므로 컴퓨터 등 다른 디지털 기기와 인터페이스가 쉽다.

|정|답|및|해|설|

[스텝모터의 장점]
① 위치 및 속도를 검출하기 위한 장치가 필요 없다.
② 컴퓨터 등 다른 디지털 기기와의 인터페이스가 용이하다.
③ 가속, 감속이 용이하며 정·역전 및 변속이 쉽다.
④ 속도제어 범위가 광범위하며, 초저속에서 큰 토크를 얻을 수 있다.
⑤ 위치제어를 할 때 각도 오차가 적고 누적되지 않는다.
⑥ 정지하고 있을 때 그 위치를 유지해 주는 토크가 크다.
⑦ 유지 보수가 쉽다.

[스텝모터의 단점]
① 분해 조립, 또는 정지위치가 한정된다.
② 서보모터에 비해 효율이 나쁘다.
③ 마찰 부하의 경우 위치 오차가 크다.
④ 오버슈트 및 진동의 문제가 있다.
⑤ 대용량의 대형기는 만들기 어렵다.
【정답】 ②

48. 동기기의 과도 안정도를 증가시키는 방법이 아닌 것은?

① 속응 여자 방식을 채용한다.
② 동기화 리액턴스를 크게 한다.
③ 동기 탈조 계전기를 사용 한다.
④ 발전기의 조속기 동작을 신속히 한다.

|정|답|및|해|설|

[동기기의 안정도 향상 대책]
① 과도 리액턴스는 작게, 단락비는 크게 한다.
② 정상 임피던스는 작게, 영상, 역상 임피던스는 크게 한다.
③ 회전자의 플라이휠 효과를 크게 한다.
④ 속응여자 방식을 채용한다.
⑤ 발전기의 조속기 동작을 신속하게 할 것
⑥ 동기 탈조계전기를 사용한다.
【정답】 ②

49. 직류기에서 전기자 반작용이란 전기자 권선에 흐르는 전류로 인하여 생긴 자속이 무엇에 영향을 주는 현상인가?

① 감자 작용만을 하는 현상
② 편자 작용만을 하는 현상
③ 계자극에 영향을 주는 현상
④ 모든 부분에 영향을 주는 현상

|정|답|및|해|설|

전기자 반작용이란 전기자 권선에 흐르는 전류에 의해서 발생한 자속이 계자에서 만든 주자속에 영향을 미치는 현상이다.
① 전기적 중성축 이동
② 주자속 감소
③ 정류자 편간의 불꽃이 발생하여 정류 불량 발생
【정답】 ③

50. 3상 유도전동기의 동기속도는 주파수와 어떤 관계가 있는가?

① 비례한다. ② 반비례한다.
③ 자승에 비례한다. ④ 자승에 반비례한다.

|정|답|및|해|설|

유도전동기의 동기속도 $N_s = \frac{120}{p} f[\mathrm{rpm}]$

동기속도(N_s)는 주파수(f)에 비례

【정답】 ①

51. 3단자 사이리스터가 아닌 것은?

① SCR ② GTO
③ SCS ④ TRIAC

|정|답|및|해|설|

[각종 반도체 소자의 비교]

① 방향성
- ・양방향성(쌍방향) 소자 : DIAC, TRIAC, SSS
- ・역저지(단방향성) 소자 : SCR, LASCR, GTO, SCS

② 극(단자)수
- ・2극(단자) 소자 : DIAC, SSS, Diode
- ・3극(단자) 소자 : SCR, LASCR, GTO, TRIAC
- ・4극(단자) 소자 : SCS

※ SCS는 1방향성 4단자 사이리스터이다.

【정답】 ③

52. 60[Hz], 4극 유도전동기의 슬립이 4[%]인 때의 회전수[rpm]는?

① 1728 ② 1738
③ 1748 ④ 1758

|정|답|및|해|설|

[유도 전동기의 회전수]

$N = (1-s)N_s = (1-s)\frac{120f}{p} = (1-0.04) \times \frac{120 \times 60}{4} = 1728[rpm]$

【정답】 ①

53. 비례추이와 관계가 있는 전동기는?

① 동기 전동기
② 정류자 전동기
③ 3상 농형 유도전동기
④ 3상 권선형 유도전동기

|정|답|및|해|설|

[비례추이] 비례추이는 농형 유도 전동기에서서는 응용할 수 없으며, 3상 권선형 유도 전동기의 기동 토크 가감과 속도 제어에 이용하고 있다.

【정답】 ④

54. 200[kVA]의 단상변압기가 있다. 철손이 1.6[kW]이고 전부하 동손이 2.5[kW]이다. 이 변압기의 역률이 0.8일 때 전부하시의 효율은 약 몇 [%]인가?

① 96.5 ② 97.0
③ 97.5 ④ 98.0

|정|답|및|해|설|

[변압기의 전부하 효율]

$$\eta = \frac{\text{출력}}{\text{출력}+\text{동손}+\text{철손}} = \frac{P_a \cos\theta}{P_a \cos\theta + P_i + P_c}.$$
$$= \frac{200 \times 0.8}{200 \times 0.8 + 1.6 + 2.5} \times 100 = 97.5[\%]$$

【정답】 ③

55. 변압기의 전부하 동손이 270[W], 철손이 120[W]일 때 최고 효율로 운전하는 출력은 정격출력의 약 몇 [%]인가?

① 66.7 ② 44.4
③ 33.8 ④ 22.5

|정|답|및|해|설|

변압기의 효율은 $m^2 P_c = P_i$일 때 최고 효율

$$m = \sqrt{\frac{P_i}{P_c}} = \sqrt{\frac{120}{270}} = 0.667 = 66.7[\%]$$

정격출력의 66.7[%]에서 최대 효율.

【정답】 ①

56. 단상 반파정류로 직류전압 150[V]를 얻으려고 한다. 최대 역전압(Peak Inverse Voltage)이 약 몇 [V] 이상의 다이오드를 사용하여야 하는가? (단, 정류회로 및 변압기의 전압강하는 무시한다.)

① 약 150[V]　　② 약 166[V]
③ 약 333[V]　　④ 약 470[V]

|정|답|및|해|설|

단상반파정류회로에서 $PIV = \sqrt{2}E = \pi E_d$

$PIV = \pi \times 150 \fallingdotseq 470[V]$

【정답】 ④

57. 동기 전동기의 자기동법에서 계자권선을 단락하는 이유는?

① 기동이 쉽다.
② 기동권선으로 이용한다.
③ 고전압의 유도를 방지한다.
④ 전기자 반작용을 방지한다.

|정|답|및|해|설|

기동시의 고전압을 방지하기 위해서 저항을 접속하고 단락 상태로 기동한다.　【정답】 ③

58. 직류직권 전동기에서 토크 T와 회전수 N과의 관계는?

① $T \propto N$　　② $T \propto N^2$
③ $T \propto \frac{1}{N}$　　④ $T \propto \frac{1}{N^2}$

|정|답|및|해|설|

직류 직권 전동기 속도 $N = k\frac{E_c}{\phi}[rpm]$

속도 N은 $N \propto \frac{1}{\phi} \propto \frac{1}{I_a}$　$(\because I_a = I = I_f \propto \phi)$

토크 $T = \frac{PZ}{2\pi}\varnothing\frac{I_a}{a} = \frac{PZ}{2\pi a}\varnothing I_a = k_2\varnothing I_a$　ϕ는 I_a에 비례

$\therefore T \propto I_a^2 \propto \frac{I}{N^2}$　(분권은 $T \propto \frac{1}{N}$)

【정답】 ④

59. 직류발전기 중 무부하일 때보다 부하가 증가한 경우에 단자전압이 상승하는 발전기는?

① 직권발전기　　② 분권발전기
③ 과복권발전기　　④ 차동복권발전기

|정|답|및|해|설|

[과복권 발전기] 부하가 증가하는 경우 계자의 자속이 증가하여 단자전압이 상승한다.

【정답】 ③

60. 3상 교류 발전기의 기전력에 대하여 $\frac{\pi}{2}[rad]$ 뒤진 전기자 전류가 흐르면 전기자 반작용은?

① 증자작용을 한다.
② 감자작용을 한다.
③ 횡축 반작용을 한다.
④ 교차 자화작용을 한다.

|정|답|및|해|설|

발전기에서 기전력에 90° 뒤진 전기자전류가 흐르면 감자 작용이 생긴다.

전기자가 만드는 자속이 주자속을 감자시킨다.

【정답】 ②

41. 6600/210[V], 10[kVA] 단상 변압기의 퍼센트 저항 강하는 1.2[%], 리액턴스 강하는 0.9[%]이다. 임피던스 전압[V]은?

① 99　　② 81
③ 65　　④ 37

|정|답|및|해|설|

퍼센트저항강하 $p = 1.2[\%]$, 퍼센트리액턴스강하 $q = 0.9[\%]$

퍼센트 임피던스 강하 $\%z = \sqrt{p^2 + q^2} = \sqrt{1.2^2 + 0.9^2} = 1.5[\%]$

$\%z = \frac{\text{임피던스전압}}{\text{인가전압}} = \frac{V_s}{V_{1n}} \times 100[\%]$

임피던스 전압 $V_s = \frac{zV_{1n}}{100} = \frac{1.5 \times 6600}{100} = 99[V]$

【정답】 ①

42. 변압기 1차측 공급전압이 일정할 때, 1차 코일 권수를 4배로 하면 누설리액턴스와 여자 전류 및 최대자속은? (단, 자로는 포화상태가 되지 않는다.)

① 누설 리액턴스=16, 여자 전류= $\frac{1}{4}$
최대 자속= $\frac{1}{16}$

② 누설 리액턴스=16, 여자 전류= $\frac{1}{16}$
최대 자속= $\frac{1}{4}$

③ 누설 리액턴스= $\frac{1}{16}$, 여자 전류=4, 최대 자속=16

④ 누설 리액턴스=16, 여자 전류= $\frac{1}{16}$, 최대 자속=4

|정|답|및|해|설|

① 누설 리액턴스

인덕턴스 $L=\frac{\mu AN^2}{l}\propto N^2=4^2=16$배

따라서 누설 리액턴스(ωL)도 16배

② 여자 전류

자로에 자기 포화가 없으므로 최대 자속은 여자 전류와 권수의 곱, 즉 기자력에 비례한다.

$\varnothing_m \propto I_0 N_1$

권수가 $4N_1$일 때의 여자 전류를 I_0'라고 하면

$\frac{I_0'\times 4N_1}{I_0\times N_1}=\frac{\varnothing_m'}{\varnothing_m}=\frac{1}{4}\quad \therefore I_0'=\left(\frac{1}{4}\right)^2 I_0=\frac{1}{16}I_0$

③ 최대 자속

$V_1 \fallingdotseq E_1=4.44fN_1\varnothing_m \rightarrow \varnothing_m=\frac{V_1}{4.44fN_1}$

V_1와 f는 일정하고, 권수만을 4배로 하여 $4N_1$로 했을 때의 최대 자속을 $\varnothing_m'$라고 하면

$\varnothing_m'=\frac{V_1}{4.44f\times 4N_1}=\frac{1}{4}\varnothing_m$

즉, 누설 리액턴스는 16배, 최대 자속은 $\frac{1}{4}$배

여자 전류는 $\frac{1}{16}$배로 감소된다.

【정답】 ②

43. 2대의 같은 정격의 타여자 직류발전기가 있다. 그 정격은 출력 10[kW], 전압 100[V], 회전속도 1500[rpm]이다. 이 2대를 카프법에 의해서 반환부하시험을 하니 전원에서 흐르는 전류는 22[A]이었다. 이 결과에서 발전기의 효율은 약 몇 [%]인가? (단, 각 기의 계저저항손은 각각 200[W]라고 한다.)

① 88.5 ② 87
③ 80.6 ④ 76

|정|답|및|해|설|

·발전기 2대의 손실= $VI_0=100\times 22=2200[W]=2.2[kW]$

·발전기 1대의 계자 저항손= $R_f I_f^2=200[W]=0.2[kW]$

·발전기의 효율 $\eta_g=\frac{VI}{VI+\frac{1}{2}VI_0+R_f I_f^2}\times 100$

$=\frac{10}{10+\frac{1}{2}\times 2.2+0.2}\times 100=88.5[\%]$

【정답】 ①

44. 직류전동기의 발전제동 시 사용하는 저항의 주된 용도는?

① 전압강하 ② 전류의 감소
③ 전력의 소비 ④ 전류의 방향전환

|정|답|및|해|설|

· 발생전력을 저항에서 열로 소비하는 제동방식을 발전제동이라고 한다.

【정답】 ③

45. 직류전동기의 속도제어 방법에서 광범위한 속도제어가 가능하며, 운전효율이 가장 좋은 방법은?

① 계자제어 ② 전압제어
③ 직렬 저항제어 ④ 병렬 저항제어

|정|답|및|해|설|

구분	제어 특성	특징
계자 제어	계자 전류의 변화에 의한 자속의 변화로 속도 제어	속도 제어 범위가 좁다. 정출력제어
전압 제어	워드 레오나드 방식 일그너 방식	·제어범위가 넓다. ·손실이 적다. ·정역운전 가능 정토크제어
저항 제어	전기자 회로의 저항 변화에 의한 속도 제어법	효율이 나쁘다.

【정답】 ②

46. 동기발전기의 병렬운전에서 일치하지 않아도 되는 것은?

① 기전력의 크기 ② 기전력의 위상
③ 기전력의 극성 ④ 기전력의 주파수

|정|답|및|해|설|

[동기발전기의 병렬운전 조건]
① 기전력의 크기가 같을 것
② 기전력의 위상이 같을 것
③ 기전력의 주파수가 같을 것
④ 기전력의 파형이 같을 것
⑤ 상회전 방향이 같을 것 【정답】 ③

47. 100[kVA], 6000/200[V], 60[Hz]이고 %임피던스 강하 3[%]인 3상 변압기의 저압측에 3상 단락이 생겼을 경우의 단락전류는 약 몇 [A]인가?

① 5650 ② 9623
③ 17000 ④ 75000

|정|답|및|해|설|

[단락전류] $I_s = \frac{100}{\%Z} I_n = \frac{100}{\%Z} \times \frac{P_n}{\sqrt{3} \times V_n} [A]$

여기서, P_n : 정격용량 $\rightarrow (P_n = \sqrt{3} V I_n$에서 $I_n = \frac{P_n}{\sqrt{3} V_n})$

$I_s = \frac{100}{\%Z} \times \frac{P_n}{\sqrt{3} \times V_n} = \frac{100}{3} \times \frac{100 \times 10^3}{\sqrt{3} \times 200} \fallingdotseq 9623[A]$

【정답】 ②

48. 코일피치와 자극피치의 비를 β라 하면 기본파 기전력에 대한 단절계수는?

① $\sin\beta\pi$ ② $\cos\beta\pi$
③ $\sin\frac{\beta\pi}{2}$ ④ $\cos\frac{\beta\pi}{2}$

|정|답|및|해|설|

[단절계수]

· $K_p = \sin\frac{\beta\pi}{2}$ (기본파)

· $K_{pn} = \sin\frac{n\beta\pi}{2}$ (n차 고조파) 【정답】 ③

49. 구조가 회전 계자형으로 된 발전기는?

① 동기 발전기 ② 직류 발전기
③ 유도 발전기 ④ 분권 발전기

|정|답|및|해|설|

회전계자방식은 동기발전기의 회전자에 의한 분류로 전기자를 고정자로 하고 계자극을 회전자로 한 방식이다.

【정답】 ①

50. 8극 6[Hz]의 유도 전동기가 부하를 연결하고 864[rpm]으로 회전할 때 54.134[kg · m]의 토크를 발생 시 동기와트는 약 몇 [kW]인가?

① 4.8 ② 5.0
③ 5.2 ④ 5.4

|정|답|및|해|설|

동기속도 $N_s = \frac{120f}{p} = \frac{120 \times 6}{8} = 90[rpm]$

토크 $T = 0.975\frac{P}{N} = 0.975\frac{P_2}{N_s}$ [kg · m]

$\therefore P_2 = 1.026 N_s T = 1.026 \times 90 \times 54.134 \times 10^{-3} \fallingdotseq 5[kW]$

【정답】 ②

51. 화학공장에서 선로의 역률은 앞선 역률 0.7이었다. 이 선로에 동기 조상기를 병렬로 결선해서 과여자로 하면 선로의 역률은 어떻게 되는가?

① 뒤진 역률이며 역률은 더욱 나빠진다.
② 뒤진 역률이며 역률은 더욱 좋아진다.
③ 앞선 역률이며 역률은 더욱 좋아진다.
④ 앞선 역률이며 역률은 더욱 나빠진다.

|정|답|및|해|설|

[동기 조상기의 운전]
··과여자 : 선로에 앞선 전류가 흘러 일종의 콘덴서로 작용
··부족 여자 : 뒤진 전류가 흘러서 일종의 리액터로 작용
따라서 앞선 역률인 경우 과여자로 하면 선로의 역률은 더욱 진상이 되어 역률은 더 나빠진다.

【정답】 ④

52. 전기설비 운전 중 계기용 변류기(CT)의 고장발생으로 변류기를 개방할 때 2차 측을 단락해야 하는 이유는?

① 2차 측의 절연 보호
② 1차 측의 과전류 방지
③ 2차 측의 과전류 보호
④ 계기의 측정 오차 방지

|정|답|및|해|설|

변류기의 2차측을 개방하면 1차 전류가 모두 여자 전류가 되어 2차 권선에 매우 높은 전압이 유기되어 절연이 파괴되고 소손될 우려가 있으므로, 변류기 2차측 기기를 교체하고자 하는 경우에는 반드시 변류기 2차측을 단락시켜야 한다.

【정답】 ①

53. 유도 전동기에서 인가전압이 일정하고 주파수가 정격값에서 수 [%] 감소할 때 나타나는 현상 중 틀린 것은?

① 철손이 증가한다.
② 효율이 나빠진다.
③ 동기 속도가 감소한다.
④ 누설 리액턴스가 증가한다.

|정|답|및|해|설|

누설 리액턴스는 주파수에 비례하므로($X=2\pi fL$) 주파수가 감소하면 누설 리액턴스는 감소한다.

【정답】 ④

54. 정격전압 200[V], 전기자 전류 100[A]일 때 1000[rpm]으로 회전하는 직류 분권전동기가 있다. 이 전동기의 무부하 속도는 약 몇 [rpm]인가? (단, 전기자 저항은 $0.15[\Omega]$이고 전기자 반작용은 무시한다.)

① 981 ② 1081
③ 1100 ④ 1180

|정|답|및|해|설|

· 전기자전류 $I_a=100[A]$일 때의 역기전력

$E=V-I_aR_a=200-(100\times 0.15)=185[V]$

· 무부하시 $I_a=0$일 때의 역기전력 $E_0=V=200[V](\because I_a=0)$

· 전기자 반작용을 무시하면 $E=k\phi N$에서 $\phi=$일정

$\therefore E\propto N$

$E_0 : E=N_0 : N \rightarrow$ 200:185$=N_0$:1000

$\therefore N_0=\frac{200}{185}\times 1000 \fallingdotseq 1081[rpm]$

【정답】 ②

55. 유도 전동기에서 여자전류는 극수가 많아지면 정격 전류에 대한 비율이 어떻게 변하는가?

① 커진다. ② 불변이다.
③ 적어진다. ④ 반으로 줄어든다.

|정|답|및|해|설|

극수가 많아질수록 자속이 많아지므로 정격전류에 대한 여자전류의 비율이 커진다.

【정답】 ①

56. 브러시를 이동하여 회전속도를 제어하는 전동기는?

① 반발 전동기
② 단상 직권전동기
③ 직류 직권전동기
④ 반발기동형 단상유도전동기

|정|답|및|해|설|

단상 반발 전동기는 브러시 이동으로 속도 제어 및 역전이 가능하다.

【정답】 ①

57. 단상 유도 전동기를 기동 토크가 큰 것부터 낮은 순서로 배열한 것은?

① 모노사이클릭형→반발 유도형→반발 기동형→콘덴서 기동형→분상 기동형
② 반발 기동형→반발 유도형→모노사이클릭형→콘덴서 기동형→분상 기동형

③ 반발 기동형→반발 유도형→콘덴서 기동형→분상 기동형→모노사이클릭형
④ 반발 기동형→분상 기동형→콘덴서 기동형→반발 유도형→모노사이클릭형

|정|답|및|해|설|

기동 토크가 큰 것부터 배열하면 다음과 같다.
반발 기동형 → 반발 유도형 → 콘덴서 기동형 → 분상 기동형 → 세이딩 코일형(또는 모노 사이클릭 기동형)

【정답】 ③

58. 일정한 부하에서 역률 1로 동기전동기를 운전하는 중 여자를 약하게 하면 전기자 전류는?

① 진상전류가 되고 증가한다.
② 진상전류가 되고 감소한다.
③ 지상전류가 되고 증가한다.
④ 지상전류가 되고 감소한다.

|정|답|및|해|설|

위상 특성 곡선(V곡선)에서 여자 전류(I_f)를 감소시키면 역률은 뒤지고 전기자 전류는 증가한다. 【정답】 ③

59. 4극 7.5[kW], 200[V], 60[Hz]인 3상 유도전동기가 있다. 전부하에서의 2차 입력이 7950[W]이다. 이 경우의 2차 효율은 약 몇 [%]인가? (단, 기계손은 130[W]이다.)

① 92　② 94
③ 96　④ 98

|정|답|및|해|설|

$P_2 = P_a + P_{c2} + P_m$ 에서
출력 $P_a = 7500[W]$, 기계손 $P_m = 130[W]$
2차 입력 $P_2 = 7950[W]$
$P_{c2} = P_2 - (P_a + P_m) = 7950 - (7500 + 130) = 320[W]$
$P_{c2} = sP_2 \rightarrow s = \frac{P_{c2}}{P_2} = \frac{320}{7950} = 0.04$
$\therefore \eta_2 = 1 - s = 1 - 0.04 = 0.96 = 96[\%]$

【정답】 ③

60. 직류기의 전기자권선 중 중권 권선에서 뒤피치가 앞피치보다 큰 경우를 무엇이라 하는가?

① 진권　② 쇄권
③ 여권　④ 장절권

|정|답|및|해|설|

· 진권 : 권선의 진행 방향은 시계 방향의 방사형이며, 후절(뒤피치)이 전절(앞피치)보다 크다.
· 누권(역진권) : 권선 방향은 반시계 방향으로 감겨지게 되고 후절(뒤피치)이 전절(앞피치)보다 적다.

【정답】 ①

41. 3상 동기 발전기를 병렬운전 하는 경우 필요한 조건이 아닌 것은?

① 회전수가 같다.　② 상회전이 같다.
③ 발생 전압이 같다.　④ 전압 파형이 같다.

|정|답|및|해|설|

[동기발전기의 병렬운전 조건]
① 기전력의 크기가 같을 것
② 기전력의 위상이 같을 것
③ 기전력의 주파수가 같을 것
④ 기전력의 파형이 같을 것
⑤ 상회전 방향이 같을 것 【정답】 ①

42. 변압기의 절연유로서 갖추어야 할 조건이 아닌 것은?

① 비열이 커서 냉각 효과가 클 것
② 절연저항 및 절연내력이 적을 것
③ 인화점이 높고 응고점이 낮을 것
④ 고온에서도 석출물이 생기거나 산화하지 않을 것

|정|답|및|해|설|

[변압기 절연유의 구비 조건]

① 절연저항 및 절연내력이 클 것

② 절연 재료 및 금속에 화학 작용을 일으키지 않을 것

③ 인화점이 높고(130도 이상) 응고점이 낮을(-30도) 것

④ 점도가 낮고(유동성이 풍부) 비열이 커서 냉각 효과가 클 것

⑤ 고온에 있어 석출물이 생기거나 산화하지 않을 것

⑥ 열팽창 계수가 적고 증발로 인한 감소량이 적을 것

【정답】 ②

43. 단상유도전압조정기의 1차 권선과 2차 권선의 축 사이의 각도를 α라 하고 양 권선의 축이 일치할 때 2차 권선의 유기전압을 E_2, 전원전압을 V_1, 부하 측의 전압을 V_2라고 하면 임의의 각 α일 때의 V_2는?

① $V_2 = V_1 + E_2\cos\alpha$ ② $V_2 = V_1 - E_2\cos\alpha$

③ $V_2 = V_1 + E_2\sin\alpha$ ④ $V_2 = V_1 - E_2\sin\alpha$

|정|답|및|해|설|

유도 전압 조정기이므로

$V_2 = V_1 + E_2\cos\alpha = V_1 \pm E_2[V]$

$V_2 = V_1 - E_2 \sim V_1 + E_2$ 까지

【정답】 ①

44. 6극 60[Hz]의 3상 권선형 유도전동기가 1140[rpm]의 정격속도로 회전할 때 1차측 단자를 전환해서 상회전 방향을 반대로 바꾸어 역전제동을 하는 경우 제동토크를 전부하 토크와 같게 하기 위한 2차 삽입저항 $R[\Omega]$은? (단, 회전자 1상의 저항은 $0.005[\Omega]$, Y결선이다.)

① 0.19 ② 0.27

③ 0.38 ④ 0.5

|정|답|및|해|설|

회전자계의 속도 $N_s = \frac{120f}{p} = \frac{120 \times 60}{6} = 1200[rpm]$

정회전 시 슬립 $s = \frac{N_s - N}{N_s} = \frac{1200 - 1140}{1200} = 0.05$

역전 제동 시 슬립

$s' = \frac{N_s - (-N)}{N_s} = \frac{1200 - (-1140)}{1200} = 1.95$

$s' = 1.95$에서 전부하 토크를 발생시키는데 필요한 2차 삽입 저항 R은

$\frac{r_2}{s} = \frac{r_2 + R}{s'} \rightarrow \frac{0.005}{0.05} = \frac{0.005 + R}{1.95}$

$\therefore R = \frac{0.005}{0.05} \times 1.95 - 0.005 = 0.19[\Omega]$

【정답】 ①

45. 브러시리스 모터(BLDC)의 회전자 위치 검출을 위해 사용하는 것은?

① 홀(Hall) 소자 ② 리니어 스케일

③ 회전형 엔코더 ④ 회전형 디코더

|정|답|및|해|설|

·브러시리스(BLDC) 모터의 회전자 위치 검출용 센서 : Resolver, Hall sensor, Encoder

【정답】 ①, ③

46. 전기자저항이 $0.04[\Omega]$인 직류분권발전기가 있다. 단자전압이 100[V], 회전속도 1000[rpm]일 때 전기자 전류는 50[A]라 한다. 이 발전기를 전동기로 사용할 때 전동기의 회전속도는 약 몇 [rpm]인가? (단, 전기자 반작용은 무시한다.)

① 759 ② 883

③ 894 ④ 961

|정|답|및|해|설|

[발전기로 사용할 때]

유기기전력 $E = V + I_a R_a = K\varnothing N$

$K\varnothing = \frac{V + I_a V_a}{N} = \frac{100 + (50 \times 0.04)}{1000} = 0.102$

[전동기로 사용할 때]

역기전력 $E' = V - I_a R_a = K\varnothing N'$

전동기의 회전속도 $N' = \frac{V - I_a V_a}{K\varnothing}$

$= \frac{100 - (50 \times 0.04)}{0.102} \fallingdotseq 961[rpm]$

【정답】 ④

47. 유도 발전기에 대한 설명으로 틀린 것은?

① 공극이 크고 역률이 동기기에 비해 좋다.
② 병렬로 접속된 동기기에서 여자전류를 공급받아야 한다.
③ 농형 회전자를 사용할 수 있으므로 구조가 간단하고 가격이 싸다.
④ 선로에 단락이 생기면 여자가 없어지므로 동기기에 비해 단락전류가 작다.

|정|답|및|해|설|

[유도 발전기] 유도 발전기는 여자기로서 단독으로 발전할 수 없으므로 반드시 동기발전기가 필요하며 유도 발전기의 주파수는 전원의 주파수를 정하여지고 회전 속도에는 관계가 없다.

[장점]
- 동기 발전기에 비해 가격이 싸다.
- 기동과 취급이 간단하며 고장이 적다.
- 동기 발전기와 같이 동기화 할 필요가 없으며 난조 등의 이상 현상도 생기지 않는다.
- 선로에 단락이 생긴 경우에는 여자가 상실되므로 단락 전류는 동기기에 비해 적으며 지속 시간도 짧다.

[단점]
- 병렬로 운전되는 동기기에서 여자 전류를 취해야 한다.
- 공극의 치수가 작기 때문에 운전 시 주의해야 한다.
- 효율과 역률이 낮다.

【정답】 ①

48. 직류기의 전기자에 사용되지 않는 권선법은?

① 2층권 ② 고상권
③ 폐로권 ④ 단층권

|정|답|및|해|설|

[직류기의 권선법] 직류기의 전기자 권선법으로 2층권, 고상권, 폐로권을 채택한다.

【정답】 ④

49. 직류 분권전동기의 정격 전압 200[V], 정격 전류 105[A], 전기자 저항 및 계자 회로의 저항이 각각 0.1[Ω] 및 40[Ω]이다. 기동 전류를 정격 전류의 150[%]로 할 때의 기동 저항은 약 몇 [Ω]인가?

① 0.46 ② 0.92
③ 1.08 ④ 1.21

|정|답|및|해|설|

계자전류 $I_f = \frac{V}{R_f} = \frac{200}{40} = 5[A]$

기동전류는 정격의 150[%]

기동전류 $= 105 \times 1.5 = 157.5[A]$

전기자전류 $I_a = I - I_f = 157.5 - 5 = 152.5[A]$

$R_a + R_s = \frac{V}{I_a} = \frac{200}{152.5} = 1.31[\Omega]$

기동저항 $R_s = 1.31 - R_a = 1.31 - 0.1 = 1.21[\Omega]$

【정답】 ④

50. 동기 발전기의 단락비를 계산하는데 필요한 시험의 종류는?

① 동기화 시험, 3상 단락 시험
② 부하 포화 시험, 동기화 시험
③ 무부하 포화 시험, 3상 단락시험
④ 전기자 반작용 시험, 3상 단락 시험

|정|답|및|해|설|

시험의 종류	산출 되는 항목
무부하시험	철손, 기계손, 단락비, 여자전류
단락시험	동기임피던스, 동기리액턴스, 단락비, 임피던스 와트, 임피던스 전압

단락비

$K_s = \frac{\text{무부하에서 정격전압을 유기하는데 필요한 계자전류}}{\text{정격전류와 같은3상단락전류를 흘리는데 필요한 계자전류}}$

【정답】 ③

51. 변압기에서 부하에 관계없이 자속만을 만드는 전류는?

① 철손전류 ② 자화전류
③ 여자전류 ④ 교차전류

|정|답|및|해|설|

[여자전류] $\dot{I}_0 = j\dot{I}_\varnothing + \dot{I}_i$

여기서, $\dot{I}_\phi$: 자화전류, $\dot{I}_i$: 철손전류

【정답】 ②

52. 변압기의 정격을 정의한 것 중 옳은 것은?

① 전부하의 경우 1차 단자전압을 정격 1차 전압이라 한다.

② 정격 2차 전압은 명판에 기재되어 있는 2차 권선의 단자전압이다.

③ 정격 2차 전압을 2차 권선의 저항으로 나눈 것이 정격 2차 전류이다.

④ 2차 단자 간에서 얻을 수 있는 유효전력을 [kW]로 표시한 것이 정격출력이다.

|정|답|및|해|설|

【정답】 ②

53. 저항부하를 갖는 단상 전파제어 정류기의 평균 출력 전압은? (단, α는 사이리스터의 점호각, V_m은 교류 입력전압의 최대값이다.)

① $V_{dc}=\frac{V_m}{2\pi}(1+\cos\alpha)$

② $V_{dc}=\frac{V_m}{\pi}(1+\cos\alpha)$

③ $V_{dc}=\frac{V_m}{2\pi}(1-\cos\alpha)$

④ $V_{dc}=\frac{V_m}{\pi}(1-\cos\alpha)$

|정|답|및|해|설|

	반파정류	전파정류
다이오드	$V_d=\frac{\sqrt{2}\,V_i}{\pi}=0.45V_i$	$V_d=\frac{2\sqrt{2}\,V_i}{\pi}=0.9V_i$
SCR	$V_d=\frac{\sqrt{2}\,V_i}{2\pi}(1+\cos\alpha)$	$V_d=\frac{\sqrt{2}\,V_i}{\pi}(1+\cos\alpha)$

여기서, V_d : 직류전압, V_i : 교류전압의 실효값

V_m : 최대값($=\sqrt{2}\,V_i$)이다.

【정답】 ②

54. 동기전동기의 V곡선(위상특성)에 대한 설명으로 틀린 것은?

① 횡축에 여자전류를 나타낸다.

② 종축에 전기자전류를 나타낸다.

③ V곡선의 최저점에는 역률이 0[%]이다.

④ 동일출력에 대해서 여자가 약한 경우가 뒤진 역률이다.

|정|답|및|해|설|

[위상특성곡선(V곡선)]

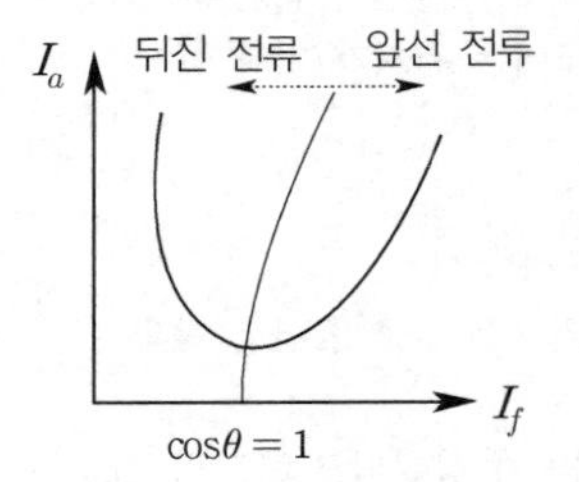

① 전압, 주파수, 출력이 일정할 때 계자(여자) 전류 I_f(횡축)와 전기자 전류 I_a(종축)의 관계를 나타내는 곡선(V 곡선)

② 역률이 1인 경우 전기자 전류가 최소

③ 부족여자(여자 전류를 감소)로 운전하면 뒤진 전류가 흘러 일종의 리액터로 작용

④ 과여자(여자 전류를 증가)로 운전하면 앞선 전류가 흘러 일종의 콘덴서로 작용 【정답】 ③

55. 10[kW], 3상 200[V] 유도전동기의 전부하 전류는 약 몇 [A]인가? (단, 효율 및 역률 85[%]이다.)

① 60 ② 80

③ 40 ④ 20

|정|답|및|해|설|

출력 $P=\sqrt{3}\,VI\cos\theta\cdot\eta$[kW]

전부하전류 $I=\frac{P}{\sqrt{3}\,V\cos\theta\cdot\eta}=\frac{10\times10^3}{\sqrt{3}\times200\times0.85\times0.85}\fallingdotseq 40$[A]

【정답】 ③

56. 발전기의 종류 중 회전계자형으로 하는 것은?

① 동기 발전기 ② 유도 발전기
③ 직류 복권발전기 ④ 직류 타여자발전기

|정|답|및|해|설|
회전계자방식은 동기발전기의 회전자에 의한 분류로 전기자를 고정자로 하고 계자극을 회전자로 한 방식이다.

【정답】 ①

57. 단상 유도전동기에서 기동토크가 가장 큰 것은?

① 반발 기동형 ② 분상 기동형
③ 콘덴서 전동기 ④ 세이딩 코일형

|정|답|및|해|설|
단상 유도전동기에 대한 기동 토크의 크기는
반발 기동형 〉 반발 유도형 〉 콘덴서 기동형 〉 분상 기동형 〉 모노사이클릭 기동형 순이다.

【정답】 ①

58. 변압기 온도시험을 하는데 가장 좋은 방법은?

① 실 부하법 ② 반환 부하법
③ 단락 시험법 ④ 내전압 시험법

|정|답|및|해|설|
· 실부하법은 소용량의 경우에 이용 되지만, 전력 손실이 크기 때문에 소용량 이외에는 별로 적용되지 않는다.
· 반환부하법은 동일 정격의 변압기가 2대 이상 있을 경우에 채용되며, 전력 소비가 적고 철손과 동손을 따로 공급하는 것으로 현재 가장 많이 사용하고 있다.

【정답】 ②

59. 전기기기에 있어 와전류손(Eddy current loss)을 감소시키기 위한 방법은?

① 냉각압연
② 보상권선 설치
③ 교류전원을 사용
④ 규소강판을 성층하여 사용

|정|답|및|해|설|
· 전기 기계에 규소 강판을 사용하는 이유는 규소를 넣으면 자기저항이 크게 되어 와류손과 히스테리시스손이 감소하게 된다.
· 성층하는 이유는 와류손을 적게 하기 위한 것이다.

【정답】 ④

60. 동기발전기에서 전기자전류를 I, 유기기전력과 전기자전류와의 위상각을 θ라 하면 직축반작용을 하는 성분은?

① $I\tan\theta$ ② $I\cot\theta$
③ $I\sin\theta$ ④ $I\cos\theta$

|정|답|및|해|설|
· $I\cos\theta$ (유효전류)는 기전력과 같은 위상의 전류 성분으로서 횡축반작용을 한다.
· $I\sin\theta$ (무효전류)는 $\pi/2$[rad]만큼 뒤지거나 앞서기 때문에 직축반작용을 한다.

【정답】 ③

2020 전기기사 필기

(통합)

41. 전원 전압이 100[V]인 단상 전파 정류 제어에서 점호각이 30[°]일 때 직류 평균 전압은 약 몇 [V]인가?

① 54 ② 64
③ 84 ④ 94

|정|답|및|해|설|

[단상 전파 직류 평균 전압] $E_d = \frac{2\sqrt{2}E}{\pi}\left(\frac{1+\cos\alpha}{2}\right)$

$E_d = 0.9 \times 100\left(\frac{1+\cos 30}{2}\right) = 84[V]$

【정답】 ③

42. 단상 유도전동기의 기동에 브러시를 필요로 하는 것은? [06/1]

① 분사 기동형
② 반발 기동형
③ 콘덴서 분상 기동형
④ 세이딩 코일 기동형

|정|답|및|해|설|

[반발 기동형 단상 유도전동기] 반발 기동 유도 전동기는 기동 시에는 반발 전동기로서 동작시키고 일정 속도에 달하며 정류자 세그먼트를 단락하여 유도전동기로서 동작하는 전동기이다. <u>회전 방향은 브러시의 위치 이동</u>으로 이루어진다.

【정답】 ②

43. 3선 중 2선의 전원 단자를 서로 바꾸어서 결선하면 회전 방향이 바뀌는 기기가 아닌 것은?

① 회전변류기
② 유도전동기
③ 동기전동기
④ 정류자형 주파수 변환기

|정|답|및|해|설|

※정류자형 주파수 변환기 : 주파수를 바꾸는 것으로 회전 방향과는 아무런 관련이 없다.

【정답】 ④

44. 단상 유도전동기의 분상 기동형에 대한 설명으로 틀린 것은?

① 보조권선은 높은 저항과 낮은 리액턴스를 갖는다.
② 주권선은 비교적 낮은 저항과 높은 리액턴스를 갖는다.
③ 높은 토크를 발생시키려면 보조권선에 병렬로 저항을 삽입한다.
④ 전동기가 기동하여 속도가 어느 정도 상승하면 보조권선을 전원에서 분리해야 한다.

|정|답|및|해|설|

[단상 유도 전동기(분상 기동형)]

- 불평형 2상 전동기로서 기동하는 방법
- 원심 개폐기 작동 시기는 회전자 속도가 동기속도의 60~80[%]일 때
- 기동 토크는 보통이다.
- 기동 토크를 크게 하기 위해서는 <u>보조권선에 직렬로 저항을 삽입</u>한다.

【정답】 ③

45. 변압기의 %Z가 커지면 단락전류는 어떻게 변화하는가?

① 커진다. ② 변동 없다.
③ 작아진다. ④ 무한대로 커진다.

|정|답|및|해|설|

[변압기의 단락 전류] $I_s = \frac{V}{Z} = \frac{100}{\%Z} I[A]$

【정답】 ③

46. 정격 6600[V]인 3상 동기발전기가 정격출력(역률=1)으로 운전할 때 전압 변동률이 12[%]였다. 여자와 회전수를 조정하지 않은 상태로 무부하 운전하는 경우 단자전압[V]은? [11/2]

① 7842 ② 7392
③ 6943 ④ 6433

|정|답|및|해|설|

[전압변동률] $\epsilon = \frac{V_o - V_m}{V_n} \times 100$

$12 = \frac{V_o - V_m}{V_n} \times 100$ 에서

$V_m = 6600$ 이므로 $V_o = 7392[\mathrm{V}]$

【정답】 ②

47. 계자 권선이 전기자에 병렬로만 연결된 직류기는? [16/2 04/3]

① 분권기 ② 직권기
③ 복권기 ④ 타여자기

|정|답|및|해|설|

[직류 분권기] 계자권선이 전기자 권선에 병렬로 연결

※직권기 : 계자권선이 전기자 권선에 직렬로 연결

【정답】 ①

48. 3상 20000[kVA]인 동기발전기가 있다. 이 발전기는 60[hZ]일 때는 200[rpm], 50[Hz]일 때는 약 167[rpm]으로 회전한다. 이 동기발전기의 극수는?

① 18극 ② 36극
③ 54극 ④ 72극

|정|답|및|해|설|

[동기 발전기의 동기속도] $N_s = \frac{120f}{p}[rpm]$

극수 $p = \frac{120f}{N_s}$ 에서

$p_1 = \frac{120f_1}{N_{s1}} = \frac{120 \times 60}{200} = 36$극

$p_2 = \frac{120f_2}{N_{s2}} = \frac{120 \times 50}{167} = 36$극

【정답】 ②

49. 1차 전압 6600V, 권수비 30인 단상 변압기로 전등부하에 30A를 공급할 때의 입력[kW]은? (단, 변압기의 손실은 무시한다.) [11/1]

① 4.4 ② 5.5
③ 6.6 ④ 7.7

|정|답|및|해|설|

[권수비] $a = \frac{V_1}{V_2} = \frac{I_2}{I_1} = \frac{N_1}{N_2}$

$P_1 = V_1 I_1 = V_1 \times \frac{I_2}{a} = 6600 \times \frac{30}{30} = 6600[\mathrm{W}] = 6.6[\mathrm{kW}]$

(전등부하 $\cos\theta = 1$)

【정답】 ③

50. 스텝모터에 대한 설명 중 틀린 것은? [14/1]

① 가속과 감속이 용이하다.
② 정역전 및 변속이 용이하다.
③ 위치제어 시 각도 오차가 적다.
④ 브러시 등 부품수가 많아 유지보수 필요성이 크다.

|정|답|및|해|설|

[스텝 모터]

[장점]

① 위치 및 속도를 검출하기 위한 장치가 필요 없다.
② 컴퓨터 등 다른 디지털 기기와의 인터페이스가 용이하다.
③ 가속, 감속이 용이하며 정·역전 및 변속이 쉽다.
④ 속도제어 범위가 광범위하며, 초저속에서 큰 토크를 얻을 수 있다.
⑤ 위치제어를 할 때 각도 오차가 적고 누적되지 않는다.
⑥ 정지하고 있을 때 그 위치를 유지해 주는 토크가 크다.
⑦ 유지 보수가 쉽다.

[단점]

① 분해 조립, 또는 정지 위치가 한정된다.
② 서보모터에 비해 효율이 나쁘다.
③ 마찰 부하의 경우 위치 오차가 크다.
④ 오버슈트 및 진동의 문제가 있다.
⑤ 대용량의 대형기는 만들기 어렵다.

【정답】 ④

51. 출력이 20[kW]인 직류발전기의 효율이 80[%]이면 손실[kW]은 얼마인가? [산 14/2]

① 1　　② 2
③ 5　　④ 8

|정|답|및|해|설|

[직류 발전기의 효율] $\eta = \frac{출력}{입력} = \frac{출력}{출력+손실} = \frac{P}{P+P_l}$

손실 $P_l[kW]$ → $0.8 = \frac{20}{20+P_l}$

$P_l = \frac{20}{0.8} - 20 = 25 - 20 = 5[kW]$

【정답】 ③

52. 동기 전동기의 공급 전압과 부하를 일정하게 유지하면서 역률을 1로 운전하고 있는 상태에서 여자 전류를 증가시키면 전기자 전류는?

① 앞선 무효전류가 증가
② 앞선 무효전류가 감소
③ 뒤진 무효전류가 증가
④ 뒤진 무효전류가 감소

|정|답|및|해|설|

[위상 특성 곡선]

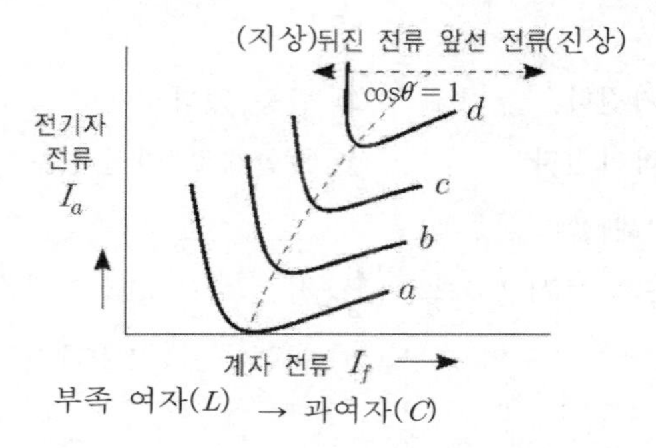

【정답】 ①

53. 전압 변동률이 작은 동기 발전기는? [15/1 07/1 산 09/1]

① 동기 리액턴스가 크다.
② 전기자 반작용이 크다.
③ 단락비가 크다.
④ 자기 여자 작용이 크다.

|정|답|및|해|설|

[전압 변동률] 전압변동률은 작을수록 좋으며, 변동률이 작은 발전기는 동기리액턴스가 작다. 즉, 전기자반작용이 작고 단락비가 큰 기계가 되어 값이 비싸다. 【정답】 ③

54. 직류 발전기에 $P[N \cdot m/s]$의 기계적 동력을 주면 전력은 몇 [W]로 변환되는가? (단, 손실은 없으며, i_a는 전기자 도체의 전류, e는 전기자 도체의 유도기전력, Z는 총 도체수이다.)

① $P = i_a e Z$　　② $P = \frac{i_a e}{Z}$
③ $P = \frac{i_a Z}{e}$　　④ $P = \frac{eZ}{i_a}$

|정|답|및|해|설|

[전기자에 대한 출력] $P = EI_a = eZI_a[W]$

【정답】 ①

55. 도통(on) 상태에 있는 SCR을 차단(off) 상태로 만들기 위해서는 어떻게 하여야 하는가?

① 게이트 펄스 전압을 가한다.
② 게이트 전류를 증가시킨다.
③ 게이트 전압이 부(-)가 되도록 한다.
④ 전원 전압의 극성이 반대가 되도록 한다.

|정|답|및|해|설|
[SCR의 차단(off) 조건]
・유지전류 이하
・에노드 전압을 0 또는 (-)로 한다.
・전원 전압의 극성이 반대가 되도록 한다.

※게이트는 도통(on) 시킬 때 필요하다.

【정답】④

56. 직류 전동기의 워드레오나드 속도 제어 방식으로 옳은 것은?

① 전압제어 ② 저항제어
③ 계자제어 ④ 직병렬제어

|정|답|및|해|설|
[직류 전동기의 속도 제어법]

구분	제어 특성	특징
계자제어법	、계자 전류의 변화에 의한 자속의 변화로 속도 제어	、속도 제어 범위가 좁다.
전압제어법	、정트크 제어 -워드레오나드 방식 -일그너 방식	、제어 범위가 넓다. 、손실이 적다. 、정역운전 가능 、설비비 많이 듬
저항제어법	、전기자 회로의 저항 변화에 의한 속도 제어법	、효율이 나쁘다.

※직병렬제어 : 직권전동기 두 대를 이용한다.

【정답】①

57. 단권변압기의 설명으로 틀린 것은? [14/1]

① 1차권선과 2차권선의 일부가 공통으로 사용된다.
② 분로권선과 직렬권선으로 구분된다.
③ 누설자속이 없기 때문에 전압변동률이 작다.
④ 3상에는 사용할 수 없고 단상으로만 사용한다.

|정|답|및|해|설|
[단권 변압기]
・승압기로 사용이 많다.
・중량이 가볍고 전압 변동률이 작다.
・누설임피던스가 일반 변압기보다 작아서 단락전류가 크다.
・1차측 이상 전압이 2차측에 미친다.
※단권변압기 3대를 △ 또는 Y결선하여 3상을 공급할 수 있다.

【정답】④

58. 유도전동기를 정격 상태로 사용 중, 전압이 10[%] 상승하면 다음과 같은 특성의 변화가 있다. 틀린 것은? (단, 부하는 일정 토크라고 가정한다.) [16/1]

① 슬립이 작아진다.
② 역률이 떨어진다.
③ 속도가 감소한다.
④ 히스테리시스손과 와류손이 증가한다.

|정|답|및|해|설|
① $\frac{s'}{s}=\left(\frac{V_1}{V'}\right)^2$: 슬립은 전압의 제곱에 반비례 하므로, 전압이 상승하면 슬립은 작아진다.
② $P=\sqrt{3}\,VI\cos\theta[W] \rightarrow \cos\theta=\frac{P}{\sqrt{3}\,VI}$: 출력은 일정한 상태에서 전압이 상승하면 역률은 감소한다.
③ $\frac{N}{N'}=\left(\frac{V_1}{V'}\right)^2$: 속도는 전압의 제곱에 비례하므로, 전압이 상승하면 <u>속도도 상승</u>한다.
④ 와류손은 주파수와는 무관하고 전압의 제곱에 비례하므로, 와류손이 증가한다. 즉, $P_h \propto V^2$, $P_e \propto V^2$

【정답】③

59. 단자전압 110[V], 전기자 전류 15[A], 전기자 회로의 저항 2[Ω], 정격 속도 1800[rpm]으로 전부하에서 운전하고 있는 직류 분권전동기의 토크는 약 몇 [N・m]인가?

① 6.0 ② 6.4
③ 10.08 ④ 11.14

|정|답|및|해|설|

[직류 분권전동기의 토크] $T=\frac{60P}{2\pi N}=\frac{60EI_a}{2\pi N}$

$E=V-I_aR_a=110-15\times 2=80[V]$

$T=\frac{60EI_a}{2\pi N}=\frac{60\times 80\times 15}{2\times 3.14\times 1800}=6.4[N\cdot m]$

【정답】 ②

60. 용량 1[kVA], 3000/200[V]의 단상 변압기를 단권 변압기로 결선하여 3000/3200[V]의 승압기로 사용할 때 그 부하 용량[kVA]은? [09/3]

① 16[kVA] ② 15[kVA]

③ 1[kVA] ④ $\frac{1}{16}$[kVA]

|정|답|및|해|설|

[단권 변압기에 대한 부하 용량] $\frac{\text{자기 용량}}{\text{부하 용량}}=\frac{V_h-V_l}{V_h}$

$\therefore$ 부하 용량=자기 용량$\times\frac{V_h}{V_h-V_l}=1\times\frac{3200}{3200-3000}=16[kVA]$

【정답】 ①

41. 직류 전동기의 속도 제어 방법이 아닌 것은? [17/3 04/2 산 09/3 06/2 05/3]

① 계자 제어법 ② 전압 제어법

③ 주파수 제어법 ④ 직렬 저항 제어법

|정|답|및|해|설|

[직류 전동기 속도제어]

구분	제어 특성	특징
계자 제어	계자 전류의 변화에 의한 자속의 변화로 속도 제어	속도 제어 범위가 좁다. 정출력제어
전압 제어	워드 레오나드 방식 일그너 방식	·제어범위가 넓다. ·손실이 적다. ·정역운전 가능 정토크제어
저항 제어	전기자 회로의 저항 변화에 의한 속도 제어법	효율이 나쁘다.

※전동기의 속도 $N=\frac{E}{k\varnothing}=\frac{V-I_aR_a}{k\varnothing}[rpm]$

- V : 전압 제어
- R_a : 저항 제어
- $\varnothing$: 계자 제어

【정답】 ③

42. 극수 8, 중권 직류기의 전기자 총 도체수 960, 매극 자속 0.04[Wb], 회전수 400[rpm]이라면 유기기전력은 몇 [V]인가? [07/3 04/1]

① 625 ② 425 ③ 327 ④ 256

|정|답|및|해|설|

[유기기전력] $E=p\phi\frac{N}{60}\cdot\frac{z}{a}[V]$

중권이므로 $a=p=8$

$Z=960,\ \varnothing=0.04[Wb],\ N=400[rpm]$

$E=p\phi\frac{N}{60}\cdot\frac{z}{a}=8\times 0.04\times\frac{400}{60}\times\frac{960}{8}=256[V]$

【정답】 ④

43. 3[kVA], 3000/200[V]의 변압기의 단락시험에서 임피던스 전압 120[V], 동손 150[W]라 하면 퍼센트 저항강하는 몇 [%]인가? [17/1 15/2]

① 1 ② 3 ③ 5 ④ 7

|정|답|및|해|설|

[%저항강하] $p=\frac{IR}{V}=\frac{P_c}{P_n}\times 100=\frac{PR}{10V^2}[\%]$

여기서, P_n : 정격용량, P_c : 동손

$p=\frac{P_c}{P_n}\times 100=\frac{150}{5000}\times 100=3[\%]$

【정답】 ②

44. 동기 발전기를 병렬운전 시키는 경우 고려하지 않아도 되는 조건은? [15/1 11/3 산16/3 07/3]

① 기전력의 파형이 같을 것
② 기전력의 주파수가 같을 것
③ 회전수가 같을 것
④ 기전력의 크기가 같을 것

|정|답|및|해|설|
[동기발전기의 병렬운전]
① 기전력이 같아야 한다.
② 위상이 같아야 한다.
③ 파형이 같아야 한다.
④ 주파수가 같아야 한다.
※ 병렬 운전에서 회전수는 같지 않아도 된다.
【정답】 ③

45. 3300/220[V] 변압기 A, B의 정격용량이 각각 400[kVA], 300[kVA]이고 %임피던스 강하가 각각 2.4[%]와 3.6[%]일 때 그 2대의 변압기에 걸 수 있는 합성부하용량은 몇 [kVA] 인가?

① 550 ② 600
③ 650 ④ 700

|정|답|및|해|설|
[합성부하용량] $\frac{P_b}{P_a}=\frac{\%Z_a}{\%Z_b}\times\frac{P_B}{P_A}=\frac{2.4}{3.6}\times\frac{300}{400}=\frac{1}{2}$
$P_a=400[kVA]$ 이므로
$P_b=\frac{1}{2}P_a=\frac{1}{2}400=200$
합성부하용량$=P_a+P_b=600[kVA]$
【정답】 ②

46. 직류 가동복권발전기를 전동기로 사용하면 어느 전동기가 되는가?

① 직류 직권 전동기
② 직류 분권 전동기
③ 직류 가동 복권 전동기
④ 직류 차동 복권 전동기

|정|답|및|해|설|
※전동기와 발전기는 반대
즉, 가동 복권 발전기 ↔ 차동 복권 전동기
【정답】 ④

47. 동기 전동기에 일정한 부하를 걸고 계자전류를 0[A]에서부터 계속 증가시킬 때 관련 설명으로 옳은 것은? (단, I_a는 전기자 전류이다.)

① I_a는 증가하다가 감소한다.
② I_a가 최소일 때 역률이 1이다.
③ I_a가 감소 상태일 때 앞선 역률이다.
④ I_a가 증가 상태일 때 뒤진 역률이다.

|정|답|및|해|설|
[위상 특성 곡선(V곡선)] 위상 특성 곡선(V곡선)에 나타난 바와 같이 공급 전압 V 및 출력 P_2를 일정한 상태로 두고 여자만을 변화시켰을 경우 전기자 전류의 크기와 역률이 달라진다.

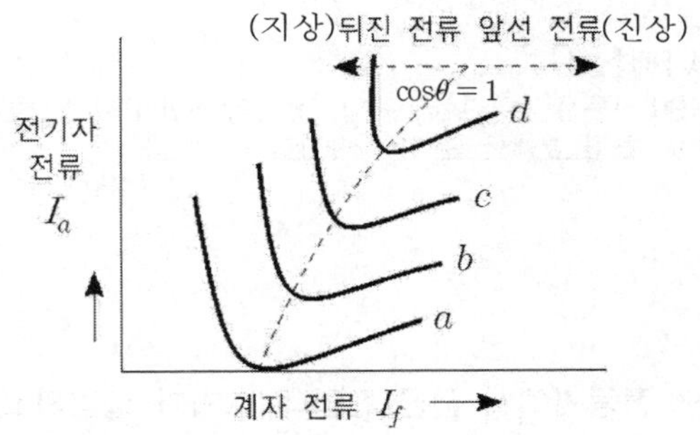

부족 여자(L) ← → 과여자(C)

- 과여자(I_f : 증가)→앞선 전류
- 부족 여자(I_f : 감소)→뒤진 전류

【정답】 ②

48. 3상유도전동기에서 2차측 저항을 2배로 하면 그 최대 토크는 어떻게 되는가? [13/1 12/3]

① 2배로 된다. ② $\frac{1}{2}$로 줄어든다.
③ $\sqrt{2}$ 배가 된다. ④ 변하지 않는다.

|정|답|및|해|설|

[3상 유도 전동기의 최대 토크] $T_{max} = K_0 \frac{E_2^2}{2x_2}[N \cdot m]$

여기서, E : 유도기전력, x : 리액턴스
유도전동기에서 최대 토크는 저항과 관계없이 항상 일정하다.

【정답】 ④

49. 단상 유도 전동기에 대한 설명 중 틀린 것은?

① 반발 기동형 : 직류 전동기와 같이 정류자와 브러시를 이용하여 기동한다.
② 분상 기동형 : 별도의 보조 권선을 사용하여 회전자계를 발생시켜 기동한다.
③ 커패시터 기동형 : 기동전류에 비해 기동토크가 크지만, 커패시터를 설치해야 한다.
④ 반발 기동형 : 기동시 농형권선과 반발전동기의 회전자 권선을 함께 사용하나 운전 중에는 농형권선만을 이용한다.

|정|답|및|해|설|

[반발 기동형] 기동시 농형권선과 반발전동기의 회전자 권선을 함께 사용하고, 운전 중에도 둘 다 사용한다.

【정답】 ④

50. 유도 전동기에서 공급 전압의 크기가 일정하고 전원 주파수만 낮아질 때 일어나는 현상으로 옳은 것은?

① 철손이 감소한다.
② 온도 상승이 커진다.
③ 여자전류가 감소한다.
④ 회전 속도가 증가한다.

|정|답|및|해|설|

[전동기의 속도] $N = N_s(1-s) = \frac{120f}{p}(1-s) \rightarrow N \propto f$

· 철손 $\propto \frac{1}{f}$　　· 온도 $\propto \frac{1}{f}$

· 여자전류 $\propto \frac{1}{f}$

【정답】 ②

51. 동기기의 전기자 저항을 r_a, 전기자 반작용 리액턴스를 x_a, 누설 리액턴스를 x_l이라고 하면, 동기임피던스를 표시하는 식은? [08/2 산 12/3]

① $\sqrt{r_a^2 + \left(\frac{x_a}{x_l}\right)^2}$　　② $\sqrt{r_a^2 + x_l^2}$

③ $\sqrt{r_a^2 + x_a^2}$　　④ $\sqrt{r_a^2 + (x_a + x_l)^2}$

|정|답|및|해|설|

[동기 임피던스] $Z_s = r_a + jx_a[\Omega]$
동기 리액턴스 $x_s = x_a + x_l[\Omega]$

$Z_s = r_a + jx_s = r_a + j(x_a + x_l)$
$= \sqrt{r_a^2 + (x_a + x_l)^2}\,[\Omega]$

여기서, x_a : 전기자 반작용리액턴스
x_l : 누설리액턴스

【정답】 ④

52. 3상 변압기 2차측의 E_W상만을 반대로 하고 Y-Y결선을 한 경우, 2차 상전압이 $E_U = 70[V]$, $E_V = 70[V]$, $E_W = 70[V]$라면 2차 선간전압은 약 몇 [V]인가?

① $V_{U-V} = 121.1[V]$, $V_{V-W} = 70[V]$
$V_{W-U} = 70[V]$
② $V_{U-V} = 121.1[V]$, $V_{V-W} = 210[V]$
$V_{W-U} = 70[V]$
③ $V_{U-V} = 121.1[V]$, $V_{V-W} = 121.2[V]$
$V_{W-U} = 70[V]$
④ $V_{U-V} = 121.1[V]$, $V_{V-W} = 121.2[V]$
$V_{W-U} = 121.2[V]$

|정|답|및|해|설|

[선간전압]

· $E_{UV} = E_U - E_V = \sqrt{E_U^2 + E_V^2 + E_U E_V \cos 60°}$
$= \sqrt{3E_U^2} = \sqrt{3}E_U = \sqrt{3} \times 70 = 121.2[V]$

· $E_{VW} = E_U + E_W = \sqrt{E_V^2 + E_W^2 + 2E_V E_W \cos 90°}$
$= E_V = 70[V]$

· $E_{WU} = E_W + E_U = \sqrt{E_W^2 + E_U^2 + 2E_W E_U \cos 120°}$
$= E_W = 70[V]$

【정답】 ①

53. 단상 유도 전동기를 2전동기설로 설명하는 경우 정방향 회전자계의 슬립이 0.2이면, 역방향 회전자계의 슬립은 얼마인가?

① 0.2 ② 0.8
③ 1.8 ④ 2.0

|정|답|및|해|설|

[역회전시의 슬립] $s' = 2 - s = 2 - 0.2 = 1.8$

【정답】 ③

54. 정격전압 120[V], 60[Hz]인 변압기의 무부하 입력 80[W], 무부하 전류 1.4[A]이다. 이 변압기의 여자 래액턴스는 약 몇 [Ω] 인가?

① 97.6 ② 103.7
③ 124.7 ④ 180

|정|답|및|해|설|

[여자 전류(무부하전류)] $I_0 = \sqrt{I_i^2 + I_\varnothing^2}$

자화전류 $I_\varnothing = \sqrt{I_0^2 - I_i^2}$

$P_i = V_1 I_i [W]$ → 철손 전류 $I_i = \frac{P_i}{V_1} = \frac{80}{120} = 0.67$

$I_\varnothing = \sqrt{I_0^2 - I_i^2} = \sqrt{1.4^2 - 0.67^2} = 1.23$

여자전류 $I_\varnothing = \frac{V_1}{X}$ → $X = \frac{V_1}{I_\varnothing} = \frac{120}{1.23} = 97.6$

【정답】 ①

55. 동작 모드가 그림과 같이 나타나는 혼합브리지는?

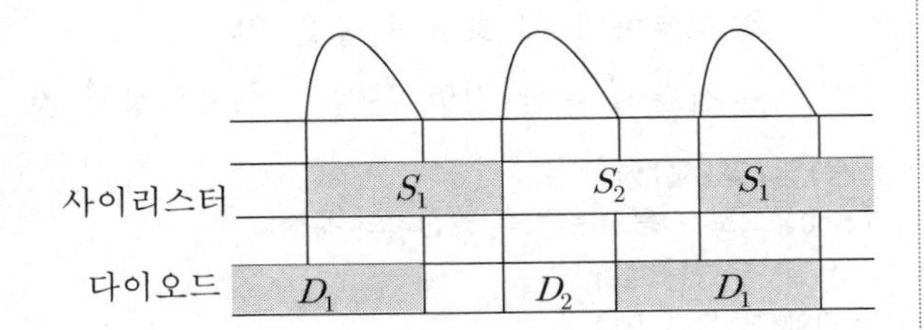

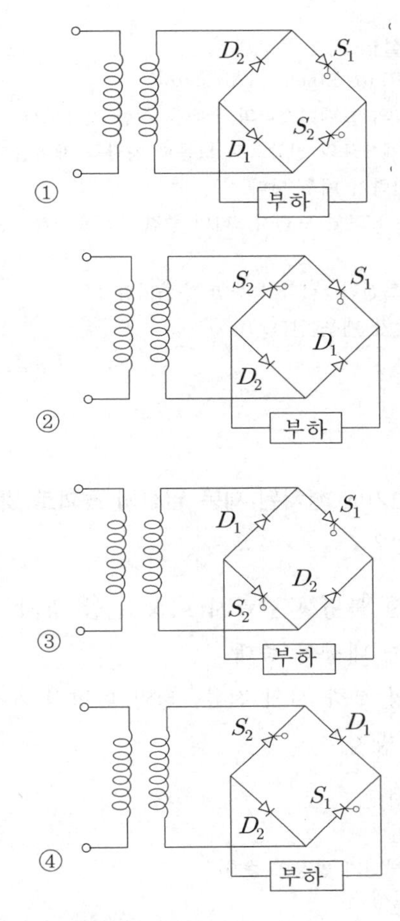

|정|답|및|해|설|

입력전압의 (+)반주기 동안에는 S_1, D_1 통전하고 (-)반주기에는 S_2, D_2를 통전하여 전파출력되는 혼합브리지 회로이다.

【정답】 ①

56. 다음은 IGBT에 관한 설명이다. 잘못된 것은?

[08/2 04/1]

① GTO 사이리스터와 같이 역방향 전압저지 특성을 갖는다.
② 트랜지스터와 MOSFET를 조합한 것이다.
③ 게이트와 에미터 사이의 입력 임피던스가 매우 낮아 BJT보다 구동하기 쉽다.
④ BJT처럼 on-drop이 전류에 관계없이 낮고 거의 일정하며, MOSFET보다 훨씬 큰 전류를 흘릴 수 있다.

|정|답|및|해|설|

IGBT(Insulated Gate Bipolar Transistor)

IGBT는 MOSFET와 트랜지스터의 장점을 취한 것으로서

① 소스에 대한 게이트의 전압으로 도통과 차단을 제어한다.
② 게이트 구동전력이 매우 낮다.
③ 스위칭 속도는 FET와 트랜지스터의 중간 정도로 빠른 편에 속한다.
④ 용량은 일반 트랜지스터와 동등한 수준이다.
⑤ 입력 임피던스가 매우 크다.

【정답】 ③

57. 동기 발전기에 설치된 제동 권선의 효과로 맞지 않는 것은?

① 송전선 불평형 단락시 이상 전압 방지
② 과부하 내량의 증대
③ 불평형 부하 시의 전류, 전압 파형의 개선
④ 난조 방지

|정|답|및|해|설|

[제동권선의 역할]

① 난조의 방지 (발전기 안정도 증진)
② 기동 토크의 발생
③ 불평형 부하시의 전류, 전압 파형 개선
④ 송전선의 불평형 단락시의 이상 전압 방지

【정답】 ②

58. 서보모터의 특성에 설명으로 틀린 것은? [15/1 12/1]

① 빈번한 시동, 정지, 역전 등의 가혹한 상태에 견디도록 견고하고 큰 돌입 전류에 견딜 것
② 시동 토크는 크나, 회전부의 관성 모멘트가 작고 전기적 시정수가 짧을 것
③ 발생 토크는 입력신호에 비례하고 그 비가 클 것
④ 직류 서보 모터에 비하여 교류 서보 모터의 시동 토크가 매우 클 것

|정|답|및|해|설|

[서보모터의 특징]

① 기동 토크가 크다.
② 회전자 관성 모멘트가 적다.
③ 제어 권선 전압이 0에서는 기동해서는 안되고, 곧 정지해야 한다.
④ 직류 서보모터의 기동 토크가 교류 서보모터보다 크다.
⑤ 속응성이 좋다. 시정수가 짧다. 기계적 응답이 좋다.
⑥ 회전자 팬에 의한 냉각 효과를 기대할 수 없다.

【정답】 ④

59. 정격출력 50[kW], 4극 220[V], 60[Hz]인 3상 유도 전동기가 전부하 슬립 0.04, 효율 90[%]로 운전되고 있을 때 틀린 것은? [18/2]

① 2차 효율=90[%]
② 1차입력=55.56[kW]
③ 회전자 입력=52.08[kW]
④ 회전자 동손=2.08[kW]

|정|답|및|해|설|

$P=50[kW]$, $s=0.04$, $\eta=90[\%]$ 이므로

·1차 입력 $P_1=\frac{P}{\eta}=\frac{50}{0.9}=55.56[kW]$

·2차 효율 $\eta_2=(1-s)=1-0.04=0.96=96[\%]$

·회전자 입력 $P_2=\frac{1}{1-s}P=\frac{1}{1-0.04}\times 50=52.08[kW]$

·회전자 동손 $P_{c2}=sP_2=\frac{s}{1-s}P=\frac{0.04}{1-0.04}\times 50=2.08[kW]$

【정답】 ①

60. 용접용으로 사용되는 직류 발전기의 특성 중에서 가장 중요한 것은?

① 과부하에 견딜 것
② 전압변동률이 적을 것
③ 경부하일 때 효율이 좋을 것
④ 전류에 대한 전압 특성이 수하특성일 것

|정|답|및|해|설|

[용접용으로 사용되는 직류 발전기의 특성]

· 누설 리액턴스가가 크다.
· 전압변동률이 크다.
· 전류에 대한 전압 특성이 수하특성일 것

【정답】 ④

41. 동기발전기 단절권의 특징이 아닌 것은? [12/3]

① 고조파를 제거해서 기전력의 파형이 좋아진다.
② 코일 단이 짧게 되므로 재료가 절약된다.
③ 전절권에 비해 합성 유기기전력이 증가한다.
④ 코일 간격이 극 간격보다 작다.

|정|답|및|해|설|

동기발전기에서 단절권과 분포권을 채택하는 이유는 기전력이 조금 낮아지지만 파형을 좋게 하고 고조파를 제거할 수 있기 때문이다.

[단절권의 특징]
① 고조파를 제거하여 기전력의 파형을 좋게 한다.
② 자기 인덕턴스 감소
③ 동량 절약
④ 전절권보다 유기기전력이 감소된다.

【정답】 ③

42. 3상 변압기의 병렬 운전 조건으로 틀린 것은? [05/3 산 05/1]

① 상회전 방향과 각 변위가 같을 것
② %저항 강하 및 리액턴스 강하가 같을 것
③ 각 군의 임피던스가 용량에 비례할 것
④ 정격전압, 권수비가 같을 것

|정|답|및|해|설|

[변압기 병렬 운전 조건]
① 권수비, 전압비가 같을 것
② 극성이 같을 것
③ 각 변압기의 퍼센트 임피던스 강하가 같으며 저항과 리액턴스 비가 같을 것
④ 상회전 방향이 같을 것
⑤ 위상 변위가 같아야 한다.
※각 군의 임피던스가 용량에 반비례한다.

【정답】 ③

43. 210/105[V]의 변압기를 그림과 같이 결선하고 고압측에 200[V]의 전압을 가하면 전압계의 지시는 몇 [V]인가? (단, 변압기는 가극성이다.)

① 100
② 200
③ 300
④ 400

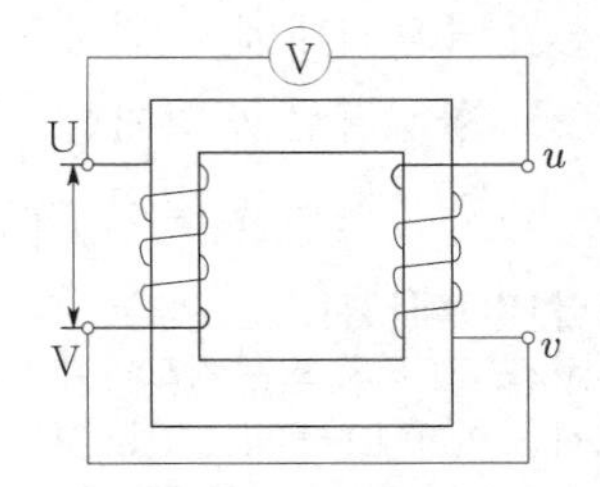

|정|답|및|해|설|

[전압계의 지시값(가극성)] $V=E_1+E_2$

권수비 $a=\frac{V_1}{V_2}=\frac{210}{105}=2$

$a=\frac{E_1}{E_2} \rightarrow 2=\frac{E_1}{E_2}=\frac{200}{E_2} \rightarrow E_2=100$

$V=E_1+E_2=200+100=300[V]$

【정답】 ③

44. 직류기의 권선을 단중 파권으로 감으면? [10/3 04/2]

① 내부 병렬회로수가 극수만큼 생긴다.
② 균압환을 연결해야 한다.
③ 저압 대전류용 권선이다.
④ 전기자 병렬 회로수가 극수에 관계없이 언제나 2이다.

|정|답|및|해|설|

[전기자 권선의 중권과 파권의 비교]

비교 항목	단중 중권	단중 파권
전기자의 병렬 회로수	극수와 같다. ($a=p$)	극수에 관계없이 항상 2이다. ($a=2$)
브러시 수	극수와 같다. ($B=p=a$)	2개로 되나, 극수만큼의 브러시를 둘 수 있다. ($B=2, B=p$)
균압 접속	4극 이상이면 균압 접속을 해야 한다.	균압 접속은 필요 없다.
전기자 도체의 굵기, 권수, 극수가 모두 같을 때	저전압, 대전류를 얻을 수 있다.	고전압을 얻을 수 있다.

【정답】 ④

45. 2상 교류 서보모터를 구동하는데 필요한 2상전압을 얻는 방법으로 널리 쓰이는 방법은? [04/1]

① 여자권선에 리액터를 삽입하는 방법
② 증폭기내에서 위상을 조정하는 방법
③ 환상결선 변압기를 이용하는 방법
④ 2상 전원을 직접 이용하는 방법

|정|답|및|해|설|

[2상서보모터] 위치 또는 각도의 추적제어를 하는 장치를 서보기구라 하며 여기에 사용되는 전동기를 서보모터라 한다. 교류 서보모터로서 2상농형유도전동기와 동일 동작 원리인 2상서보모터가 사용된다.

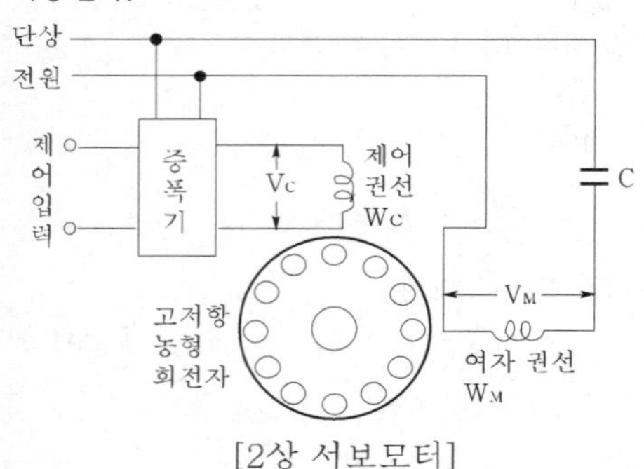

[2상 서보모터]

【정답】 ②

46. 4극, 중권, 총도체수 500, 1극의 자속수가 0.01 [Wb]인 직류 발전기가 100[V]의 기전력을 발생시키는데 필요한 회전수는 몇 [rpm] 인가? [11/2]

① 1000 ② 1200
③ 1600 ④ 2000

|정|답|및|해|설|

[직류 발전기의 유기기전력] $E=\frac{pz}{a}\varnothing n[V]$

여기서, n : 전기자의 회전[rps]$(=\frac{N[rpm]}{60})$

N : 회전자의 회전수[rpm]

p : 극수, $\varnothing$: 매 극당 자속수

z : 총 도체수, a : 병렬회로 수

중권에서 $a=p$이므로

$E=\frac{pz}{a}\varnothing n[V] \rightarrow 100=\frac{4\times 500}{4}\times 0.01\times\frac{N}{60}$

$\therefore N=1200$[rpm] 【정답】 ②

47. 3상 분권 정류자 전동기에 속하는 것은?

① 톰슨전동기 ② 데리 전동기
③ 시라게 전동기 ④ 애트킨슨 전동기

|정|답|및|해|설|

[시라게 전동기] 시라게 전동기는 3차 권선을 갖춘 1차 권선은 회전자에, 그리고 2차 권선은 고정자에 설치한 권선형 3상유도전동기라고 할 수 있다.

※①, ②, ④는 단상 전동기 【정답】 ①

48. 동기기의 안정도를 증진시키기 위한 대책이 아닌 것은? [17/3 산업 12/1 14/1]

① 단락비를 크게 한다.
② 속응 여자 방식을 사용한다.
③ 정상 리액턴스를 크게 한다.
④ 역상·영상 임피던스를 크게 한다.

|정|답|및|해|설|

[동기기 안정도 증진방법]
① 동기 임피던스를 작게 한다.
② 속응 여자 방식을 채택한다.
③ 회전자에 플라이 휘일을 설치하여 관성 모멘트를 크게 한다.
④ 정상 임피던스는 작고, 영상, 역상 임피던스를 크게 한다.
⑤ 단락비를 크게 한다. 【정답】 ③

49. 3상 유도전동기의 기계적 출력 P[kW], 회전수 N[rpm]인 전동기의 토크[kg · m]는? [11/3 13/3]

① $0.46\frac{P}{N}$ ② $0.855\frac{P}{N}$
③ $975\frac{P}{N}$ ④ $1050\frac{P}{N}$

|정|답|및|해|설|

[유도 전동기의 토크] $P=T\omega$에서 $T=\frac{P}{\omega}=\frac{P}{2\pi n}=\frac{P}{2\pi\frac{N}{60}}$

여기서, P : 전부하 출력[W], N : 유도전동기 속도[rpm]

$T=\frac{30P}{N\pi}=9.55\frac{P}{N}[\text{N}\cdot\text{m}]=0.975\frac{\text{P}}{\text{N}}[\text{kg.m}]$에서

출력(P)의 단위가 [w]이므로 $T=0.975\frac{P\times 10^3}{N}=975\frac{P}{N}[\text{kg.m}]$

【정답】 ③

50. 취급이 간단하고 기동시간이 짧아서 섬과 같이 전력계통에서 고립된 지역, 선박 등에 사용되는 소용량 전원용 발전기는?

① 터빈 발전기 ② 엔진 발전기
③ 수차 발전기 ④ 초전도 발전기

|정|답|및|해|설|
[엔진 발전기] 엔진 발전기는 유틸리티 전기를 사용할 수 없는 지역이나 전기가 일시적으로 필요한 곳에서 전기를 공급하는 데 사용한다.
【정답】 ②

51. 평형 6상 반파정류회로에서 297[V]의 직류전압을 얻기 위한 입력측 각 상 전압은약 몇 [V]인가? (단, 부하는 순수 저항부하이다.)

① 100 ② 220
③ 380 ④ 440

|정|답|및|해|설|
[전압비] $\frac{E_a}{E_b} = \frac{\frac{\pi}{m}}{\sqrt{2}\sin\frac{\pi}{m}}$ → (E_d : 지류, E_a : 교류)

$$E_a = \frac{\frac{\pi}{m}}{\sqrt{2}\sin\frac{\pi}{m}} \times E_d = \frac{\frac{3.14}{6}}{\sqrt{2}\sin\frac{180}{6}} \times 297 = 220[V]$$

【정답】 ②

52. 단면적 10[mm^2]인 철심에 200회의 권선을 감고, 이 권선에 60[Hz], 60[V]인 교류 전압을 인가하였을 때 철심의 최대자속밀도는 약 몇 [Wb/m^2]인가?

① 1.126×10^{-3} ② 1.126
③ 2.252×10^{-3} ④ 2.252

|정|답|및|해|설|
[변압기의 유기전압] $E = V = 4.44f\varnothing_m N = 4.44fB_m AN[V]$

$$B_m = \frac{V}{4.44fAN} = \frac{60}{4.44\times60\times10\times10^{-4}\times200} = 1.126[Wb/m^2]$$

【정답】 ②

53. 전력의 일부를 전원측에 반환할 수 있는 유도전동기의 속도제어법은?

① 극수 변환법
② 크레머 방식
③ 2차 저항 가감법
④ 세르비우스 방식

|정|답|및|해|설|
[세르비우스 방식] 2차 여자 제어방식으로 유도발전기의 2차 전력 일부를 전원으로 회생시키고, 회생전력을 조정해 속도를 제어하는 방식이다.
【정답】 ④

54. 직류발전기를 병렬운전 할 때 균압모선이 필요한 직류기는? [11/3 12/3]

① 직권발전기, 분권발전기
② 직권발전기, 복권발전기
③ 복권발전기, 분권발전기
④ 분권발전기, 단극발전기

|정|답|및|해|설|
[균압선의 설치 목적] 균압선의 목적은 병렬 운전을 안정하게 하기 위하여 설치하는 것으로 일반적으로 직권 및 복권 발전기에는 직권 계자 코일에 흐르는 전류에 의하여 병렬 운전이 불안정하게 되므로 균압선을 설치하여 직권 계자 코일에 흐르는 전류를 분류하게 된다.
【정답】 ②

55. 전부하로 운전하고 있는 50[Hz], 4극의 권선형 유도전동기가 있다. 전부하에서 속도를 1440[rpm]에서 1000[rpm]으로 변환시키자면 2차에 약 몇 [Ω]의 저항을 넣어야 하는가? (단, 2차 저항은 0.02[Ω]이다.)

① 0.147 ② 0.18
③ 0.02 ④ 0.024

|정|답|및|해|설|
[슬립과 저항과의 관계] $\frac{r_2}{s} = \frac{r_2+R}{s'}$

· 동기속도 $N_s = \frac{120f}{p} = \frac{120\times50}{4} = 1500[rpm]$

· 슬립 $s = \frac{N_s - N}{N_s} = \frac{1500-1440}{1500} = 0.04$

· 슬립 $s' = \frac{1500-1000}{1500} = 0.333$

$\frac{r_2}{s} = \frac{r_2 + R}{s'}$ → $\frac{0.02}{0.04} = \frac{0.02+R}{0.333}$ → $R = 0.1465[\Omega]$

【정답】 ①

56. 권선형 유도전동기 2대를 직렬종속으로 운전하는 경우 극 동기속도는 어떤 전동기의 속도와 같은가?

① 두 전동기 중 적은 극수를 갖는 전동기
② 두 전동기 중 많은 극수를 갖는 전동기
③ 두 전동기의 극수의 합과 같은 극수를 갖는 전동기
④ 두 전동기의 극수의 차와 같은 극수를 갖는 전동기

|정|답|및|해|설|

[전동기의 종속 관계(직렬 종속)] $N_s = \frac{120f}{P_1 + P_2}$

· 직렬 종속 $P_1 + P_2$ → P가 커져서 속도 감속
· 차동 종속 $P_1 - P_2$ → P가 작아져서 속도가 가속
· 병렬 종속 $\frac{P_1 + P_2}{2}$

【정답】 ③

57. GTO 사이리스터의 특징으로 틀린 것은?

① 각 단자의 명칭은 SCR 사이리스터와 같다.
② 온(ON) 상태에서는 양방향 전류특성을 보인다.
③ 온(ON) 드롭(Drop)은 약 2~4[V]가 되어 SCR 사이리스터보다 약간 크다.
④ 오프(Off) 상태에서는 SCR 사이리스터처럼 양방향 전압 저지 능력을 갖고 있다.

|정|답|및|해|설|

[GTO] GTO는 게이트에 역방향의 전류를 흐르게 하는 것으로 턴오프할 수 있는 기능을 가진 단방향 사이리스터이다.

【정답】 ②

58. 포화되지 않은 직류발전기의 회전수가 4배로 증가되었을 때 기전력을 전과 같은 값으로 하려면 자속을 속도 변화 전에 비해 얼마로 하여야 하는가?

① $\frac{1}{2}$ ② $\frac{1}{3}$

③ $\frac{1}{4}$ ④ $\frac{1}{8}$

|정|답|및|해|설|

[유기전압] $E = \frac{pz\varnothing}{a} \times \frac{N}{60} = K\varnothing N[V]$

전압이 일정하면 자속과 속도는 반비례하므로 속도가 4배 증가하면 자속은 $\frac{1}{4}$로 감소한다.

【정답】 ③

59. 동기발전기의 단자 부근에서 단락이 일어났다고 하면 단락전류는 어떻게 되는가?

[04/3 06/3 17/1 산업 09/2]

① 전류가 계속 증가한다.
② 큰 전류가 증가와 감소를 반복한다.
③ 처음에는 큰 전류이나 점차 감소한다.
④ 일정한 큰 전류가 지속적으로 흐른다.

|정|답|및|해|설|

[단락전류] 평형 3상 전압을 유기하고 있는 발전기의 단자를 갑자기 단락하면 단락 초기에 전기자 반작용이 순간적으로 나타나지 않기 때문에 막대한 과도 전류가 흐르고, 수초 후에는 영구 단락 전류값에 이르게 된다.

【정답】 ③

60. 1차 전압 V_1, 2차 전압 V_2인 단권변압기를 Y결선했을 때, 등가용량과 부하용량의 비는? (단, $V_1 > V_2$이다.)

① $\frac{1}{10}$ ② $\frac{1}{11}$

③ 10 ④ 11

|정|답|및|해|설|

$\frac{자기용량}{부하용량} = \frac{V_2 - V_1}{V_2} = \frac{110-100}{110} = \frac{1}{11}$

【정답】 ②

2019 전기기사 필기

41. 3상 비돌극형 동기발전기가 있다. 정격출력 5000[kVA], 정격전압 6000[V], 정격역률 0.8이다. 여자를 정격상태로 유지할 때 이 발전기의 최대 출력은 약 몇 [kW]인가? (단, 1상의 동기리액턴스는 0.8[P.U]이며 저항은 무시한다.)

① 7500 ② 10000
③ 11500 ④ 12500

|정|답|및|해|설|

[비돌극형 3상 발전기의 최대 출력] $P_m = \frac{E \cdot V}{x_s} \times P_n$

(E : 기전력, V : 단자전압, x_s : 동기 리액턴스, P_n : 정격출력)

$E = \sqrt{\cos^2\theta + (\sin\theta + x_s)^2} = \sqrt{0.8^2 + (0.6+0.8)^2} = 1.612$

$\rightarrow (\cos\theta = 0.8,\ \sin\theta = \sqrt{1-\cos^2} = \sqrt{1-0.8^2} = 0.6)$

$P_m = \frac{1.612 \times 1}{0.8} \times 5000 = 10075$ → (단자전압을 1로 놓는다)

【정답】 ②

42. 직류기의 손실 중에서 기계손으로 옳은 것은?

① 풍손 ② 와류손
③ 표류 부하손 ④ 브러시의 전기손

|정|답|및|해|설|

[총손실]

① 무부하손
- 철손 : 히스테리스손, 와류손
- 기계손 : 풍손, 베어링 마찰손

② 부하손
- 전기자 저항손
- 브러시손
- 표류부하손

【정답】 ①

43. 다음 ( )안에 알맞은 것은?

> 직류 발전기에서 계자권선이 전기자에 병렬로 연결된 직류기는 (ⓐ) 발전기라 하며, 전기자권선과 계자권선이 직렬로 접속한 직류기는 (ⓑ) 발전기라 한다.

① ⓐ 분권, ⓑ 직권
② ⓐ 직권, ⓑ 분권
③ ⓐ 복권, ⓑ 분권
④ ⓐ 자여자, ⓑ 타여자

|정|답|및|해|설|

[직류발전기]

① 타여자 발전기 : 계자와 전기자가 별개의 독립적으로 되어 있는 발전기로서, 발전기 외부에 별도의 여자장치가 있다.
② 자여자 발전기 : 계자권선의 여자전류를 자기 자신의 전기자 유기전압에 의해 공급하는 발전기로 분권발전기, 직권발전기, 복권발전기 등이 있다.
③ 직권 발전기 : 계자권선, 전기자권선, 부하가 직렬로 구성
④ 분권 발전기 : 전기자권선과 계자권선이 병렬로 접속
⑤ 복권 발전기 : 내분권, 외분권으로 구성되며, 복권 발전기의 표준은 외분권 복권 발전기이다.

【정답】 ①

44. 1차 전압 6,600[V], 2차 전압 220[V], 주파수 60[Hz], 1차 권수 1,200회의 변압기가 있다. 최대 자속은 약 몇 [Wb]인가? (기사 18/3)

① 0.36 ② 0.63
③ 0.012 ④ 0.021

|정|답|및|해|설|

[변압기의 최대자속] $\phi_m = \frac{E_1}{4.44fN_1}[Wb]$

① 1차 유기기전력 $E_1 = 4.44fN_1\varnothing_m$
② 2차 유기기전력 $E_2 = 4.44fN_2\varnothing_m$

(f : 1, 2차 주파수, N_1, N_2 : 1, 2차 권수, $\varnothing_m$: 최대자속)
1차 전압 : 6,600[V], 2차 전압 : 220[V], 주파수 : 60[Hz]
1차 권수 : 1,200회

$\phi_m = \frac{E_1}{4.44fN_1} = \frac{6,600}{4.44 \times 60 \times 1200} = 0.021[Wb]$ 【정답】 ④

45. 직류발전기의 정류 초기에 전류변화가 크며 이때 발생되는 불꽃 정류로 옳은 것은?

① 과정류 ② 직선정류
③ 부족정류 ④ 정현파정류

|정|답|및|해|설|
[정류곡선]

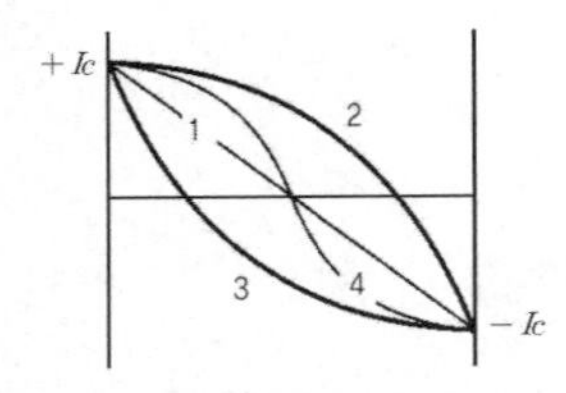

① 직선정류 : 1번 곡선으로 가장 이상적인 정류곡선
② 부족정류 : 2번 곡선, 큰 전압이 발생하고 정류 종료, 즉 브러시의 뒤쪽에서 불꽃이 발생
③ 과정류 : 3번 곡선, 정류 초기에 높은 전압이 발생, 브러시 앞부분에 불꽃이 발생
④ 정현정류 : 4번 곡선, 전류가 완만하므로 브러시 전단과 후단의 불꽃발생은 방지할 수 있다. 【정답】 ①

46. 3상 유도전동기의 속도제어법으로 틀린 것은?

① 극수 제어법 ② 전압 제어법
③ 1차 저항법 ④ 주파수 제어법

|정|답|및|해|설|
[유도 전동기의 속도 제어법]
- 2차 저항법 : 토크의 비례추이를 응용한 것으로 2차 회로에 저항을 넣어 같은 토크에 대한 슬립을 변화시키는 방법
- 주파수 제어법 : 전원의 주파수를 변경시키면 연속적으로 원활하게 속도 제어
- 극수 변경 제어법 : $N_s = \frac{120f}{p}$ 에서 극수(p)를 변환시켜 속도를 변환 시키는 방법
- 전압 제어법 : 공급전압 V를 변화시키는 방법

【정답】 ③

47. 60[Hz]의 변압기에 50[Hz]의 동일 전압을 가했을 때의 자속밀도는 60[Hz] 때와 비교하였을 경우 어떻게 되는가? (기사 10/3)

① $\frac{6}{5}$으로 증가 ② $\frac{5}{6}$로 감소
③ $\left(\frac{5}{6}\right)^{1.6}$ 로 감소 ④ $\left(\frac{6}{5}\right)^2$으로 증가

|정|답|및|해|설|
[자속 밀도와 주파수와의 관계] $\varnothing \propto B \propto \frac{1}{f}$

주파수 f가 60에서 50으로 감소했으므로 $\frac{I_{fs}}{I_{f0}} = \frac{5}{6}$ 으로 감소

$B \propto \frac{1}{f}$, 따라서 $B' = \frac{6}{5}B$가 되어 f가 감소하면 자속밀도 B가 증가한다. 【정답】 ①

48. 2대의 변압기로 V결선하여 3상 변압하는 경우 변압기 이용률 약 몇 [%]은? (기사 06/3)

① 57.8 ② 66.6
③ 86.6 ④ 100

|정|답|및|해|설|
[변압기 V결선 시의 이용률] V결선에는 변압기 2대를 사용했을 경우 그 정격출력의 합은 $2V_2I_2$이므로 변압기 이용률

$U = \frac{\sqrt{3}\ V_2I_2}{2V_2I_2} = \frac{\sqrt{3}}{2} = 0.866(86.6[\%])$ 【정답】 ③

49. 3상유도전동기의 기동법 중 전전압 기동에 대한 설명으로 옳지 않은 것은? (기사 08/2 산 05/3 07/3)

① 소용량 농형 전동기의 기동법이다.
② 전동기 단자에 직접 정격전압을 가한다.
③ 소용량의 농형 전동기는 일반적으로 기동시간이 길다.
④ 기동시에 역률이 좋지 않다.

|정|답|및|해|설|
[전전압 기동법] 전동기에 별도의 기동장치를 사용하지 않고 직접 정격전압을 인가하여 기동하는 방법으로 5[kW] 이하의 소용량 농형 유도전동기에 적용하여 전전압으로 기동하므로 기동 토크가 크며 기동시간이 짧다. 【정답】 ③

50. 동기발전기의 전기자 권선법 중 집중권인 경우 매극 매상의 홈(slot) 수는?

① 1개 ② 2개
③ 3개 ④ 4개

|정|답|및|해|설|
[집중권] 매극 매상의 도체를 한 개의 슬롯에 집중시켜서 권선하는 법으로 1극, 1상, 슬롯 1개 【정답】 ①

51. 유도전동기의 속도제어를 인버터방식으로 사용하는 경우 1차 주파수에 비례하여 1차 전압을 공급하는 이유는?

① 역률을 제어하기 위해
② 슬립을 증가시키기 위해
③ 자속을 일정하게 하기 위해
④ 발생토크를 증가시키기 위해

|정|답|및|해|설|
[유도전동기의 속도 제어] 전동기에서 회전자계의 자속 ∅는 1차 전압에 비례하고 그 주파수에 반비례한다. 따라서 주파수를 바꾸어서 속도제어를 하는 경우 자속을 일정하게 유지하기 위하여 주파수와 그 전압을 동시에 바꾸어서 $\frac{V_1}{f}$를 일정하게 해야 한다.
이때 전압을 일정하게 하고 주파수만 낮추면 자속 ∅는 증가하고 그 자속 ∅를 만들기 위해 여자전류가 현저히 증가하게 된다.
【정답】 ③

52. 3상 유도전압조정기의 원리는 어느 것을 응용한 것인가? (기사 07/2 09/2)

① 3상 동기발전기
② 3상 변압기
③ 3상유도전동기
④ 3상 교류자 전동기

|정|답|및|해|설|
[3상 유도 전압 조정기] 3상 유도 전압 조정기는 권선형 3상유도전동기의 1차 권선 P와 2차 권선 S를 3상 성형 단권변압기와 같이 접속하고, 회전자를 구속한 상태를 두고 사용하는 것과 같다.
※단상 유도전압조정기 : 단상 단권 변압기의 원리 이용
【정답】 ③

53. 정류 회로에서 상의 수를 크게 했을 경우 옳은 것은?

① 맥동 주파수와 맥동률이 증가한다.
② 맥동률과 맥동 주파수가 감소한다.
③ 맥동 주파수는 증가하고 맥동률은 감소한다.
④ 맥동률과 주파수는 감소하나 출력이 증가한다.

|정|답|및|해|설|
[맥동률]

$$\text{맥동률} = \sqrt{\frac{\text{실효값}^2 - \text{평균값}^2}{\text{평균값}^2}} \times 100 = \frac{\text{교류분}}{\text{직류분}} \times 100[\%]$$

정류 종류	단상 반파	단상 전파	3상 반파	3상 전파
맥동률[%]	121	48	17.7	4.04
정류 효율	40.5	81.1	96.7	99.8
맥동 주파수	f	$2f$	$3f$	$6f$

【정답】 ③

54. 동기 전동기의 위상특성곡선(V곡선)에 대한 설명으로 옳은 것은? (기사 14/2)

① 공급전압 V와 부하가 일정할 때 계자전류의 변화와 대한 전기자전류의 변화를 나타낸 곡선
② 출력을 일정하게 유지할 때 계자전류와 전기자 전류의 관계
③ 계자 전류를 일정하게 유지할 때 전기자 전류와 출력 사이의 관계
④ 역률을 일정하게 유지할 때 계자전류와 전기자 전류의 관계

|정|답|및|해|설|
[위상 특성 곡선] 위상 특성 곡선(V곡선)에 나타난 바와 같이 공급전압 V 및 출력 P_2를 일정한 상태로 두고 여자만을 변화시켰을 경우 전기자 전류의 크기와 역률이 달라진다.
- 과여자(I_f : 증가)→앞선 전류
- 부족 여자(I_f : 감소)→뒤진 전류

【정답】 ①

55. 유도전동기의 기동 시 공급하는 전압을 단권변압기에 의해서 일시 강하시켜서 기동전류를 제한하는 기동방법은?

① Y-△기동　　② 저항기동
③ 직접기동　　④ 기동 보상기에 의한 기동

|정|답|및|해|설|
[기동보상기법] 기동보상기는 단권변압기의 일종으로 3상 단권변압기를 이용하여 기동전압을 감소시킴으로써 기동전류를 제한하도록 한 기동 방식을 기동 보상기법이라 한다.

【정답】 ④

56. 그림과 같은 회로에서 V=100[V](전원전압의 실효치), 점호각 $\alpha=30[°]$인 때의 부하 시의 직류전압 E_{ab}[V]는 약 얼마인가? (단, 전류가 연속하는 경우이다.)

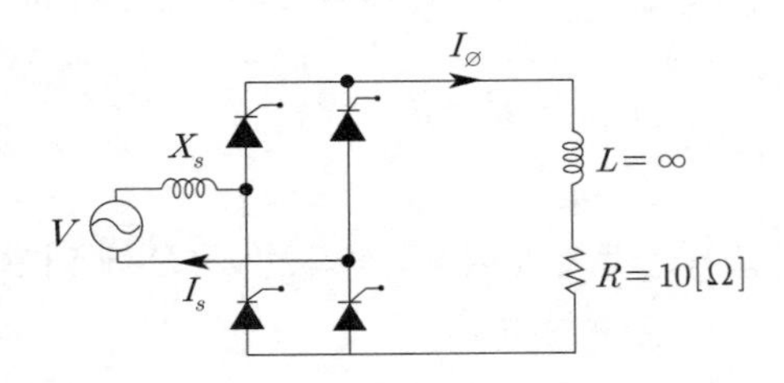

① 90　　② 86
③ 77.9　　④ 100

|정|답|및|해|설|
[단상 전파 정류의 직류전압] $E_d=0.9E\cos\alpha$
→ (점호각 α가 존재할 경우)

$$E_d=0.9E\cos\alpha=0.9\times100\times\frac{\sqrt{3}}{2}=77.94[V]$$

【정답】 ③

57. 직류 분권전동기가 전기자전류 100[A]일 때 50[kg・m]의 토크를 발생하고 있다. 부하가 증가하여 전기자 전류가 120[A]로 되었다면 발생 토크 [kg・m]는 얼마인가?

① 60　　② 67
③ 88　　④ 160

|정|답|및|해|설|
[직류 분권전동기의 토크]

$$T=\frac{E_cI_a}{2\pi n}=\frac{p\varnothing n\frac{Z}{a}I_a}{2\pi n}=\frac{pZ}{2\pi a}\varnothing I_a[\text{N.m}]\text{에서}$$

$T\propto I_a$, $T\propto\frac{1}{N}$

$$\frac{T'}{T}=\frac{I_a'}{I_a}\rightarrow T'=T\times\frac{I_a'}{I_a}=50\times\frac{120}{100}=60[kg\cdot m]$$

【정답】 ①

58. 비례추이와 관계가 있는 전동기는? (산 16/1)

① 동기전동기
② 정류자 전동기
③ 3상 농형 유도전동기
④ 3상 권선형 유도전동기

|정|답|및|해|설|
[비례추이] 비례추이란 2차 회로 저항의 크기를 조정함으로써 그 크기를 제어할 수 있는 요소를 말하며, 비례추이는 농형유도전동기에서는 응용할 수 없고, 3상 권선형 유도전동기의 기동 토크 가감과 속도 제어에 이용하고 있다.

【정답】 ④

59. 동기발전기의 단락비가 적을 때의 설명으로 옳은 것은?

① 동기 임피던스가 크고 전기자 반작용이 작다.
② 동기 임피던스가 크고 전기자 반작용이 크다.
③ 동기 임피던스가 작고 전기자 반작용이 작다.
④ 동기 임피던스가 작고 전기자 반작용이 크다.

|정|답|및|해|설|
[단락비가 작은 기계(동기계)의 특성]
・동기계는 철기계와 상반된 특성을 가지나 발전기 특성면에서 단락비가 큰 기계보다는 특성이 떨어진다.
・단락비가 작다.
・동기임피던스가 크다.
・전기자 반작용이 크다.
・공극이 적다.
・중량이 가볍고 재료가 적게 들어 가격이 저렴하다.

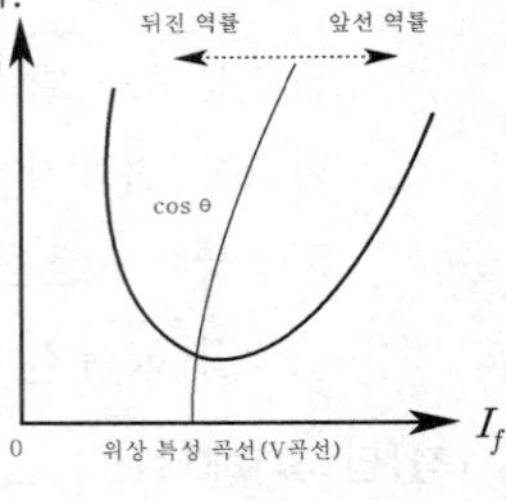

※[단락비가 큰 기계(철기계)] 단락비가 큰 기계를 철기계라고 하는데, 철기계는 부피가 커지며 값이 비싸고, 철손, 기계손 등의 고정손이 커서 효율은 나빠지나 전압 변동률이 작고 안정도 및 과부하 내량이 크고, 선로 충전 용량이 커지는 이점이 있다.

【정답】 ②

60. 3/4 부하에서 효율이 최대인 주상변압기의 전부하 시 철손과 동손의 비는? (기 16/3)

① 4 : 3　　② 9 : 16
③ 10 : 15　　④ 18 : 30

|정|답|및|해|설|

[변압기 최고 효율 조건] $\left(\frac{1}{m}\right)^2 P_c = P_i$

$\frac{1}{m} = \sqrt{\frac{P_i}{P_c}} \rightarrow \frac{P_i}{P_c} = \left(\frac{1}{m}\right)^2$

$= \left(\frac{3}{4}\right)^2 = \frac{9}{16} \quad \therefore P_i : P_c = 9 : 16$

【정답】 ②

41. 100[V], 10[A], 1500[rpm]인 직류 분권발전기의 정격 시의 계자전류는 2[A]이다. 이때 계자회로에는 10[Ω]의 외부저항이 삽입되어 있다. 계자권선의 저항[Ω]은?

① 20　　② 40
③ 80　　④ 100

|정|답|및|해|설|

[옴의 법칙] $R_f = \frac{V}{I_f}$ 에서

합성저항 $R_f + 10 = \frac{V}{I_f} \rightarrow R_f + 10 = \frac{100}{2}$

$\therefore R_f = 40[\Omega]$

【정답】 ②

42. 직류 발전기의 외부 특성 곡선에서 나타나는 관계로 옳은 것은? (기 06/2)

① 계자전류의 단자전압
② 계자전류와 부하전류
③ 부하전류의 유기기전력
④ 부하전류와 단자전압

|정|답|및|해|설|

구분	횡축	종축	조건
무부하포화곡선	I_f	$V(=E))$	$n=$ 일정, $I=0$
외부특성곡선	I	V	$n=$ 일정, $R_f=$ 일정
내부특성곡선	I	E	$n=$ 일정, $R_f=$ 일정
부하특성곡선	I_f	V	$n=$ 일정, $I=$ 일정
계자조정곡선	I	I_f	$n=$ 일정, $V=$ 일정

【정답】 ④

43. 가정용 재봉틀, 소형 공구, 영사기, 치과의료용 등에 사용하고 있으며, 교류, 직류 양쪽 모두에 사용되는 만능 전동기는?

① 단상 직권 정류자 전동기
② 단상 반발 정류자 전동기
③ 3상 직권 정류자 전동기
④ 단상 분권 정류자 전동기

|정|답|및|해|설|

[단상 직권 정류자 전동기] 직류 직권 전동기에 교류 전압을 가해 주어도 전동기는 항상 같은 방향의 토크를 발생하고, 회전을 같은 방향으로 계속한다. 직·교류 양용 전동기는 이와 같은 원리를 이용한 전동기로서 단상 직권 정류자 전동기라고 한다. 75[W] 정도 이하의 소형 공구, 영사기, 치과의료용 등에 사용된다.

【정답】 ①

44. 동기발전기에 회전계자형을 사용하는 경우에 대한 이유로 틀린 것은?

① 기전력의 파형을 개선한다.
② 전기자가 고정자이므로 고압 대전류용에 좋고, 절연하기 쉽다.
③ 계자가 회전자지만 저압 소용량의 직류이므로 구조가 간단하다.
④ 전기자보다 계자극을 회전자로 하는 것이 기계적으로 튼튼하다.

|정|답|및|해|설|

[동기발전기의 회전계자형] 전기자를 고정자로 하고, 계자극을 회전자로 한 것

- 전기자 권선은 전압이 높고 결선이 복잡
- 계자회로는 직류의 저압회로이며 소요 전력도 적다.
- 계자극은 기계적으로 튼튼하게 만들기 쉽다.

※기전력의 파형 개선 : 고조파 성분 제거

【정답】 ①

45. 전력용 변압기에서 1차에 정현파 전압을 인가하였을 때 2차에 정현파 전압이 유기되기 위해서는 1차에 흘러들어가는 여자전류는 기본파전류 외에 주로 몇 고조파전류가 포함되는가? (기 14/3)

① 제2고조파 ② 제3고조파
③ 제4고조파 ④ 제5고조파

|정|답|및|해|설|
[여자전류] 정현파 전압을 유기하기 위해서는 정현파의 자속이 필요하게 되며 그 결과 자속을 만드는 여자 전류에 제3고조파가 포함 되어야 한다. 【정답】 ②

46. 동기발전기의 병렬 운전 중 위상차가 생기면 어떤 현상이 발생하는가? (기 05/2)

① 무효횡류가 흐른다.
② 무효전력이 생긴다.
③ 유효횡류가 흐른다.
④ 출력이 요동하고 권선이 가열된다.

|정|답|및|해|설|
[동기발저기의 병렬 운전] 기전력의 위상이 같지 않을 때는 유효순환전류가 흘러 위상이 앞선 발전기는 뒤지게, 위상이 뒤진 발전기는 앞서도록 작용하여 동기 상태를 유지한다.
[동기 발전기의 병렬 운전 조건 및 다른 경우]

병렬 운전 조건	불일치 시 흐르는 전류
기전력의 크기가 같을 것	무효순환 전류 (무효횡류)
기전력의 위상이 같을 것	동기화 전류 (유효횡류)
기전력의 주파수가 같을 것	동기화 전류
기전력의 파형이 같을 것	고주파 무효순환전류

【정답】 ③

47. 다음 중 변압기유가 갖추어야 할 조건으로 틀린 것은? (기 07/1 산 09/2)

① 절연내력이 클 것
② 인화점이 높을 것
③ 점도가 높을 것
④ 응고점이 낮을 것

|정|답|및|해|설|
[변압기유의 구비 조건]
① 절연 내력이 클 것
② 절연 재료 및 금속에 화학 작용을 일으키지 않을 것
③ 인화점이 높고 응고점이 낮을 것
④ 점도가 낮고(유동성이 풍부) 비열이 커서 냉각 효과가 클 것
⑤ 고온에 있어 석출물이 생기거나 산화하지 않을 것
⑥ 증발량이 적을 것 【정답】 ③

48. 상전압 200[V]인 3상 반파 정류 회로에 SCR을 사용하여 위상 제어를 할 때 위상각을 $\frac{\pi}{6}$로 하면 순저항부하에서 얻을 수 있는 직류전압은 몇 [V]인가? (기 06/3 08/3)

① 90 ② 130
③ 203 ④ 234

|정|답|및|해|설|
[3상 반파 정류 SCR의 직류분 전압] $E_d = 1.17E\cos\alpha$

$E_{dr} = 1.17 \times 200 \times \cos 30° = 203[V]$

※3상 전파 정류 SCR의 직류분 전압 $E_d = 1.35E\cos\alpha$

【정답】 ③

49. 그림은 전원전압 및 주파수가 일정할 때의 다상 유도전동기의 특징을 표시하는 곡선이다. 1차 전류를 나타내는 곡선은 몇 번 곡선인가?

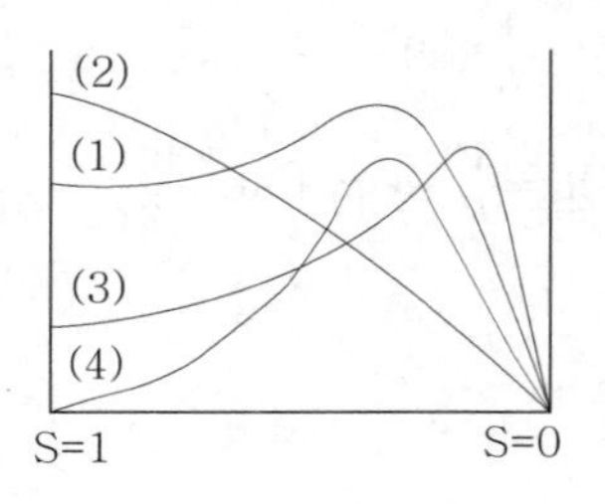

① (1) ② (2)
③ (3) ④ (4)

|정|답|및|해|설|
[슬립(s)과 1차 전류 I_1과의 관계]
(1) 토크, (2) 1차 전류, (3) 역률, (4) 출력

·2차 전류 $I_2 = \frac{sE_2}{\sqrt{r_2^2 + (sx_2)^2}}$

·1차측으로 환산한 2차 전류 $I_1' = \frac{1}{\alpha\beta} I_2$

·1차 전류 $I_1 = I_1' + I_0$

① S=1(전동기 기동시) → $I_2 = \frac{E_2}{x_2}[A]$

② $s \fallingdotseq 0$ 부근(동기속도 부근) → $I_2 = \frac{sE_2}{x_2}[A]$

I_2값도 거의 0에 가까워진다.

【정답】 ②

50. 동기전동기가 무부하 운전 중에 부하가 걸리면 동기전동기의 속도는?

① 정지한다.
② 동기속도와 같다.
③ 동기속도보다 빨라진다.
④ 동기속도 이하로 떨어진다.

|정|답|및|해|설|

[동기전동기의 동기속도] $N_s = \frac{120f}{p}[rpm]$

[장점]

·속도가 일정하다.
·항상 역률 1로 운전할 수 있다.
·부하 역률을 개선할 수 있다.
·유도전동기에 비하여 효율이 좋다. 【정답】 ②

51. 직류 발전기에서 양호한 정류를 얻기 위한 방법이 아닌 것은? (기 11/1 산 04/2 06/3 08/2 10/1 11/1 12/1 12/3 13/2 17/2)

① 보상권선을 설치한다.
② 보극을 설치한다.
③ 브러시의 접촉저항을 크게 한다.
④ 리액턴스 전압을 크게 한다.

|정|답|및|해|설|

[불꽃없는 정류를 하려면]

· 리액턴스 전압이 낮아야 한다.
· 정류 주기가 길어야 한다.
· 브러시의 접촉저항이 커야한다 : 탄소 브러시 사용
· 보극, 보상권선을 설치한다. 【정답】 ④

52. 스텝각이 2[°], 스테핑주파수(pulse rate)가 1800[pps]인 스테핑모터의 축속도[rps]는? (산 17/3)

① 8 ② 10
③ 12 ④ 14

|정|답|및|해|설|

[스테핑 모터 속도 계산] 1초당 입력펄스가 1800[pps : pulse/sec]

1초당 스텝각=스텝각×스테핑 주파수 $= 2 \times 1,800 = 3,600$

동기 1회전 당 회전각도는 360° 이므로

스테핑 전동기의 회전속도 $n = \frac{3,600°}{360°} = 10[rps]$

【정답】 ②

53. 직류기에 관한된 사항으로 잘못 짝지어진 것은?

① 보극-리액턴스 전압 감소
② 보상권선-전기자반작용 감소
③ 전기자반작용-직류전동기 속도 감소
④ 정류기간-전기자 코일이 단락되는 기간

|정|답|및|해|설|

[직류기]

③ 전기자반작용-직류전동기 속도 증가

【정답】 ③

54. 단상 변압기의 병렬운전 시 요구사항으로 틀린 것은?

① 정격출력이 같을 것
② 저항과 리액턴스의 비가 같을 것
③ 정격전압과 권수비가 같을 것
④ 극성이 같을 것

|정|답|및|해|설|

[단상 변압기 병렬운전 조건]

·극성이 같을 것
·권수비가 같고, 1차와 2차의 정격전압이 같을 것
·퍼센트 저항 강하와 리액턴스 강하가 같을 것
·부하 분담시 용량에는 비례하고 퍼센트 임피던스 강하에는 반비례할 것 【정답】 ①

55. 변압기의 누설리액턴스를 나타내는 것은? (단, N은 권수이다)

① N에 비례 ② N^2에 반비례
③ N^2에 비례 ④ N에 반비례

|정|답|및|해|설|

[변압기의 누설리액턴스] $x_l = \omega L = 2\pi f \frac{\mu A N^2}{l} \propto N^2$

$\rightarrow (L = \frac{\mu A N^2}{l} \propto N^2)$

(L : 인덕턴스[H], A : 철심의 단면적[m^2], N : 코일의 권수[회], l : 자로의 길이[m])

【정답】 ③

56. 3상 동기발전기의 매극 매상의 슬롯수를 3이라고 하면 분포계수는? (기 05/3 13/2 산 11/3 15/1)

① $6\sin\frac{\pi}{18}$ ② $3\sin\frac{9\pi}{2}$
③ $\frac{1}{6\sin\frac{\pi}{18}}$ ④ $\frac{1}{3\sin\frac{\pi}{18}}$

|정|답|및|해|설|

[분포계수] $K_{dn} = \frac{\sin\frac{n\pi}{2m}}{q\sin\frac{n\pi}{2mq}}$ → (n차 고조파)

$n=1,\ m=3,\ q=3$이므로

$K_{d1} = \frac{\sin\frac{\pi}{6}}{3\sin\frac{\pi}{18}} = \frac{1}{6\sin\frac{\pi}{18}}$

【정답】 ③

57. 정격전압 220[V], 무부하 단자전압 230[V], 정격출력이 40[kW]인 직류 분권발전기의 계자저항이 22[Ω], 전기자반작용에 의한 전압강하가 5[V]라면 전기자회로의 저항[Ω]은 약 얼마인가?

① 0.026 ② 0.028
③ 0.035 ④ 0.042

|정|답|및|해|설|

[직류 분권 발전기의 유기기전력] $E = V + I_a R_a + e_a + e_b$

(I_a : 전기자전류, R_a : 전기자저항, V : 단자전압
e_a : 전기자반작용에 의한 전압강하[V]
e_b : 브러시의 접촉저항에 의한 전압강하[V]

$R_a = \frac{E - V - (e_a + e_b)}{I_a}$

계자전류 $I_f = \frac{V}{R_f} = \frac{220}{22} = 10$

부하전류 $I = \frac{P}{V} = \frac{40\times10^3}{220} = 182$

전기자전류 $I_a = I_f + I = 182 + 10 = 192$

∴전기자저항 $R_a = \frac{230 - 220 - 5}{192} = 0.026[\Omega]$

【정답】 ①

58. 유도전동기로 동기전동기를 기동하는 경우, 유도전동기의 극수는 동기기의 극수보다 2극 적은 것을 사용한다. 그 이유는? (단, s는 슬립, N_s는 동기속도이다) (기 10/2 13/2 15/2)

① 같은 극수의 유도전동기는 동기속도보다 sN_s만큼 늦으므로
② 같은 극수의 유도전동기는 동기속도보다 (1-s)만큼 늦으므로
③ 같은 극수의 유도전동기는 동기속도보다 s 만큼 빠르므로
④ 같은 극수의 유도전동기는 동기속도보다 (1-s)만큼 빠르므로

|정|답|및|해|설|

[유도전동기] 유도전동기는 동기전동기보다 속도가 늦으므로 동기속도에 맞추어 기동하려면 속도를 빠르게 하기위해 극수를 2극 정도 적게해야 한다.

유도기 속도 $N = \frac{120f}{p}(1-s)$

동기속도 $N_s = \frac{120f}{p}$이므로 유도전동기에 속도는

동기전동기보다 $s\frac{120f}{p} = sN_s$ 만큼 늦다.

【정답】 ①

59. 50[Hz]로 설계된 3상유도전동기를 60[Hz]에 사용하는 경우 단자전압을 110[%]로 올려서 사용하면 지장없이 사용할 수 있다. 이 중에서 옳지 않은 것은? (기 07/3 15/2)

① 온도상승 증가
② 여자전류 감소
③ 출력이 일정하면 유효 전류는 감소
④ 철손은 거의 불변

|정|답|및|해|설|
[3상유도전동기의 단자전압]

① 최대 토크 불변 $T_m \propto \frac{V^2}{2(x_1+x_2)}$
(분모 분자 모두가 120[%]가 되므로 불변이다.)
② 여자전류 감소 $I_0 \propto \frac{V}{f} = 0.9$
③ 출력이 불변이라면 유효 전류가 감소 $I_w \propto \frac{1}{V}$
④ 역률 불변
⑤ 철손 불변
⑥ 온도 상승 감소

【정답】 ①

60. 단상 유도전동기의 토크에 대한 2차 저항을 어느 정도 이상으로 증가시킬 때 나타나는 현상으로 옳은 것은?

① 역회전 가능 ② 최대토크 일정
③ 기동토크 증가 ④ 토크는 항상 (+)

|정|답|및|해|설|

【정답】 전항정답

3회

41. 동기발전기의 돌발 단락 시 발생하는 현상으로 틀린 것은?

① 큰 과도전류가 흘러 권선 소손
② 단락전류는 전기자저항으로 제한
③ 코일 상호간 큰 전자력에 의한 코일 파손
④ 큰 단락전류 후 점차 감소하여 지속 단락전류 유지

|정|답|및|해|설|
[돌발 단락] 평형 3상 전압을 유지하고 있는 발전기의 단자를 갑자기 단락하면 단락 초기에 전기자 반작용이 순간적으로 나타나지 않기 때문에 막대한 과도전류가 흐르다가 점차 감소하여 수초 후에는 영구단락전류값에 이르게 된다.

·지속단락전류 $I_s = \frac{E}{r_a + jx_s}[A]$
·돌발단락전류 $I_l = \frac{E}{r_a + jx_l}[A]$
(r_a : 전기자권선저항, x_l : 누설리액턴스
x_a : 전기자반작용 리액턴스, x_s : 동기리액턴스)
※ 돌발단락전류 억제 : 누설 리액턴스
영구단락전류 억제 : 동기 리액턴스

【정답】 ②

42. 터빈발전기의 냉각을 수소 냉각방식으로 하는 이유가 아닌 것은? (기 12/2)

① 풍손이 공기 냉각 시의 약 1/10로 줄어든다.
② 열전도율이 좋고 가스냉각기의 크기가 작아진다.
③ 절연물의 산화작용이 없으므로 절연열화가 작아서 수명이 길다.
④ 반폐형으로 하기 때문에 이물질의 침입이 없고 소음이 감소한다.

|정|답|및|해|설|
[수소 냉각 발전기의 장점]
·비중이 공기는 약 7[%]이고, 풍손은 공기의 약 1/10로 감소된다.
·비열은 공기의 약 14배로 열전도성이 좋다. 공기냉각 발전기보다 약 25[%]의 출력이 증가한다.
·가스 냉각기가 적어도 된다.

- 코로나 발생전압이 높고, 절연물의 수명은 길다.
- 공기에 비해 대류율이 1.3배, 따라서 소음이 적다.
- 전폐형으로 불순물의 침입이 없고 운전 중 소음이 적다.

[수소 냉각 발전기의 단점]

- 공기와 혼합하면 폭발할 가능성이 있다.
- 폭발 예방 부속설비가 필요, 따라서 설비비 증가

【정답】 ④

43. SCR의 특징이 아닌 것은? (기 15/2)

① 아크가 생기지 않으므로 열의 발생이 적다.
② 열용량이 적어 고온에 약하다.
③ 전류가 흐르고 있을 때 양극의 전압강하가 작다.
④ 과전압에 강하다.

|정|답|및|해|설|

[SCR의 특성]

- 아크가 생기지 않으므로 열의 발생이 적다.
- 열용량이 적어 고온에 약하다.
- 전류가 흐르고 있을 때 양극의 전압강하가 작다.
- 과전압에 약하다.
- 위상제어소자로 전압 및 주파수를 제어
- 정류기능을 갖는 단일방향성3단자소자이다.
- 역률각 이하에서는 제어가 되지 않는다.

【정답】 ④

44. 단상 유도전동기의 특징을 설명한 것으로 옳은 것은?

① 기동 토크가 없으므로 기동장치가 필요하다.
② 기계손이 있어도 무부하 속도는 동기속도보다 크다.
③ 권선형은 비례추이가 불가능하며, 최대 토크는 불변이다.
④ 슬립은 $0>s>-1$이고 2보다 작고 0이 되기 전에 토크가 0이 된다.

|정|답|및|해|설|

[단상 유도전동기]

- 단상 유도전동기는 회전자계가 없어서 정류자와 브러시 같은 보조적인 수단에 의해 기동되어야 한다.
- 슬립이 0이 되기 전에 토크는 미리 0이 된다.
- 2차 저항이 증가되면 최대토크는 감소한다.
- 2차 저항 값이 어느 일정 값 이상이 되면 토크는 부(-)가 된다.

【정답】 ①

45. 직류발전기에 직결한 3상 유도전동기가 있다. 발전기의 부하 100[kW], 효율 90[%]이며 전동기 단자전압 3300[V], 효율 90[%], 역률 90[%]이다. 전동기에 흘러들어가는 전류는 약 몇 [A]인가?

① 2.4 ② 4.8
③ 19 ④ 24

|정|답|및|해|설|

[전동기에 들어가는 전류] $I=\frac{P_i}{\sqrt{3}V\cos\theta}[A]$

(P_i : 전동기 입력, V : 단자전압)

- 직류발전기 입력(=3상 유도전동기의 출력 P_o)

$$P_g=\frac{P_L}{\eta_g}=\frac{100}{0.9}=111.11[kW]$$

- 전동기입력 $P_i=\frac{P_o}{\eta_m}=\frac{111.11}{0.9}=123.46[kW]$
- 전동기에 들어가는 전류 I는

$$I=\frac{P_i}{\sqrt{3}V\cos\theta}=\frac{123.46\times10^3}{\sqrt{3}\times3300\times0.9}=24[A]$$

【정답】 ④

46. 몰드변압기의 특징으로 틀린 것은?

① 자기 소화성이 우수하다.
② 소형 정량화가 가능하다.
③ 건식변압기에 비해 소음이 적다.
④ 유입변압기에 비해 절연레벨이 낮다.

|정|답|및|해|설|

[몰드 변압기의 장점]

- 자기소화성이 우수하다.
- 소형 정량화가 가능하다.
- 전력손실이 감소
- 저진동 및 저소음 기기
- 단시간 과부하 내량이 크다.
- 코로나 특성 및 임펄스 강도가 높다.

[몰드 변압기의 단점]

- 가격이 비싸다.
- 운전 중 코일 표면과 접촉하면 위험
- 충격파 내전압이 낮다.

【정답】 전항정답

47. 유도전동기의 회전속도를 N[rpm], 동기속도를 N_s[rpm]이라고 하고 순방향 회전자계의 슬립을 s라고하면, 역방향 회전자계에 대한 회전자 슬립은?

① $s-1$ ② $1-s$
③ $s-2$ ④ $2-s$

|정|답|및|해|설|

[단상 유도전동기] 단상유도전동기가 슬립 s로 회전하면 회전 주파수는 정상분 전동기에서는 $(1-s)f$이고 역상분 전동기에서는 $f+(1-s)f=(2-s)f$가 된다. 따라서 회전자 권선은 sf와 $(2-s)f$되는 주파수의 기전력을 유기한다.

【정답】 ④

48. 유도발전기의 동작특성에 관한 설명 중 틀린 것은?

① 병렬로 접속된 동기발전기에서 여자를 취해야 한다.
② 효율과 역률이 낮으며 소출력의 자동수력발전기와 같은 용도에 사용된다.
③ 유도발전기의 주파수를 증가하려면 회전속도를 동기속도 이상으로 회전시켜야 한다.
④ 선로에 단락이 생긴 경우에는 여자가 상실되므로 단락전류는 동기발전기에 비해 적고 지속시간도 짧다.

|정|답|및|해|설|

[유도발전기] 유도전동기를 전원에 접속한 후 전동기로서의 회전방향과 같은 방향으로 동기속도 이상의 속도로 회전시키면 유도전동기는 발전기가 되며 이것을 유도발전기 또는 비동기발전기라고 한다. 따라서 유도발전기는 여자기로서 단독으로 발전할 수 없으므로 반드시 동기발전기가 필요하며 유도발전기의 주파수는 전원의 주파수를 정하여지고 회전 속도에는 관계가 없다. 효율과 역률이 낮다.

【정답】 ③

49. 단상 변압기를 병렬 운전하는 경우 변압기의 부하분담이 변압기의 용량에 비례하려면 각각의 변압기의 %임피던스는 어느 것에 해당되는가?

① 변압기 용량에 비례하여야 한다.
② 변압기 용량에 반비례하여야 한다.
③ 변압기 용량에 관계없이 같아야 한다.
④ 어떠한 값이라도 좋다.

|정|답|및|해|설|

[부하분담비]

$\cdot m=\dfrac{I_a}{I_b}=\dfrac{\%Z_B}{\%Z_{aA}}\cdot\dfrac{I_A}{I_B}$: 분담전류은 정격용량에 비례하고 누설임피던스에 반비례

$\cdot m=\dfrac{P_a}{P_b}=\dfrac{\%Z_B}{\%Z_A}\cdot\dfrac{P_A}{P_B}$: 분담용량은 정격용량에 비례하고 누설임피던스에 반비례

(P_A : A변압기의 정격용량, P_B : B변압기의 정격용량
P_a : A변압기의 분담용량, P_b : B변압기의 분담용량
I_a : A변압기의 분담전류, I_A : A변압기의 정격전류
I_b : B변압기의 분담전류, I_B : B변압기의 정격전류
$\%Z_a$, $\%Z_b$: A, B변압기의 %임피던스)

【정답】 ②

50. 그림은 여러 직류전동기의 속도 특성곡선을 나타낸 것이다, 1부터 4까지 차례로 옳은 것은?

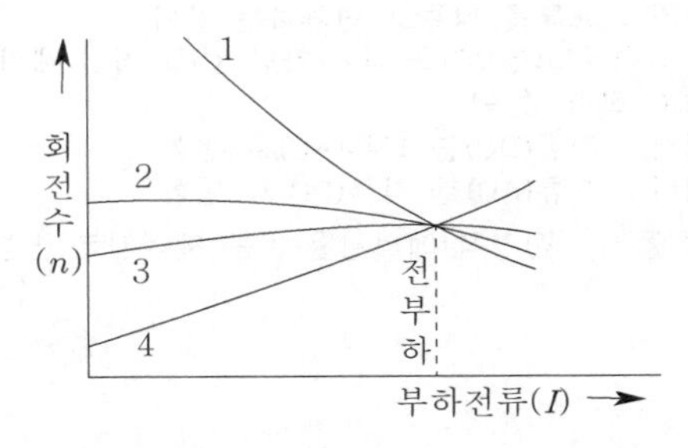

① 차동복권, 분권, 가동복권, 직권
② 직권, 가동복권, 분권, 차동복권
③ 가동복권, 차동복권, 직권, 분권
④ 분권, 직권, 가동복권, 차동복권

|정|답|및|해|설|

[속도 특성 곡선]

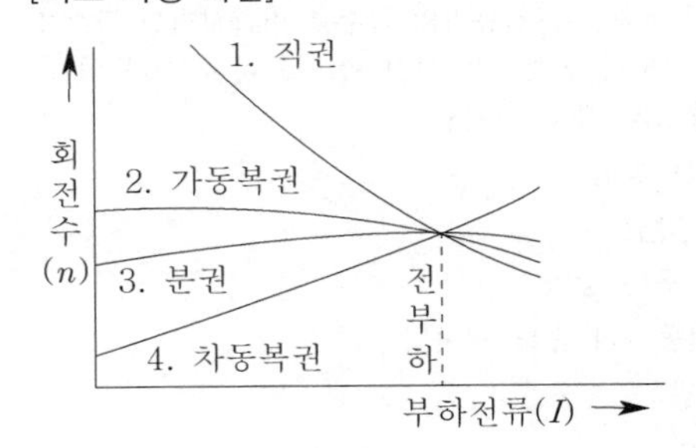

[토크 특성 곡선]

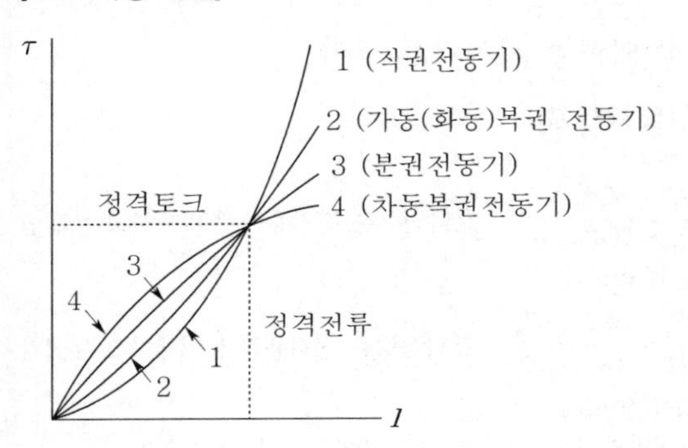

【정답】 ②

51. 전력변환기기로 틀린 것은? (기 13/3)

① 컨버터 ② 정류기
③ 유도전동기 ④ 인버터

|정|답|및|해|설|

[전력변환기기]

① 정류기 : 교류를 직류로 변환하는 장치
② 쵸퍼 : 직류(고정DC)를 직류(가변DC)로 직접 제어하는 장치(DC 전력 증폭)
③ 인버터 : 직류(DC)를 교류(AC)로 변환
④ 컨버터 : 교류(AC)를 직류(DC)로 변환

※유도전동기 : 전기적 에너지를 운동 에너지로 변환

【정답】 ③

52. 다음 농형 유도전동기에 주로 사용되는 속도 제어법은? (기 07/3 13/1 15/1 17/3)

① 극수 제어법 ② 종속 제어법
③ 2차 여자 제어법 ④ 2차 저항 제어법

|정|답|및|해|설|

[농형 유도전동기] 농형 유도전동기의 극수를 변환시키면 극수에 반비례하여 동기 속도가 변하므로 회전 속도를 바꿀 수가 있다.

① 농형 유도전동기의 속도 제어법
- 주파수를 바꾸는 방법
- 극수를 바꾸는 방법
- 전원 전압을 바꾸는 방법

② 권선형 유도전동기의 속도 제어법
- 2차 여자 제어법
- 2차 저항 제어법
- 종속 제어법

【정답】 ①

53. 정격전압 100[V], 정격전류 50[A]인 분권발전기의 유기기전력은 몇 V 인가? (단, 전기자 저항 0.2[Ω], 계자전류 및 전기자 반작용은 무시한다.) (기 15/3)

① 110 ② 120
③ 125 ④ 127.5

|정|답|및|해|설|

[유기기전력] $E = V + I_a R_a$

여기서, V : 전압, I_a : 전기자전류, R_a : 전기자저항

$I_a : 50[A]$, $R_a : 0.2[\Omega]$

$E = V + I_a R_a = 100 + 50 \times 0.2 = 110[V]$

【정답】 ①

54. 그림과 같은 변압기 회로에서 부하 R_2에 공급되는 전력이 최대로 되는 변압기의 권수비 a 는? (기 05/1)

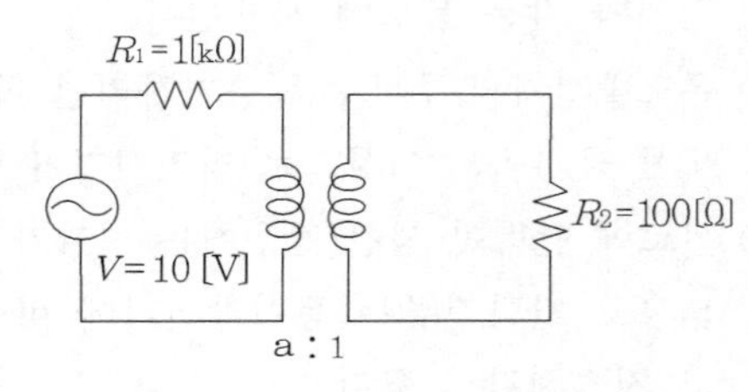

① 5 ② $\sqrt{5}$ ③ 10 ④ $\sqrt{10}$

|정|답|및|해|설|

[권수비] $a = \frac{V_1}{V_2} = \frac{N_1}{N_2} = \sqrt{\frac{R_1}{R_2}}$

$R_1 = a^2 R_2 \rightarrow \therefore a = \sqrt{\frac{R_1}{R_2}} = \sqrt{\frac{1000}{100}} = \sqrt{10}$

【정답】 ④

55. 어떤 변압기의 백분율 저항강하가 3[%], 백분율 리액턴스강하가 4[%]라 한다. 이 변압기로 뒤진 역률이 80[%]인 경우의 전압변동률은 몇 [%]인가?

① 2.5 ② 3.4
③ 4.8 ④ -3.6

|정|답|및|해|설|

[전압 변동률] $\epsilon = p\cos\theta \pm q\sin\theta$ → (지상 : +, 진상 : -)

여기서, p : %저항강하, q : %리액턴스강하

θ : 부하 Z의 위상각

역률이 80[%] → ($\cos\theta = 0.8$, $\sin\theta = 0.6$)

$\epsilon = p\cos\theta + q\sin\theta = 3\times0.8 + 4\times0.6 = 4.8[\%]$

【정답】 ①

56. 정류자형 주파수 변화기의 회전자에 주파수 f_1의 교류를 가할 때 시계방향으로 회전자계가 발생하는 정류자 위의 브러시 사이에 나타나는 주파수 f_c를 설명한 것 중 틀린 것은? (단, n : 회전자의 속도, N_s : 회전자계의 속도, s : 슬립이다.)

① 회전자를 정지시키면 $f_c = f_1$인 주파수가 된다.

② 회전자를 반시계방향으로 $n = n_s$의 속도로 회전시키면, $f_c = 0[Hz]$가 된다.

③ 회전자를 반시계방향으로 $n < n_s$의 속도로 회전시키면, $f_c = sf_1[Hz]$가 된다.

④ 회전자를 시계방향으로 $n < n_s$의 속도로 회전시키면, $f_c < f_1[Hz]$가 된다.

|정|답|및|해|설|

[정류자형 주파수 변환기] 교류정류자기의 일종으로 회전자에 정류자와 슬립링이 있으며 이 회전자를 전동기로 운전하여 변환

① $f_c = f_1$: 회전자 정지 시

② $f_c = 0$: 회전자를 반시계방향으로 $n = n_s$의 속도로 회전

③ $f_c = sf_1$: 회전자를 반시계방향으로 $n < n_s$의 속도로 회전

④ $f_c > f_1$: 회전자를 시계방향으로 $n < n_s$의 속도로 회전

【정답】 ④

57. 변압기의 보호에 사용되지 않는 계전기는? (기 14/3)

① 비율 차동 계전기 ② 임피던스 계전기

③ 과전류 계전기 ④ 온도 계전기

|정|답|및|해|설|

[임피던스 계전기] 임피던스 계전기는 일종의 거리 계전기로 고장점까지의 회로의 임피던스에 따라 동작하며, 변압기 자체의 보호가 아닌 계통의 단락, 직접접지계통의 주보호 및 후비보호로 광범위하게 사용된다.

【정답】 ②

58. 동기 발전기의 3상 단락곡선에서 단락전류가 계자전류에 비례하여 거의 직선이 되는 이유로 가장 옳은 것은?

① 무부하 상태이므로

② 전기자 반작용으로

③ 자기포화가 있으므로

④ 누설인덕턴스가 크므로

|정|답|및|해|설|

·단락전류는 전기자저항을 무시하면 동기리액턴스에 의해 그 크기가 결정된다.

$I_s = \dfrac{E}{I} = \dfrac{E}{\sqrt{r+x}} \fallingdotseq \dfrac{E}{jx_s}$

·동기리액턴스에 의해 흐르는 전류는 90[°] 늦은 전류가 크게 흐르게 된다. 이 전류에 의한 전기자 반작용이 감자작용이 되므로 3상 단락곡선은 직선이 된다.

【정답】 ②

59. 1차 전압 V_1, 2차 전압 V_2인 단권변압기를 Y결선했을 때, 등가용량과 부하용량의 비는? (단, $V_1 > V_2$이다.) (기 14/2)

① $\dfrac{V_1 - V_2}{\sqrt{3}\,V_1}$ ② $\dfrac{V_1 - V_2}{V_1}$

③ $\dfrac{\sqrt{3}(V_1 - V_2)}{2V_1}$ ④ $\dfrac{V_1^2 - V_2^2}{\sqrt{3}\,V_1 V_2}$

|정|답|및|해|설|

[단상 변압기의 3상 결선]

· Y결선 : $\dfrac{\text{자기용량}}{\text{부하용량}} = 1 - \dfrac{V_l}{V_h}$

· △결선 : $\dfrac{\text{자기용량}}{\text{부하용량}} = \dfrac{V_h^2 - V_l^2}{\sqrt{3}\,V_l V_h}$

· V결선 : $\dfrac{\text{자기용량}}{\text{부하용량}} = \dfrac{2}{\sqrt{3}}\left(1 - \dfrac{V_l}{V_h}\right)$

【정답】 ②

60. 유도전동기의 원선도에서 원의 지름은? (단, E를 1차 전압, r은 1차로 환산한 저항, x를 1차로 환산한 누설 리액턴스라 한다.) (기 09/2)

① rE에 비례 ② rxE에 비례

③ $\frac{E}{r}$에 비례 ④ $\frac{E}{x}$에 비례

|정|답|및|해|설|

[유도전동기의 원선도] 유도전동기는 일정값의 리액턴스와 부하에 의하여 변하는 저항(r_2'/s)의 직렬 회로라고 생각되므로 부하에 의하여 변호하는 전류 벡터의 궤적, 즉 원선도의 지름은 전압에 비례하고 리액턴스에 반비례한다.

【정답】 ④

2018 전기기사 필기

41. 단상 직권 정류자 전동기의 전기자 권선과 계자 권선에 대한 설명으로 틀린 것은?

① 계자 권선의 권수를 적게 한다.
② 전기자 권선의 권수를 크게 한다.
③ 변압기 기전력을 적게 하여 역률 저하를 방지한다.
④ 브러시로 단락되는 코일 중의 단락전류를 많게 한다.

|정|답|및|해|설|
[단상 직권 전동기] 만능 전동기, 직류, 교류 양용
·직권형, 보상형, 유도보상형
·성층 철심, 역률 및 정류 개선을 위해 약계자, 강전기자형으로 함
·역률 개선을 위해 보상권선 설치, 변압기 기전력 적게 함
·회전속도를 증가시킬수록 역률이 개선 【정답】 ④

42. 단상 직권 전동기의 종류가 아닌 것은?

① 직권형 ② 아트킨손형
③ 보상직권형 ④ 유도보상직권형

|정|답|및|해|설|
[단상 정류자 전동기] 단상 직권 정류자 전동기(단상 직권 전동기)는 교류, 직류 양용으로 사용할 수 있으며 만능 전동기라고도 불린다.
① 직권 특성
·단상 직권 정류자 전동기 : 직권형, 보상직권형, 유도보상직권형
·단상 반발 전동기 : 아트킨손형 전동기, 톰슨 전동기, 데리 전동기
② 분권 특성 : 현제 실용화 되지 않고 있음 【정답】 ②

43. 동기조상기의 여자전류를 줄이면?

① 콘덴서로 작용 ② 리액터로 작용
③ 진상전류로 됨 ④ 저항손의 보상

|정|답|및|해|설|
[동기 전동기의 위상특성곡선(V곡선)] 공급전압 V와 부하를 일정하게 유지하고 계자전류 I_f 변화에 대한 전기자전류 I_a의 변화관계를 그린 곡선이다.

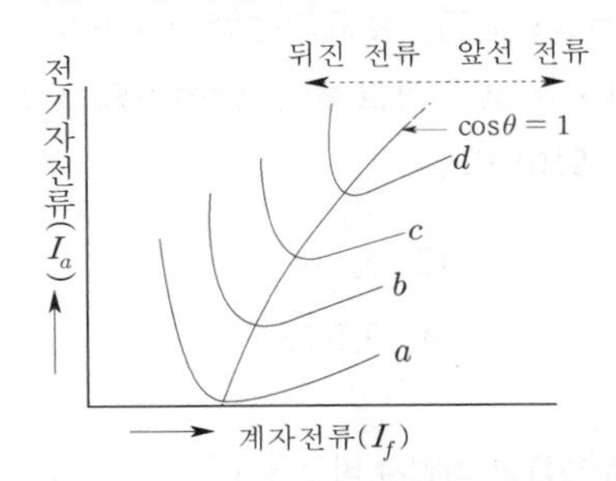

① 여자전류를 감소시키면 역률은 뒤지고(지상) 전기자전류는 증가한다(부족여자 L). 리액터
② 여자전류를 증가시키면 역률은 앞서(진상)고 전기자전류는 증가한다(과여자 L). 콘덴서
③ V곡선에서 $\cos\theta$=1(역률 1)일 때 전기자전류가 최소다.
④ a번 곡선으로 운전 중 출력이 증가하면 곡선은 상향이 되어 부하가 가장 클 때가 d번 곡선이다.
【정답】 ②

44. 권선형 유도전동기에서 비례추이에 대한 설명으로 틀린 것은? 단, S_m은 최대 토크 시 슬립이다.

① r_2를 크게 하면 S_m은 커진다.
② r_2를 삽입하면 최대 토크가 변한다.
③ r_2를 크게 하면 기동토크도 커진다.
④ r_2를 크게 하면 기동전류는 감소한다.

|정|답|및|해|설|

[비례추이] 비례추이란 2차 회로 저항(외부 저항)의 크기를 조정함으로써 슬립을 바꾸어 속도와 토크를 조정하는 것이다. 최대 토크는 불변, 기동 토크 증가, 기동 전류는 감소

· $\frac{r_2}{s_m} = \frac{r_2 + R}{s_t}$

·기동시(전부하 토크로 기동) 외부저항 $R = \frac{1-s}{s} r_2$

여기서, r_2 : 2차 권선의 저항, R : 2차 외부 회로 저항

s_m : 최대 토크 시 슬립, s_t : 기동시 슬립

【정답】 ②

45. 전기자 저항 $r_a = 0.2[\Omega]$, 동기 리액턴스 $x_s = 20[\Omega]$인 Y결선 3상 동기발전기가 있다. 3상 중 1상의 단자전압은 $V = 4{,}400[V]$, 유도기전력 $E = 6{,}600$[V]이다. 부하각 $\delta = 30^\circ$ 라고 하면 발전기의 3상 출력[kW]은 약 얼마인가?

① 2,178 ② 3,960
③ 4,356 ④ 5,532

|정|답|및|해|설|

[3상 동기발전기의 출력(원통형 회전자(비철극기))]

$P = 3\frac{EV}{x_s}\sin\delta[W]$

여기서, E : 유기기전력, V : 단자전압, x_s : 동기 리액턴스

δ : 부하각

동기 리액턴스 $x_s = 20[\Omega]$, 단자전압 $V = 4{,}400[V]$

유도기전력 $E = 6{,}600[V]$, 부하각 $\delta = 30^\circ$

$P = 3\frac{EV}{x_s}\sin\delta = 3 \times \frac{6{,}600 \times 4{,}400}{20} \times \sin 30^\circ \times 10^{-3} = 2178[kW]$

$\rightarrow (\sin 30 = 0.5)$

【정답】 ①

46. 반도체 정류기에 적용된 소자 중 첨두 역방향 내전압이 가장 큰 것은?

① 셀렌 정류기 ② 실리콘 정류기
③ 게르마늄 정류기 ④ 아산화동 정류기

|정|답|및|해|설|

[SCR(Silicod Controlled Rectifier)] 실리콘 제어 정류기

·실리콘 정류 소자, 역저지 3단자

·부성저항 특성이 없다.

·동작 최고 온도가 가장 높다(200[℃]).

·정류기능의 단일 방향성 3단자 소자

·게이트의 작용 : 통과 전류 제어 작용

·위상 제어, 인버터, 초퍼 등에 사용

·역방향 내전압 : 약 500~1,000[V](역방향 내전압이 가장 크다.)

【정답】 ②

47. 동기 전동기에서 전기자 반작용을 설명한 것 중 옳은 것은?

① 공급전압보다 앞선 전류는 감자작용을 한다.
② 공급전압보다 뒤진 전류는 감자작용을 한다.
③ 공급전압보다 앞선 전류는 교차자화작용을 한다.
④ 공급전압보다 뒤진 전류는 교차자화작용을 한다.

|정|답|및|해|설|

[동기전동기 전기자 반작용]

역률	동기전동기	작용
역률 1	I_a가 V와 동상인 경우	교차 자화 작용 (횡축 반작용)
앞선 역률 0	I_a가 V보다 $\frac{\pi}{2}$ 앞서는 경우 (진상)	감자 작용 (직축 반작용)
뒤선 역률 0	I_a가 V보다 $\frac{\pi}{2}$ 뒤지는 경우 (지상)	증자 작용 (자화 반작용)

여기서, I_a : 전기자전류, V : 단자전압(공급전압)

【정답】 ①

48. 변압기 결선방식 중 3상에서 6상으로 변환할 수 없는 것은?

① 2중 결선 ② 환상 결선
③ 대각 결선 ④ 2중 6각 결선

|정|답|및|해|설|

[변압기 상수 변환법]

- 3상을 2상으로 : 스코트 결선(T결선), 메이어 결선, 우드 브리지 결선
- 3상을 6상 : Fork 결선, 2중 성형결선, 환상 결선, 대각결선, 2중 △ 결선, 2중 3각 결선 【정답】 ④

49. 실리콘 제어 정류기(SCR)의 설명 중 틀린 것은?

① P-N-P-N 구조로 되어 있다.

② 인버터 회로에 이용될 수 있다.

③ 고속도의 스위치 작용을 할 수 있다.

④ 게이트에 (+)와 (-)의 특성을 갖는 펄스를 인가하여 제어한다.

|정|답|및|해|설|

[SCR(Silicon Controlled Rectifier) : 실리콘 제어 정류기]

- 실리콘 정류 소자 역저지 3단자
- PNPN의 구조
- 부성저항 특성이 없다.
- 동자 최고 온도가 가장 높다(200[℃]).
- 정류기능이 단일 방향성 3단자 소자
- 게이트에 펄스를 인가하여 ON
- 게이트의 작용 : 통과 잔류 제어 작용
- OFF 시 : 에노드를 (0) 또는 (-)로 한다.
- 위상 제어, 인버터, 초퍼 등에 사용
- 역방향 내전압 : 약 500~1,000[V](역방향 내전압이 가장 크다.)

【정답】 ④

50. 직류 발전기가 90[%] 부하에서 최대 효율이 된다면 이 발전기의 전부하에 있어서 고정손과 부하손의 비는?

① 1.3 ② 1.0

③ 0.9 ④ 0.8

|정|답|및|해|설|

[변압기 최대 효율 조건] $P_i = m^2 P_c \rightarrow m = \sqrt{\frac{P_i}{P_c}}$

여기서, P_i : 철손(고정손), P_c : 동손(부하손), m : 부하

직류 발전기가 90[%] 부하

$m^2 P_c = P_i$에서 $\frac{P_i}{P_c} = m^2 \rightarrow \frac{P_i}{P_c} = 0.9^2 = 0.81$ 【정답】 ④

51. 150[kVA]의 변압기의 철손이 1[kW], 전부하동손이 2.5[kW]이다. 역률 8[%]에 있어서의 최대 효율은 약 몇 [%]인가?

① 95 ② 96

③ 97.4 ④ 98.5

|정|답|및|해|설|

[변압기 최대 효율] $\frac{1}{m}$ 부하 시, 최대 효율이 된다면

$\left(\frac{1}{m}\right)^2 P_\epsilon = P_i$

여기서, P_i : 철손(고정손), P_c : 동손(부하손), $\frac{1}{m}$: 부하

전력(P) : 150[kVA], 철손(P_i) : 1[kW], 동손(P_c) : 2.5[kW]

역률($\cos\theta$) : 8[%]

$\frac{1}{m} = \sqrt{\frac{P_i}{P_\epsilon}} = \sqrt{\frac{1}{2.5}} = 0.632$

$\frac{1}{m}$ 부하 시 효율

$$\eta_{\frac{1}{m}} = \frac{\frac{1}{m}P\cos\theta}{\frac{1}{m}P\cos\theta + P_i + \left(\frac{1}{m}\right)^2 P_\epsilon} \times 100[\%]$$

$\left(\frac{1}{m}\right)^2 P_\epsilon = P_i$이므로

$$\eta_{\frac{1}{m}} = \frac{\frac{1}{m}P\cos\theta}{\frac{1}{m}P\cos\theta + 2P_i} \times 100$$

$$= \frac{0.632 \times 150 \times 0.8}{0.632 \times 150 \times 0.8 + 2 \times 1} \times 100 = 97.43[\%]$$

【정답】 ③

52. 정격 부하에서 역률 0.8(뒤짐)로 운전될 때, 전압 변동률이 12[%]인 변압기가 있다. 이 변압기에 역률 100[%]의 정격 부하를 걸고 운전할 때의 전압 변동률은 약 몇 [%]인가? 단, %저항강하는 %리액턴스 강하의 1/12이라고 한다.

① 0.909 ② 1.5

③ 6.85 ④ 16.18

|정|답|및|해|설|

[지상 부하 시 전압 변동률(ϵ)]

$\epsilon = p\cos\theta_2 + q\sin\theta_2$ → (+ : 지상, - : 진상)

여기서, p : %저항 강하, q : %리액턴스 강하,

θ : 부하 Z의 위상각

역률($\cos\theta$) 0.8(뒤짐)로 운전될 때, 전압 변동률이 12[%]

%저항강하는 %리액턴스강하의 1/12

$p = \frac{1}{12}q$에서 $q = 12p$

$\epsilon = p\cos\theta_2 + q\sin\theta_2 \rightarrow p\times0.8 + q\times0.6 = 12[\%]$

$p\times0.8 + 12p\times0.6 = 12[\%]$

$8p = 12$이므로 %저항강하 $p = \frac{12}{8} = 1.5$

%리액턴스강하 $q = 12p$이므로 $q = 12\times1.5 = 18$

그러므로 전압변동률 $\epsilon = p\cos\theta_2 + q\sin\theta_2$에서

역률이 100[%]일 때 $\cos\varnothing = 1$, $\sin\varnothing = 0$이므로 $\epsilon = p = 1.5$

【정답】 ②

53. 권선형 유도전동기 저항 제어법의 단점 중 틀린 것은?

① 운전 효율이 낮다.

② 부하에 대한 속도 변동이 작다.

③ 제어용 저항기는 가격이 비싸다.

④ 부하가 적을 때는 광범위한 속도 조정이 곤란하다.

|정|답|및|해|설|

[권선형 유도전동기의 저항제어법]

·비례추이에 의한 외부 저항 R로 속도 조정이 용이

·구조가 간단하고 제어가 용이

·부하가 적을 때는 광범위한 속도 조정이 곤란지만, 일반적으로 부하에 대한 속도 조정도 크게 할 수가 있다.

·운전 효율이 낮다.

·제어용 저항기는 가격이 비싸다.

【정답】 ②

54. 부하 급변 시 부하각과 부하속도가 진동하는 난조 현상을 일으키는 원인이 아닌 것은?

① 전기자 회로의 저항이 너무 큰 경우

② 원동기의 토크에 고조파 토크를 포함하는 경우

③ 원동기의 조속기 감도가 너무 예민한 경우

④ 자속의 분포가 기울어져 자속의 크기가 감소한 경우

|정|답|및|해|설|

[난조] 난조현상은 부하가 급변할 때 조속기의 감도가 예민하면 발생되를 현상으로

① 난조 발생 원인

·원동기의 조속기 감도가 예민한 경우

·원동기의 토크에 고조파 토크가 포함된 경우

·전기자회로의 저항이 상당히 큰 경우

·부하의 변화(맥동)가 심하여 각속도가 일정하지 않는 경우

② 난조 방지대책

·제동권선 설치

·전기자 저항에 비해 리액턴스를 크게 할 것

·허용되는 범위 내에서 자극수를 적게 하고 기하학 각도와 전기각의 차를 적게 한다.

·고조파 제거 : 단절권, 분포권 설치

【정답】 ④

55. 단상변압기 3대를 이용하여 3상 △-Y로 결선했을 때의 1차, 2차의 전압 각변위(위상차)는?

① 0° ② 60°

③ 150° ④ 180°

|정|답|및|해|설|

△-Y의 위상차는 30° 이나 180° 를 기준으로 하면 180~30, 즉 150° 와 같다. 【정답】 ③

56. 권선형 유도전동기의 전부하 운전 시 슬립이 4[%]이고 2차 정격전압이 150[V]이면 2차 유도기전력은 몇 [V]인가?

① 9 ② 8
③ 7 ④ 6

|정|답|및|해|설|
[권선형 유도전동기의 정지 시와 회전 시 비교]정

정지 시	회전 시
E_2	$E_{2s}=sE_2$
f_2	$f_{2s}=sf_2$
I_2	$I_{2s}=\frac{E_{2s}}{Z_{2s}}=\frac{sE_2}{r_2+jsx_2}=\frac{sE_2}{\sqrt{r_2^2+(sx_2)^2}}$

회전 시 2차 유도기전력 $E_{2s}=sE_2[V]$ → (s : 슬립)
$E_{2s}=sE_2=0.04\times 150=6[V]$ 【정답】 ④

57. 3상 유도전동기의 슬립이 s일 때 2차 효율[%]은?

① $(1-s)\times 100$ ② $(2-s)\times 100$
③ $(3-s)\times 100$ ④ $(4-s)\times 100$

|정|답|및|해|설|
[유도 전동기의 2차 효율(η_2)]

2차 효율 $\eta_2=\frac{P_0}{P_2}=\frac{(1-s)P_2}{P_2}=1-s\times 100[\%]$

여기서, P_0 : 2차출력, P_2 : 2차입력, s : 슬립

【정답】 ①

58. 직류전동기의 회전수를 $\frac{1}{2}$로 하자면 계자자속을 어떻게 해야 하는가?

① $\frac{1}{4}$로 감속시킨다.
② $\frac{1}{2}$로 감속시킨다.
③ 2배로 증가시킨다.
④ 4배로 증가시킨다.

|정|답|및|해|설|
[직류전동기 속도 제어] $n=K\frac{V-I_aR_a}{\phi}$

회전수 $n\propto\frac{1}{\phi}$이므로 회전수를 $\frac{1}{2}$로 하자면 계자자속($\varnothing$)은 2배가 되어야 한다. 【정답】 ③

59. 사이리스터 2개를 사용한 단상 전파정류 회로에서 직류전압 100[V]를 얻으려면 PIV가 약 몇 [V]인 다이오드를 사용하면 되는가?

① 111 ② 141
③ 222 ④ 314

|정|답|및|해|설|
[단상 전파 직류 전압] $PIV=E_d\times\pi$
여기서, E_d : 직류 전압, $\pi=3.14$
$PIV=E_d\times\pi=100\times 3.14=314[V]$ 【정답】 ④

60. 교류 발전기의 고조파 발생을 방지하는데 적합하지 않은 것은?

① 전기자 반작용을 크게 한다.
② 전기자 권선을 단절권으로 감는다.
③ 전기자 슬롯을 스큐 슬롯으로 한다.
④ 전기자 권선의 결선은 성형으로 한다.

|정|답|및|해|설|
[동기발전기 고조파 발생 방지법]
·전기자를 Y(성형) 결선으로 : 제3고조파의 순환전류 발생되지 않는다.
·권선을 분포권, 단절권으로 : 고조파를 제거하여 기전력의 파형 개선
·전기자 슬롯을 스큐 슬롯 : 고조파에 의한 크로우링 현상 방지
·전기자 반작용 적게 할 것

【정답】 ①

41. 동기 발전기의 전기자 권선을 분포권으로 하는 이유는 다음 중 어느 것인가?

① 권선의 누설 리액턴스가 증가한다.
② 분포권은 집중권에 비하여 합성 유기기전력이 증가한다.
③ 기전력의 고조파가 감소하여 파형이 좋아진다.
④ 난조를 방지한다.

|정|답|및|해|설|

[분포권] 매극매상의 도체를 2개 이상의 슬롯에 각각 분포시켜서 권선하는 법 (1극, 1상, 슬롯 2개)

[장점]

- 합성 유기기전력이 감소한다.
- 기전력의 고조파가 감소하여 파형이 좋아진다.
- 누설 리액턴스는 감소된다.
- 과열 방지의 이점이 있다.

[단점]

- 집중권에 비해 합성 유기 기전력이 감소

※난조 방지는 제동권선의 역할이다.

【정답】 ③

42. 부하전류가 2배로 증가하면 변압기의 2차측 동손은 어떻게 되는가?

① $\frac{1}{4}$로 감소한다. ② $\frac{1}{2}$로 감소한다.
③ 2배로 증가한다. ④ 4배로 증가한다.

|정|답|및|해|설|

[동손] 동손은 부하손으로 $P_c = I^2R[W]$

동손은 전류의 제곱에 비례하므로 전류가 2배 되면 동손은 4배가 된다.

【정답】 ④

43. 동기전동기에서 출력이 100[%]일 때 역률이 1이 되도록 계자전류를 조정한 다음에 공급전압 V 및 계자전류 I_f를 일정하게 하고, 전부하 이하에서 운전하면 동기전동기의 역률은?

① 뒤진 역률이 되고, 부하가 감소할수록 역률은 낮아진다.
② 뒤진 역률이 되고, 부하가 감소할수록 역률은 좋아진다.
③ 앞선 역률이 되고, 부하가 감소할수록 역률은 낮아진다.
④ 앞선 역률이 되고, 부하가 감소할수록 역률은 좋아진다.

|정|답|및|해|설|

전부하 운전 시 역률이 1이므로 전부하 이하에서 운전하면 역률은 앞선 역률이 되어 부하가 감소할수록 역률은 더 낮아지게 된다.

【정답】 ③

44. 유도기전력의 크기가 서로 같은 A, B 2대의 동기발전기를 병렬 운전할 때, A발전기의 유기기전력 위상이 B보다 앞설 때 발생하는 현상이 아닌 것은?

① 동기화력이 발생한다.
② 고조파 무효순환전류가 발생한다.
③ 유효전류인 동기화전류가 발생한다.
④ 전기자 동손을 증가시키며 과열의 원인이 된다.

|정|답|및|해|설|

[동기발전기 병렬운전 시 기전력의 위상이 다른 경우]

- 동기화 전류(유효횡류)가 흐른다.
- 동기화 전류 $I_s = \frac{2E_a}{2Z_s}\sin\frac{\delta}{2}$
- 수수전력 $P_s = \frac{E_a^2}{2Z_s}\sin\delta_s$
- 위상이 다르면 동기화력이 생겨서 A는 속도가 늦어지고 B는 빨라져서 동기화운전이 된다. A가 B에게 전력을 공급하는 것이다.

※ 수수전력 : 동기화 전류 때문에 서로 위상이 같게 되려고 수수하게 될 때 발생되는 전력

【정답】 ②

45. 직류기의 철손에 관한 설명으로 옳지 않은 것은?

① 성층철심을 사용하면 와전류손이 감소한다.
② 철손에는 풍손과 와전류손 및 저항손이 있다.
③ 철에 규소를 넣게 되면 히스테리시스손이 감소한다.
④ 전기자 철심에는 철손을 작게 하기 위하여 규소강판을 사용한다.

|정|답|및|해|설|

[직류기의 손실]

- 무부하손(고정손)
  - 철손 : 히스테리스손, 와류손
  - 기계손 : 풍손, 베어링 마찰손
- 부하손(가변손)
  - 동손(전기자 저항손, 계자동손)
  - 브러시손
  - 표류부하손

※규소 강판 : 히스테리시스손 감소
성층 : 와류손 감소 【정답】 ②

46. 직류 분권발전기의 극수 4, 전기가 총 도체수 600으로 매분 600 회전할 때 유기기전력이 220[V]라 한다. 전기자 권선이 파권일 때 매극당 자속은 약 몇 [Wb]인가?

① 0.0154 ② 0.0183
③ 0.0192 ④ 0.0199

|정|답|및|해|설|

[직류 발전기의 유기기전력] $E=\frac{pz}{a}\varnothing\frac{N}{60}[V]$

여기서, N : 회전자의 회전수[rpm]
p : 극수, $\varnothing$: 매 극당 자속수
z : 총 도체수, a : 병렬회로 수

극수 : 4, 전기가 총 도체수 : 600, 매분 600 회전
유기기전력 : 220[V]

$E=\frac{pz}{a}\varnothing\frac{N}{60}[V]$에서 (파권이므로 병렬회로수 $a=2$)

$$\phi=\frac{60aE}{pzN}=\frac{60\times2\times220}{4\times600\times600}=0.0183[Wb]$$

【정답】 ②

47. 어떤 정류 회로의 부하 전압이 50[V]이고 맥동률 3[%]이면 직류 출력 전압에 포함된 교류 전류분은 면 [V]인가?

① 1.2 ② 1.5
③ 1.8 ④ 2.1

|정|답|및|해|설|

[맥동률] 맥동률$=\sqrt{\frac{\text{실효값}^2-\text{평균값}^2}{\text{평균값}^2}}\times100$
$=\frac{\text{맥동 전압의 교류분실효치}}{\text{직류 전압의 평균치}}\times100[\%]$

교류분실효치 = 직류 전압의 평균치 × 맥동률[V]
$=50\times0.03=1.5[V]$

【정답】 ②

48. 3상 수은정류기의 직류 평균 부하전류가 50[A]가 되는 1상 양극 전류 실효값[A]은 약 몇 [A]인가?

① 9.6 ② 17
③ 29 ④ 87

|정|답|및|해|설|

[수은 정류기의 전압비와 전류비]

- 전압비 : $\frac{E_d}{E_a}=\frac{\sqrt{2}\sin\frac{\pi}{m}}{\frac{\pi}{m}}$
- 전류비 : $\frac{I_d}{I_a}=\sqrt{m}$

여기서, E_a : 교류측 전압[V], E_d : 직류측 전압[V]
I_a : 교류측 전류[A], I_d : 직류측 전류[A]
m : 상수

직류 평균 부하전류 : 50[A], 상수 : 3

전류비 $\frac{I_d}{I_a}=\sqrt{m}$ 에서

실효값 $I_a=\frac{I_d}{\sqrt{m}}=\frac{1}{\sqrt{3}}\times50=28.86[A]$

【정답】 ③

49. 그림은 동기발전기의 구동 개념도이다. 그림에서 2를 발전기라 할 때 3의 명칭으로 적합한 것은?

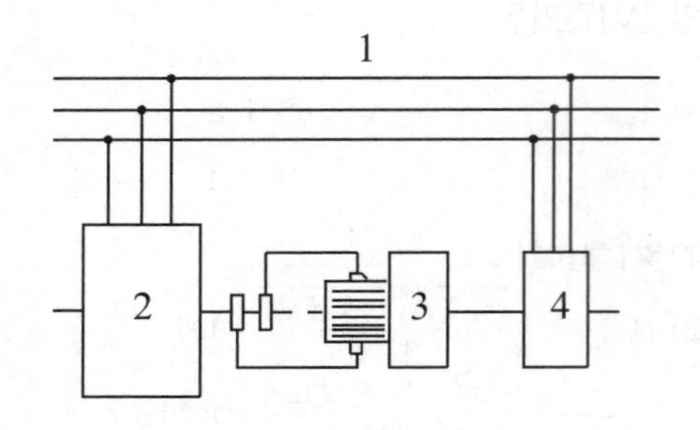

① 전동기　② 여자기
③ 원동기　④ 제동기

|정|답|및|해|설|

[동기발전기의 구동 개념도]
1 : 모선, 2 : 발전기, 3 : 여자기, 4 : 전동기

【정답】 ②

50. 유도전동기의 2차 회로에 2차 주파수와 같은 주파수로 적당한 크기와 위상 전압을 외부에 가하는 속도 제어법은?

① 1차 전압제어　② 2차 저항제어
③ 2차 여자제어　④ 극수 변환제어

|정|답|및|해|설|

[2차 여자 제어법] 주파수 변환기를 사용하여 회전자의 슬립 주파수 sf와 같은 주파수의 전압을 발생시켜 슬립링을 통하여 회전자 권선에 공급하여, s를 변환 시키는 방법이 2차 여자법이다.

【정답】 ③

51. 변압기의 1차측을 Y결선, 2차측을 △ 결선으로 한 경우 1차와 2차간의 전압의 위상차는?

① 0°　② 30°
③ 45°　④ 60°

|정|답|및|해|설|

[변압기의 결선] Y결선과 △ 결선과는 1, 2차 선간전압 사이에는 30°의 위상차가 존재한다.

【정답】 ②

52. 이상적인 변압기의 무부하에서 위상관계로 옳은 것은?

① 자속과 여자전류는 동위상이다.
② 자속은 인가전압보다 90° 앞선다.
③ 인가전압은 1차 유기기전력보다 90° 앞선다.
④ 1차 유기기전력과 2차 유기기전력의 위상은 반대이다.

|정|답|및|해|설|

자속과 여자전류는 동위상

여자 전류(무부하전류) $I_\phi = \frac{E}{\omega L} = \frac{E}{2\pi f L}$

【정답】 ①

53. 정격출력 50[kW], 4극 220[V], 60[Hz]인 3상 유도전동기가 전부하 슬립 0.04, 효율 90[%]로 운전되고 있을 때 틀린 것은?

① 2차 효율=96[%]
② 1차입력=55.56[kW]
③ 회전자 입력=47.9[kW]
④ 회전자 동손=2.08[kW]

|정|답|및|해|설|

$P=50[kW]$, $s=0.04$, $\eta=90[\%]$ 이므로

·1차 입력 $P_1 = \frac{P}{\eta} = \frac{50}{0.9} = 55.56[kW]$

·2차 효율 $\eta_2 = (1-s) = 1-0.04 = 0.96 = 96[\%]$

·회전자 입력 $P_2 = \frac{1}{1-s}P = \frac{1}{1-0.04} \times 50 = 52.08[kW]$

·회전자 동손 $P_{c2} = sP_2 = \frac{s}{1-s}P = \frac{0.04}{1-0.04} \times 50 = 2.08[kW]$

【정답】 ③

54. 저항부하를 갖는 정류회로에서 직류분 전압이 200[V]일 때 다이오드에 가해지는 역첨두 전압(PIV)의 크기는 약 몇 [V]인가?

① 346　② 628
③ 692　④ 1,038

|정|답|및|해|설|

[정류회로]

	반파 정류	전파 정류
다이오드	$E_d = \frac{\sqrt{2}E}{\pi} = 0.45E$	$E_d = \frac{\sqrt{2}E}{\pi} = 0.9E$
SCR	$E_d = \frac{\sqrt{2}E}{\pi}(1+\cos\alpha)$	$E_d = \frac{\sqrt{2}E}{\pi}(1+\cos\alpha)$
효율	40.6[%]	81.2[%]
PIV	$PIV = E_d \times \pi$	

여기서, E_d : 직류 전압, E : 교류 전압

$PIV = E_d \times \pi = 200 \times 3.14 = 628[V]$ 【정답】 ②

55. 3상 변압기를 1차 Y, 2차 △로 결선하고 1차에 선간전압 3,300[V]를 가했을 때 무부하 2차 선간전압은 몇 [V]인가? 단, 전압비는 30:1이다.

① 63.5 ② 110
③ 173 ④ 190.5

|정|답|및|해|설|

[변압기의 결선] ·Y결선 : $V_p = \frac{V_l}{\sqrt{3}}$, ·△결선 : $V_l = V_p$

전압비(권수비) $a = \frac{V_1}{V_2} = \frac{N_1}{N_2}$

여기서, V_p : 상전압, V_l : 선간전압, N : 권수

1차에 선간전압 : 3,300[V], 권수비(a) : 30:1

① Y결선시 상전압 $V_p = \frac{V_l}{\sqrt{3}} = \frac{3300}{\sqrt{3}}[V]$

② 권수비 $a = \frac{N_1}{N_2} = \frac{30}{1} = 30$

③ △결선 시 상전압

$a = \frac{V_1}{V_2}$ 에서

V_1 = Y결선시 상전압
V_2 = △결선시 상전압

$$V_2 = \frac{V_1}{a} = \frac{\frac{3300}{\sqrt{3}}}{30} = \frac{110}{\sqrt{3}}$$

④ △결선 시 $V_l = V_p \rightarrow V_l = \frac{110}{\sqrt{3}} = 63.5[V]$

【정답】 ①

56. 직류발전기의 유기기전력과 반비례하는 것은?

① 자속 ② 회전수
③ 전체 도체수 ④ 병렬 회로수

|정|답|및|해|설|

[직류 발전기의 유기기전력] $E = p\varnothing n\frac{z}{a}[V]$

여기서, p : 극수, $\varnothing$: 자속, n : 회전속도[rps], z : 도체수
a : 병렬 회로수

유기기전력과 반비례 관계에 있는 것은 병렬회로수(a)이다.

【정답】 ④

57. 일반적인 3상 유도전동기에 대한 설명 중 틀린 것은?

① 불평형 전압으로 운전하는 경우 전류는 증가하나 토크는 감소한다.
② 원선도 작성을 위해서는 무부하시험, 구속시험, 1차 권선저항 측정을 하여야 한다.
③ 농형은 권선형에 비해 구조가 견고하며 권선형에 비해 대형 전동기로 널리 사용된다.
④ 권선형 회전자의 3선 중 1선이 단선되면 동기속도의 50[%]에서 더 이상 가속되지 못하는 현상을 게르게스 현상이라 한다.

|정|답|및|해|설|

[3상 유도 전동기]

③ 농형은 권선형에 비해 기동조건이 나빠 중소형 전동기로 사용

【정답】 ③

58. 변압기 보호 장치의 주된 목적으로 볼 수 없는 것은?

① 다른 부분으로의 사고 확산 방지
② 절연내력 저하 방지
③ 변압기 자체 사고의 최소화
④ 전압 불평형 개선

|정|답|및|해|설|

[변압기 보호 장치의 목적]

·다른 부분으로의 사고 확산 방지
·절연내력 저하 방지
·변압기 자체 사고의 최소화

※④ 전압 불평형 개선과는 관계가 없다.

【정답】 ④

59. 직류기에서 기계각의 극수가 P인 경우 전기각과 의 관계는 어떻게 되는가?

① 전기각$\times 2P$　　② 전기각$\times 3P$

③ 전기각$\times \frac{2}{P}$　　④ 전기각$\times \frac{3}{P}$

|정|답|및|해|설|

[전기각] 교류의 하나의 파는 각도로 하여 360° 이므로 이것을 바탕으로 하여 몇 개의 파수 또는 파의 일부분 등을 각도로 나타낸 것이다. 2극을 기준으로 하므로 1개의 극은 180° 에 해당하므로 전기각은 다음과 같다.

전기각 $\alpha_e[rad] = \alpha[rad] \times \frac{P}{2}$

여기서, α_e : 전기각, α : 기계각, P : 극수

따라서 기계각 $\alpha = \frac{2}{P} \times \alpha_e$　　【정답】 ③

60. 3상 권선형 유도전동기의 전부하 슬립 5[%], 2차 1상의 저항 0.5[Ω]이다. 이 전동기의 기동 토크를 전부하 토크와 같도록 하려면 외부에서 2차에 삽입할 저항[Ω]은?

① 8.5　　② 9

③ 9.5　　④ 10

|정|답|및|해|설|

[비례추이] 비례추이란 2차 회로 저항(외부 저항)의 크기를 조정함으로써 슬립을 바꾸어 속도와 토크를 조정하는 것이다. 최대 토크는 불변, 기동 전류는 감소, 기동 토크는 증가

· $\frac{r_2}{s_m} = \frac{r_2 + R}{s_t}$

·기동시(전부하 토크로 기동) 외부저항 $R = \frac{1-s}{s} r_2$

여기서, r_2 : 2차 권선의 저항, R : 2차 외부 회로 저항

s_m : 최대 토크 시 슬립, s_t : 기동시 슬립

전부하 슬립 : 5[%], 2차 1상의 저항 0.5[Ω]

$\frac{r_2}{s_m} = \frac{r_2 + R}{s_t}$에서 $\frac{0.5}{0.05} = \frac{0.5 + R}{1}$

2차 외부저항 $R = 10 - 0.5 = 9.5[\Omega]$

【정답】 ③

41. 3상 직권 정류자 전동기에 중간 변압기를 사용하는 이유로 적당하지 않은 것은?

① 중간 변압기를 이용하여 속도 상승을 억제할 수 있다.

② 회전자 전압을 정류작용에 맞는 값으로 선정할 수 있다.

③ 중간 변압기를 사용하여 누설 리액턴스를 감소할 수 있다.

④ 중간 변압기의 권수비를 바꾸어 전동기 특성을 조정할 수 있다.

|정|답|및|해|설|

[3상 직권 정류자 전동기에서 중간 변압기를 사용하는 목적]

·전원 전압의 크기에 관계없이 정류자 전압 조정

·중간 변압기의 권수비를 조정하여 전동기 특성을 조정

·경부하시 직권 특성 $T \propto I^2 \propto \frac{1}{N^2}$ 이므로 속도가 크게 상승할 수 있어 중간 변압기를 사용하여 속도 상승을 억제

·실효 권수비 조정　　【정답】 ③

42. 변압기의 권수를 N이라고 할 때 누설 리액턴스는?

① N에 비례한다.

② N^2에 비례한다.

③ N에 반비례한다.

④ N^2에 반비례한다.

|정|답|및|해|설|

[누설리액턴스] $X_L = 2\pi fL \propto L$

$L = \frac{\mu SN^2}{l} \propto N^2$

따라서 누설 리액턴스를 줄이기 위해 권선을 분할 조립한다.

【정답】 ②

43. 직류기의 온도 상승 시험 방법 중 반환부하법의 종류가 아닌 것은?

① 카프법　② 홉킨스법
③ 스코트법　④ 블론델법

|정|답|및|해|설|

[변압기 온도 상승 시험]

① 실부하법 : 소용량의 경우에 이용 되지만, 전력 손실이 크기 때문에 소용량 이외에는 별로 적용되지 않는다.

② 반환 부하법 : 변압기 온도 상승 시험을 하는 데 현재 가장 많이 사용하고 있는 방법으로 블론델법, 카프법 및 홉킨스법 등이 있다.　【정답】 ③

44. 단상 직권 정류자전동기에서 보상권선과 저항도선의 작용을 설명한 것으로 틀린 것은?

① 역률을 좋게 한다.
② 변압기 기전력을 크게 한다.
③ 전기자 반작용을 감소시킨다.
④ 저항도선은 변압기 기전력에 의한 단락전류를 적게 한다.

|정|답|및|해|설|

[단상 직권 정류자 전동기]

① 반발 전동기 : 브러시를 단락시켜 브러시 이동으로 기동 토크, 속도 제어, 아트킨손형, 톰슨형, 데리형 등이 있다.

② 단상 직권 정류자 전동기(만능 전동기(직·교류 양용))
- ·성층 철심, 역률 및 정류 개선을 위해 약계자, 강전기자형으로 함
- ·역률 개선을 위해 보상권선 설치(전기자반작용 제거)
- ·저항 도선 : 단락 전류를 적게
- ·회전속도를 증가시킬수록 역률이 개선
- ·직권형, 보상형, 유도보상형 등이 있다.

【정답】 ②

45. 일반적인 변압기의 손실 중에서 온도 상승에 관계가 가장 적은 요소는?

① 철손　② 동손
③ 와류손　④ 유전체손

|정|답|및|해|설|

[변압기 손실] 변압기 손실은 철손과 동손이 대부분이며 절연물에 의한 유전체손은 절연물 중에서 발생하는 손실로 그 값이 철손과 동손에 비해 매우 적으므로 온도상승에 관계가 가장 적다.

【정답】 ④

46. 직류발전기의 병렬 운전에서 부하 분담의 방법은?

① 계자전류와 무관하다.
② 계자전류를 증가하면 부하 분담은 감소한다.
③ 계자전류를 증가하면 부하 분담은 증가한다.
④ 계자전류를 감소하면 부하 분담은 증가한다.

|정|답|및|해|설|

[직류 발전기 병렬 운전 시 부하의 분담] 부하 분담은 두 발전기의 단자전압이 같아야 하므로 유기전압(E)와 전기자 회로의 저항 R_a에 의해 결정된다.

① 저항의 같으면 유기전압이 큰 측이 부하를 많이 분담
② 유기전압이 같으면 전기자 회로 저항에 반비례해서 분담
③ $E_1 - R_{a1}(I_1 + I_{f1}) = E_2 - R_{a2}(I_2 + I_{f2}) = V$

여기서, E_1, E_2 : 각 기의 유기 전압[V]
R_{a1}, R_{a2} : 각 기의 전기자 저항[Ω]
I_1, I_2 : 각 기의 부하 분담 전류[A]
I_{f1}, I_{f2} : 각 기의 계자전류[A]
V : 단자전압　【정답】 ③

47. 1차 전압 6,600[V], 2차 전압 220[V], 주파수 60[Hz], 1차 권수 1,000회의 변압기가 있다. 최대 자속은 약 몇 [Wb]인가?

① 0.020　② 0.025
③ 0.030　④ 0.032

|정|답|및|해|설|

[변압기 유기기전력] ① 1차 유기기전력 $E_1 = 4.44fN_1\varnothing_m$

② 2차 유기기전력 $E_2 = 4.44fN_2\varnothing_m$

여기서, f : 1, 2차 주파수, N_1, N_2 : 1, 2차 권수
$\varnothing_m$: 최대 자속

1차 전압 : 6,600[V], 2차 전압 : 220[V], 주파수 : 60[Hz]
1차 권수 : 1,000회

$\phi_m = \frac{E_1}{4.44fN_1} = \frac{6,600}{4.44 \times 60 \times 1,000} = 0.025[Wb]$　【정답】 ②

48. 역률 100[%]일 때의 전압 변동률 ϵ은 어떻게 표시되는가?

① %저항강하 ② %리액턴스강하
③ %서셉턴스강하 ④ %임피던스강하

|정|답|및|해|설|
[지상 부하 시 전압 변동률(ϵ)]
$\epsilon = p\cos\theta_2 + q\sin\theta_2$ → (+ : 지상, - : 진상)
여기서, p : %저항 강하, q : %리액턴스 강하,
θ : 부하 Z의 위상각
전압변동률 $\epsilon = p\cos\theta_2 + q\sin\theta_2$에서
역률이 100[%]일 때 $\cos\varnothing = 1$, $\sin\varnothing = 0$이므로 $\epsilon = p$
【정답】 ①

49. 3상 농형 유도전동기의 기동방법으로 틀린 것은?

① $Y-\Delta$ 기동
② 전전압 기동
③ 리액터 기동
④ 2차 저항에 의한 기동

|정|답|및|해|설|
[3상 유도전동끼 기동법]

농형	① 전전압 기동(직입기동) : 5[kW] 이하의 소용량 ② $Y-\Delta$ 기동: 5~15[kW] 정도, 전류 1/3배, 전압 $1/\sqrt{3}$ 배 ③ 기동 보상기법 : 15[kW] 이상, 정도단권변압기 사용하여 감전압기동 ④ 리액터 기동법 : 토크 효율이 나쁘다. ⑤ 콘도로퍼법
권선형	① 2차 저항 기동법→비례 추이 이용 ② 게르게스법

【정답】 ④

50. 직류 분권발전기의 병렬운전에 있어 균압선을 붙이는 목적은 무엇인가?

① 손실을 경감한다.
② 운전을 안정하게 한다.
③ 고조파의 발생을 방지한다.
④ 직권계자 간의 전류 증가를 방지한다.

|정|답|및|해|설|
[균압선의 목적]
·병렬 운전을 안정하게 하기 위하여 설치하는 것
·일반적으로 직권 및 복권 발전기에는 직권 계자 코일에 흐르는 전류에 의하여 병렬 운전이 불안정하게 되므로 균압선을 설치하여 직권 계자 코일에 흐르는 전류를 분류하게 된다.
【정답】 ②

51. 2방향성 3단자 사이리스터는 어느 것인가?

① SCR ② SSS
③ SCS ④ TRIAC

|정|답|및|해|설|
[각종 반도체 소자의 비료]

방향성	명칭	단자	기호	응용 예
역저지 (단방향) 사이리스터	SCR	3단자		정류기 인버터
	LASCR			정지스위치 및 응용스위치
	GTO			쵸퍼 직류스위치
	SCS	4단자		
쌍방향성 사이리스터	SSS	2단자		초광장치, 교류스위치
	TRIAC	3단자		초광장치, 교류스위치
	역도통			직류효과

【정답】 ④

52. 15[kVA], 3,000/200[V] 변압기의 1차 측 환산등가 임피던스 $5.4 + j6[\Omega]$일 때, %저항강하 p와 %리액턴스강하 q는 각각 약 몇 [%]인가?

① $p = 0.9$, $q = 1$
② $p = 0.7$, $q = 1.2$
③ $p = 1.2$, $q = 1$
④ $p = 1.3$, $q = 0.9$

|정|답|및|해|설|

[변압기 특성]

· 1차 정격전류 $I_{1n}=\frac{P_n}{V_{1n}}[A]$

· %저항 강하 $p=\frac{I_{1n}\times r}{V_{1n}}\times 100[\%]$

· %리액턴스 강하 $q=\frac{I_{1n}\times x}{V_{1n}}\times 100$

여기서, V_{1n} : 1차 정격 전압, I_{1n} : 1차 정격 전류
r : 저항, x : 리액턴스, P_n : 전력

전력 : 15[kVA], 3,000/200[V]($V_1=3000[V]$, $V_2=200[V]$) 환산등가 임피던스 $5.4+j6[\Omega]$($r=5$, $x=6$)

1차 정격전류 $I_{n1}=\frac{P_n}{V_{n1}}=\frac{15\times 10^3}{3,000}=5[A]$

%저항강하 $p=\frac{I_{1n}r}{V_{1n}}\times 100=\frac{5\times 5.4}{3,000}\times 100=0.9[\%]$

%리액턴스강하 $q=\frac{I_{1n}x}{V_{1n}}\times 100=\frac{5\times 6}{3,000}\times 100=1[\%]$

【정답】 ①

53. 유도전동기의 2차 여자 제어법에 대한 설명으로 틀린 것은?

① 역률을 개선할 수 있다.
② 권선형 전동기에 한하여 이용된다.
③ 동기속도의 이하로 광범위하게 제어할 수 있다.
④ 2차 저항손이 매우 커지며 효율이 저하된다.

|정|답|및|해|설|

[2차 여자 제어법] 권선형 유도전동기 속도 제어

주파수 변환기를 사용하여 회전자의 슬립 주파수 sf와 같은 주파수의 전압을 발생시켜 슬립링을 통하여 회전자 권선에 공급하여, s를 변환 시키는 방법

· E_c(슬립 주파수 전압)를 sE_2와 같은 방향으로 인가 : 속도 증가

· E_c(슬립 주파수 전압)를 sE_2와 반대 방향으로 인가 : 속도 감소

【정답】 ④

54. 직류 발전기를 3상 유도전동기에서 구동하고 있다. 이 발전기에 55[kW]의 부하를 걸 때 전동기의 전류는 약 몇 [A]인가? 단, 발전기의 효율은 88[%], 전동기의 단자전압은 400[V], 전동기의 효율은 88[%], 전동기의 역률은 82[%]로 한다.

① 125 ② 225
③ 325 ④ 425

|정|답|및|해|설|

[발전기의 효율] $\eta=\frac{출력}{입력}$

[원동기(3상 유도전동기)의 효율] $\eta=\frac{출력}{입력}=\frac{P_o}{\sqrt{3}\,VI\cos\theta}$

발전기의 입력 $P_i=\frac{P_o}{\eta}=\frac{55}{0.88}=62.5[kW]$

발전기의 입력=원동기(3상 유도전동기)의 출력

원동기(3상 유도전동기)의 효율 $\eta=\frac{P_o}{\sqrt{3}\,VI\cos\theta}$ 에서

3상 유도전동기전류 $I=\frac{P_o}{\sqrt{3}\,V\cos\theta\,\eta}$

$=\frac{62.5\times 10^3}{\sqrt{3}\times 400\times 0.82\times 0.88}=125[A]$

【정답】 ①

55. 동기기의 기전력의 파형 개선책이 아닌 것은?

① 단절권 ② 집중권
③ 공극 조정 ④ 자극 모양

|정|답|및|해|설|

[기전력의 파형을 정현파로 하기 위한 방법]

① 매극 매상의 슬롯수를 크게 한다.
② 부정수 슬롯권을 채용한다.
③ 단절권 및 분포권으로 한다.
④ 반폐 슬롯을 사용한다.
⑤ 전기자 철심을 스큐 슬롯으로 한다.
⑥ 공극의 길이를 크게 한다.
⑦ Y결선을 한다.

【정답】 ②

56. 유도자형 동기발전기의 설명으로 옳은 것은?

① 전기자만 고정되어 있다.
② 계자극만 고정되어 있다.
③ 회전자가 없는 특수 발전기이다.
④ 계자극과 전기자가 고정되어 있다.

|정|답|및|해|설|

[동기발전기의 회전자에 의한 분류]

① 회전계자형 : 전기자를 고정자로 하고, 계자극을 회전자로 한 것으로 주요 특징은 다음과 같다.
- 전기자 권선은 전압이 높고 결선이 복잡
- 계자회로는 직류의 저압회로이며 소요 전력도 적다.
- 계자극은 기계적으로 튼튼하게 만들기 쉽다.

② 회전전기자형
- 계자극을 고정자로 하고, 전기자를 회전자로 한 것
- 특수용도 및 극히 저용량에 적용

③ 유도자형
- 계자극과 전기자를 모두 고정자로 하고 권선이 없는 회전자, 즉 유도자를 회전자로 한 것.
- 고주파(수백~수만[Hz]) 발전기로 쓰인다.

【정답】 ④

57. 200[V], 10[kW]의 직류 분권전동기가 있다. 전기자저항은 $0.2[\Omega]$, 계자저항은 $40[\Omega]$이고 정격전압에서 전류가 15[A]인 경우 5[kg·m]의 토크를 발생한다. 부하가 증가하여 전류가 25[A]로 되는 경우 발생토크[kg·m]는?

① 2.5	② 5
③ 7.5	④ 10

|정|답|및|해|설|

[직류 분권 전동기의 토크] $T=\frac{E_cI_a}{2\pi n}=\frac{p\varnothing n\frac{Z}{a}I_a}{2\pi n}[\text{N.m}]$

여기서, E_c : 역기전력, I_a : 전기자전류, n : 회전수[rps]
p : 극수, Z : 도체수, a : 병렬회로수, $\varnothing$: 자속

① 토크 $T=\frac{E_cI_a}{2\pi n}=\frac{p\varnothing n\frac{Z}{a}I_a}{2\pi n}[\text{N.m}]$에서 $T\propto I_a\propto\frac{1}{N}$

② 분권전동기의 전기자전류 $I_a=I-I_f=I-\frac{V}{R_f}$

여기서, I_f : 계자전류, R_f : 계자저항, V : 전압

- 정격전류 15[A] : $I_a=15-\frac{200}{40}=10[A]$
- 정격전류 25[A] : $I_a=25-\frac{200}{40}=20[A]$

따라서 토크는 전기자전류에 비례하고, 전류가 15[A]인 경우 5[kg・m]의 토크가 발생하므로

$T'=5\times\frac{20}{10}=10[kg\cdot m]$

【정답】 ④

58. $50[\Omega]$의 계자저항을 갖는 직류 분권발전기가 있다. 이 발전기의 출력이 5.4[kW]일 때 단자전압은 100[V], 유기기전력은 115[V]이다. 이 발전기의 출력이 2[kW]일 때 단자전압이 125[V]라면 유기기전력은 약 몇 [V]인가?

① 130	② 145
③ 152	④ 159

|정|답|및|해|설|

[직류 분권발전기 유기기전력] $E=V+I_aR_a$

[전기자전류] $I_a=I+I_f=\frac{P}{V}+\frac{V}{R_f}$

여기서, V : 단자전압, I_a : 전기자전류, I_f : 계자전류
R_a : 전기자저항, R_f : 계자저항, P : 출력

① 발전기의 출력이 5.4[kW]인 경우

$I_a=\frac{5.4\times10^3}{100}+\frac{100}{50}=56[A]$

유기기전력 $E=V+I_aR_a$에서

전기자저항 $R_a=\frac{E-V}{I_a}=\frac{115-100}{56}=0.27[\Omega]$

② 발전기의 출력이 2[kW]일 때

전기자전류 $I_a=\frac{2\times10^3}{125}+\frac{125}{50}=18.5[A]$

유기기전력 $E=V+I_aR_a=125+18.5\times0.27=130[V]$

【정답】 ①

59. 돌극형 동기발전기에서 직축 동기 리액턴스를 X_d, 횡축 동기 리액턴스를 X_q라 할 때의 관계는?

① $X_d>X_q$	② $X_d<X_q$
③ $X_d=X_q$	④ $X_d\ll X_q$

|정|답|및|해|설|

[동기 발전기] 돌극형(철극기)은 직축이 횡축에 비하여 공극이 작아 직축(동기) 리액턴스 x_d가 횡축(동기) 리액턴스 x_q보다 크다. ($x_d > x_q$)

반면, 비철극기에서는 공극이 일정해 $x_d=x_q=x_s$로 된다.

【정답】 ①

60. 10극 50[Hz] 3상 유도전동기가 있다. 회전자도 3상이고 회전자가 정지할 때 2차 1상간의 전압이 150[V]이다. 이것을 회전자계와 같은 방향으로 400[rpm]으로 회전시킬 때 2차 전압은 몇 [V]인가?

① 50 ② 75
③ 100 ④ 150

|정|답|및|해|설|

[유도 전동기] 동기 속도 $N_s = \frac{120f}{p}$[rpm], 슬립 $s = \frac{N_s - N}{N_s}$
회전시 2차 유도 기전력 $E_2' = sE_2$
여기서, f : 주파수, p : 극수, N : 회전자 회전속도
s : 슬립, E_2 : 2차 유도 기전력(전압)
극수(p) : 10극, 주파수(f) : 50[Hz]
2차 1상간의 전압(E_2) : 150[V], 회전속도(N) : 400[rpm]
동기 속도 $N_s = \frac{120f}{p} = \frac{120 \times 50}{10} = 600[rpm]$
슬립 $s = \frac{N_s - N}{N_s} = \frac{600 - 400}{600} = 0.33$
회전 시 2차 전압 $E_s' = sE_2 = 0.33 \times 150 = 50[V]$

【정답】 ①

2017 전기기사 필기

41. 그림과 같은 회로에서 전원전압의 실효치 200[V], 점호각 30[°]일 때 출력전압은 약 몇 [V]인가? (단, 정상상태이다.)

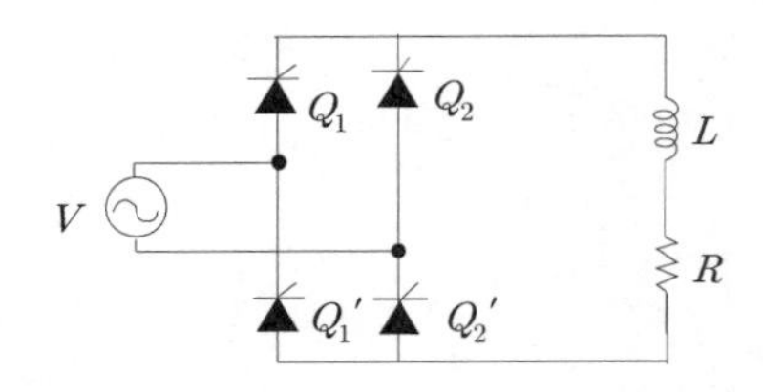

① 157.8 ② 168.0
③ 177.8 ④ 187.8

|정|답|및|해|설|

[대칭 브리지 회로의 출력 전압] $E_d = \frac{\sqrt{2}E}{\pi}(1+\cos\alpha)[V]$

여기서, E : 전압 실효치, α : 점호각

$E_d = \frac{\sqrt{2}E}{\pi}(1+\cos\alpha) = 0.45\times 200 \times (1+\cos 30°) = 167.94[V]$

【정답】 ②

42. 분권발전기의 회전 방향을 반대로 하면 일어나는 현상은?

① 전압이 유기된다.
② 발전기가 소손된다.
③ 잔류자기가 소멸된다.
④ 높은 전압이 발생한다.

|정|답|및|해|설|

[분권발전기] 회전 방향을 반대로 하면 잔류자기가 소멸되고, 잔루자기가 없으면 발전이 불가능하다. 【정답】 ③

43. 극수가 24일 때, 전기각 180° 에 해당하는 기계각은?

① 7.5° ② 15°
③ 22.5° ④ 30°

|정|답|및|해|설|

[전기각] 교류의 하나의 파는 각도로 하여 360° 이므로 이것을 바탕으로 하여 몇 개의 파수 또는 파의 일부분 등을 각도로 나타낸 것이다. 2극을 기준으로 하므로 1개의 극은 180° 에 해당하므로 전기각은 다음과 같다.

전기각 $\alpha_e[rad] = \alpha[rad]\times\frac{P}{2}$

여기서, α_e : 전기각, α : 기계각, P : 극수

따라서 기계각 $\alpha = \frac{2}{P}\times\alpha_e = \frac{2}{24}\times 180 = 15°$

【정답】 ②

44. 단락비가 큰 동기기의 특징으로 옳은 것은?

① 안정도가 떨어진다.
② 전압변동률이 크다.
③ 선로의 충전용량이 크다.
④ 단자 단락 시 단락 전류가 적게 흐른다.

|정|답|및|해|설|

[단락비가 큰 동기기]
·전압 변동이 작다(안정도가 높다).
·과부하 내량이 크다.
·전기자 반작용이 작다.
·동기 임피던스가 작다.
·송전 선로의 충전 용량이 크다.
·극수가 적은 저속기(수차형)
·단락전류가 커진다. 【정답】 ③

45. 단상 직권 정류자 전동기에서 보상권선과 저항도선의 작용을 설명한 것 중 틀린 것은?

① 보상권선은 역률을 좋게 한다.
② 보상권선은 변압기의 기전력을 크게 한다.
③ 보상권선은 전기자 반작용을 제거해 준다.
④ 저항도선은 변압기 기전력에 의한 단락전류를 작게 한다.

|정|답|및|해|설|

[저항도선] 저항 도선은 변압기 기전력에 의한 단락전류를 작게 하여 정류를 좋게 한다. 또한 보상권선은 전기자 반응을 상쇄하여 역률을 좋게 할 수 있고 변압기 기전력을 작게 해서 정류작용을 개선한다.

【정답】 ②

46. 5[kVA], 3300/200[V]의 단락시험에서 임피던스 전압 120[V], 동손 150[W]라 하면 퍼센트 저항강하는 몇 [%]인가?

① 2　　② 3
③ 4　　④ 5

|정|답|및|해|설|

[%저항강하] $p=\frac{P_c}{P_n}\times 100[\%]$

여기서, P_n : 정격용량, P_c : 동손

$$p=\frac{P_c}{P_n}\times 100=\frac{150}{5000}\times 100=3[\%]$$

【정답】 ②

47. 변압기의 규약 효율 산출에 필요한 기본요건이 아닌 것은?

① 파형은 정현파를 기준으로 한다.
② 별도의 지정이 없는 경우 역률은 100[%] 기준이다.
③ 부하손은 40[℃]를 기준으로 보정한 값을 사용한다.
④ 손실은 각 권선에 대한 부하손의 합과 무부하손의 합이다.

|정|답|및|해|설|

[변압기 규약 효율] $\eta=\frac{출력}{출력+손실}\times 100[\%]$ → (출력 기준)

③ 부하손은 75[℃]를 기준으로 보정한 값을 사용한다.

【정답】 ③

48. 직류기에 보극을 설치하는 목적은?

① 정류 개선　　② 토크의 증가
③ 회전수 일정　　④ 기동토크의 증가

|정|답|및|해|설|

[양호한 정류를 얻는 조건

·저항정류 : 접촉저항이 큰 탄소브러시 사용
·전압정류 : 보극을 설치(평균 리액턴스 전압을 줄임)

평균 리액턴스 전압 $e_L=L\frac{2I_c}{T_c}[V]$

·정류주기를 길게 한다.
·코일의 자기 인덕턴스를 줄인다(단절권 채용).

【정답】 ①

49. 4극, 3상 동기기가 48개의 슬롯을 가진다. 전기자 권선 분포 계수 K_d를 구하면 약 얼마인가?

① 0.923　　② 0.945
③ 0.957　　④ 0.969

|정|답|및|해|설|

[매극 매상의 슬롯수 및 분포계수]

$q=\frac{총슬롯수}{극수\times 상수}$, 분포계수 $K=\frac{\sin\frac{n\pi}{2m}}{q\sin\frac{n\pi}{2mq}}$

여기서, q : 매극매상당 슬롯수, n : 고주파 차수, m : 상수

$$q=\frac{총슬롯수}{극수\times 상수}=\frac{48}{4\times 3}=4$$

$$K=\frac{\sin\frac{n\pi}{2m}}{q\sin\frac{n\pi}{2mq}}=\frac{\sin\frac{\pi}{2\times 3}}{4\sin\frac{\pi}{2\times 3\times 4}}=0.957$$

【정답】 ③

50. 슬립 s_t에서 최대 토크를 발생하는 3상 유도전동기에 2차측 한 상의 저항을 r_2라 하면 최대 토크로 기동하기 위한 2차 측 한 상에 외부로부터 가해 주어야 할 저항[Ω]은?

① $\frac{1-s_t}{s_t}r_2$ ② $\frac{1+s_t}{s_t}r_2$

③ $\frac{r_2}{1-s_t}$ ④ $\frac{r_2}{s_t}$

|정|답|및|해|설|

[비례추이] 2차 회로 저항(외부 저항)의 크기를 조정함으로써 슬립을 바꾸어 속도와 토크를 조정하는 것

$\frac{r_2}{s_t}=\frac{r_2+R}{s_m}$

여기서, r_2 : 2차 권선의 저항, s_t : 최대 토크 슬립

s_m : 기동 시 슬립(정지상태에서 기동시 $s_m=1$)

$\frac{r_2}{s_t}=\frac{r_2+R}{1}$ 에서 $R=\frac{r_2}{s_t}-r_2=\frac{1-s_t}{s_t}-r_2$

【정답】 ①

51. 어떤 단상 변압기의 2차 무부하 전압이 240[V]이고, 정격 부하시의 2차 단자전압이 230[V]이다. 전압 변동률은 약 얼마인가?

① 4.35[%] ② 5.15[%]

③ 6.65[%] ④ 7.35[%]

|정|답|및|해|설|

[전압 변동률] $\epsilon=\frac{V_{20}-V_{2n}}{V_{2n}}\times 100[\%]$

여기서, V_{20} : 무부하시 2차 단자 전압,

V_{2n} : 정격부하시 2차 단자 전압

$\epsilon=\frac{V_{20}-V_{2n}}{V_{2n}}\times 100=\frac{240-230}{230}\times 100=4.35[\%]$

【정답】 ①

52. 일반적인 농형 유도전동기에 비하여 2중 농형 유도전동기의 특징으로 옳은 것은?

① 손실이 적다.

② 슬립이 크다.

③ 최대 토크가 적다.

④ 기동 토크가 크다.

|정|답|및|해|설|

[2중 농형 유도전동기]

- 기동 전류가 작다.
- 기동 토크가 크다.
- 열이 많이 발생하여 효율은 낮다.

【정답】 ④

53. 유도전동기의 안정 운전의 조건은? (단, T_m : 전동기 토크, T_L : 부하토크, n : 회전수)

① $\frac{dT_m}{dn}<\frac{dT_L}{dn}$ ② $\frac{dT_m}{dn}=\frac{dT_L^2}{dn}$

③ $\frac{dT_m}{dn}>\frac{dT_L}{dn}$ ④ $\frac{dT_m}{dn}\neq\frac{dT_L^2}{dn}$

|정|답|및|해|설|

[전동기의 안정운전조건]

전동기의 안정운전조건에서 부하토크 T_L은 회전수가 정격 운전상태보다 커질 때 부담이 커져서 회전수가 커지지 않도록 한다. 전동기 토크 T_M은 회전수가 정격 운전상태보다 작을 때 가속을 시켜서 회전수가 작아지지 않도록 한다. 따라서 전동기의 안정운전을 위해서 회전수 증가에 대해서

$\frac{dT_L}{dn}>0$, $\frac{dT_M}{dn}<0$ 으로 설계되어야 한다.

· 안정 운전 : $\frac{dT_M}{dn}<\frac{dT_L}{dn}$

· 불안정 운전 : $\frac{dT_M}{dn}>\frac{dT_L}{dn}$

【정답】 ①

54. 사이리스터에서 게이트 전류가 증가하면?

① 순방향 저지전압이 증가한다.

② 순방향 저지전압이 감소한다.

③ 역방향 저지저압이 증가한다.

④ 역방향 저지전압이 감소한다.

|정|답|및|해|설|

[SCR] 게이트 전류가 증가해서 흐르면 순방향의 저지상태에서 저지전압이 감소하여 SCR은 도통(ON 상태)된다.

【정답】 ②

55. 60[Hz]인 3상 8극 및 2극의 유도전동기를 차동종속으로 접속하여 운전할 때의 무부하속도[rpm]는?

① 720　　② 900
③ 1,000　　④ 1,200

|정|답|및|해|설|

[권선형 유도전동기 속도제어법]

· 직렬종속법 : $N = \frac{120}{P_1 + P_2} f$

· 차동종속법 : $N = \frac{120}{P_1 - P_2} f$

· 병렬종속법 : $N = 2 \times \frac{120}{P_1 + P_2} f$

차동 종속 $N = \frac{120}{P_1 - P_2} f = \frac{120}{8-2} \times 60 = 1,200[\text{rpm}]$

여기서, P_1, P_2 : 극수, f : 주파수 【정답】 ④

56. 원통형 회전자(비철극기)를 가진 동기발전기는 부하각 δ가 몇 도[°]일 때 최대 출력을 낼 수 있는가?

① 0[°]　　② 30[°]
③ 60[°]　　④ 90[°]

|정|답|및|해|설|

[동기발전기의 출력] $P = \frac{EV}{X} \sin\delta [kW]$

여기서, E : 유기기전력, V : 단자전압, X : 동기 리액턴스
δ : 부하각

$\delta = 90°$ $(\sin 90 = 1)$에서 $P_{\max} = \frac{EV}{X} [kW]$

【정답】 ④

57. 직류발전기의 병렬운전에 있어서 균압선을 붙이는 발전기는?

① 타여자발전기
② 직권발전기와 분권발전기
③ 직권발전기와 복권발전기
④ 분권발전기와 복권발전기

|정|답|및|해|설|

[직류발전기 병렬 운전] 직류발전기 병렬 운전시 안정 운전을 위해서 균압선을 설치한다. 직권발전기, 복권발전기

【정답】 ③

58. 변압기의 절연내력 시험법이 아닌 것은?

① 가압시험　　② 유도시험
③ 무부하시험　　④ 충격전압시험

|정|답|및|해|설|

[변압기 시험] 변압기의 시험으로 중요한 것이 단락시험, 무부하 시험이다. 그렇지만 이들 시험은 동손, 철손, 효율 등을 구하는 것이 목적이고, 절연 내력을 시험하기 위한 것이 아니다.
절연 내력 시험에는 가압시험, 유도시험, 충격전압시험, 오일의 절연파괴전압시험 등이 있다. 【정답】 ③

59. 직류 발전기의 유기기전력이 230[V], 극수가 4, 정류자 편수가 162인 정류자 편간 평균 전압은 약 몇 [V]인가? (단, 권선법은 중권이다.)

① 5.68　　② 6.82
③ 9.42　　④ 10.2

|정|답|및|해|설|

[편간 평균 전압] $e = \frac{pE}{K} [V]$, 위상차 : $\frac{2\pi}{K}$

여기서, e : 정류자 편간 전압, E : 유기기전력
K : 정류자 편수, p : 극수

$e = \frac{pE}{K} = \frac{4 \times 230}{162} = 5.68[V]$

【정답】 ①

60. 동기발전기의 단자 부근에서 단락이 일어났다고 하면 단락전류는 어떻게 되는가?

① 전류가 계속 증가한다.
② 큰 전류가 증가와 감소를 반복한다.
③ 처음에는 큰 전류이나 점차 감소한다.
④ 일정한 큰 전류가 지속적으로 흐른다.

|정|답|및|해|설|

[단락전류] 평형 3상 전압을 유기하고 있는 발전기의 단자를 갑자기 단락하면 단락 초기에 전기자 반작용이 순간적으로 나타나지 않기 때문에 막대한 과도 전류가 흐르고, 수초 후에는 영구 단락 전류값에 이르게 된다. 【정답】 ③

41. 정류회로에 사용되는 환류 다이오드(free wheeling diode)에 대한 설명으로 틀린 것은?

① 순저항 부하의 경우 불필요하게 된다.
② 유도성 부하의 경우 불필요하게 된다.
③ 환류다이오드 동작 시 부하출력 전압은 0[V]가 된다.
④ 유도성 부하의 경우 부하전류의 평활화에 유용하다.

|정|답|및|해|설|
[환류 다이오드]
·유도성 부하 사용
·부하 전류의 평활화를 위해 사용
·저항 R에 소비되는 전력이 약간 증가한다.
【정답】 ②

42. 3상 변압기를 병렬 운전하는 경우 불가능한 조합은?

① △-△ 와 Y-Y ② △-Y 와 Y-△
③ △-Y 와 △-Y ④ △-Y 와 △-△

|정|답|및|해|설|
[변압기 병렬 운전]

병렬 운전 가능	병렬 운전 불가능
$\Delta-\Delta$와 $\Delta-\Delta$ $Y-\Delta$와 $Y-\Delta$ $Y-Y$와 $Y-Y$ $\Delta-Y$와 $\Delta-Y$ $\Delta-\Delta$와 $Y-Y$ $\Delta-Y$와 $Y-\Delta$	$\Delta-\Delta$와 $\Delta-Y$ $\Delta-Y$와 $Y-Y$

【정답】 ④

43. 3상 직권 정류자 전동기에 중간(직렬) 변압기를 사용하는 이유로 적당하지 않은 것은?

① 정류자 전압의 조정
② 회전자 상수의 감소
③ 실효 권수비 선정 조정
④ 경부하 때 속도의 이상 상승 방지

|정|답|및|해|설|
[직권 정류자 전동기에 중간 변압기를 사용하는 이유]
① 직권 특성이기 때문에 속도의 변화가 크다 중간 변압기를 사용해서 철심을 포화시키면 속도 상승을 제한할 수 있다.
② 전원 전압의 크기에 관계없이 정류에 알맞게 회전자 전압을 선택할 수 있다.
③ 고정자 권선과 직렬로 접속해서 동기속도에서 역률을 100[%]로 하기 위함이다.
③ 변압기로 전압비와 권수비를 바꿀 수가 있어서 전동기 특성도 조정할 수가 있다.
【정답】 ②

44. 직류 분권전동기를 무부하로 운전 중 계자회로에 단선이 생긴 경우 발생하는 현상으로 옳은 것은?

① 역전한다.
② 즉시 정지한다.
③ 과속도로 되어 위험하다.
④ 무부하이므로 서서히 정지한다.

|정|답|및|해|설|
[직류 분권전동기 회전속도] $n=k\frac{V-I_aR_a}{\phi}$

여기서, k : 상수$(=\frac{a}{pZ})$, V : 단자전압, I_a : 전기자전류
R_a : 전기자권선저항[Ω], $\varnothing$: 자속, a : 병렬회로수
p : 극수, Z : 전체 도체수
계자회로가 단선되면 $\varnothing$가 0이 되므로 과속도로 되어 위험
【정답】 ③

45. 변압기에 있어서 부하와는 관계없이 자속만을 발생시키는 전류는?

① 1차전류 ② 자화전류
③ 여자전류 ④ 철손전류

|정|답|및|해|설|
[여자전류] 여자전류는 철손을 공급하는 철손전류와 자속을 유지하는 자화전류의 합이다.
즉, $\dot{I_0}=\dot{I_\varnothing}+\dot{I_i}$ ($\dot{I_\varnothing}$: 자화전류, $\dot{I_i}$: 철손전류)
【정답】 ②

46. 직류전동기의 규약효율은 어떤 식으로 표현 되는가?

① $\frac{출력}{입력} \times 100[\%]$

② $\frac{입력}{입력+손실} \times 100[\%]$

③ $\frac{출력}{출력+손실} \times 100[\%]$

④ $\frac{입력-손실}{입력} \times 100[\%]$

|정|답|및|해|설|

[전동기는 입력 위주] 규약효율 $\eta = \frac{입력-손실}{입력} \times 100$

[발전기(변압기)는 출력 위주] $\eta = \frac{출력}{출력+손실} \times 100$

【정답】 ④

47. 직류전동기에서 정속도(constant speed) 전동기라고 볼 수 있는 전동기는?

① 직권전동기 ② 타여자전동기

③ 화동복권전동기 ④ 차동복권전동기

|정|답|및|해|설|

[직류 전동기의 특징]

종류	전동기의 특징
타여자	+, - 극성을 반대 → 회전 방향이 반대 정속도 전동기
분권	정속도 특성의 전동기 위험 상태 → 정격 전압, 무여자 상태 +, - 극성을 반대 → 회전 방향이 불변
직권	변속도 전동기(전기철도용) 부하에 따라 속도가 심하게 변한다. +, - 극성을 반대 → 회전 방향이 불변 위험 상태 → 정격 전압, 무부하 상태

【정답】 ②

48. 단상 유도전동기의 기동 방법 중 기동 토크가 가장 큰 것은?

① 반발 기동형 ② 분상 기동형

③ 세이딩 코일형 ④ 콘덴서 분상 기동형

|정|답|및|해|설|

[단상 유도 전동기의 기동 토크가 큰 순] 반발 기동형 → 반발 유도형 → 콘덴서 기동형 → 분상 기동형 → 세이딩 코일형(또는 모노 사이클릭 기동형)

【정답】 ①

49. 부흐홀츠 계전기에 대한 설명으로 틀린 것은?

① 오동작의 가능성이 많다.

② 전기적 신호로 동작한다.

③ 변압기의 보호에 사용된다.

④ 변압기의 주탱크와 콘서베이터를 연결하는 관중에 설치한다.

|정|답|및|해|설|

[부흐홀츠 계전기] 부흐홀츠 계전기는 변압기의 내부 고장으로 발생하는 가스 증기 등을 감지하여 계전기를 동작시키는 구조로서 콘서베이터와 변압기의 연결부분에 설치한다.

【정답】 ②

50. 직류기에서 정류코일의 자기인덕턴스를 L이라 할 때 정류코일의 전류가 정류주기 T_c 사이에 I_c에서 $-I_c$로 변한다면 정류코일의 리액턴스 전압[V]의 평균값은?

① $L\frac{T_c}{2I_c}$ ② $L\frac{I_c}{2T_c}$

③ $L\frac{2I_c}{T_c}$ ④ $L\frac{I_c}{T_c}$

|정|답|및|해|설|

[정류 코일의 리액턴스 전압] $e_L = L\frac{di}{dt} = L\frac{I_c-(-I_c)}{T_c} = L\frac{2I_c}{T_c}$

여기서, L : 리액턴스, T_c : 정류주기, I_c : 정류 주기 내 전류

【정답】 ③

51. 일반적인 전동기에 비하여 리니어 전동기(linear mtor)의 장점이 아닌 것은?

① 구조가 간단하여 신뢰성이 높다.

② 마찰을 거치지 않고 추진력이 얻어진다.

③ 원심력에 의한 가속 제한이 없고 고속을 쉽게 얻을 수 있다.

④ 기어, 벨트 등 동력 변환기구가 필요 없고 직접 원운동이 얻어진다.

|정|답|및|해|설|

[리니어 모터] 회전기의 회전자 접속 방향에 발생하는 전자력을 직선적인 기계 에너지로 변환시키는 장치

(1) 장점

① 모터 자체의 구조가 간단하여 신뢰성이 높고 보수가 용이하다.
② 기어, 벨트 등 동력 변환 기구가 필요 없고 직접 직선 운동이 얻어진다.
③ 마찰을 거치지 않고 추진력이 얻어진다.
④ 원심력에 의한 가속제한이 없고 고속을 쉽게 얻을 수 있다.

(2) 단점

① 회전형에 비하여 공극이 커서 역률, 효율이 낮다.
② 저속도를 얻기 어렵다.
③ 부하관성의 영향이 크다 【정답】 ④

52. 직류를 다른 전압의 직류로 변환하는 전력변환기기는?

① 초퍼　② 인버터
③ 사이클로 컨버터　④ 브리지형 인버터

|정|답|및|해|설|

[전력 변환 장치]

① 컨버터(AC-DC) : 직류 전동기의 속도 제어
② 인버터(DC-AC) : 교류 전동기의 속도제어
③ 직류 초퍼 회로(DC-DC) : 직류 전동기의 속도제어
④ 사이클로 컨버터(AC-AC) : 가변 주파수, 가변 출력 전압 발생

【정답】 ①

53. 와전류 손실을 패러데이 법칙으로 설명한 과정 중 틀린 것은?

① 와전류가 철심으로 흘러 발열
② 유기전압 발생으로 철심에 와전류가 흐름
③ 시변 자속으로 강자성체 철심에 유기전압 발생
④ 와전류 에너지 손실량은 전류 경로 크기에 반비례

|정|답|및|해|설|

[와전류] 와전류는 자속의 변화를 방해하기 위해서 국부적으로 만들어지는 맴돌이 전류로서 자속이 통과하는 면을 따라 폐곡선을 그리면서 흐르는 전류이다.

와류손 : $P_e = \sigma_e (tfk_f B_m)^2 [W]$

여기서, σ_e : 와류손 상수, t : 두께, k_f : 파형률
B_m : 최대 자속밀도 【정답】 ④

54. 주파수가 정격보다 3[%] 감소하고 동시에 전압이 정격보다 3[%] 상승된 전원에서 운전되는 변압기가 있다. 철손이 fB_m^2 에 비례한다면 이 변압기 철손은 정격상태에 비하여 어떻게 달라지는가? 단, f : 주파수, B_m : 자속밀도 최대치이다.

① 약 8.7[%] 증가　② 약 8.7[%] 감소
③ 약 9.4[%] 증가　④ 약 9.4[%] 감소

|정|답|및|해|설|

[철손] $P_i \propto fB_m^2 = k\frac{V^2}{f} = k\frac{(1.03V)^2}{0.97f} = 1.094k\frac{V^2}{f}$

따라서 1.094-1=0.094, 즉 9.4[%] 증가

히스테리시스손은 $P_h \propto fB^{1.6}$ 이고 와류손은 $P_e \propto f^2B^2$ 이므로 주파수가 감소하면 철손은 증가하고, 전압이 증가하면 철손은 전압의 제곱에 비례하는 특성을 가진다.

따라서 f가 3% 감소하고 V가 3% 증가하면 철손은 약 9.4% 증가하게 된다. 【정답】 ③

55. 교류정류자기에서 갭의 자속분포가 정현파로 $\phi_m = 0.14[Wb]$, $p = 2$, $a = 1$, $z = 200$, $N = 1,200[rpm]$ 인 경우 브러시 축이 자극 축과 30° 라면 속도 기전력의 실효값 E_s는 약 몇 [V]인가?

① 160　② 400
③ 560　④ 800

|정|답|및|해|설|

[기전력의 실효값]

$$E_s = \frac{1}{\sqrt{2}} \cdot \frac{p}{a} z \frac{N}{60} \phi_m \sin\theta$$
$$= \frac{1}{\sqrt{2}} \times \frac{2}{1} \times 200 \times 20 \times 0.14 \times \sin 30° = 396[V]$$

【정답】 ②

56. 역률 0.85의 부하 350[kW]에 50[kW]를 소비하는 동기전동기를 병렬로 접속하여 합성 부하의 역률을 0.95로 개선하려면 전동기의 진상무효전력은 약 몇 [kVar] 인가?

① 68　② 72
③ 80　④ 85

|정|답|및|해|설|

[합성 유효전력] $P=50+350=400[kW]$

[합성 무효전력]

$$Q=P\tan\theta-Q_c=350\times\frac{\sqrt{1-0.85^2}}{0.85}-Q_c=216.92-Q_c[kVar]$$

역률 0.95

$$\cos\theta=\frac{P}{P_a}=\frac{400}{\sqrt{400^2+(216.92-Q_c)^2}}=0.95$$

여기서, P : 유효전력, P_a : 피상전력($P_a=\sqrt{P^2+Q^2}$)

Q : 무효전력

그러므로 진상무효전력 $Q_c=85.45[kVar]$

【정답】 ④

57. 변압기의 무부하시험, 단락시험에서 구할 수 없는 것은?

① 철손 ② 동손

③ 절연내력 ④ 전압변동률

|정|답|및|해|설|

[변압기 시험]

① 무부하시험 : 철손, 여자전류, 여자어드미턴스

② 단락시험 : 동손, 임팩트전압, 임피던스 와트

동손과 철손을 구해서 전압 변동률을 구할 수 있다.

절연 내력은 절연 내력 시험으로 구한다.

【정답】 ③

58. 3상 동기발전기의 단락곡선이 직선으로 되는 이유는?

① 전기자 반작용으로

② 무부하 상태이므로

③ 자기포화가 있으므로

④ 누설 리액턴스가 크므로

|정|답|및|해|설|

[단락 곡선] 동기 리액턴스에 의해 흐르는 전류는 90° 늦은 전류가 크게 흐르게 되며, 이 전류에 의한 전기자 반작용이 감자 작용이 되므로 3상 단락곡선은 직선이 된다.

【정답】 ①

59. 정력출력 5,000[kVA], 정격전압 3.3[kV], 동기임피던스가 매상 1.8[Ω]인 3상 동기발전기의 단락비는 약 얼마인가?

① 1.1 ② 1.2

③ 1.3 ④ 1.4

|정|답|및|해|설|

$P=5000[kVA]$

$V=3300[V]$, $Z_s=1.8[\Omega]$

[단락전류] $I_s=\dfrac{\frac{V}{\sqrt{3}}}{Z_s}=\dfrac{V}{\sqrt{3}Z_s}=\dfrac{3300}{\sqrt{3}\times1.8}=1058.5[A]$

[정격전류] $I_n=\dfrac{P}{\sqrt{3}V}=\dfrac{5000\times10^3}{\sqrt{3}\times3300}=874.8[A]$

∴ 단락비 $K_s=\dfrac{I_s}{I_n}=\dfrac{1058.5}{874.8}=1.21$

【정답】 ②

60. 동기기의 회전자에 의한 분류가 아닌 것은?

① 원통형 ② 유도자형

③ 회전계자형 ④ 회전전기자형

|정|답|및|해|설|

[동기기의 회전자에 의한 분류]

- 유도자형 : 수백~수만[Hz] 정도의 고주파 발전기로 사용된다.
- 회전계자형 : 일반적으로 거의 대부분 회전계자형 사용
- 회전전기자형 : 특수용도 및 극히 저용량에 적용

【정답】 ①

41. 3상 유도기에서 출력의 변환 식으로 옳은 것은?

① $P_0=P_2+P_{2c}=\dfrac{N}{N_s}P_2=(2-s)P_2$

② $(1-s)P_2=\dfrac{N}{N_s}P_2=P_0-P_{2c}=P_0-sP_2$

③ $P_0=P_2-P_{2c}=P_2-sP_2=\dfrac{N}{N_s}P_2=(1-s)P_2$

④ $P_0=P_2+P_{2c}=P_2+sP_2=\dfrac{N}{N_s}P_2=(1+s)P_2$

|정|답|및|해|설|

[2차 동손] $P_{2c} = sP_2$

[2차 출력] $P_0 = P_2 - sP_2 = (1-s)P_2$ [W]

[슬립] $s = \frac{N_s - N}{N_s}$

여기서, s : 슬립, P_2 : 2차 입력, N_s : 동기속도

N : 회전자 회전속도

$$P_0 = P_2 - P_{2c} = P_2 - sP_2 = P_2(1-s)$$
$$= P_2\left[1 - \left(\frac{N_s - N}{N_s}\right)\right] = P_2 \cdot \frac{N}{N_s}$$

【정답】 ③

42. 변압기의 보호방식 중 비율차동계전기를 사용하는 경우는?

① 고조파 발생을 억제하기 위하여

② 과여자 전류를 억제하기 위하여

③ 과전압 발생을 억제하기 위하여

④ 변압기 상간 단락 보호를 위하여

|정|답|및|해|설|

[비율차동계전기, 차동계전기] 발전기, 변압기 중간 단락 등 내부 고장 검출

【정답】 ④

43. 다이오드 2개를 이용하여 전파정류를 하고, 순저항 부하에 전력을 공급하는 회로가 있다. 저항에 걸리는 직류분 전압이 90[V]라면 다이오드에 걸리는 최대 역전압[V]의 크기는?

① 90 ② 242.8

③ 254.5 ④ 282.8

|정|답|및|해|설|

[단상 전파 직류 저압] $E_d = 0.9E$, $PIV = E_d \times \pi$

여기서, E : 교류전압(실효값), E_d : 직류 전압, $\pi = 3.14$

·실효값 $E = \frac{E_d}{0.9} = \frac{90}{0.9} = 100[V]$

·역전압 첨두값 $PIV = 2\sqrt{2}E = \pi E_d = 2\sqrt{2} \times 100 = 282.8[V]$

【정답】 ④

44. 동기전동기에 대한 설명으로 옳은 것은?

① 기동 토크가 크다.

② 역률 조정을 할 수 있다.

③ 가변속 전동기로서 다양하게 응용된다.

④ 공극이 매우 작아 설치 및 보수가 어렵다.

|정|답|및|해|설|

[동기 전동기의 특성]

① 장점

·속도가 일정하다.

·기동 토크가 작다.

·언제나 역률 1로 운전할 수 있다.

·역률을 조정할 수 있다.

·유도 전동기에 비해 효율이 좋다.

·공극이 크고 기계적으로 튼튼하다.

② 단점

·기동시 토크를 얻기가 어렵다.

·속도 제어가 어렵다.

·구조가 복잡하다.

·난조가 일어나기 쉽다.

·가격이 고가이다.

·직류 전원 설비가 필요하다(직류 여자 방식).

【정답】 ②

45. 다음 농형 유도전동기에 주로 사용되는 속도 제어법은?

① 극수 제어법 ② 종속 제어법

③ 2차 여자 제어법 ④ 2차 저항 제어법

|정|답|및|해|설|

[농형 유도전동기] 농형 유도전동기의 극수를 변환시키면 극수에 반비례하여 동기 속도가 변하므로 회전 속도를 바꿀 수가 있다.

① 농형 유도전동기의 속도 제어법

· 주파수를 바꾸는 방법

· 극수를 바꾸는 방법

· 전원 전압을 바꾸는 방법

② 권선형 유도전동기의 속도 제어법

· 2차 여자 제어법

· 2차 저항 제어법

· 종속 제어법

【정답】 ①

46. 3상 권선형 유도전동기에서 2차측 저항을 2배로 하면 그 최대 토크는 어떻게 되는가?

① 불변이다. ② 2배 증가한다.
③ $\frac{1}{2}$로 감소한다. ④ $\sqrt{2}$배로 증가한다.

|정|답|및|해|설|

[3상 권선형 유도전동기의 최대 토크] 최대 토크는 2차 저항에 무관하며, 최대 토크를 발생하는 슬립만 2차 저항에 비례된다.

【정답】 ①

47. 직류전동기의 전기자전류가 10[A]일 때 5[kg·m]의 토크가 발생하였다. 이 전동기의 계자속이 80[%]로 감소되고, 전기자전류가 12[A]로 되면 토크는 약 몇[kg·m]인가?

① 5.2 ② 4.8
③ 4.3 ④ 3.9

|정|답|및|해|설|

[직류전동기의 토크] $T=k\phi I_a$

여기서, k : 상수($k=\frac{pZ}{2\pi a}$), $\varnothing$: 자속, I_a : 전기자전류
p : 극수, Z : 총도체수, a : 병렬회로수

토크 $T=k\phi I_a=5\times 0.8\times\frac{12}{10}=4.8[kg\cdot m]$ 【정답】 ②

48. 일반적인 변압기의 무부하손 중 효율에 가장 큰 영향을 미치는 것은?

① 와전류손 ② 유전체손
③ 히스테리시스손 ④ 여자전류 저항손

|정|답|및|해|설|

[변압기의 손실] 무부하손(무부하시험)+부하손(단락시험)
- 동손(부하손)
- 철손(무부하손) : 히스테리시스손(무부하손 중 가장 큰 영향), 와류손

【정답】 ③

49. 전기자 총 도체수 152, 4극, 파권인 직류 발전기가 전기자 전류를 100[A]로 할 때 매극당 감자기자력[AT/극]은 얼마인가? (단, 브러시의 이동각은 10° 이다.)

① 33.6[AT/극] ② 52.8[AT/극]
③ 105.6[AT/극] ④ 211.2[AT/극]

|정|답|및|해|설|

[매극당 감자기자력] $AT_d=\frac{z}{2p}\frac{I_a}{a}\frac{2\alpha}{\pi}$[AT/pole]

여기서, p : 극수, z : 총도체수, a : 병렬회로수
I_a: 직렬회로의 전류, α : 브러시 이동각

$p=4,\ Z=152,\ a=2,\ I_a=1000[A],\ \alpha=10°$

$AT_d=\frac{I_aZ}{2ap}\cdot\frac{2\alpha}{180}=\frac{100\times 152}{2\times 2\times 4}\cdot\frac{2\times 10}{180}=105.6[AT/극]$

【정답】 ③

50. 정격전압, 정격주파수가 6,600/220[V], 60[Hz] 와류손이 720[W]인 단상변압기가 있다. 이 변압기를 3,300[V], 50[Hz]의 전원에 사용하는 경우 와류손은 약 몇[W]인가?

① 120 ② 150
③ 180 ④ 200

|정|답|및|해|설|

[변압기의 유기기전력] $E=4.44fN\phi_m=4.44fB_mAN$

$\rightarrow B_m\propto\frac{E}{f}$

여기서, f : 주파수, N : 권수, $\varnothing_m$: 최대 자속

[와류손] $P_e=\sigma_e(tfB_m)^2\propto f^2B^2=e^2$

주파수와 무관하고 전압의 제곱에 비례

$P_e{}'=P_c\times\left(\frac{e'}{e}\right)^2=720\times\left(\frac{3300}{6600}\right)^2=180[W]$

【정답】 ③

51. 보극이 없는 직류발전기에서 부하의 증가에 따라 브러시의 위치를 어떻게 하여야 하는가?

① 그대로 둔다.
② 계자극 중간에 놓는다.
③ 발전기의 회전 방향으로 이동시킨다.
④ 발전기의 회전 방향과 반대로 이동시킨다.

|정|답|및|해|설|

[전기자 반작용에 의한 전기적 중성축의 이동]
- 발전기 : 회전방향으로 브러시 이동
- 전동기 : 회전 반대 방향으로 브러시 이동

【정답】 ③

52. 반발 기동형 단상유도전동기의 회전 방향을 변경하려면?

① 전원의 2선을 바꾼다.
② 주권선의 2선을 바꾼다.
③ 브러시의 접속선을 바꾼다.
④ 브러시의 위치를 조정하다.

|정|답|및|해|설|

[단상 반발 전동기] 단상 반발 전동기는 브러시 위치 이동으로 속도 제어 및 역전이 가능하다. 【정답】 ④

53. 직류전동기의 속도제어 방법이 아닌 것은?

① 계자 제어법 ② 전압 제어법
③ 주파수 제어법 ④ 직렬 저항 제어법

|정|답|및|해|설|

[직류 전동기 속도제어]

구분	제어 특성	특징
계자 제어	계자 전류의 변화에 의한 자속의 변화로 속도 제어	속도 제어 범위가 좁다. 정출력제어
전압 제어	워드 레오나드 방식 일그너 방식	·제어범위가 넓다. ·손실이 적다. ·정역운전 가능 정토크제어
저항 제어	전기자 회로의 저항 변화에 의한 속도 제어법	효율이 나쁘다.

【정답】 ③

54. 동기발전기의 단락비가 1.2이면 이 발전기의 %동기임피던스[p·u]는?

① 0.12 ② 0.25
③ 0.52 ④ 0.83

|정|답|및|해|설|

[단락비] $K_s = \frac{1}{\%Z_s}$

여기서, $\%Z_s$: 퍼센트동기임피던스

$\%Z_s = \frac{1}{K_s} = \frac{1}{1.2} = 0.83$ 【정답】 ④

55. 다음( )안에 알맞은 내용을 순서대로 나열한 것은?

SCR에서는 게이트 전류가 흐르면 순방향의 저지상태에서 ( )상태로 된다. 게이트 전류를 가하여 도통 완료까지의 시간을 ( ) 시간이라고 이 시간이 길면 ( )시의 ( )이 많고 소자가 파괴된다.

① 온(on), 턴온(Turn on), 스위칭, 전력손실
② 온(on), 턴온(Turn on), 전력손실, 스위칭
③ 스위칭, 온(on), 턴온(Turn on), 전력손실
④ 턴온(Turn on), 스위칭, 온(on), 전력손실

|정|답|및|해|설|

[사이리스터] 사이리스터는 게이트 전류가 흐르면 ON 상태가 된다. 게이트 전류를 가하여 도통 완료까지의 시간은 턴온 시간 【정답】 ①

56. 동기발전기의 안정도를 증진시키기 위한 대책이 아닌 것은?

① 속응 여자 방식을 사용한다.
② 정상 임피던스를 작게 한다.
③ 역상·영상 임피던스를 작게 한다.
④ 회전자의 플라이 휠 효과를 크게 한다.

|정|답|및|해|설|

[동기발전기 안정도 증진방법]
① 동기 임피던스를 작게 한다.
② 속응 여자 방식을 채택한다.
③ 회전자에 플라이 휘일을 설치하여 관성 모멘트를 크게 한다.
④ 정상 임피던스는 작고, 영상, 역상 임피던스를 크게 한다.
⑤ 단락비를 크게 한다. 【정답】 ③

57. 비돌극형 동기 발전기의 한 상의 단자전압을 V, 유기 기전력)을 E, 동기 리액턴스를 X_s, 부하각을 δ이고 전기자저항을 무시할 때 최대 출력[W]은 얼마인가?

① $\frac{EV}{X_s}$ ② $\frac{3EV}{X_s}$
③ $\frac{E^2V}{X_s}\sin\delta$ ④ $\frac{EV^2}{X_s}\sin\delta$

|정|답|및|해|설|

[비돌극형 발전기의 출력] $P \fallingdotseq \frac{EV}{X_s}\sin\delta[W]$

부하각(δ)이 90°에서 최대값($P=\frac{EV}{X_s}$)을 갖는다. 비돌극기는 원통형으로 고속기로 사용된다. 【정답】 ①

58. 60[Hz]의 3상 유도전동기를 동일전압으로 50[Hz]에 사용할 때 ⓐ 무부하전류, ⓑ 온도상승, ⓒ 속도는 어떻게 변하겠는가?

① ⓐ $\frac{60}{50}$으로 증가, ⓑ $\frac{60}{50}$으로 증가
ⓒ $\frac{50}{60}$으로 감소

② ⓐ $\frac{60}{50}$으로 증가, ⓑ $\frac{50}{60}$으로 감소
ⓒ $\frac{50}{60}$으로 감소

③ ⓐ $\frac{60}{50}$으로 감소, ⓑ $\frac{60}{50}$으로 증가
ⓒ $\frac{50}{60}$으로 감소

④ ⓐ $\frac{50}{60}$으로 감소, ⓑ $\frac{60}{50}$으로 증가
ⓒ $\frac{60}{50}$으로 증가

|정|답|및|해|설|

[여자 전류(무부하전류)]

$I_\phi=\frac{E}{\omega L}=\frac{E}{2\pi fL}\propto\frac{1}{f}$, $I_\phi{}'=\frac{f}{f'}I_\phi=\frac{60}{50}\times I_\phi$, 여자 전류 증가

[철손] $P_i\propto\frac{E^2}{f}$, $P_i{}'=\frac{60}{50}P_i$, 철손이 증가하므로 온도상승 증가

[동기속도] $N_s=\frac{120f}{p}$에서 $N_s\propto f$, $\frac{50}{60}$으로 속도 감소

【정답】 ①

59. 3000/200[V] 변압기의 1차 임피던스가 225[Ω]이면 2차로 환산한 임피던스는 약 몇 [Ω]는?

① 1.0 ② 1.5
③ 2.1 ④ 2.8

|정|답|및|해|설|

[권수비] $a=\frac{N_1}{N_2}=\frac{V_1}{V_2}=\sqrt{\frac{Z_1}{Z_2}}$

$a=\frac{V_1}{V_2}=\frac{3000}{200}=15$

2차 임피던스 $Z_2=\frac{Z_1}{a^2}=\frac{225}{15^2}=1[\Omega]$ 【정답】 ①

60. 60[Hz], 1,328/230[V]의 단상변압기가 있다. 무부하전류 $I=3\sin\omega t+1.1\sin(3\omega t+\alpha_3)$이다. 지금 위와 똑같은 변압기 3대로 $Y-\Delta$ 결선하여 1차 2,300[V]의 평형전압을 걸고 2차를 무부로 하면 Δ 회로를 순환하는 전류(실효값)[A]는 약 얼마인가?

① 0.77 ② 1.10
③ 4.48 ④ 6.35

|정|답|및|해|설|

[변압기의 실효값] $Y-\Delta$결선이므로 제3고조파 전류는 회로에 흐를 수가 없고 2차 Δ회로에 순환 전류로 되어 흐르게 된다.
그 크기는 권수비를 곱하여 2차로 환산한 값이 된다.

실효값으로 표시하면, $\frac{1.1}{\sqrt{2}}\times$권수비 $=\frac{1.1}{\sqrt{2}}\times\frac{1328}{230}=4.48[A]$

【정답】 ③

2016 전기기사 필기

41. 정전압 계통에 접속된 동기발전기의 여자를 약하게 하면?

① 출력이 감소한다.

② 전압이 강하된다.

③ 앞선 무효전류가 증가한다.

④ 뒤진 무효전류가 증가한다.

|정|답|및|해|설|

A, B 동기전동기를 병렬 운전중 A기의 여자를 약하게 하면 A기의 유기기전력이 저하하고 A기에는 진상 무효 전류가 흐르게 되어 역률이 개선되고, B기에는 지상 무효 전류가 흘러 역률이 저하한다.

【정답】 ③

42. 다이오드를 사용한 정류 회로에서 과대한 부하전류에 의해 다이오드가 파손될 우려가 있을 때의 조치로서 적당한 것은?

① 다이오드를 병렬로 추가한다.

② 다이오드를 직렬로 추가한다.

③ 다이오드 양단에 적당한 값의 저항을 추가한다.

④ 다이오드 양단에 적당한 값의 콘덴서를 추가한다.

|정|답|및|해|설|

[다이오드 직·병렬 연결]

·다이오드 직렬 연결 : 과전압 방지

·다이오드 병렬 연결 : 과전류 방지

【정답】 ①

43. 직류 발전기의 외부 특성 곡선에서 나타나는 관계로 옳은 것은?

① 계자전류의 단자전압.

② 계자전류와 부하전류

③ 부하전류와 단자전압

④ 부하전류와 유기기전력

|정|답|및|해|설|

구 분	횡축	종축	조건
무부하 포화 곡선	I_f	$V(=E)$)	$n=$ 일정, $I=0$
외부 특성 곡선	I (부하전류)	V (단자전압)	$n=$ 일정, $R_f=$ 일정
내부 특성 곡선	I	E	$n=$ 일정, $R_f=$ 일정
부하 특성 곡선	I_f	V	$n=$ 일정 $I=$ 일정
계자 조정 곡선	I	I_f	$n=$ 일정 $V=$ 일정

【정답】 ③

44. 직류기의 전기자 반작용에 의한 영향이 아닌 것은?

① 자속이 감소하므로 유기기전력이 감소한다.

② 발전기의 경우 회전방향으로 기하학적 중성축이 형성된다.

③ 전동기의 경우 회전방향과 반대방향으로 기하학적 중성축이 형성된다.

④ 브러시에 의해 단락된 코일에는 기전력이 발생하므로 브러시 사이의 유기기전력이 증가한다.

|정|답|및|해|설|

[전기자 반작용] 전기자 반작용은 자속의 감자로 유기기전력의 감소가 되는 현상이다

① 감자작용 : 주자속의 감소
(발전기 : 유기기전력 감소, 전동기 : 토크 감소, 속도 증가)
② 편자작용 : 전기적 중성축 이동
(발전기 : 회전방향, 전동기 : 회전 반대 방향)
③ 방지대책 : 보상권선

※브러시에 의해 단락된 코일에는 역기전력이 발생한다.

【정답】 ④

45. 어떤 정류기의 부하전압이 2000[V]이고 맥동률이 3[%]이면 교류분의 진폭 [V]은?

① 20 ② 30 ③ 50 ④ 60

|정|답|및|해|설|

맥동률$=\frac{\Delta E}{E_d}\times 100$ [%] (ΔE : 교류분, E_d : 직류분)

$\Delta E = 0.03 \times 2000 = 60[V]$

【정답】 ④

46. 3상 3300[V], 100[kVA]의 동기발전기의 정격 전류는 약 몇 [A]인가?

① 17.5 ② 25
③ 30.3 ④ 33.3

|정|답|및|해|설|

[정격 전류] $I=\frac{P}{\sqrt{3}\,V}=\frac{100\times 10^3}{\sqrt{3}\times 3300} \fallingdotseq 17.5[A]$

【정답】 ①

47. 4극 3상 유도전동기가 있다. 전원전압 200[V]로 전부하를 걸었을 때 전류는 21.5[A]이다. 이 전동기의 출력은 몇 [W]인가? (단, 전부하 역률 86[%], 효율 85[%]이다.)

① 5029 ② 5444
③ 5820 ④ 6103

|정|답|및|해|설|

[유도 전동기의 출력] $P=\sqrt{3}\,VI\cos\theta\cdot\eta$

여기서, η : 역률

$P=\sqrt{3}\,VI\cos\theta\cdot\eta$
$=\sqrt{3}\times 200\times 21.5\times 0.86\times 0.85 = 5444[W]$

【정답】 ②

48. 변압비 3000/100[V]인 단상 변압기 2대의 고압측을 그림과 같이 직렬로 3300[V] 전원에 연결하고, 저압측에서 각각 $5[\Omega]$, $7[\Omega]$의 저항을 접속하였을 때, 고압측의 단자 전압 E_1은 약 몇 [V]인가?

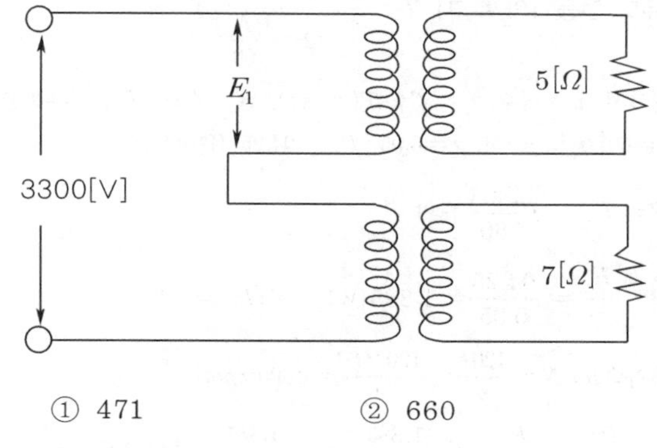

① 471 ② 660
③ 1375 ④ 1925

|정|답|및|해|설|

$E_1=\frac{Z_1}{Z_1+Z_2}\cdot E=\frac{5}{5+7}\times 3300 = 1375[V]$

$E_2=\frac{Z_2}{Z_1+Z_2}\cdot E=\frac{7}{5+7}\times 3300 = 1925[V]$

【정답】 ③

49. 교류기에서 유기기전력의 특정 고조파분을 제거하고 또 권선을 절약하기 위하여 자주 사용되는 권선법은?

① 전절권 ② 분포권
③ 집중권 ④ 단절권

|정|답|및|해|설|

[교류기의 권선법]

① 단절권으로 하면 기전력의 파형을 좋게 하고, 권선량을 절약할 수 있다.

② 단절권의 장점
- 동량 절약
- 자기 인덕턴스 감소
- 특정 고조파를 제거하여 파형개선

【정답】 ④

50. 4극 60[Hz]의 유도전동기가 슬립 5[%]로 전부하 운전 하고 있을 때 2차 권선의 손실이 94.25[W]라고 하면 토크는 약 몇 $[N \cdot m]$인가?

① 1.02 ② 2.04
③ 10.0 ④ 20.0

|정|답|및|해|설|

[유도 전동기의 토크] $T = \frac{P}{w} = \frac{P}{2\pi \times \frac{N}{60}} [N \cdot m]$

여기서, p : 극수, ω : 각속도$(=2\pi f)$, N : 속도, P : 전부하출력
$f=60[Hz]$, $p=4$, $s=0.05$, $P_{c2}=94.25[W]$이므로

$$P = T\omega = T\frac{2\pi N}{60} [\text{kW}]$$

$$P = \frac{P_{c2}}{s} = \frac{94.25}{0.05} = 1{,}885[\text{W}] \quad \rightarrow (P_{c2} = sP)$$

동기속도 $N = \frac{120f}{p} = \frac{120 \times 60}{4} = 1800[rpm]$

$$T = \frac{P}{w} = \frac{P}{2\pi \times \frac{N}{60}} = \frac{1{,}885}{2\pi \times \frac{N}{60}} = \frac{1{,}885}{2\pi \times \frac{1{,}800}{60}} \fallingdotseq 10[N \cdot m]$$

【정답】 ③

51. 12극의 3상 동기발전기가 있다. 기계각 15° 에 대응하는 전기각은?

① 30 ② 45
③ 60 ④ 90

|정|답|및|해|설|

[전기각] 교류의 하나의 파는 각도로 하여 360° 이므로 이것을 바탕으로 하여 몇 개의 파수 또는 파의 일부분 등을 각도로 나타낸 것이다. 2극을 기준으로 하므로 1개의 극은 180° 에 해당하므로 전기각은 다음과 같다.

전기각 $\alpha_e[rad] = \alpha[rad] \times \frac{p}{2}$

여기서, α_e : 전기각, α : 기계각, p : 극수

$$\alpha_e[rad] = \alpha[rad] \times \frac{p}{2} = 15^\circ \times \frac{12}{2} = 90^\circ$$

【정답】 ④

52. 단상 변압기에 정현파 유기기전력을 유기하기 위한 여자전류의 파형은?

① 정현파 ② 삼각파
③ 왜형파 ④ 구형파

|정|답|및|해|설|

변압기 철심에는 자기 포화 현상과 히스테리시스 현상으로 인하여 자속을 만드는 여자전류는 정현파로 될 수 없으며 고조파를 포함하는 왜형파가 된다.

【정답】 ③

53. 회전형전동기와 선형전동기(Linear Motor)를 비교한 설명 중 틀린 것은?

① 선형의 경우 회전형에 비해 공극의 크기가 작다.
② 선형의 경우 직접적으로 직선운동을 얻을 수 있다.
③ 선형의 경우 회전형에 비해 부하관성의 영향이 크다.
④ 선형의 경우 전원의 상 순서를 바꾸어 이동 방향을 변경한다.

|정|답|및|해|설|

[리니어 모터] 회전기의 회전자 접속 방향에 발생하는 전자력을 직선적인 기계 에너지로 변환시키는 장치
(1) 장점
① 모터 자체의 구조가 간단하여 신뢰성이 높고 보수가 용이하다.
② 기어, 벨트 등 동력 변환 기구가 필요 없고 직접 직선 운동이 얻어진다.
③ 마찰을 거치지 않고 추진력이 얻어진다.
④ 원심력에 의한 가속제한이 없고 고속을 쉽게 얻을 수 있다.
(2) 단점
① 회전형에 비하여 공극이 커서 역률, 효율이 낮다.
② 저속도를 얻기 어렵다.
③ 부하관성의 영향이 크다.

【정답】 ①

54. 변압기의 전일 효율이 최대가 되는 조건은?

① 하루 중의 무부하손의 합 = 하루 중의 부하손의 합
② 하루 중의 무부하손의 합 < 하루 중의 부하손의 합
③ 하루 중의 무부하손의 합 > 하루 중의 부하손의 합
④ 하루 중의 무부하손의 합 = 2×하루 중의 부하손의 합

|정|답|및|해|설|

[변압기의 전일 효율] $\eta_r = \frac{1일중\ 출력전력량}{1일중\ 입력전력량} \times 100$

전일 효율이 최대가 되려면, 철손=동손 ($24P_i = \sum hP_c$)일 때이다. 다시 말해, 하루 중의 무부하손의 합과 하루 중의 부하손의 합이 같아야 한다. 【정답】 ①

55. 유도전동기를 정격상태로 사용 중, 전압이 10[%] 상승하면 다음과 같은 특성의 변화가 있다. 틀린 것은? (단, 부하는 일정 토크라고 가정한다.)

① 슬립이 작아진다.
② 효율이 떨어진다.
③ 속도가 감소한다.
④ 히스테리시스손과 와류손이 증가한다.

|정|답|및|해|설|

① $\frac{s'}{s} = \left(\frac{V_1}{V'}\right)^2$: 슬립은 전압의 제곱에 반비례 하므로, 전압이 상승하면 슬립은 작아진다.
② $\eta_2 = 1 - s$: 슬립이 작아지면 효율은 증가한다.
③ $\frac{N}{N'} = \left(\frac{V_1}{V'}\right)^2$: 속도는 전압의 제곱에 비례하므로, 전압이 상승하면 속도도 상승한다.
④ 와류손은 주파수와는 무관하고 전압의 제곱에 비례하므로, 와류손이 증가한다. 【정답】 ②, ③

56. 대칭 3상 권선에 평형 3상 교류가 흐르는 경우 회전자계의 설명으로 틀린 것은?

① 발생 회전 자계 방향 변경 가능
③ 발생 회전 자계는 전류와 같은 주기
③ 발생 회전 자계 속도는 동기 속도보다 늦음
④ 발생 회전 자계 세기는 각 코일 최대 자계의 1.5배

|정|답|및|해|설|

[회전자계] 회전 자계는 동기 속도로 회전하므로

동기속도 $N_s = \frac{120f}{p}[rpm]$

여기서, N_s : 매 분의 회전수(동기속도), p : 극수, f : 주파수

【정답】 ③

57. 철손 1.6[kW] 전부하동손 2.4[kW]인 변압기에는 약 몇 [%] 부하에서 효율이 최대로 되는가?

① 82 ② 95
③ 97 ④ 100

|정|답|및|해|설|

[변압기의 최대 효율] 변압기 효율은 $m^2P_c = P_i$일 때 최대

$m^2 = \frac{P_i}{P_c} \rightarrow \ m = \sqrt{\frac{P_i}{P_c}}$

$\therefore m = \sqrt{\frac{1.6}{2.4}} \fallingdotseq 0.82$, 즉 82[%] 부하에서 최대 효율이 된다.

【정답】 ①

58. 동기 발전기의 제동권선의 주요 작용은?

① 제동작용 ② 난조방지작용
③ 시동권선작용 ④ 자려작용(自勵作用)

|정|답|및|해|설|

[제동권선의 역할]
① 난조의 방지
② 기동 토크의 발생
③ 불평형 부하시의 전류, 전압 파형 개선
④ 송전선의 불평형 단락시의 이상 전압 방지

【정답】 ②

59. 직류기 권선법에 대한 설명 중 틀린 것은?

① 단중 파권은 균압환이 필요하다.

② 단중 중권의 병렬회로 수는 극수와 같다.

③ 저전류·고전압 출력은 파권이 유리하다.

④ 단중 파권의 유기전압은 단중 중권의 $\frac{P}{2}$ 이다.

|정|답|및|해|설|

[전기자 권선의 중권과 파권의 비교]

비교 항목	단중 중권	단중 파권
전기자의 병렬 회로수	극수와 같다. $(a=p)$	극수에 관계없이 항상 2이다. $(a=2)$
브러시 수	극수와 같다. $(B=p=a)$	2개로 되나, 극수 만큼의 브러시를 둘 수 있다. $(B=2, B=p)$
균압 접속	4극 이상이면 균압 접속을 해야 한다.	균압 접속은 필요 없다.
전기자 도체의 굵기, 권수, 극수가 모두 같을 때	저전압, 대전류를 얻을 수 있다.	고전압을 얻을 수 있다.

【정답】 ①

60. 스테핑 모터의 일반적인 특징으로 틀린 것은?

① 기동·정지 특성은 나쁘다.

② 회전각은 입력펄스 수에 비례한다.

③ 회전속도는 입력펄스 주파수에 비례한다.

④ 고속 응답이 좋고, 고출력의 운전이 가능하다.

|정|답|및|해|설|

[스테핑 모터의 주요 특징]

① 가속 · 감속이 용이하다.

② 정 · 역운전과 변속이 쉽다.

③ 위치 제어가 용이하고 오차가 적다.

④ 브러시 슬립링 등이 없고 유지 보수가 적다.

⑤ 오버슈트 전류의 문제가 있다.

⑥ 정지하고 있을 때 유지토크가 크다.

【정답】 ①

41. 계자 권선이 전기자에 병렬로만 연결된 직류기는?

① 분권기 ② 직권기

③ 복권기 ④ 타여자기

|정|답|및|해|설|

[직류 분권기] 계자권선이 전기자 권선에 병렬로 연결

【정답】 ①

42. 정격 출력 10000[kVA], 정격 전압 6600[V], 정격 역률 0.6인 3상 동기 발전기가 있다. 동기 리액턴스 0.6[p.u]인 경우의 전압 변동률[%]은?

① 21 ② 31

③ 40 ④ 52

|정|답|및|해|설|

[전압 변동률 (δ)] $\delta = \frac{E-V}{V} \times 100$

여기서, V : 단자 전압, E : 유기기전력

[유기기전력] $E = \sqrt{\cos^2\theta + (\sin\theta + X_s)^2}$

여기서, $\cos\theta$: 역률, X_s : 동기리액턴스 $\rightarrow (\sin\theta = \sqrt{1-\cos^2\theta})$

① 유기기전력 $E = \sqrt{0.6^2 + (0.8+0.6)^2} = 1.523$

② 전압변동률 $\delta = \frac{1.523-1}{1} \times 100 = 52.3[\%]$

【정답】 ④

43. 직류 분권발전기에 대한 설명으로 옳은 것은?

① 단자전압이 강하하면 계자전류가 증가한다.

② 부하에 의한 전압의 변동이 타여자발전기에 비하여 크다.

③ 타여자발전기의 경우보다 외부특성 곡선이 상향(上向)으로 된다.

④ 분권권선의 접속방법에 관계없이 자기여자로 전압을 올릴 수가 있다.

|정|답|및|해|설|

[직류 분권 발전기]

① $V=I_fR_f[V]$이므로 단자전압이 강하하면 계자전류는 감소한다.

② 타여자발전기는 외부의 독립된 전원에 의해 여자전류가 공급되므로 전압이 거의 일정하다.

(∴ 분권발전기의 전압변동 〉 타여자발전기의 전압변동)

③ 분권발전기의 부하에 의한 전압변동이 타여자발전기에 비해 크므로, 타여자발전기의 경우보다 외부특성 곡선이 하향으로 된다.

④ 분권권선의 결선을 반대로 하면 여자전류에 의해 전류 자기가 소멸되므로 발전이 불가능하다.

【정답】 ②

44. 3상 유도전압 조정기의 동작원리 중 가장 적당한 것은?

① 두 전류 사이에 작용하는 힘이다.

② 교번자계의 전자유도작용을 이용한다.

③ 충전된 두 물체 사이에 작용하는 힘이다.

④ 회전자계에 의한 유도작용을 이용하여 2차 전압의 위상전압 조정에 따라 변화한다.

|정|답|및|해|설|

[3상 유도전압 조정기] 3상 유도전압조정기의 입력측 전압 E_1과 출력측 전압 E 사이에는 위상차 α가 생긴다.

단상유도전압조정기는 교번자계를 이용한다.

【정답】 ④

45. 정격용량 100[kVA]인 단상 변압기 3대를 △ − △ 결선하여 300[kVA]의 3상 출력을 얻고 있다. 한 상에 고장이 발생하여 결선을 V결선으로 하는 경우 a) 뱅크용량[kVA], b) 각 변압기의 출력[kVA]은?

① a) 253, b) n126.5

② a) 200, b) 100

③ a) 173, b) 86.6

④ a) 152, b) 75.6

|정|답|및|해|설|

[뱅크용량] $P_V=\sqrt{3}P_1=\sqrt{3}\times 100=173.2[kVA]$

여기서, P_1 : 단상 변압기 한 대의 출력

[각 변압기 출력] $P=\frac{P_V}{2}=\frac{173.2}{2}=86.6[kVA]$

【정답】 ③

46. 직류기의 전기자 반작용 결과가 아닌 것은?

① 주자속이 감소한다.

② 전기적 중성축이 이동한다.

③ 주자속에 영향을 미치지 않는다.

④ 정류자편 사이의 전압이 불균일하게 된다.

|정|답|및|해|설|

[전기자 반작용의 영향]

·전기적 중성축 이동

·주자속 감소

·정류자 편간의 불꽃 섬락 발생

【정답】 ③

47. 자극수 p, 파권, 전기자 도체수가 z인 직류발전기를 N[rpm]의 회전속도로 무부하 운전할 때 기전력이 E[V]이다. 1극 당 주자속[Wb]은?

① $\frac{120E}{pzN}$　② $\frac{120z}{pEN}$

③ $\frac{120zN}{pE}$　④ $\frac{120pz}{EN}$

|정|답|및|해|설|

[직류 발전기의 유기기전력] $E=p\varnothing n\frac{z}{a}$ [V]

여기서, p : 극수, $\varnothing$: 자속, n : 속도[rps], z : 총도체수
a : 병렬회로수

파권에서 병렬회로수(a)는 2, $N[rpm]=\frac{N}{60}[rps]$

1극당 자속 $\phi=\frac{Ea}{pz\frac{N}{60}}=\frac{2E}{pz\frac{N}{60}}=\frac{120E}{pzN}[Wb]$

【정답】 ①

48. 동기 발전기의 단락비를 계산하는 데 필요한 시험은?

① 부하 시험과 돌발 단락시험
② 단상 단락 시험과 3상 단락시험
③ 무부하 포화 시험과 3상 단락시험
④ 정상, 영상, 영상 리액턴스의 측정시험

|정|답|및|해|설|

[변압기 시험]
·무부하 시험 : 철손, 기계손
·단락시험 : 동기임피던스, 동기리액턴스
·단락비 : 무부하(포화)시험, 단락시험

【정답】 ③

49. SCR에 관한 설명으로 틀린 것은?

① 3단자 소자이다.
② 스위칭 소자이다.
③ 직류 전압만을 제어한다.
④ 적은 게이트 신호로 대전력을 제어한다.

|정|답|및|해|설|

[SCR] SCR을 on 시키려면 게이트에 전류를 주어서 할 수 있다. 그렇지만 통전 후에는 게이트 전류를 바꾸어도 통전 상태가 변하지 않는다. 교류전압을 위상제어하는 데 사용된다
[SCR의 응용]
① AC-DC 컨버터(위상제어 정류기) : 직류 전동기의 속도 제어
② DC-AC 인버터 : 교류 전동기의 속도제어
③ DC-DC 컨버터(직류 초퍼 회로) : 직류 전동기의 속도제어
④ AC-AC 컨버터(사이클로 컨버터) : 가변 주파수, 가변 출력 전압 발생

【정답】 ③

50. 3상 유도전동기의 기동법 중 $Y-\Delta$ 기동법으로 기동 시 1차 권선의 각 상에 가해지는 전압은 기동 시 및 운전 시 각각 정격전압의 몇 배가 가해지는가?

① $1, \frac{1}{\sqrt{3}}$　　② $\frac{1}{\sqrt{3}}, 1$
③ $\sqrt{3}, \frac{1}{\sqrt{3}}$　　④ $\frac{1}{\sqrt{3}}, \sqrt{3}$

|정|답|및|해|설|

[$Y-\Delta$기동 방법]
기동 시 고정자권선을 Y로 접속하여 기동함으로써 기동전류를 감소시키고 운전속도에 가까워지면 권선을 △로 변경하여 운전하는 방식 감압기동
① 5~15[kW] 정도의 농형 유도전동기 기동에 적용
② Y로 기동시 전기자 권선에 가하여 지는 전압은 정격전압의 $1/\sqrt{3}$ 이므로 △기동시에 비해 기동전류와 기동토크는 1/3로 감소한다.

·기동시 : Y결선, 1차 권선에 가해지는 전압 $\frac{V}{\sqrt{3}}$

·운전시 : △결선, 1차 권선에 가해지는 전압 V

【정답】 ②

51. 유도전동기의 최대토크를 발생하는 슬립을 S_t, 최대출력을 발생하는 슬립을 S_p라 하면 대소 관계는?

① $S_p = S_t$　　② $S_p > S_t$
③ $S_p < S_t$　　④ 일정치 않다.

|정|답|및|해|설|

① 최대토크를 발생하는 슬립

$$s_t = \frac{r_2'}{\sqrt{r_1^2 + (x_1 + x_2')^2}} \fallingdotseq \frac{r_2'}{x_2}$$

② 최대출력을 발생하는 슬립

$$S_p = \frac{r_2'}{r_2' + \sqrt{(r_1 + r_2')^2 + (x_1 + x_2')^2}} \fallingdotseq \frac{r_2'}{r_2' + z}$$

$\therefore s_p < s_t$

【정답】 ③

52. 단권변압기 2대를 V결선하여 선로 전압 3000[V]를 3300[V]로 승압하여 300[kVA]의 부하에 전력을 공급하려고 한다. 단권변압기 1대의 자기용량은 약 몇 [kVA]인가?

① 9.09　　② 15.75
③ 21.72　　④ 31.50

|정|답|및|해|설|

[변압기의 자기용량] $\omega = \frac{2}{\sqrt{3}} \times \frac{V_h - V_l}{V_h} \times$ 부하용량

$= \frac{2}{\sqrt{3}} \times \frac{3300-3000}{3300} \times 300 = 31.49[kVA]$

1대분의 자기용량= $\frac{31.49}{2} = 15.75[kVA]$ 【정답】 ②

53. 단상 전파정류에서 공급전압이 E일 때 무부하 직류 전압의 평균값은? (단, 브리지 다이오드를 사용한 전파정류회로이다.)

① $0.90E$ ② $0.45E$

③ $0.75E$ ④ $1.17E$

|정|답|및|해|설|

[다이오드 정류 회로]

·단상 전파 정류회로 : $E_{d0} = \frac{2}{\pi}E_m = \frac{2}{\pi} \cdot \sqrt{2}E = 0.9E$

·단상 반파 정류회로 : $E_{d0} = \frac{E_m}{\pi} = \frac{\sqrt{2}}{\pi} \cdot E = 0.45E$

여기서, E_{d0} : 직류전압, E : 교류전압(실효값), E_m : 최대값

【정답】 ①

54. 3상 권선형 유도 전동기의 토크 속도 곡선이 비례추이 한다는 것은 그 곡선이 무엇에 비례해서 이동하는 것을 말하는가?

① 슬립 ② 회전수

③ 2차 저항 ④ 공급 전압의 크기

|정|답|및|해|설|

[비례추이] 비례추이는 외부저항(2차 저항)을 가감시킴으로서 슬립 S를 바꾸어 속도와 토크(최대토크는 불변)를 조정하는 방법이다.

【정답】 ③

55. 평형 3상 회로의 전류를 측정하기 위해서 변류비 200 : 5의 변류기를 그림과 같이 접속하였더니 전류계의 지시가 1.5[A]이었다. 1차 전류는 몇 [A]인가?

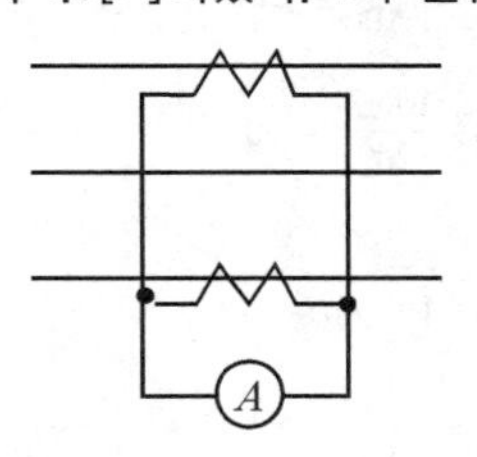

① 60 ② $60\sqrt{3}$

③ 30 ④ $30\sqrt{3}$

|정|답|및|해|설|

[변류비] 변류비= $\frac{최대부하전류 \times (1.25 \sim 1.5)[A]}{5[A]}$

1차 전류 $I_1 =$ 변류비 $\times I_2 = \frac{200}{5} \times 1.5 = 60[A]$

【정답】 ①

56. 동기 조상기의 구조상 특이점이 아닌 것은?

① 고정자는 수차발전기와 같다.

② 계자 코일이나 자극이 대단히 크다.

③ 안전 운전용 제동권선이 설치된다.

④ 전동기 축은 동력을 전달하는 관계로 비교적 굵다.

|정|답|및|해|설|

[동기 조상기] 동기 조상기는 동기전동기를 무부하로 회전시켜 직류 계자전류 I_f의 크기를 조정하여 무효 전력을 지상 또는 진상으로 제어하는 기기이다. 동력을 전달하지 않는다

· 과여자 : 콘덴서 C로 작용

· 부족여자 : 인덕턴스 L로 작용 【정답】 ④

57. 정격 200[V], 10[kW] 직류 분권발전기의 전압변동률은 몇 [%]인가? (단, 전기자 및 분권계자 저항은 각각 0.1[Ω], 100[Ω]이다.)

① 2.6 ② 3.0

③ 3.6 ④ 4.5

|정|답|및|해|설|

[직류 분권발전기]

· 계자전류 $I_f = \dfrac{V}{R_f} = \dfrac{200}{100} = 2[A]$

· 부하전류 $I = \dfrac{P}{V} = \dfrac{10000}{200} = 50[A]$

· 전기자 전류 $I_a = I + I_f = 50 + 2 = 52[A]$

· 무부하 전압 $V_0 = V + I_a R_a = 200 + 52 \times 0.1 = 205.2[V]$

∴ 전압변동률 $\epsilon = \dfrac{V_o - V_n}{V_n} \times 100 = \dfrac{205.2 - 200}{200} \times 100 = 2.6[\%]$

【정답】 ①

58. VVVF(Variable Voltage Variable Frequency)는 어떤 전동기의 속도 제어에 사용 되는가?

① 동기 전동기 ② 유도 전동기
③ 직류 복권 전동기 ④ 직류 타여자 전동기

|정|답|및|해|설|

유도전동기 속도 제어법에는 극수 변환, 전원 주파수를 변화하는 방법(VVVF에 의한 속도 제어), 2차 여자법, 1차 전압 제어, 2차 저항 제어법 등이 있다. 【정답】 ②

59. 3300/200[V], 10[kVA]인 단상변압기의 2차를 단락하여 1차측에 300[V]를 가하니 2차에 120[A]의 전류가 흘렀다. 이 변압기의 임피던스 전압 및 %임피던스 강하는 약 얼마인가?

① 125[V], 3.8[%] ② 125[V], 3.5[%]
③ 200[V], 4.0[%] ④ 200[V], 4.2[%]

|정|답|및|해|설|

· 1차 정격전류 $I_{1n} = \dfrac{P}{V_1} = \dfrac{10 \times 10^3}{3300} = 3.03[A]$

· 1차 단락전류 $I_{1s} = \dfrac{1}{a} I_{2s} = \dfrac{200}{3300} \times 120 = 7.27[A]$

· 등가 누설임피던스 $Z_{21} = \dfrac{V_s'}{I_{1s}} = \dfrac{300}{7.27} = 41.26[\Omega]$

· 임피던스전압 $V_s = I_{1n} Z_{21} = 3.03 \times 41.26 = 125[V]$

· 백분율 임피던스 강하 $\%Z = \dfrac{V_s}{V_{1n}} \times 100 = \dfrac{125.02}{3300} \times 100 = 3.8[\%]$

【정답】 ①

60. 그림은 단상 직권 정류자 전동기의 개념도이다. C를 무엇이라고 하는가?

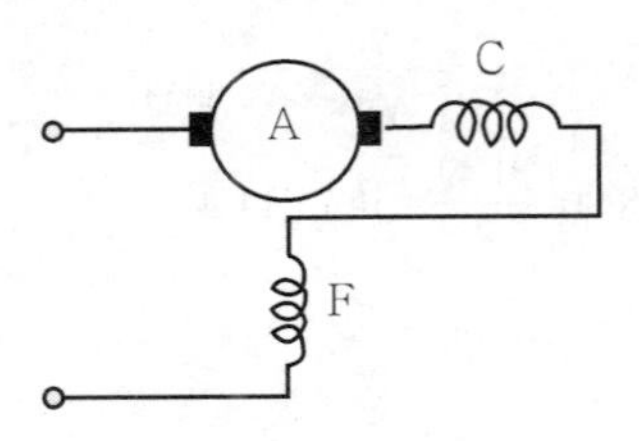

① 제어권선 ② 보상권선
③ 보극권선 ④ 단층권선

|정|답|및|해|설|

[단상 직권 정류자 전동기]

A : 전기자, C : 보상권선, F : 계자권선

【정답】 ②

41. 정격 출력이 7.5[kW]의 3상 유도전동기가 전부하 운전에서 2차 저항손이 300[W]이다. 슬립은 약 몇 [%]인가?

① 3.85 ② 4.61
③ 7.51 ④ 9.42

|정|답|및|해|설|

[슬립] $s = \dfrac{P_{c2}}{P_2} = \dfrac{P_{c2}}{P_0 + P_{c2}}$

여기서, P_{c2} : 2차 동손, P_2 : 2차 입력, P_0 : 2차 출력

$s = \dfrac{P_{c2}}{P_0 + P_{c2}} = \dfrac{300}{7500 + 300} \times 100 = 3.85[\%]$

【정답】 ①

42. 직류 분권 발전기를 병렬 운전을 하기 위해서는 발전기 용량 P와 정격 전압 V는?

① P와 V가 모두 달라도 된다.
② P는 같고, V는 달라도 된다.
③ P와 V가 모두 같아야 한다.
④ P는 달라도 V는 같아야 한다.

|정|답|및|해|설|

[직류 발전기의 병렬 운전 조건]
① 전압의 크기와 극성이 같을 것
② 외부 특성 곡선이 어느 정도 수하 특성일 것(단, 직권 특성과 과복권 특성은 균압선을 설치할 것)
③ 각 발전기의 부하전류를 그 정격전류의 백분율로 표시한 외부 특성 곡선이 거의 같을 것

그러므로 직류 분권 발전기를 병렬 운전하려면 정격 전압 V는 같아야 하지만, 용량 P는 달라도 된다.

【정답】 ④

43. 권선형 유도전동기 기동 시 2차측에 저항을 넣는 이유는?

① 회전수 감소
② 기동전류 증대
③ 기동토크 감소
④ 기동전류 감소와 기동토크 증대

|정|답|및|해|설|

[권선형 유도 전동기]
• 권선형 유도전동기의 기동법 : 2차측의 슬립링을 통하여 기동 저항을 삽입하고 비례 추이의 특성을 이용하여 속도-토크 특성을 변화시켜 가면서 기동하는 방식을 택한다.
•기동 시 2차 회로에 저항을 크게 하면 비례추이에 의해서 큰 기동토크를 얻을 수 있고 기동전류도 억제할 수 있다.
• 2차 저항 기동법 : 비례 추이 특성을 이용

【정답】 ④

44. 변압기에서 철손을 구할 수 있는 시험은?

① 유도시험 ② 단락시험
③ 부하시험 ④ 무부하시험

|정|답|및|해|설|

[변압기 시험]
•단락시험 : 동손, 임피던스 전압
•무부하시험 : 철손

【정답】 ④

45. 권선형 유도전동기의 2차권선의 전압 sE_2와 같은 위상의 전압 E_c를 공급하고 있다. E_c를 점점 크게 하면 유도전동기의 회전방향과 속도는 어떻게 변하는가?

① 속도는 회전자계와 같은 방향으로 동기속도까지만 상승한다.
② 속도는 회전자계와 반대 방향으로 동기속도까지만 상승한다.
③ 속도는 회전자계와 같은 방향으로 동기속도 이상으로 회전할 수 있다.
④ 속도는 회전자계와 반대 방향으로 동기속도 이상으로 회전할 수 있다.

|정|답|및|해|설|

(1) 3상 교류 전압을 공급하여 회전자계가 발생하면, 회전자는 회전자계보다 느리게 회전자계와 같은 방향으로 회전한다.
(2) 2차 여자법
① 유도전동기의 회전자권선에 2차기전력(sE_2)과 동일 주파수의 전압(E_c)을 슬립링을 통해 공급하여 그 크기를 조절함으로써 속도를 제어 하는 방법으로 권선형 전동기에 한하여 이용된다.
② $I_2 = \frac{sE_2 \pm E_c}{r_2}$에서 정토크 부하의 경우 I_2는 일정하므로 슬립 주파수의 전압 E_c의 크기에 따라 s가 변하게 되고 속도가 변하게 된다.
•E_c를 sE_2와 같은 방향으로 가하면 합성 2차 전압은 $sE_2 + E_c$가 되므로 E_c만으로 부하토크에 상당하는 2차 전류를 올릴 수 있다면 $sE_2 = 0$이 되어 전동기는 부하를 건 상태에서 동기 속도로 회전한다.
•계속 E_c를 증가시키면 sE_2가 일정하게 되기 위해서 sE_2는 (-)의 값이 되어야 하므로 s는 (-)가 되고 동기 속도보다 높은 속도가 된다.

【정답】 ③

46. 주파수 60[Hz], 슬립 0.2인 경우 회전자 속도가 720[rpm]일 때 유도전동기의 극수는?

① 4 ② 6
③ 8 ④ 12

|정|답|및|해|설|

[유도 전동기 회전자 속도] $N=\frac{120f}{p}(1-s)$

여기서, p : 극수, f : 주파수, s : 슬립

$720=\frac{120}{P}\times 60(1-0.2)$ ∴ 극수 $P=8$(극)

【정답】 ③

47. 단락비가 큰 동기기에 대한 설명으로 옳은 것은?

① 안정도가 높다.
② 기계가 소형이다.
③ 전압 변동률이 크다.
④ 전기자 반작용이 크다.

|정|답|및|해|설|

[단락비가 큰 기계의 특징]
① 철기계
② 동기 임피던스가 적다.
③ 반작용 리액턴스 x_a가 적다.
④ 계자 기자력이 크다.
⑤ 기계의 중량이 크다.
⑥ 과부하 내량이 증대되고, 안정도가 높은 반면에 기계의 가격이 고가이다.
단락비가 크면 전압변동률이 낮고 안정도가 높다

【정답】 ①

48. 유도전동기의 1차 전압 변화에 의한 속도 제어시 SCR을 사용하여 변화시키는 것은?

① 토크 ② 전류
③ 주파수 ④ 위상각

|정|답|및|해|설|

유도전동기의 1차 전압 변화에 의한 속도 제어에는 리액터 제어, 이그나이트론 또는 SCR에 의한 제어가 있으며 SCR은 점호 간의 위상 제어에 의해 도전 시간을 변화시켜 출력 전압의 평균값을 조정할 수 있다.

【정답】 ④

49. 비철극형 3상 동기발전기의 동기 리액턴스 $X_s=10[\Omega]$, 유도기전력 $E=6000[V]$, 단자전압 $V=5000[V]$, 부하각 $\delta=30°$ 일 때 출력은 몇 [kW]인가? (단, 전기자 권선 저항은 무시한다.)

① 1500 ② 3500
③ 4500 ④ 5500

|정|답|및|해|설|

[비철극형 3상 발전기의 출력]

$P\fallingdotseq\frac{3EV}{X_s}\sin\delta=\frac{3\times6000\times5000}{10}\times\sin30°\times10^{-3}=4500[kW]$

【정답】 ③

50. 3상 유도전동기 원선도에서 역률[%]을 표시하는 것은?

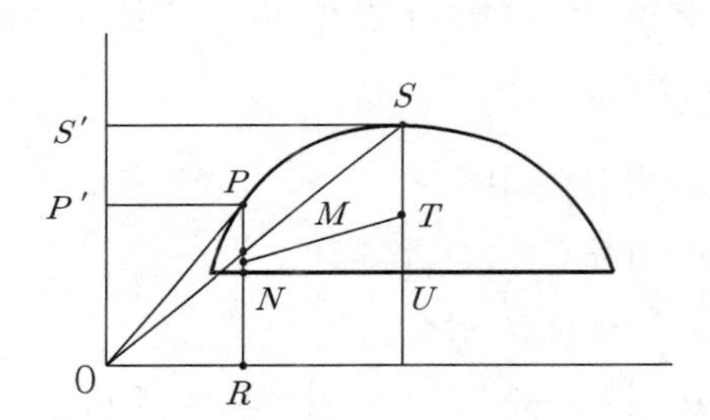

① $\frac{\overline{OS'}}{\overline{OS}}\times100$ ② $\frac{\overline{SS'}}{\overline{OS}}\times100$
③ $\frac{\overline{OP'}}{\overline{OP}}\times100$ ④ $\frac{\overline{OS}}{\overline{OP}}\times100$

|정|답|및|해|설|

[역률] $\cos\theta=\frac{\overline{OP'}}{\overline{OP}}\times100$

【정답】 ③

51. 상수 m, 매극 매상당 슬롯수 q인 동기발전기에서 n차 고조파분에 대한 분포계수는?

① $(\frac{q\sin n\pi}{mq})/(\sin\frac{n\pi}{m})$

② $(\sin\frac{n\pi}{m})/(q\sin\frac{n\pi}{mq})$

③ $(\sin\frac{\pi}{2m})/(q\sin\frac{n\pi}{2mq})$

④ $(\sin\frac{n\pi}{2m})/(q\sin\frac{n\pi}{2mq})$

|정|답|및|해|설|

[분포권계수] $K_d = \dfrac{\sin\frac{n\pi}{2m}}{q\sin\frac{n\pi}{2mq}} < 1$

여기서, q : 매극매상당 슬롯수, m : 상수, n : 고조파 차수)

【정답】 ④

52. 유도전동기 1극의 자속 및 2차 도체에 흐르는 전류와 토크와의 관계는?

① 토크는 1극의 자속과 2차 유효전류의 곱에 비례한다.

② 토크는 1극의 자속과 2차 유효전류의 제곱에 비례한다.

③ 토크는 1극의 자속과 2차 유효전류의 곱에 반비례한다.

④ 토크는 1극의 자속과 2차 유효전류의 제곱에 반비례한다.

|정|답|및|해|설|

[유도전동기의 토크] $T = k\varnothing I_2\cos\theta_2 [N\cdot m]$

따라서 토크는 1극의 자속($\varnothing$)과 2차 유효전류($I_2\cos\theta_2$)의 곱에 비례한다.

【정답】 ①

53. 동기 전동기의 기동법 중 자기동법(self-starting method)에서 계자권선을 저항을 통해서 단락시키는 이유는?

① 기동이 쉽다.

② 기동 권선으로 이용한다.

③ 고전압의 유도를 방지한다.

④ 전기자 반작용을 방지한다.

|정|답|및|해|설|

[자기동법] 제동권선을 기동 권선으로 하여 기동 토크를 얻는 방법으로 보통 기동 시에는 계자권선 중에 고전압이 유도되어 절연을 파괴하므로 방전 저항을 접속하여 단락 상태로 기동한다.

【정답】 ③

54. 슬롯수 36의 고정자 철심이 있다. 여기에 3상 4극의 2층권으로 권선할 때 매극 매상의 슬롯수와 코일수는?

① 3과 18 ② 9와 36

③ 3과 36 ④ 8과 18

|정|답|및|해|설|

매극 매상의 슬롯수는 총 슬롯수가 36이므로

매극 매상의 슬롯수$= \dfrac{총슬롯수}{극성 \times 상수} = \dfrac{36}{4\times 3} = 3$

총 코일수 2층권이므로 1개 코일이 2슬롯을 사용하므로

코일수 $= \dfrac{슬롯수 \times 층수}{2} = \dfrac{36\times 2}{2} = 36$

【정답】 ③

55. 다음 중 3단자 사이리스터가 아닌 것은?

① SCR ② GTO

③ SCS ④ TRIAC

|정|답|및|해|설|

[각종 반도체 소자의 비교]

① 방향성

- 양방향성(쌍방향) 소자 : DIAC, TRIAC, SSS
- 역저지(단방향성) 소자 : SCR, LASCR, GTO, SCS

② 극(단자)수

- 2극(단자) 소자 : DIAC, SSS, Diode
- 3극(단자) 소자 : SCR, LASCR, GTO, TRIAC
- 4극(단자) 소자 : SCS

※SCS(Silicon Controlled Switch)는 1방향성 4단자 사이리스터이다.

【정답】 ③

56. 단상 변압기를 병렬 운전할 경우 부하 전류의 분담은?

① 용량에 비례하고 누설 임피던스에 비례
② 용량에 비례하고 누설 임피던스에 반비례
③ 용량에 반비례하고 누설 리액턴스에 비례
④ 용량에 반비례하고 누설 리액턴스의 제곱에 비례

|정|답|및|해|설|

[변압기의 전류 분담] $\frac{I_a}{I_b} = \frac{P_A}{P_B} \cdot \frac{\%Z_B}{\%Z_A}$

여기서, I_a, I_b : 각 변압기의 분담 전류
P_A, P_B : A, B 변압기의 용량
$\%Z_A, \%Z_B$: A, B 변압기의 %임피던스

【정답】 ②

57. 6극 직류발전기의 정류자 편수가 132, 유기기전력이 210[V], 직렬도체수가 132개이고 중권이다. 정류자 편간 전압은 약 몇 [V]인가?

① 4　② 9.5
③ 12　④ 16

|정|답|및|해|설|

[정류자 편간 전압] $e_{sa} = \frac{pE}{K}[V]$

여기서, e_{sa} : 정류자편간전압, E : 유기기전력, p : 극수
k : 정류자편수

$e_{sa} = \frac{pE}{K} = \frac{6 \times 210}{132} = 9.5[V]$

【정답】 ②

58. 직류발전기의 전기자 반작용의 영향이 아닌 것은?

① 주자속이 증가한다.
② 전기적 중성축이 이동한다.
③ 정류작용에 악영향을 준다.
④ 정류자편 사이의 전압이 불균일하게 된다.

|정|답|및|해|설|

[전기자반작용] 전기자 반작용은 전기가 자속에 의해서 계자자속이 일그러지는 현상을 말한다.

·전기적 중성축이 이동
·주자속이 감소
·정류자 편간의 불꽃 섬락 발생
·방지대책 : 보상권선

【정답】 ①

59. 3000[V]의 단상 배전선 전압을 3300[V]로 승압하는 단권 변압기의 자기용량은 약 몇 [kVA]인가? (단, 여기서 부하용량은 100[kVA]이다.)

① 2.1　② 5.3
③ 7.4　④ 9.1

|정|답|및|해|설|

$\frac{\text{부하용량}}{\text{자기용양}} = \frac{V_h}{V_h - V_l}$ 에서

자기용량 $= \frac{V_h - V_l}{V_h} \times$ 부하용량 $= \frac{3300 - 3000}{3300} \times 150 = 9.1[kVA]$

【정답】 ④

60. 변압기 운전에 있어 효율이 최대가 되는 부하는 전부하의 75[%]였다고 하면 전부하에서의 철손과 동손의 비는?

① 4 : 3　② 9 : 16
③ 10 : 15　④ 18 : 30

|정|답|및|해|설|

[변압기 최고 효율 조건] $m^2 P_c = P_i$

여기서, P_c : 동손, P_i : 철손, m : 부하

$\therefore \frac{P_i}{P_c} = m^2 = \left(\frac{75}{100}\right)^2 = \frac{9}{16}$

【정답】 ②

Memo

Memo

2021년 최신판

전기(산업)기사/전기공사(산업)기사
전기직 공사·공단·공무원 시험 대비

전 기 기 기

기본서·최근 5년간 기출문제

1. 전기기사(산업) · 전기공사기사(산업) 국가기술자격증 취득 및 전기직 공사 · 공단 · 공무원 시험 대비
2. 출제기준 및 기출문제 완벽 분석, 필수 이론과 문제만을 엄선 수록
3. 빈도수 높은 예상문제를 통해 완벽한 시험 대비
4. 최근 5년간 기출문제와 상세한 해설 수록

출제기준 및 기출문제 완벽 분석
필수 이론과 문제만 엄선 수록

정가 15,000원

이노books

9 788997 897988
ISBN 978-89-97897-98-8

13560